职业教育机电类
系列教材

SOLIDWORKS 中文版基础教程

SOLIDWORKS 2018版 | 附微课视频

张莹 宋晓梅 / 主编
翟红岩 宋建明 张琳 朱永奎 / 副主编

ELECTROMECHANICAL

人民邮电出版社
北京

图书在版编目（CIP）数据

SOLIDWORKS 中文版基础教程 : SOLIDWORKS 2018版 : 附微课视频 / 张莹，宋晓梅主编. -- 北京 : 人民邮电出版社，2022.7
职业教育机电类系列教材
ISBN 978-7-115-57913-3

Ⅰ. ①S… Ⅱ. ①张… ②宋… Ⅲ. ①计算机辅助设计—应用软件—职业教育—教材 Ⅳ. ①TP391.72

中国版本图书馆CIP数据核字(2021)第232286号

内 容 提 要

本书以实例贯穿全书，系统地介绍了 SOLIDWORKS 2018 中文版软件的基本功能。

本书共分为 9 章，包括认识 SOLIDWORKS 2018、草图绘制、草绘特征、放置特征与特征复制、曲线和曲面造型、自底向上的装配体建模、自顶向下的装配体建模、生成二维工程图及综合工程实例。

本书在内容安排上循序渐进、由易到难，文字表述深入浅出、通俗易懂。书中每章相关知识点后均给出实例，每章最后均配有难度适中、紧密结合所讲内容的课后习题。

本书可作为职业院校机械、电子及工业设计等专业“计算机辅助设计”课程的教材，也可作为工程技术人员及计算机爱好者的自学参考用书。

◆ 主　　编　张　莹　宋晓梅
副 主 编　翟红岩　宋建明　张　琳　朱永奎
责任编辑　王丽美
责任印制　王　郁　焦志炜

◆ 人民邮电出版社出版发行　　北京市丰台区成寿寺路 11 号
邮编　100164　　电子邮件　315@ptpress.com.cn
网址　https://www.ptpress.com.cn
北京隆昌伟业印刷有限公司印刷

◆ 开本：787×1092　1/16
印张：15.5　　2022 年 7 月第 1 版
字数：370 千字　　2022 年 7 月北京第 1 次印刷

定价：56.00 元

读者服务热线：(010)81055256　印装质量热线：(010)81055316
反盗版热线：(010)81055315
广告经营许可证：京东市监广登字 20170147 号

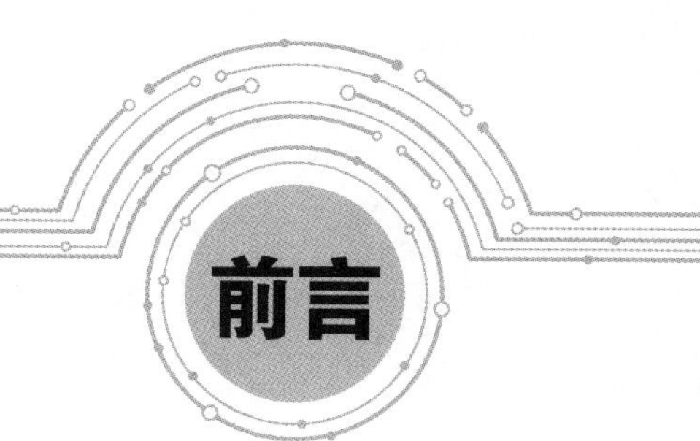

前言

SOLIDWORKS 是基于 Windows 平台开发的大型三维 CAD/CAM/ CAE 软件。它具有易学易用、功能强大、技术创新三大特点。SOLIDWORKS 是三维造型设计的常用软件，受到广大工程设计人员的普遍欢迎，目前已经广泛应用于机械、电子、航空航天、汽车及船舶等工程设计领域，极大地提高了设计人员的设计效率，缩短了产品的生产周期。

掌握应用软件 SOLIDWORKS 对于职业院校的学生来说是十分必要的。学生主要应了解该软件的基本功能，但更为重要的是要结合专业知识，学会利用软件解决专业中的实际问题。我们在教学中发现，许多学生仅仅学会了 SOLIDWORKS 的基本命令，而当面对实际问题时却束手无策，这与 SOLIDWORKS 课程的教学内容及方法有直接、密切的关系。于是我们结合自己十几年的教学经验及体会，编写了这本 SOLIDWORKS 教材。本书与同类教材相比，有以下特色。

（1）采用图表和实例相结合的形式介绍了 SOLIDWORKS 2018 中文版的常用功能，并结合具体实例详细介绍了其基础知识和主要功能。

（2）操作简单明了。对于书中的实例均给出了操作步骤，以帮助读者迅速掌握软件的功能。

（3）所选实例典型实用。书中所选实例均为贴近实际的工程实例，有利于提高读者的应用技能。

（4）每章最后均配有习题，以便于读者巩固所学知识。

（5）本书提供了以下配套资源。

- “素材”文件夹：本书所有实例及习题用到的素材文件都按章收录在素材文件的“\素材\第×章”文件夹下，读者可以调用和参考这些图形文件。
- “结果”文件夹：本书所有实例的结果文件都按章收录在结果文件的“\结果\第×章”文件夹下，读者可以调用和参考这些图形文件。
- “视频”文件：本书所有习题的绘制过程都录制成了“mp4”格式的视频，以二维码链接的形式，穿插在书中相关内容处，读者可通过手机等移动终端扫描观看。

本书由青岛科技大学的张莹、宋晓梅任主编，青岛科技大学的翟红岩、山东省航运工程设计院有限公司的宋建明、青岛科技大学的张琳和南充科技职业学院的朱永奎任副主编。参加本书编写工作的还有青岛科技大学的史良凯、刘恩旭、徐瑞杰等。

由于作者水平有限，书中难免存在疏漏之处，敬请读者批评指正。

编　者

2021 年 12 月

目录

第 1 章

认识 SOLIDWORKS 2018

知识目标： 描述基于特征、参数化、实体建模系统的主要特点；
认识 SOLIDWORKS 用户界面的主要组成部分；
掌握基本环境的设置和操作。

能力目标： 掌握 SOLIDWORKS 的设计流程，能够设置需要的绘图环境。

素质目标： 掌握计算机绘图技能和养成信息化意识。

SOLIDWORKS 是一个基于特征、参数化、实体建模的设计工具。软件采用 Windows 图形用户界面，易学易用。本章将描述 SOLIDWORKS 实体建模系统的主要特点，认识用户界面的主要组成，并通过实例来介绍 SOLIDWORKS 的设计流程和环境设置。

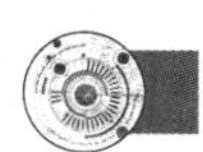

1.1 SOLIDWORKS 2018 特性

SOLIDWORKS 是世界上第一个基于 Windows 平台开发的优秀的三维机械设计自动化软件，完全采用 Windows 风格的用户界面，易学易用。SOLIDWORKS 主要采用参数化和特征造型技术建模，能方便、快捷、实时地创建和修改大量的复杂形体，可以缩短零件设计周期，更加清晰地表达工程师的设计意图。

SOLIDWORKS 是一个开放的系统，添加各种插件后，可实现产品的三维建模、装配校验、运动仿真、有限元分析、加工仿真、数控加工及加工工艺的制订，以保证产品在设计、工程分析、工艺分析、加工模拟、产品制造过程中数据的一致性，从而真正实现产品的数字化设计和制造，并大幅度提高产品的设计效率和质量。此外，SOLIDWORKS 也提供了二次开发的环境和开放的数据结构。

相比以前的版本，SOLIDWORKS 2018 拥有多项新增或改进功能，更加人性化和自动化。

1.1.1 基于特征

基于特征是指 SOLIDWORKS 的建模以特征作为基本单元，零件的设计过程就是特征累积的过程。SOLIDWORKS 采用智能化、易于理解的几何体（如凸台、切除、孔、筋、圆角、倒角和拔模斜度等）建立特征，并允许对特征进行编辑操作（如特征重定义、特征排序、特

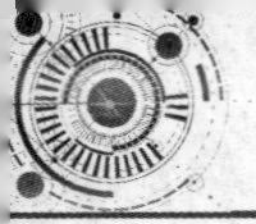

征插入与删除等）。

特征可分为两类，即草图特征和应用特征。

（1）草图特征：基于二维草图的特征。该草图通过拉伸、旋转、扫描或放样转换为实体。

（2）应用特征：直接创建在实体模型上的特征，如圆角和倒角，是直接在现有模型的边或面上建立的特征。

特征又可分为增材料特征（增大体积）和减材料特征（减小体积）。零件的第一个特征叫作基体特征，代表零件最基本的形状。零件其他特征建立在基体特征之上。基体特征一定是一个增材料特征，除基体特征外，其他增加体积的特征称为凸台特征。减材料特征是指切除材料的特征。增材料特征又称为正特征，而减材料特征被称为负特征。SOLIDWORKS 特征是由特征管理设计树（Feature Manager，FM）窗口来显示模型的特征结构和特征创建顺序的。

图 1-1 右图所示的零件包含了几个特征，其与相关的特征管理设计树的对应关系如图 1-1 左图所示。

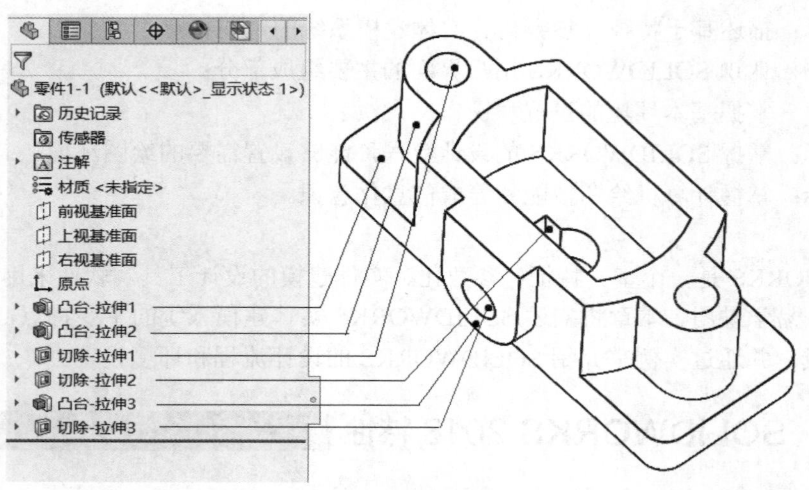

图 1-1 特征与特征管理设计树的对应关系

1.1.2 参数化

参数化是指对零件上各种特征施加各种约束形式。各个特征的几何形状与尺寸大小用变量参数的方式来表示，这个变量参数不仅可以是常数，还可以是某种代数式。如果定义某个特征的变量参数发生了改变，则零件的这个特征的几何形状或尺寸大小将随着参数的改变而改变，软件会随之重新生成该特征及其相关的各个特征，而无须用户重新绘制。

一个特征的尺寸分为定形尺寸和定位尺寸，与之相对应，一个特征的参数也分为定形参数和定位参数。通过控制各种参数即可达到控制零件几何形状的目的。

1.1.3 实体模型

实体模型是 CAD 系统中所使用的最完整的几何模型类型。它包括了完整描述模型的边和面所必需的所有线框和表面几何信息，以及把这些几何信息联系到一起的拓扑信息。所谓“拓扑”就是指诸如哪些面相交于哪条边（曲线）等这类关系，这些关系使一些操作变得很简单，如圆角过渡，只需选一条边并指定圆角半径就可以完成。倒角也是通过指定边线，输

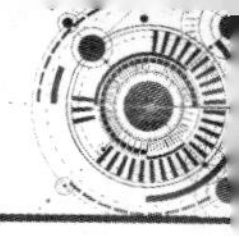

入距离值就可完成。借助系统参数，可随时计算出产品的体积、面积、质量及惯性矩等物理参数，以了解产品的真实性。

1.1.4　单一数据库、全相关性

多个设计模块，建立在单一数据库上。单一数据库是指工程中的全部资料都来自一个数据库。在整个设计过程中，任何一处发生改动都可以反映在整个设计的相关过程上，此种功能叫作全相关性。如果对三维模型进行了修改，与其相关的工程图及装配模型均会自动修改。

1.1.5　约束

通过对图形添加诸如平行、垂直、相切、同心和重合等几何约束关系，可控制图形的形状。此外，SOLIDWORKS 也支持使用方程式来创建参数之间的数学关系。这些用来表示设计意图的方程，本身也是一种约束关系。

1.1.6　设计意图

设计意图是 SOLIDWORKS 的特性，模型改变后细节如何随之变化的方式，称为设计意图。比如，绘制一个带有盲孔的圆柱模型，当圆柱移动时，盲孔也跟着移动。同样，如果用户创建了个数为 6 的等距圆孔的圆周阵列，当改变阵列个数时，孔之间的角度也应能够自动改变。

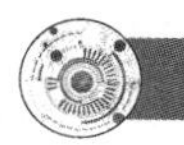

1.2　用户界面

SOLIDWORKS 的用户界面与设计模式有关，包括零件设计模式、装配体设计模式和工程图设计模式。界面模式属于典型的 Windows 应用程序界面类型，包括菜单、工具栏、状态栏等 Windows 界面通用元素。

1.2.1　启动和退出 SOLIDWORKS

SOLIDWORKS 的启动界面如图 1-2 所示，主要包括菜单栏、工具栏、空白背景区、资源管理器和状态栏等。

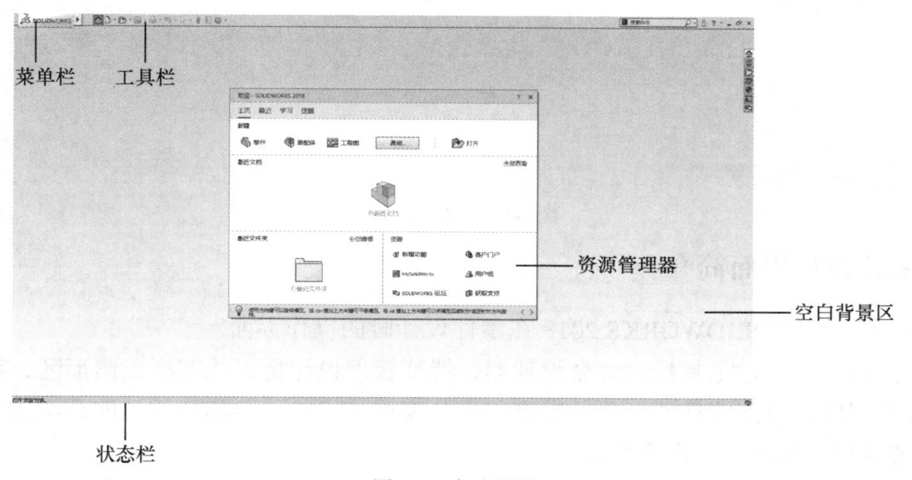

图 1-2　启动界面

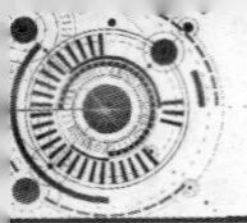

启动 SOLIDWORKS 有以下两种方法。

- 双击桌面上的快捷方式图标。
- 选择【开始】/【所有程序】/【SOLIDWORKS 2018】/ SOLIDWORKS 2018。

要点提示

如要退出 SOLIDWORKS，方法是选择菜单栏中的【文件】命令，在其下拉菜单中选择【退出】命令，或者单击窗口右上角的【关闭】按钮×。

1.2.2 新建文件

新建文件方法：选择菜单命令【文件】/【新建】，系统弹出【新建 SOLIDWORKS 文件】对话框。

有两种建立新文件的模式：一种是新手，另一种是高级，如图 1-3 所示。

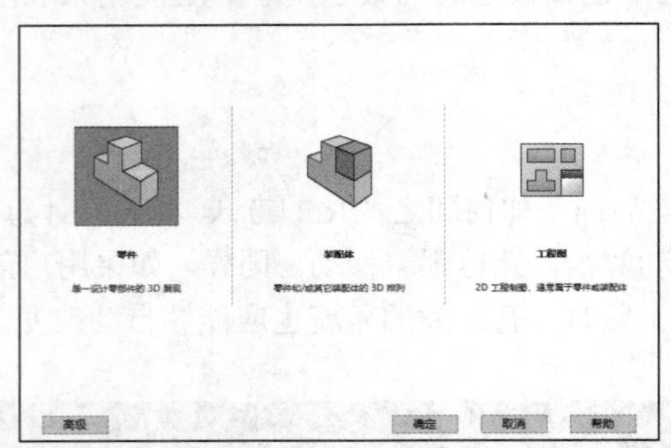

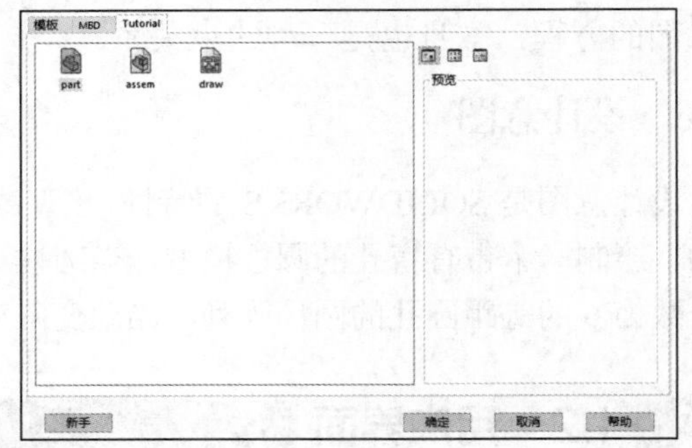

图 1-3　新建文件

选择零件设计模板后，单击 确定 按钮，出现零件设计界面，如图 1-4 所示。

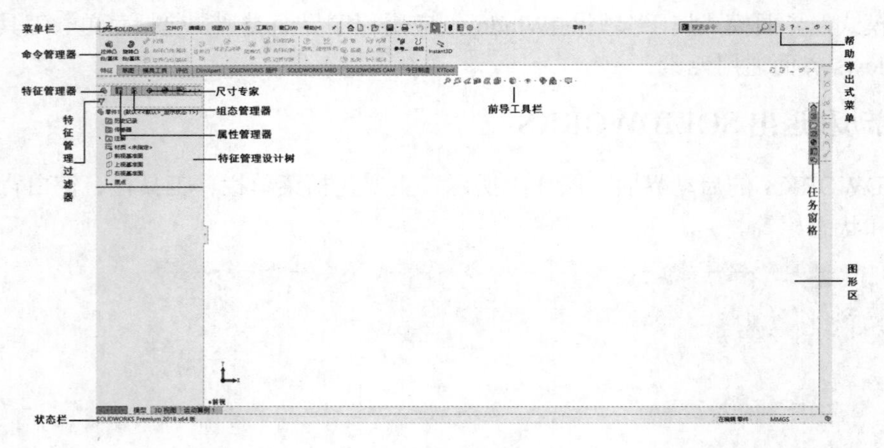

图 1-4　零件设计界面

1.2.3 零件设计界面简介

图 1-4 所示为 SOLIDWORKS 2018 在零件设计时的操作界面。

该界面由菜单栏、工具栏、命令管理器、特征管理设计树、状态栏、图形区、特征管理器、属性管理器、组态管理器、尺寸专家、任务窗格等组成，各部分的功能介绍如下。

1. 菜单栏、工具栏、命令管理器

用户可以在菜单栏、工具栏、命令管理器中选择命令。其中，命令管理器兼有菜单栏和

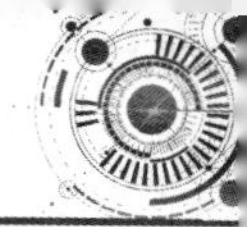

工具栏的优点。

2. 特征管理设计树

特征管理设计树记录建模步骤，是特征查询、管理、修改等操作的控制中心。

3. 状态栏

状态栏显示当前命令的功能介绍及当前的状态，如当前光标处的坐标值、正在编辑草图或正在编辑零件等，初学者应注意其中的信息提示。

4. 图形区

图形区是制作模型的区域。

5. 特征管理器、属性管理器、组态管理器

特征管理器、属性管理器、组态管理器通过相应的选项卡来切换，当安装并打开其他插件时，该处会出现相应插件的选项卡。

6. 尺寸专家

尺寸专家选项卡下有 8 个选项，分别对应于自动尺寸方案、自动配对公差、基本位置尺寸、基本大小尺寸、常规轮廓公差、显示公差状态、复制模式及公差分析算例。

7. 任务窗格

任务窗格包括 SOLIDWORKS 资源、设计库、文件探索器、文档恢复、视图调色板、外观、布景和贴图、自定义属性等命令选项。

一、菜单栏

菜单栏几乎包括了 SOLIDWORKS 所有的命令。SOLIDWORKS 2018 菜单是伸缩式的，可以用图钉固定在屏幕上，图标按钮 表示保持可见状态（见图 1-5）， 表示浮动状态。菜单与文档类型有关，文档类型不同，菜单项不同，相关菜单项所包含的内容也有区别。菜单分为下拉菜单和快捷菜单，在菜单项上单击鼠标左键可以调用下拉菜单，如图 1-6 所示，在图形区空白处单击鼠标右键，可以调用快捷菜单中的命令，如图 1-7 所示。如果在模型上单击鼠标右键，则视表面性质不同会出现不同的快捷菜单。

图 1-5　菜单栏的形式

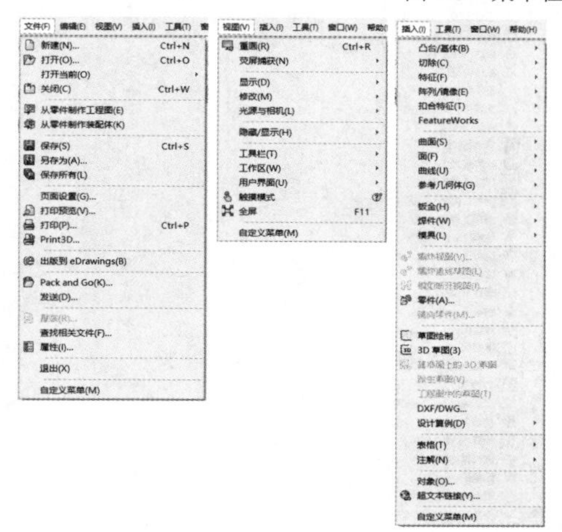

图 1-6　下拉菜单

图 1-7　快捷菜单

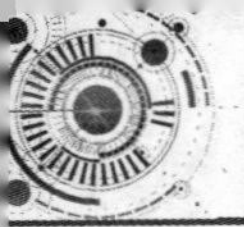

二、工具栏

工具栏提供了快速调用命令的方式。默认设置中，系统根据文档类型而显示不同的工具栏。用户可以根据需要配置工具栏，即决定当前文档中显示哪些工具栏。同时，也可以根据需要移动工具栏或自行增、减工具栏中的命令按钮。

1. 工具栏配置

工具栏有以下 3 种配置方式。

- 选择菜单命令【工具】/【自定义】，出现【自定义】对话框，在【工具栏】列表框中选中需要配置的工具栏名称前的复选项，即可将该工具栏显示在界面中，反之可取消显示，如图 1-8 所示。
- 选择菜单命令【视图】/【工具栏】后，选择需要配置的工具栏名称，即可将其在界面中显示。按钮灰化表示已经显示，如 特征(F)，反之可取消显示，如 特征(F)，如图 1-9 所示。

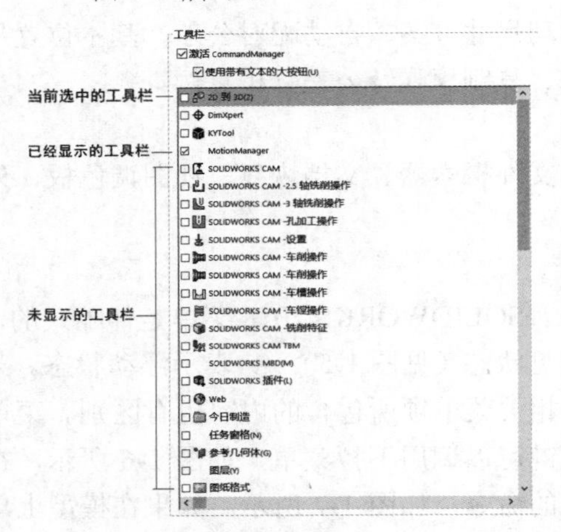

图 1-8　工具栏配置方式一

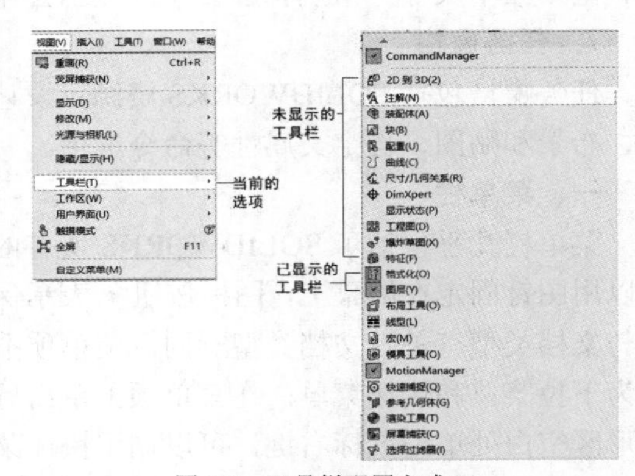

图 1-9　工具栏配置方式二

- 将鼠标指针置于任一工具栏图标上，单击鼠标右键，弹出快捷菜单，如图 1-10 所示，选择某一选项，相应的工具栏即可出现在界面中。

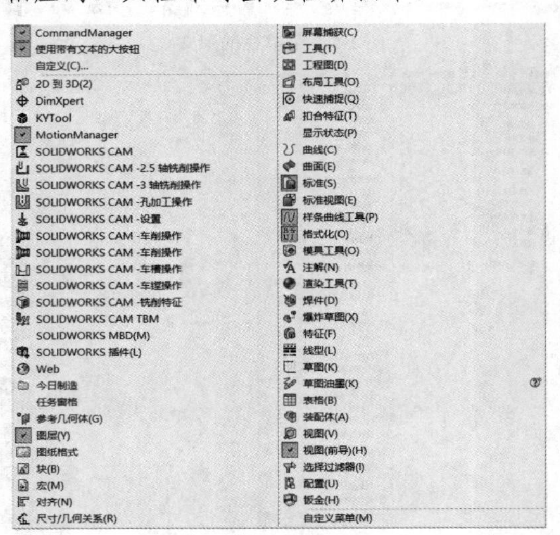

图 1-10　快捷菜单

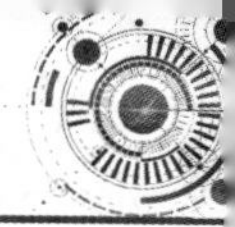

2. 工具栏移动

工具栏在窗口中有两种状态，即固定和浮动状态，将鼠标指针移至工具栏头部的暗线处并按住鼠标左键拖曳即可。若拖曳至窗口边缘，工具栏会自动固定在该边缘，形如；若拖曳至绘图区悬空放置，则成为浮动工具栏，形如。

3. 工具栏按钮的增、减

为增大绘图空间，可将经常使用的命令按钮放置于工具栏中。例如，原【草图】工具栏中没有【分割实体】按钮，可添加该按钮到【草图】工具栏中。

其具体操作方法如下。

- 选择菜单命令【工具】/【自定义】，在弹出的【自定义】对话框中选择【命令】选项卡，在【类别】列表框中选择【草图】选项，【按钮】列表框中出现草图命令的所有按钮，选中【分割实体】按钮，如图 1-11 所示，将其拖曳至【草图】工具栏中，单击确定按钮，按钮即被添加到【草图】工具栏中，新增按钮的【草图】工具栏如图 1-12 所示。
- 若要减少命令按钮，只需将欲删除的命令按钮从工具栏拖回到图形区即可。

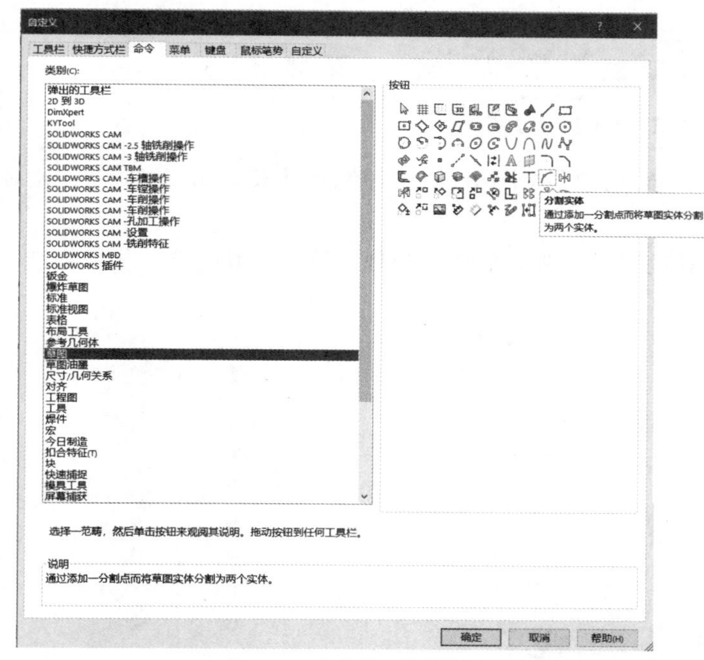

图 1-11　自定义工具栏按钮

图 1-12　新增按钮

4. 常用工具栏

SOLIDWORKS 提供了大量的工具栏，并对工具栏中的命令按钮均提供了使用说明。当鼠标指针在工具栏某按钮处停留时，会出现该按钮的功能提示。右侧带有倒三角符号的图标按钮说明其带有下一级图标菜单。单击图标按钮旁边的，出现与所单击的按钮相关联的工具栏。SOLIDWORKS 帮助文件对每个工具按钮的使用都做了非常详细的说明。这里，首先介绍常用的工具栏。

（1）前导工具栏。如图 1-13 所示，前导工具栏是位于图形区域最上方的透明工具栏，提供了操纵视图所需的放大、缩小各种视图的普通工具。由于该类命令很多，实际应用时可能只使用其中的一部分，所以系统隐藏了很多命令。用户将鼠标指针移到前导工具栏中的任何位置，单击鼠标右键，系统将弹出所有命令选项。用户可以自定义前导工具栏，显示需要的命令。

图 1-13　前导工具栏

（2）【草图】工具栏。该工具栏提供了草图绘制有关的大部分功能，包括草绘实体、草图编辑等，如图 1-14 所示。

图 1-14　【草图】工具栏

（3）【特征】工具栏。该工具栏提供了生成模型特征的工具，包含很多命令，图 1-15 所示为其中的一部分。

图 1-15　【特征】工具栏

（4）【尺寸/几何关系】工具栏。该工具栏用于标注各种控制尺寸及添加或删除各个对象之间的相对几何关系，如图 1-16 所示。

（5）【装配体】工具栏。该工具栏用于控制零部件的管理、移动及其配合、插入智能扣件等，如图 1-17 所示。

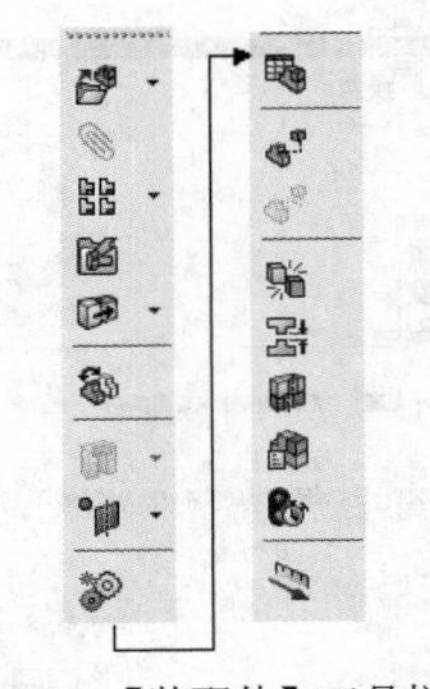

图 1-16　【尺寸/几何关系】工具栏

图 1-17　【装配体】工具栏

（6）【工程图】工具栏。该工具栏用于提供生成工程视图及对齐尺寸的工具，如图 1-18 所示。

（7）【参考几何体】工具栏。该工具栏用于提供生成或使用参考几何体的工具，如图 1-19 所示。

图 1-18　【工程图】工具栏

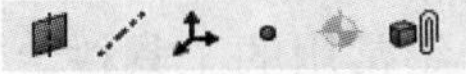

图 1-19　【参考几何体】工具栏

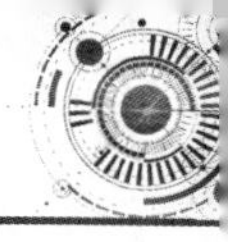

三、命令管理器

命令管理器的功能是集中管理工具栏。默认情况下，它根据文档类型嵌入相应的工具栏，并根据用户的选择动态更新工具栏，从而尽可能地扩大绘图区域。如图 1-20 所示，选择【特征】选项，则【特征】工具栏出现在命令管理器中。

图 1-20　不带文字的命令管理器

对命令管理器的操作方法如下。

- 选择菜单命令【工具】/【自定义】，打开【自定义】对话框，在【工具栏】列表框上方选中【激活 Command Manager】复选项，单击 确定 按钮，可使命令管理器显示。
- 选择菜单命令【工具】/【自定义】，打开【自定义】对话框，在【工具栏】列表框上方选中【使用带有文本的大按钮】复选项，单击 确定 按钮，则采用图标加文字的形式显示命令按钮，取消选中该复选项，则命令图标下的文字隐藏，如图 1-20 所示。

四、特征管理设计树

特征管理设计树是 SOLIDWORKS 中一个独特的部分，它可视地显示零件或装配体中的所有特征。一个特征创建好以后，就加入到特征管理设计树中，因此特征管理设计树代表了建模的时间序列。在工程图文档中则是记录视图的生成过程。

通过特征管理设计树，可以进行如下操作。

- 选择对象。
- 控制或查看建模过程。通过使用回退棒，可以将模型退回到任意一个生成位置上。回退棒的使用方法为按住鼠标左键拖曳。图 1-21 所示为回退棒处于不同位置时所生成的座体模型。

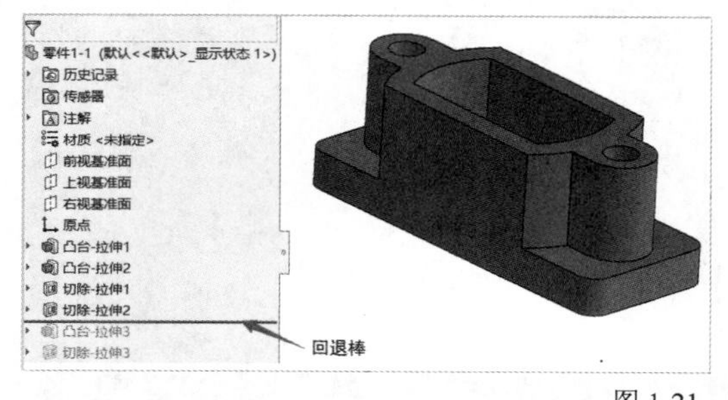

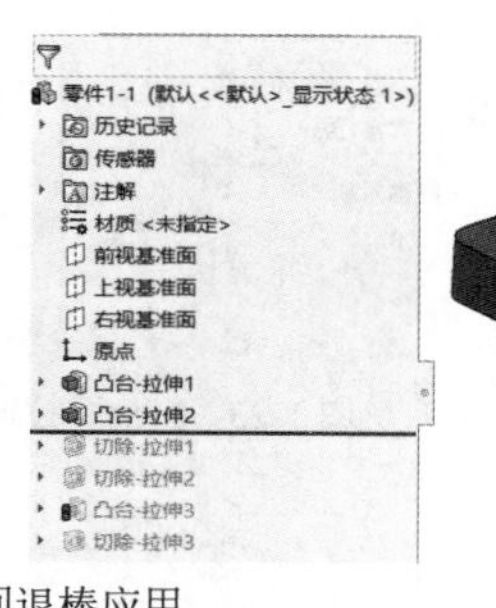

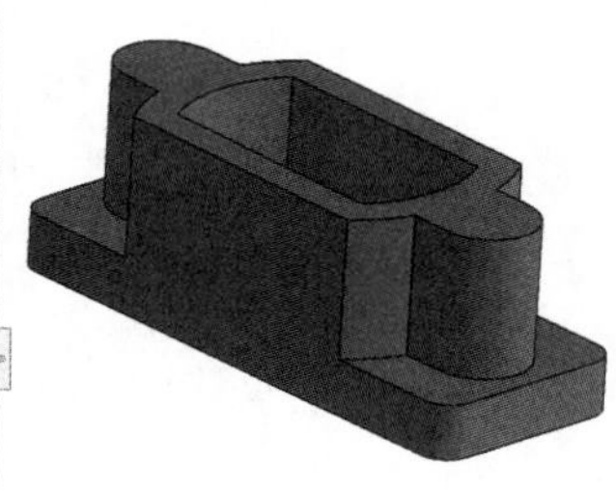

图 1-21　回退棒应用

- 更改特征生成顺序。
- 查看父子关系。
- 压缩与解除压缩特征或装配体中的零件。
- 提供编辑项目的快捷方式。在需要编辑的项目上单击鼠标右键，在弹出的快捷菜单中有多种项目功能，如对于零件模型，可以编辑特征、编辑草图等。图 1-22 所示为模型及其对应的特征管理设计树。

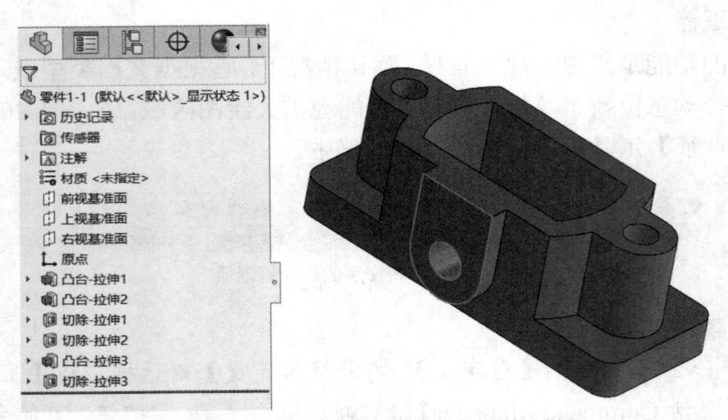

图 1-22　模型及其对应的特征管理设计树

五、属性管理器

属性管理器可以用于设置对象的属性。当在图形区域选择了某个对象时，属性管理器被激活，同时显示当前用户正在进行的命令操作或编辑实体的参数设置。在属性管理器中可以进行参数设置，也可以对已有参数进行修改或取消设置。

属性管理器与特征管理设计树处于同样的位置，当属性管理器运行时，它自动替代特征管理设计树。图 1-23 所示为【凸台-拉伸 1】特征属性管理器。

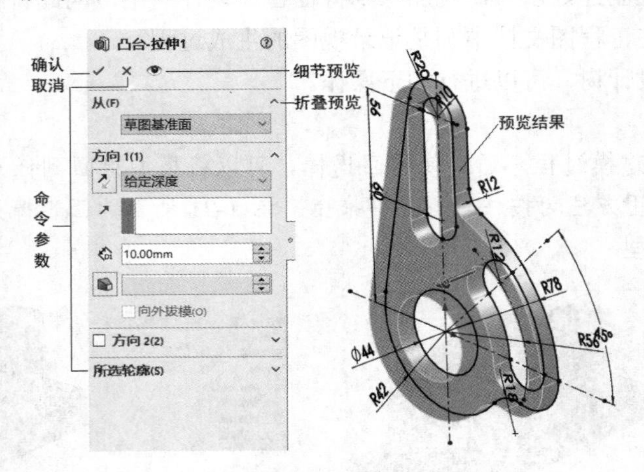

图 1-23　【凸台-拉伸 1】特征属性管理器

1.3　基本环境设置

进行设计之前，必须首先创建适合自己风格的设计环境，SOLIDWORKS 提供了各种设计的默认环境设置，并且针对不同的标准，给出不同的设计环境。设计时用户首先要选择适合自己的作图标准，然后选择合适的选项。若修改设置，可以通过【选项】命令实现。选择菜单命令【工具】/【选项】或从标准工具栏中直接单击【选项】按钮，弹出图 1-24 所示的【系统选项(S)-普通】对话框，通过该对话框可以定制符合自己要求的设计环境。

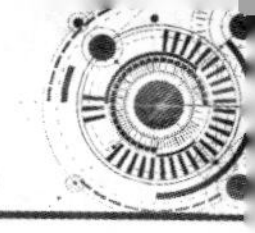

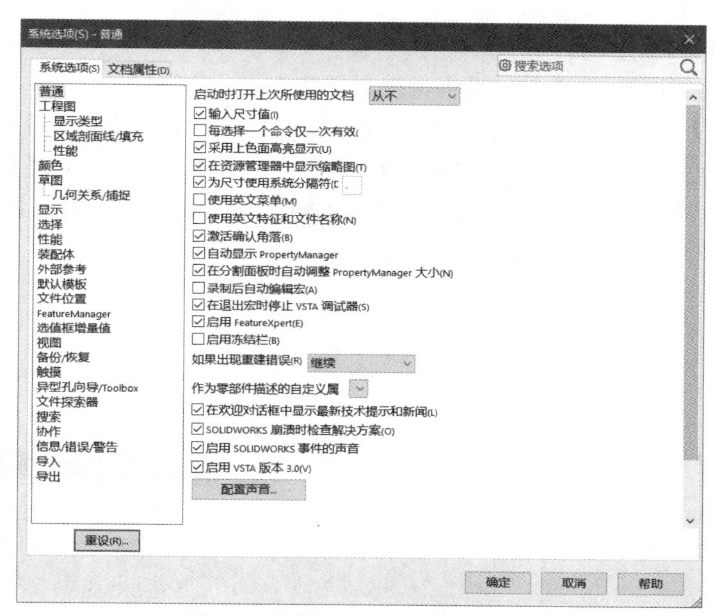

图 1-24 【系统选项(S)-普通】对话框

1.3.1 【系统选项(S)】选项卡

【系统选项(S)】选项卡中的设置保存在注册表中，不是文件的一部分，对【系统选项(S)】选项卡的修改会影响当前和以后的所有文件。例如，在【系统选项(S)】选项卡中，可以进行模型显示方案、图像品质、颜色配置方案等的设置。

1.3.2 【文档属性(D)】选项卡

【文档属性(D)】选项卡仅用于当前文件，仅在文件打开时可用。选择【文档属性(D)】/【绘图标准】，可以对其下的【注解】和【尺寸】等分支选项进行设置。选择【文档属性(D)】/【单位】，可对单位进行设置。使用【文档属性(D)】选项卡可以创建各种设计模板，新文件从用于生成文件的模板文件属性中获得其文件设置。关于具体设计环境的设置，本书将会在使用中介绍。

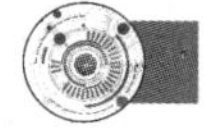

1.4 SOLIDWORKS 基本操作

1.4.1 视图定向

控制视图是一种基本操作。通过【标准视图】工具栏和前导工具栏可实现视图显示控制，如图 1-25 所示。单击【视图定向】按钮 或按空格键，弹出【方向】对话框，如图 1-26 所示。双击某一视角选项，可以将视角方向改为该视角，此功能与工具栏等效。

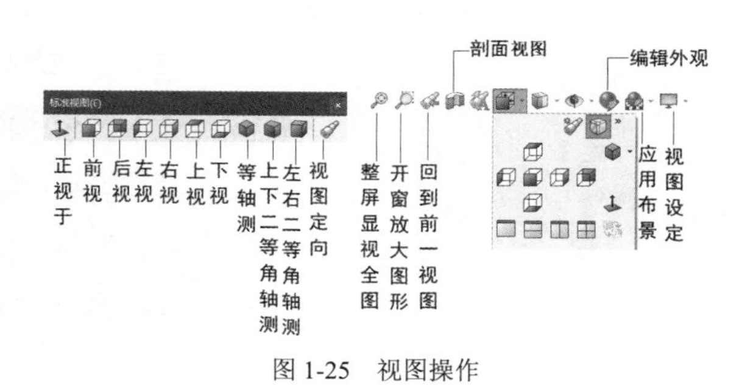

图 1-25 视图操作

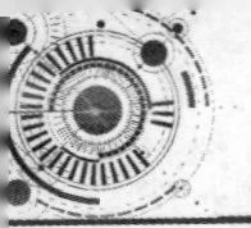

视图定向功能的应用说明如下。

（1）【图钉】按钮 用于使对话框保持显示状态。

（2）【新视图】按钮，用于添加标准视图以外的新视角，以便今后方便再现。将模型旋转、缩放至所需的位置，单击按钮后出现【命名视图】对话框，在【视图名称】文本框中输入名称“A”，如图 1-27 所示，然后单击 确定 按钮，即将当前视图命名为 A，此后在【方向】对话框中就增加了一个“A”向视图。

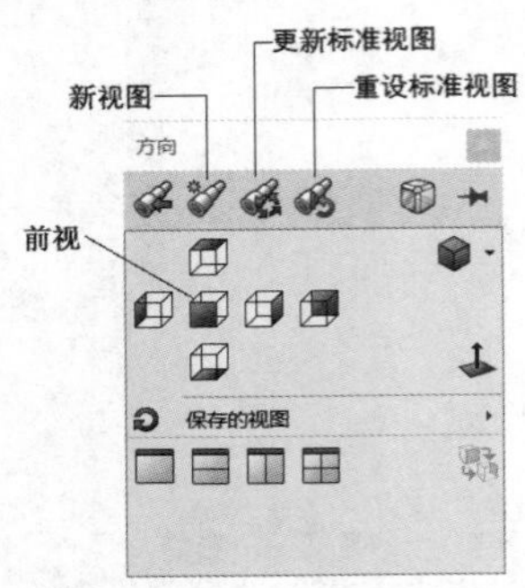

图 1-26 【方向】对话框

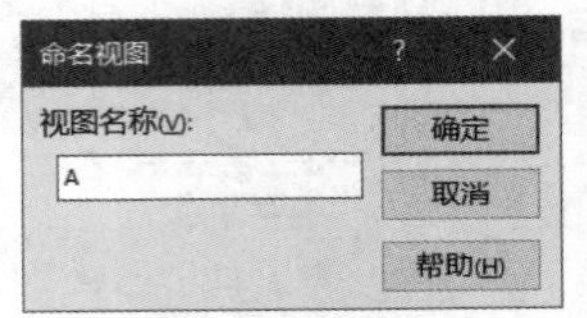

图 1-27 命名新视图

（3）【更新标准视图】按钮。建立零件时，第一个特征的草绘平面很重要，它决定了工程图中视图的方向，如果发现当前视角与实际不符，则可通过该命令更改当前的视图方向。

以图 1-28（a）为例，把原视图中的“上视”改为“前视”。

先将模型以“上视”显示（即以原视图方向显示），按空格键打开【方向】对话框，单击“前视”（即设定更改后的视图方向），单击【更新标准视图】按钮，出现提示对话框（见图 1-29），单击 是(Y) 按钮确认，结果如图 1-28（b）所示。

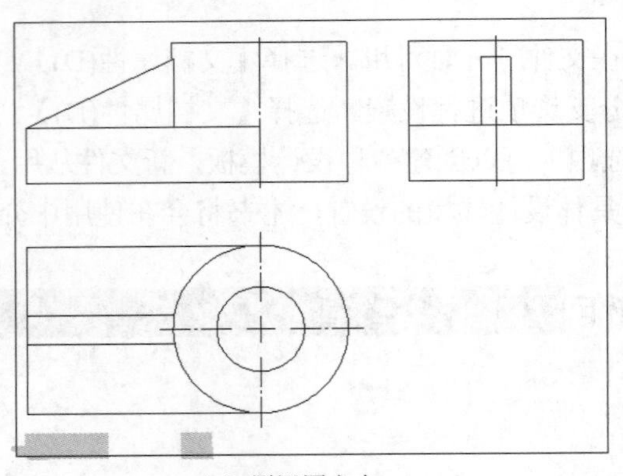

（a）原视图方向

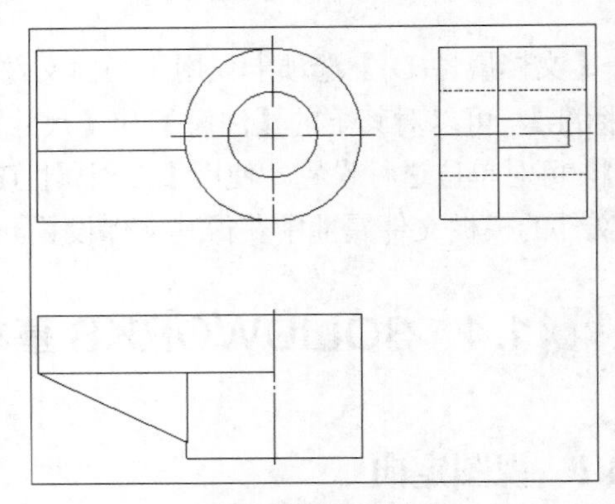

（b）更改后的视图方向

图 1-28 更改视图方向

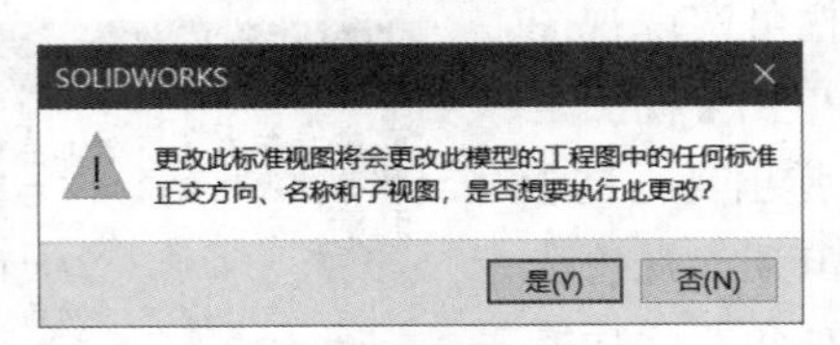

图 1-29 提示对话框

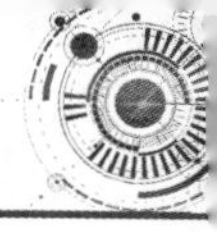

1.4.2 模型显示样式

模型的显示样式有 14 种，如表 1-1 所示，其中几种主要的显示样式如表 1-2 所示。

表 1-1 模型显示样式

按钮	功能	按钮	功能
	线架图		透视图
	隐藏线可见		剖面视图
	消除隐藏线		相机视图
	带边线上色		曲率视图
	上色		斑马条纹
	环境封闭		卡通
	上色模式中的阴影		应用布景

表 1-2 几种主要的显示样式应用

显示样式	应用示例	显示样式	应用示例
线架图		隐藏线可见	
消除隐藏线		带边线上色	
上色		上色模式中的阴影	
剖面视图		斑马条纹	

1.4.3 常用快捷键

SOLIDWORKS 是专门针对 Windows 环境开发的应用程序，其用户界面与 Windows 应用软件十分相似，如文件操作、复制、粘贴、删除、退回等均遵循了 Windows 的操作习惯。表 1-3 所示为 SOLIDWORKS 的常用快捷键。

表 1-3 常用快捷键

功　能	快 捷 键	功　能	快 捷 键	功　能	快 捷 键
屏幕缩小	Z	视图定向	SpaceBar（空格键）	文件切换	Ctrl+Tab
屏幕放大	Shift+Z	重建模型	Ctrl+B	直线/圆弧切换	A
屏幕重绘	Ctrl+R	撤销	Ctrl+Z	新建文件	Ctrl+N
平移	Ctrl + ←、↑、→、↓	剪切	Ctrl+X	打开文件	Ctrl+O
旋转	←、↑、→、↓	复制	Ctrl+C	保存文件	Ctrl+S
自转	Alt+ ←、→	粘贴	Ctrl+V	打印	Ctrl+P
放弃某项操作	Esc	删除	Del	帮助	F1

 1.5 简单实例——压盖造型

本节将通过一个简单零件——压盖（见图 1-30）的创建，介绍 SOLIDWORKS 的设计流程。创建零件模型的一般步骤如下。

压盖造型

（1）进入零件的创建界面。

（2）分析零件，确定零件的创建顺序。

（3）画出零件草图，创建和修改零件的基本特征。

（4）创建和修改零件的其他辅助特征。

（5）完成零件所有特征的创建和修改，保存零件的造型。

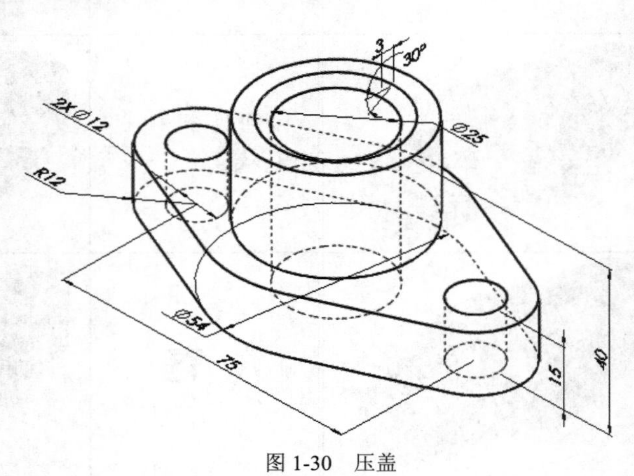

图 1-30 压盖

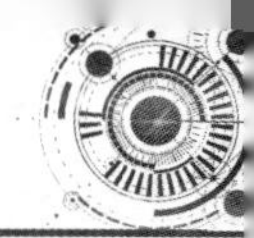

压盖造型的步骤如下。

1. 选择菜单命令【文件】/【新建】，在弹出的【新建 SOLIDWORKS 文件】对话框中选择【零件】选项，单击 确定 按钮进入零件设计界面。

2. 在特征管理设计树中选择【上视基准面】选项，进入命令管理器中的【草图】选项卡，单击按钮进入草绘界面。

3. 单击按钮，过原点绘制水平和竖直中心线，如图 1-31 所示。

要点提示

通过原点的直线显示为黑色，而不过原点的直线，显示为蓝色，需添加直线与原点重合约束。

4. 以“圆心/起点/终点”方式绘制圆弧。单击按钮，在水平中心线上选择一点为圆心，再指定起点和终点，此处起点应在水平中心线上，如图 1-32 所示。

图 1-31　绘制中心线　　　　图 1-32　绘制圆弧

5. 绘制直线。单击按钮，绘制圆弧的切线，如图 1-33 所示。

要点提示

系统会显示相切约束符号。如果不相切，需添加约束。

6. 绘制切线弧。单击按钮，从线段的端点开始画弧，至竖直中心线结束，结果如图 1-34 所示。

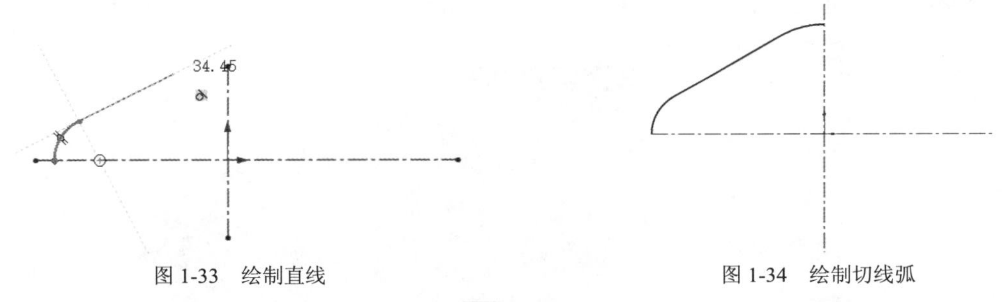

图 1-33　绘制直线　　　　图 1-34　绘制切线弧

7. 以“圆心半径”方式绘制圆。单击按钮，圆心要与圆弧的圆心重合，在合适的位置处单击鼠标左键确定半径，结果如图 1-35 所示。

要点提示

指定圆心的方法为用鼠标光标划过圆弧，其圆心会显示出来，此时单击该圆心，就可以保证两圆心重合。

8. 做水平方向镜像。单击按钮，出现图 1-36（a）所示的【镜像】对话框，在【要镜像的实体】列表框中选择轮廓及圆，在【镜像点】列表框中选择竖直中心线（直线4），预览如图 1-36（b）所示。

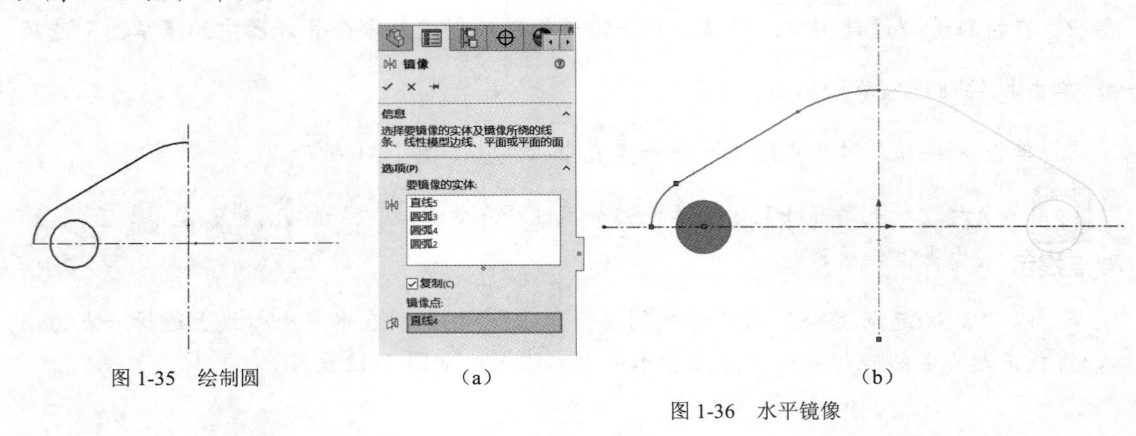

图 1-35　绘制圆　　（a）　　（b）

图 1-36　水平镜像

9. 做竖直方向镜像。单击按钮，选择轮廓线作为镜像实体，选取水平中心线（直线3）作为镜像点，预览如图 1-37 所示。

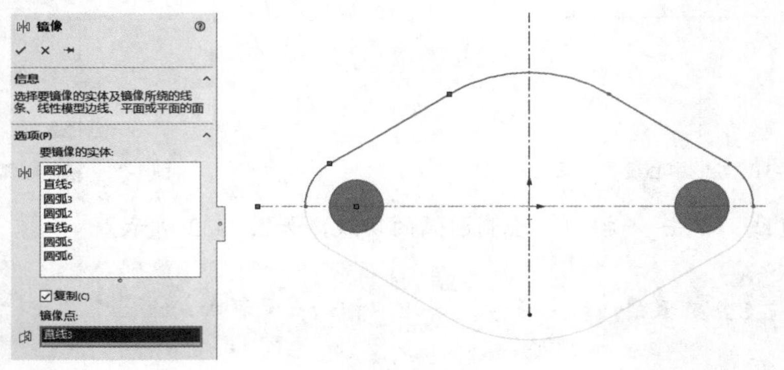

图 1-37　竖直镜像

10. 标注尺寸。单击【智能尺寸标注】按钮，鼠标光标显示为，单击鼠标左键选择圆，系统弹出尺寸【修改】对话框，如图 1-38 所示。

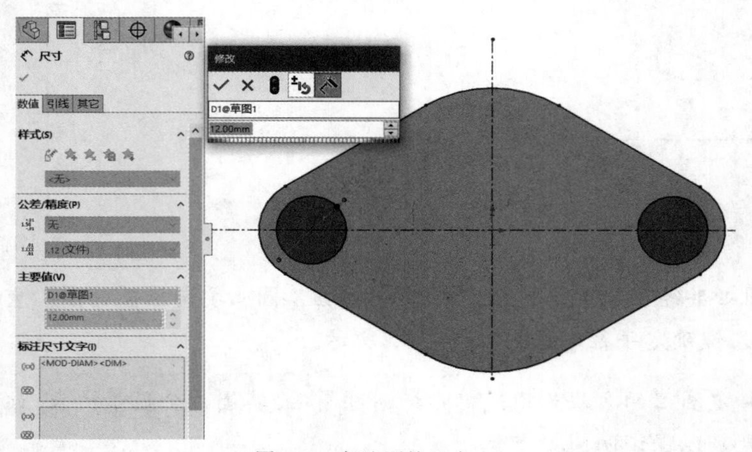

图 1-38　标注圆的尺寸

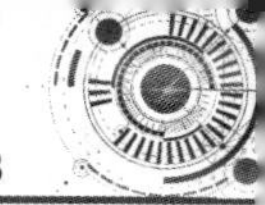

在【修改】框中输入“12.00mm”，单击✓按钮，完成$\phi 12$的标注。在【尺寸】属性管理器的【引线】选项卡中设置尺寸和箭头样式，如图 1-39 所示。然后继续标注其他尺寸。

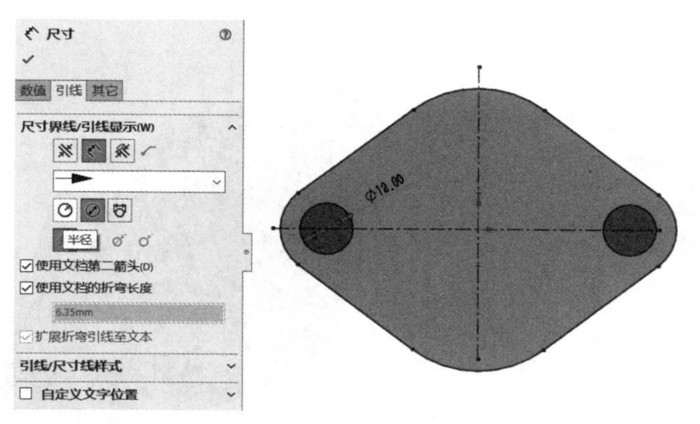

图 1-39　修改尺寸引线对齐方式

11. 添加约束。选择圆弧 $R27$ 的圆心及草图原点，单击⊥按钮，在【添加几何关系】栏下选择【重合】选项⋀，单击✓按钮完成添加约束的操作。添加过程如图 1-40 所示。

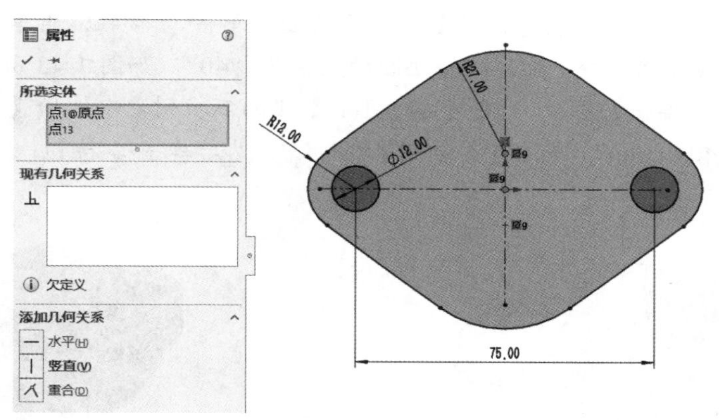

图 1-40　添加重合约束

要点提示

按住 Ctrl 键可选中两个或多个实体。

单击绘图区右上角的按钮，退出草图绘制，完成的草图如图 1-41 左图所示。选中 $R27$ 尺寸线，单击鼠标右键，在弹出的快捷菜单中选择【显示选项】/【显示成直径】命令，结果如图 1-41 右图所示。

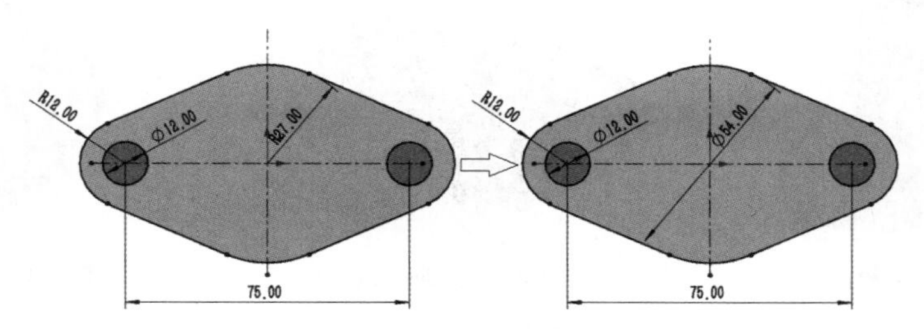

图 1-41　完成后的草图效果

12. 打开【特征】选项卡，单击按钮，系统弹出【凸台-拉伸】对话框，在【方向 1(1)】栏的下拉列表中选择【给定深度】选项，输入深度值“15.00mm”后，单击按钮结束凸台-拉伸操作，如图 1-42 所示。

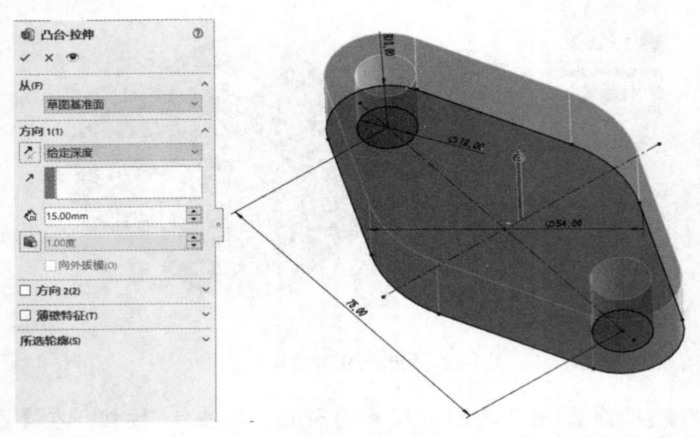

图 1-42　拉伸

13. 绘制草图。选择【上视基准面】作为草绘面，单击按钮，再单击按钮，以原点为圆心绘制一个圆。单击按钮，标注圆的直径为“40”，如图 1-43 所示。

14. 生成圆柱。单击按钮，在【方向 1(1)】栏的下拉列表中选择【给定深度】选项，并输入深度值为“40.00mm”，单击【等轴测】按钮，然后单击按钮，拉伸结果如图 1-44 所示。

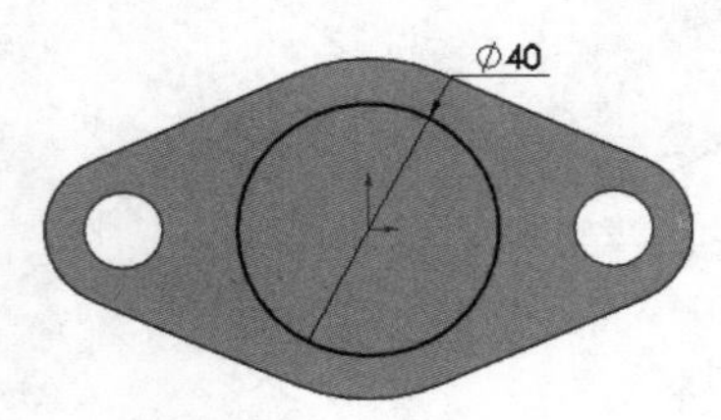

图 1-43　绘制圆及标注尺寸

图 1-44　拉伸结果

15. 绘制草图。选择圆柱顶面作为新的草绘面，如图 1-45 所示。单击按钮，再单击按钮画圆。单击按钮，标注圆的直径尺寸为“25”，如图 1-46 所示。

16. 单击按钮，在【方向 1(1)】栏的下拉列表中选择【完全贯穿】选项，单击按钮，拉伸切除结果如图 1-47 所示。

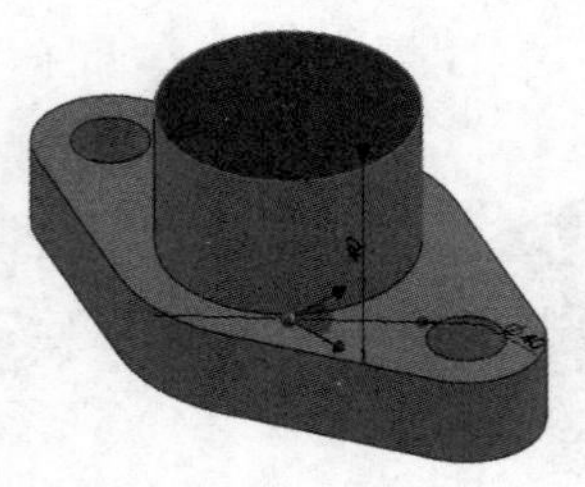

图 1-45　选择草绘面

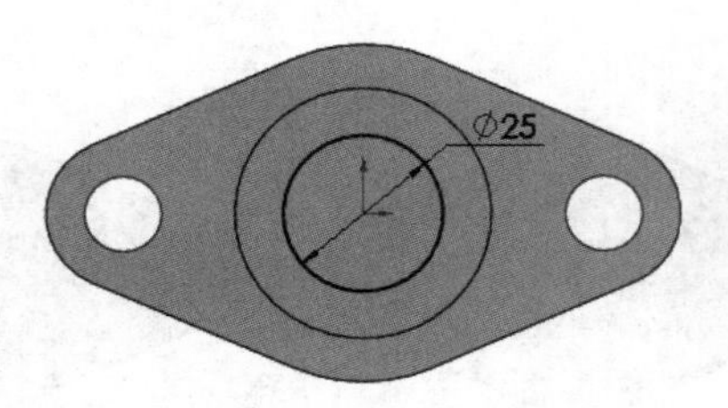

图 1-46　绘制圆并标注尺寸

图 1-47　拉伸切除结果

17. 单击按钮，选择【角度距离】选项，在【倒角参数】栏中选择倒角边线，输

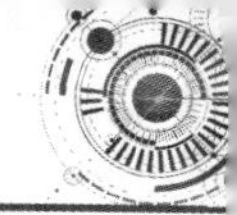

入距离为“3.00mm”、角度为“30.00 度”，倒角预览如图 1-48 所示。单击✔按钮，结果如图 1-49 所示。

18. 保存文件。单击💾按钮，在弹出的【另存为】对话框中输入文件名“压盖”，选择文件的【保存类型】为【零件(*.prt; *.sldprt)】，如图 1-50 所示。

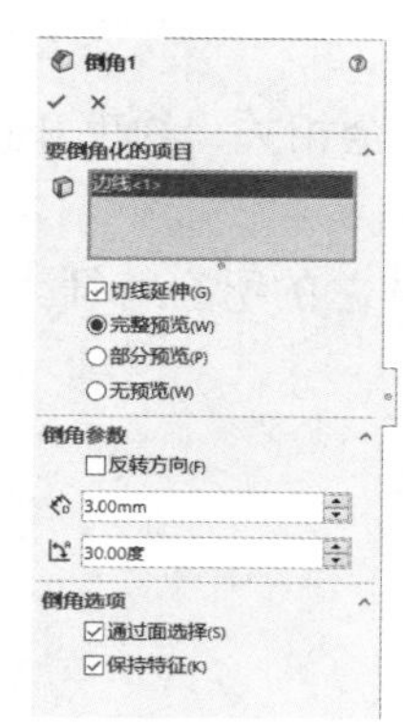

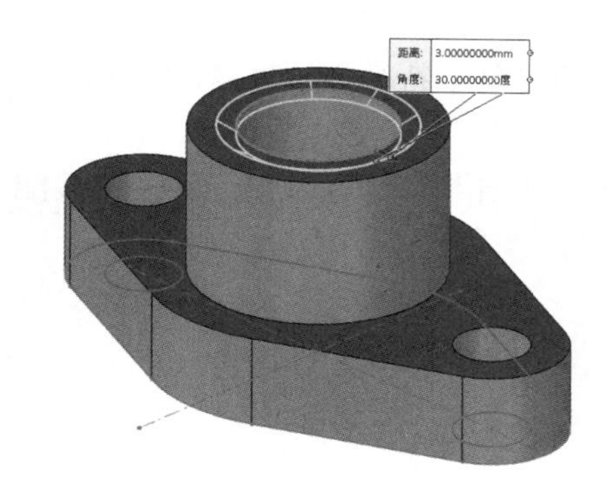

图 1-48　倒角预览效果

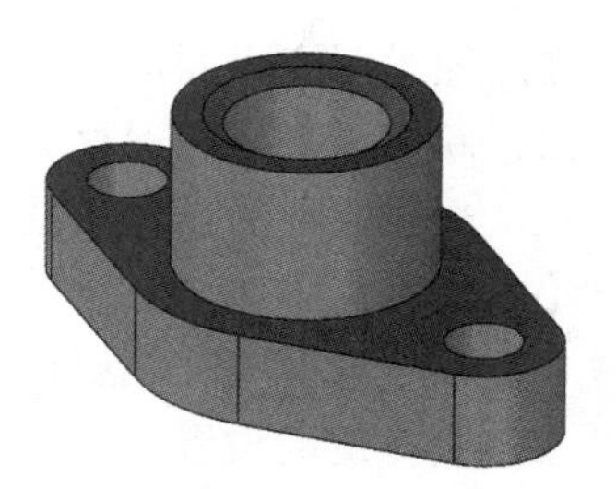

图 1-49　倒角结果

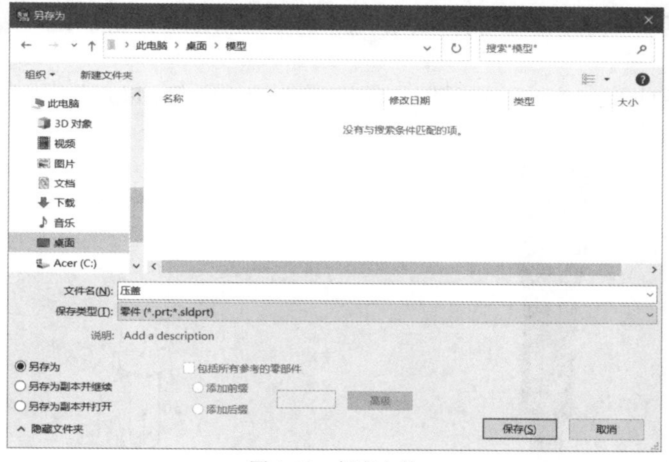

图 1-50　保存文件

要点提示

图 1-51 列出了文件打开和保存时，所有可与 SOLIDWORKS 通信的文件类型。目前常见的 CAD 文件均可在 SOLIDWORKS 中打开，同样 SOLIDWORKS 也可输出文件到这些 CAD 系统中。

（a）打开文件类型　　（b）保存文件类型

图 1-51　文件类型

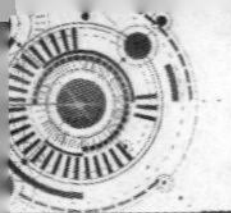

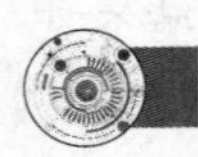

1.6 小结

本章介绍了 SOLIDWORKS 软件的特点、环境和用户界面。

【本章重点】

1. SOLIDWORKS 软件的主要特点是基于特征、参数化、实体建模、全相关、约束和设计意图。
2. 熟悉用户界面，FeatureManager 设计树能形象地显示零件或装配体总的所有特征。
3. 新建、打开和保存文件。
4. 一般零件的设计流程。

【本章难点】

1. 系统设置与文档属性设置。
2. 快捷键的设置。

1.7 习题

新建零件，绘制图 1-52 所示的手柄，保存零件为“手柄.sldprt”。

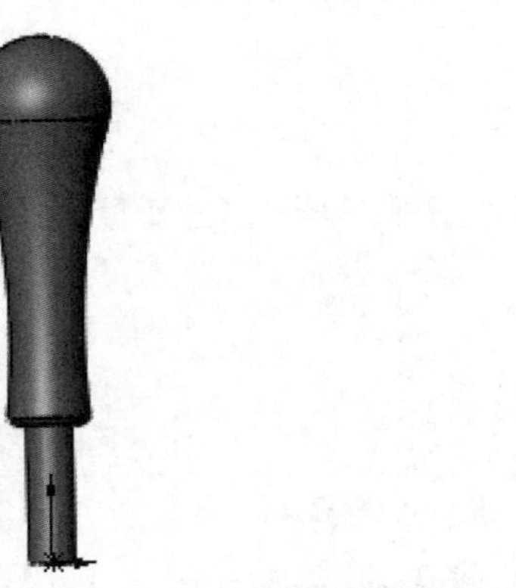

图 1-52 手柄

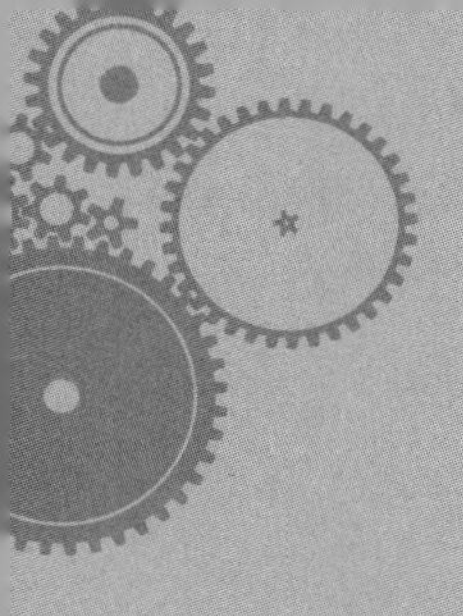

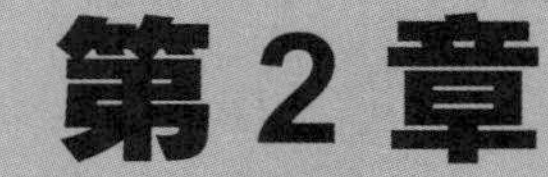

第2章

建模基础——草图绘制

知识目标： 掌握在零件中创建新草图、编辑草图的方法。
使用草图实体和草图工具绘制平面图形。
理解草图的状态，能够在几何体之间创建草图关系。
能力目标： 能够根据设计意图绘制正确的草图。
素质目标： 通过对草图绘制和尺寸标注的学习，养成严谨的绘图习惯。

无论是基于轮廓的实体，还是使用草图驱动的实体，在形成实体之前都必须绘制草图，如图2-1所示。

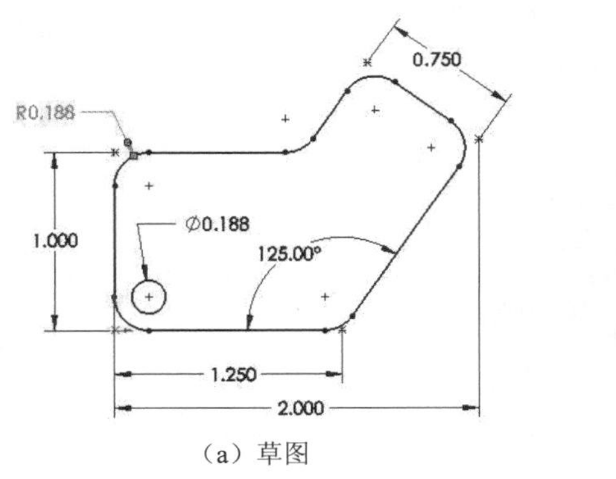

（a）草图

（b）实体

图2-1 草图与实体

要绘制草图必须掌握如何进入草图编辑状态，如何退出草图编辑状态，如何绘制草图实体（点、直线、圆及圆弧等），如何对已绘制的草图实体进行编辑（剪裁、延伸、镜像、阵列与复制等），本章将详细介绍这些内容。

2.1 了解草图

草图是由点、直线、圆弧等基本几何元素构成的封闭的或不封闭的几何图形。草图中包括形状、几何关系和尺寸标注3方面的信息。SOLIDWORKS特征大部分是草绘特征，因此

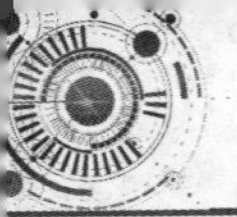

使用草图命令绘制特征截面在零件设计中是非常重要的。

2.1.1 草图的进入与退出

一、草图的进入

进入草图，首先要进入零件编辑界面。草图必须在平面上绘制。这个平面可以是基准面，也可以是特征的平面表面。绘制草图时，应首先明确草图的绘制平面。

1. 建立新零件，选择草绘平面

- 选择菜单命令【文件】/【新建】，在弹出的【新建 SOLIDWORKS 文件】对话框中选择【零件】选项，然后单击 确定 按钮。
- 选择特征管理设计树中某个基准面作为草绘平面。系统默认的是前视、上视、右视 3 个基准面。

2. 进入草图绘制界面

在零件设计界面中，选择绘制草图的平面后，可用下述方法之一进入草图绘制界面。

- 在命令管理器中进入【草图】选项卡，单击按钮。
- 选择菜单命令【插入】/【草图绘制】。
- 选中平面后，在绘图区单击鼠标右键，在弹出的快捷菜单中单击按钮。

3. 认识草图绘制界面

进入草图以后，出现草图绘制界面，如图 2-2 所示。

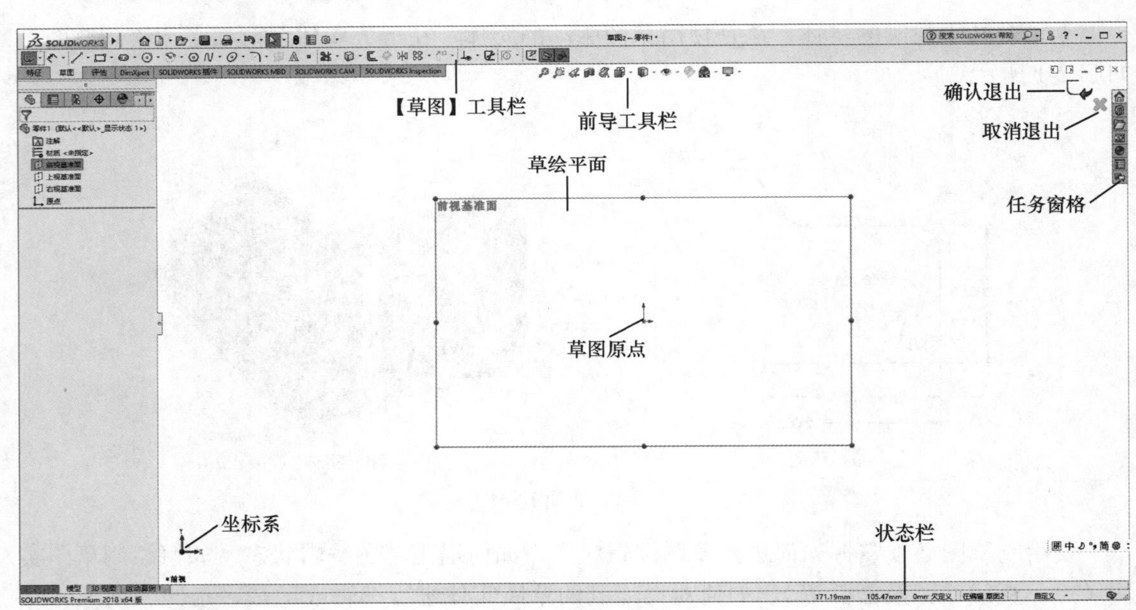

图 2-2 草图绘制界面

（1）【草图】工具栏。【草图】工具栏集中了各种绘制草图的命令按钮，单击其上的按钮，即可执行相应的草图命令。草图命令也可通过菜单栏调用。

（2）草图原点。草图原点在窗口中以红色实心圆点显示，用户不能对其进行隐藏操作。通过草图原点，用户可以定义草图的位置和尺寸。

（3）状态栏。状态栏自左至右依次显示版本、鼠标指针的当前位置、草图的状态及正在

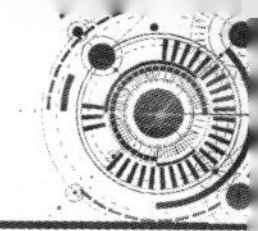

编辑的草图的名称。

（4）常用菜单栏。绘制草图时，选择菜单栏中的【工具】选项，可以调用相关命令，如图 2-3 所示。

【草图绘制实体】菜单如图 2-4 所示，其中包括草图绘制的常用命令，利用该菜单可完成草图绘制。【草图工具】菜单主要包含编辑草图的常用命令，如倒角、圆角、剪裁、镜像、复制和移动等，如图 2-5 所示。在实际绘图时，多使用【草图】工具栏调用相关命令。

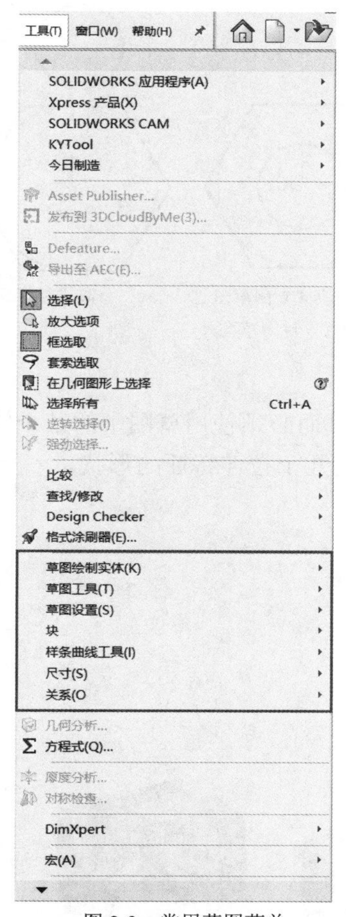

图 2-3　常用草图菜单

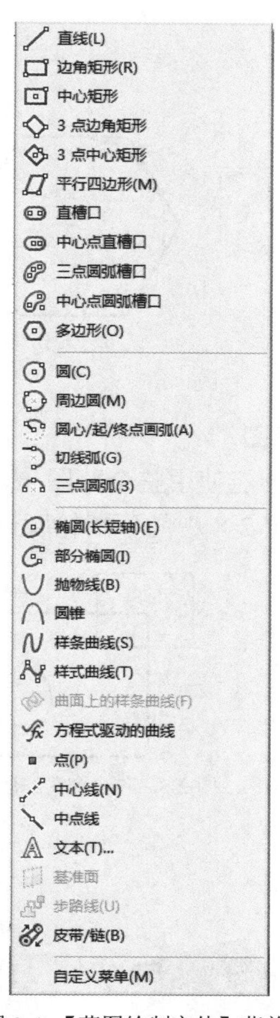

图 2-4　【草图绘制实体】菜单

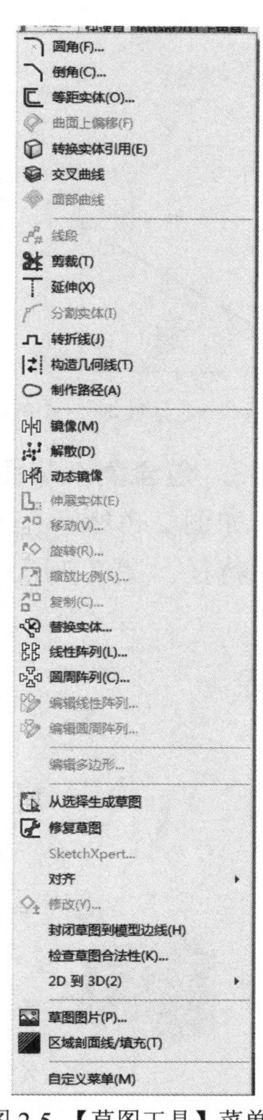

图 2-5　【草图工具】菜单

二、草图的退出

进入草图以后，可用下述方法之一退出草图。

- 在工具栏中单击 按钮。
- 按 Esc 键。
- 选择菜单命令【插入】/【退出草图】。
- 单击鼠标右键，从弹出的快捷菜单中单击 按钮。
- 单击绘图区右上角的 按钮，如图 2-2 所示。

三、草图种类

草图分为以下 3 类。

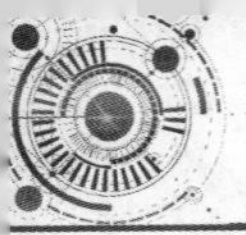

1. 不封闭草图

不封闭草图用于建立薄壁特征、曲面特征、扫描特征的扫描轨迹、放样特征的中心控制线等，如图 2-6 所示。

2. 封闭草图

封闭草图用于表示拉伸、旋转特征等的截面形状。封闭特征又分为单一封闭、嵌套式封闭、分离式封闭等，如图 2-7 所示。对于分离式封闭的草图，则可能建立多实体。

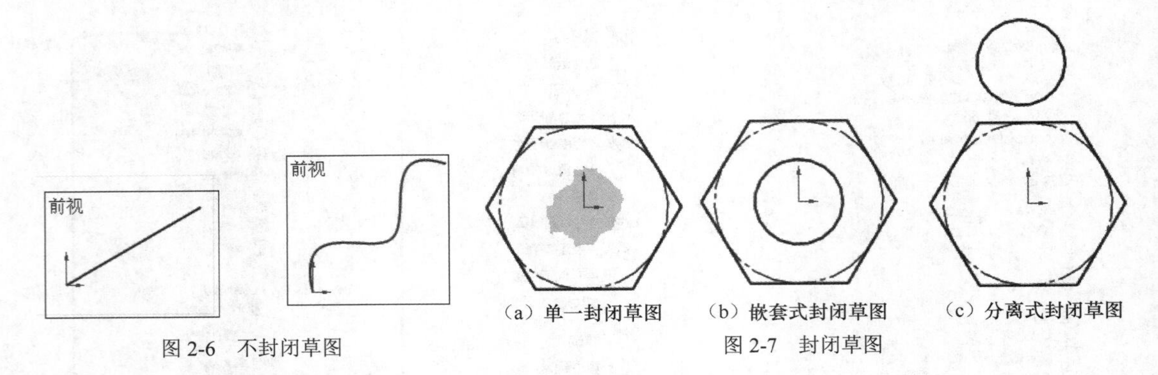

（a）单一封闭草图　（b）嵌套式封闭草图　（c）分离式封闭草图

图 2-6　不封闭草图

图 2-7　封闭草图

3. 包含复杂草图轮廓的草图

如图 2-8 所示，这种草图不能使用整个草图来建立特征，而必须使用草图中的某个轮廓建立特征。图 2-9 所示为利用图 2-8 中的草图轮廓可能建立的几个拉伸特征的形状。

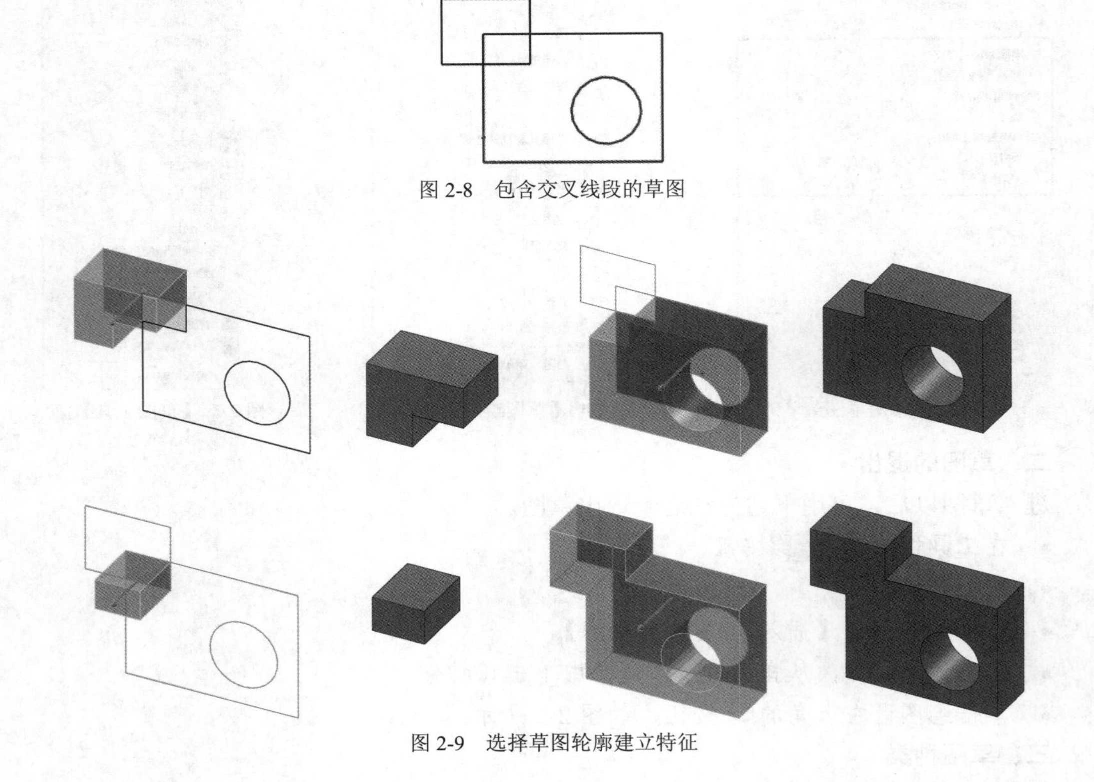

图 2-8　包含交叉线段的草图

图 2-9　选择草图轮廓建立特征

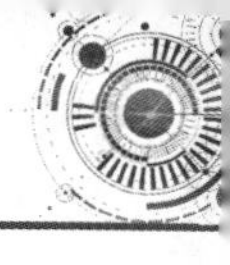

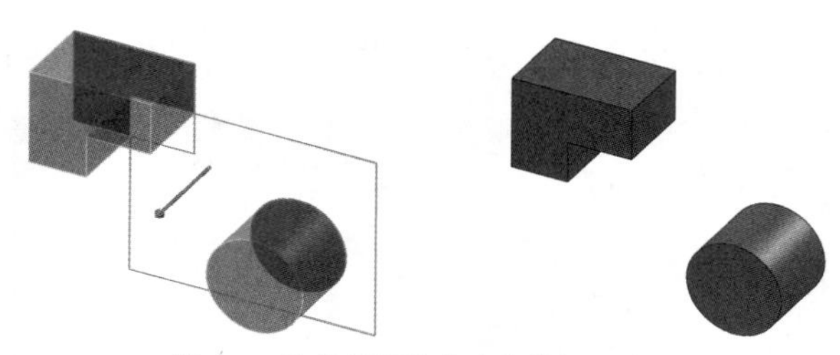

图 2-9　选择草图轮廓建立特征（续）

四、草图状态

在绘图过程中要注意观察图线的颜色（默认设置），不同的颜色代表不同的草图状态。草图状态由草图中几何体之间的几何关系和尺寸来定义。任何时候，草图都处于 3 种定义状态（欠定义、完全定义和过定义）之一。一个完整的草图，应处于完全定义的状态。

1. 欠定义——蓝色

欠定义是指草图的不确定的定义状态，此种草图也可以用来创建特征。欠定义在零件的早期设计阶段很有用，因为在早期设计阶段并没有足够的信息对草图进行全面的定义。随着设计的深入，会逐步得到更详细的信息，这时可以随时为草图添加其他的定义。欠定义草图几何元素是蓝色的，可改变形状。

2. 完全定义——黑色

完全定义是指草图具有完整的信息。完全定义草图几何元素是黑色的（默认设置）。一般来说，零件最终设计完成后，零件的每一个草图都应该是完全定义的。

3. 过定义——红色

过定义是指草图中有重复的尺寸或互相冲突的约束，应该删除多余的尺寸或约束。过定义的草图只有在修改正确后才能使用，其几何元素是红色的（默认设置）。

另外，草图中还有可能出现一些其他颜色的草图状态。

4. 无解——粉色

无解是指系统无法根据草图几何元素的尺寸或约束得到合理的解。无解的草图几何元素使用粉色表示。

5. 无效几何体——黄色

无效几何体是草图虽可解出但会导致无效的几何体，如零长度线段、零半径圆弧或相交叉的样条曲线等。无效的草图几何元素使用黄色表示。

6. 悬空——褐色

由于某种原因，草图中存在的几何关系或尺寸找不到原来的参考，导致关系和尺寸悬空。悬空的草图几何元素使用褐色表示。

2.1.2　草图绘制环境

在绘制草图时，常需要对单位、线宽、颜色及背景等进行设置，这些选项都可在草图环境设置选项中找到。

一、草图环境设置选项

选择菜单命令【工具】/【选项】，或者直接单击【标准】工具栏中的⚙按钮，弹出【系统选项(S)-普通】对话框，选择【草图】选项，可看到草图环境设置选项，如图 2-10 所示。图中为默认设置，用户可自行设置，若要返回初始状态，单击对话框下部的 重设(R)... 按钮即可。

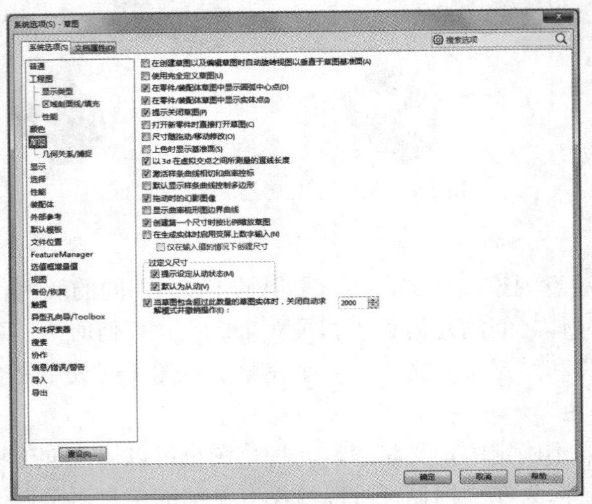

图 2-10　草图环境设置选项

草图环境设置选项的说明如表 2-1 所示。

表 2-1　草图环境设置选项说明

选　项	说　明
【使用完全定义草图】	草图必须完全定义才可以用来生成特征
【在零件/装配体草图中显示圆弧中心点】	在草图中显示圆弧的中心点
【在零件/装配体草图中显示实体点】	显示草图实体的端点为实圆点。该圆点的颜色反映草图实体的状态：黑色——完全定义，蓝色——欠定义，红色——过定义，绿色——所选的
【提示关闭草图】	当使用具有开环轮廓的草图来创建凸台，而该草图可以借助模型的边线来封闭时，系统打开【封闭草图至模型边线】对话框
【打开新零件时直接打开草图】	以前视基准面上的激活草图打开一个新零件
【尺寸随拖动/移动修改】	允许拖动草图实体以动态修改对应尺寸
【上色时显示基准面】	采用上色方式显示基准面
【以 3d 在虚拟交点之间所测量的直线长度】	从虚拟交点测量直线长度，而不是从 3D 草图中的端点
【激活样条曲线相切和曲率控标】	为相切和曲率显示样条曲线控标
【默认显示样条曲线控制多边形】	显示控制多边形以操纵样条曲线的形状
【拖动时的幻影图像】	在拖动草图时，显示草图实体原有位置的幻影图像
【显示曲率梳形图边界曲线】	显示或隐藏随曲率检查梳形图所用的边界曲线
【在生成实体时启用荧屏上数字输入】	在生成草图绘制实体时显示数字输入字段来指定大小
【提示设定从动状态】	当添加一个过定义尺寸到草图时，会出现对话框询问尺寸是否为从动
【默认为从动】	当添加一过定义尺寸到草图时，默认设定为从动

各选项如何影响草图绘制，用户可在实践中慢慢体会。

二、草图行为方式设置选项

在【工具】/【草图设置】菜单中还有一些设定草图行为方式的相关命令，如图 2-11 所示。

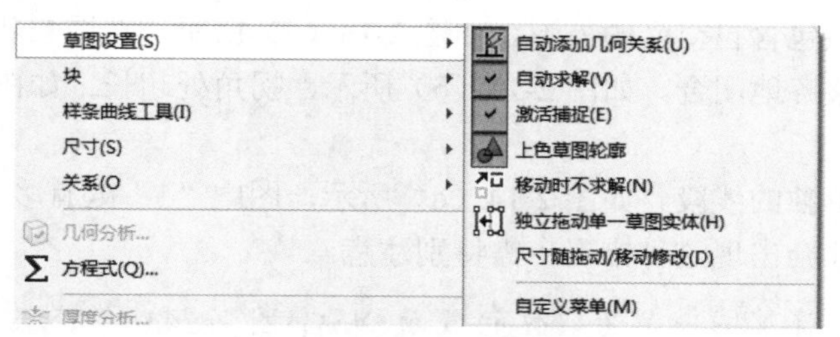

图 2-11　草图行为方式设定

同二维 CAD 软件一样，SOLIDWORKS 提供了辅助绘图工具，如捕捉和网格。

1. 捕捉与自动捕捉

捕捉是在草绘过程中自动对齐的一种模式。捕捉是通过选择菜单命令【工具】/【选项】，在弹出的【系统选项(S)-普通】对话框的【系统选项】选项卡的【几何关系/捕捉】中来设定的，如图 2-10 所示。开启捕捉可确保准确而迅速地完成草图绘制，建议开启所有捕捉设定。

或者单击 按钮，打开【系统选项(S)-普通】对话框，在【文档属性】选项卡中选择【网格线/捕捉】选项，进入网格线设置界面，如图 2-12 所示，可设定网格间距大小及捕捉特性等。

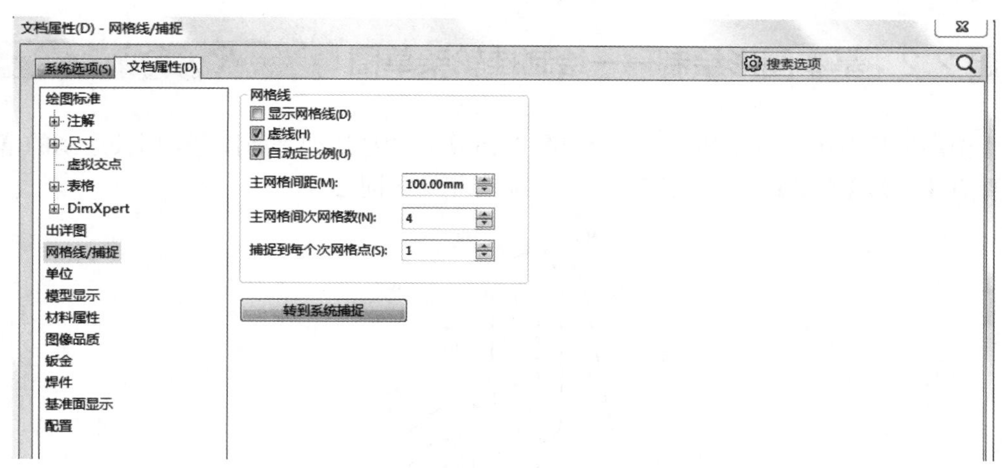

图 2-12　网格线设置

另外，SOLIDWORKS 提供了快速捕捉功能，如果在【系统选项(S)-普通】对话框中取消了激活捕捉，可在【快速捕捉】工具栏中临时开启捕捉模式。在【草图】工具栏中单击 按钮，弹出的下拉菜单如图 2-13 所示，从中选择所需要的捕捉方式。

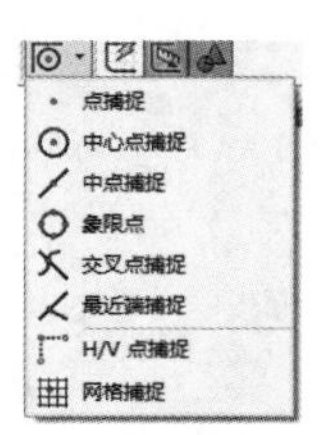

图 2-13　【快速捕捉】工具栏及下拉菜单

2. 网格显示与隐藏

选择菜单命令【视图】/【隐藏/显示】/【网格】，可以设定网格是否显示，由于 SOLIDWORKS 的参数化技术可以保证草图尺寸和形状互动，因此网格显示与捕捉意义不大，建议在草绘时关闭网格显示及捕捉。

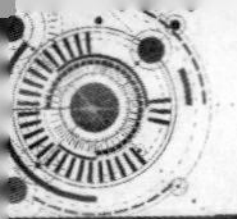

2.1.3 草图绘制规则

草图绘制规则有以下几点。

（1）草图不应该包含自交叉的外形。如图 2-14（a）所示，草图自相交叉。

（2）拐角处应整齐地闭合。如图 2-14（b）所示，拐角处超长；如图 2-14（c）所示，拐角处有缺口。

（3）不允许有单独的线段。如图 2-14（d）所示，图中“1”处有多余线段，“2”处有线段重叠。初学者往往会出现这种错误，需特别注意。

要点提示

一般可将草图理解为实体的截面轮廓，图 2-14（a）交叉处无材料，图 2-14（c）不封闭的草图只能产生薄壁特征，图 2-14（b）和图 2-14（d）有零厚度线存在。

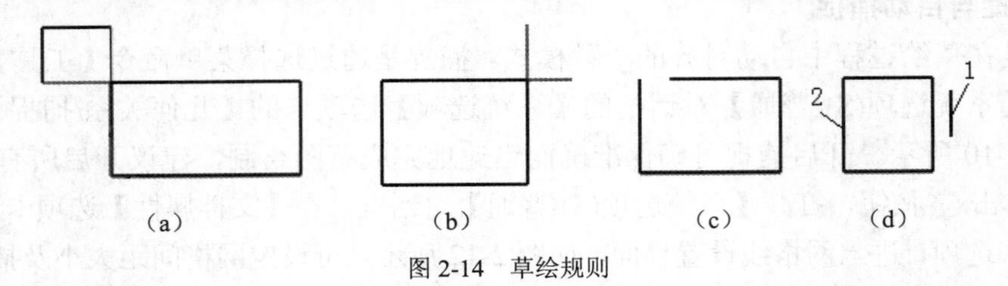

图 2-14 草绘规则

2.2 基本图形绘制——绘制挂轮架草图

本节将应用草图绘制实体命令，绘制图 2-15 所示的挂轮架平面图形。需要用到的草图命令主要有【直线】【圆】及【圆弧】，几何关系有相切、同心等。

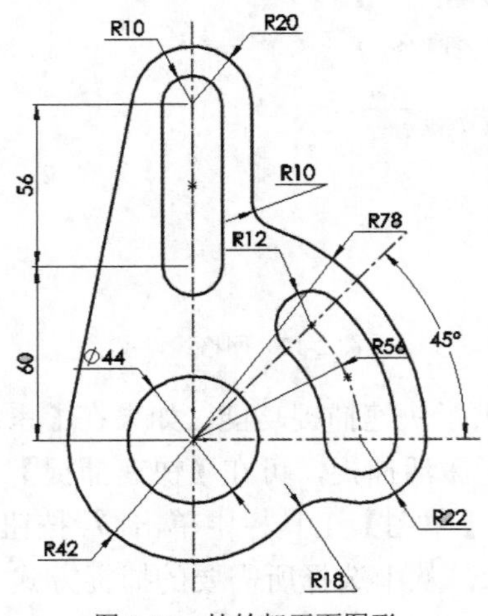

图 2-15 挂轮架平面图形

2.2.1 草图绘制方法

一、草图绘制一般方法

用草图绘制几何体有以下两种方法。

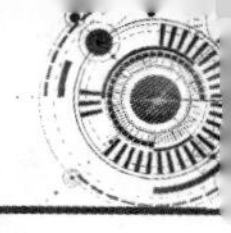

- 单击-单击式。操作方法为单击鼠标左键，释放鼠标左键，移动到新的位置再单击鼠标左键。
- 单击-拖曳式。操作方法为单击鼠标左键，按住鼠标左键并拖曳鼠标光标到新的位置后释放鼠标左键。

每个草图实体绘制完成后，控制区均会显示相应的属性管理器，通过属性管理器可调整草图实体的相关要素。

二、【选择】命令的应用

【选择】命令在草绘中经常用到，其功能如下。

（1）选择草图实体。

（2）拖曳草图实体或端点改变实体形状。

（3）选择模型边线或面。

（4）拖曳选框选取多个实体。

【选择】命令的调用方式如下。

- 选择菜单命令【工具】/【选择】。
- 单击鼠标右键，从弹出的快捷菜单中单击按钮。

2.2.2　草图绘制实体命令

草图绘制实体命令包括【直线】【圆】【圆弧】【多边形】及【样条曲线】等，对应的【草图】工具栏命令按钮如图 2-16 所示。

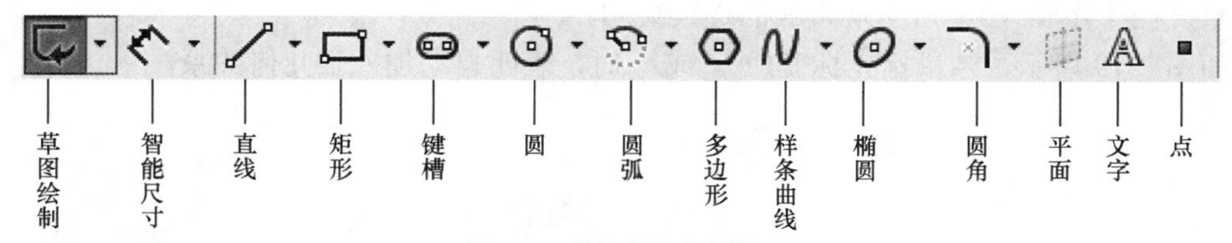

图 2-16　草绘实体命令按钮

单击图标右侧的按钮，弹出相应的下拉图标按钮菜单，如图 2-17 所示。

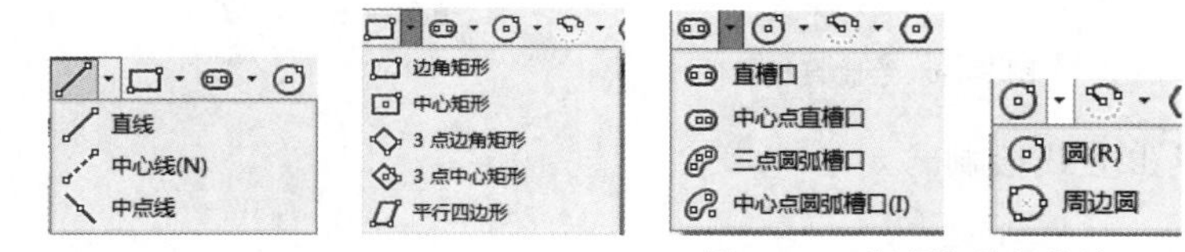

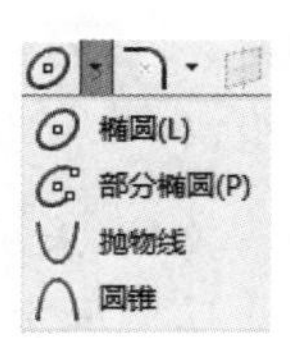

图 2-17　下拉图标按钮菜单

一、直线

1. 绘制直线

【直线】命令的启动方式如下。

- 单击【草图】工具栏中的按钮。
- 选择菜单命令【工具】/【草图绘制实体】/【直线】。

绘制直线的操作步骤如下。

（1）启动【直线】命令。鼠标光标变为形状，并出现【插入线条】面板，如图 2-18（a）所示。

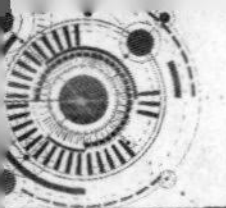

（2）在图形区域单击鼠标左键，确定线段的起点后，出现【线条属性】属性管理器，如图 2-18（b）所示。

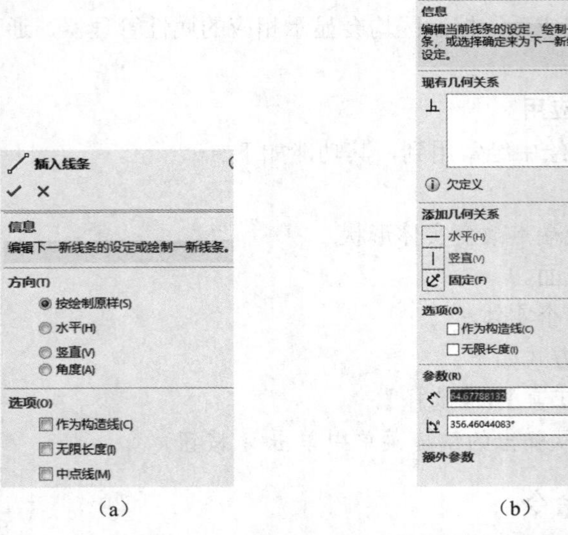

（a）　　　　（b）

图 2-18 【插入线条】面板和【线条属性】属性管理器

（3）移动鼠标光标到线段的终点后，再次单击鼠标左键。

重复操作步骤（3）可实现直线的连续绘制。

如图 2-19 所示，当鼠标光标变成 或 时，表明自动加入了几何关系。

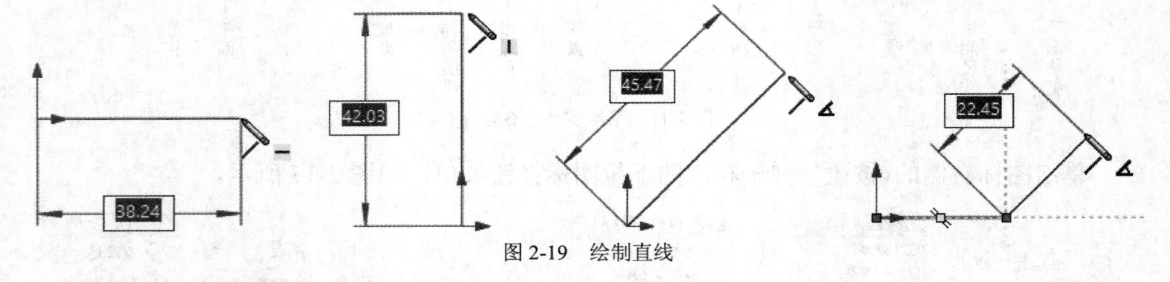

图 2-19　绘制直线

（4）采用下列方法之一可退出直线绘制。

- 再次单击 按钮。
- 按 Esc 键。
- 单击鼠标右键，在弹出的快捷菜单中选择【选择】命令。

2. 删除直线

选中直线后按 Delete 键。

3. 修改直线

通过拖曳修改直线。

- 要改变直线的长度和角度，选择一端点并拖曳此端点到另一位置。
- 要移动直线，选择直线并拖曳到另一位置。

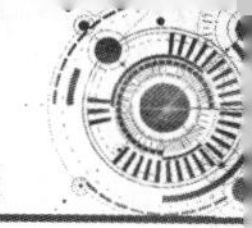

要点提示

如果直线已自动添加了水平或垂直关系，改变角度时需在属性管理器中删除几何关系。

4. 通过属性管理器编辑直线的属性

其他的草图实体命令操作过程与【直线】命令类似。表 2-2 列出了草图实体命令。

表 2-2 草图实体命令

图标	名称	鼠标光标	操作示例	绘制方法与说明
	直线			单击鼠标左键→移动鼠标光标→单击鼠标左键→移动鼠标光标→单击鼠标左键，双击鼠标左键或按 Esc 键结束
	中心线			绘制方法同直线，中心线是构造线，用作镜像轴线、旋转轴线或其他辅助线
	中点线			绘制方法同直线
	圆心/起点/终点			首先指定圆心 1，再指定圆弧的起点 2 和终点 3
	切线弧			选择线段的端点 1 作为切点，然后拖曳出相切的圆弧
	3 点圆弧			首先定出圆弧的端点 1 和 2，然后定出弧上第三点 3
	圆			指定圆心 1 和圆周上一点 2
	周边圆			给出圆弧上 3 个点 1、2、3
	边角矩形			给出矩形的对角点 1、2
	平行四边形			依次给出平行四边形的 3 个点 1、2、3
	椭圆			给出椭圆的中心点 1、长轴端点 2、短轴端点 3
	抛物线			给出抛物线的焦点 1 及两个端点 2、3
	圆锥			给出两个端点 1、2，锥形曲线的顶点 4 和 rho 数值（用于控制圆锥曲线的类型）点 3
	样条曲线			依次给出样条的起点、中间点，在终点处双击鼠标左键或按 Esc 键
	多边形			给出多边形的中心点 1 和一个角点 2，多边形的边数、角度、内接圆的直径在属性管理器中定义
	文字			选择文字的插入点，在属性管理器中定义文字的相关属性

续表

图标	名称	鼠标光标	操作示例	绘制方法与说明
	直槽口			指定槽口的圆心 1、2，拖动鼠标光标后在合适位置确定点 3，单击鼠标右键，在弹出的快捷菜单中选择【选择】命令结束绘制
	中心点直槽口			指定槽口中心点 1、圆弧圆心点 2，拖动鼠标光标并单击鼠标左键确定点 3，单击鼠标右键，在弹出的快捷菜单中选择【选择】命令结束绘制
	三点圆弧槽口			用 3 点画弧的方法绘制圆弧，拖动鼠标光标并单击鼠标左键确定点 4，单击鼠标右键，在弹出的快捷菜单中选择【选择】命令结束绘制
	中心点圆弧槽口			首先指定圆心 1，再指定圆弧的起点 2、终点 3，拖动鼠标光标确定点 4，单击鼠标右键，在弹出的快捷菜单中选择【选择】命令结束绘制

二、中心线

中心线又称为构造线，主要用于对称图形的对称轴线、草图镜像时的镜像线、生成旋转特征所用的草图回转轴线及其他辅助线。

（1）【中心线】命令的启动方式如下。

- 单击【草图】工具栏中的按钮。
- 选择菜单命令【工具】/【草图绘制实体】/【中心线】。

（2）可用下列方法之一生成中心线。

- 直接绘制中心线。绘制及修改方法与直线相同。
- 将现有的直线转化为中心线。选中直线，单击鼠标右键，在弹出的快捷菜单中单击按钮，该直线立即转化为中心线。图 2-20 所示为右键快捷菜单。

图 2-20　右键快捷菜单

- 在属性管理器中选中【作为构造线】复选项。
- 选择菜单命令【工具】/【草图工具】/【构造几何线】。

三、圆弧

圆弧确定点的方式与直线相同，可以用单击-拖曳式，也可用单击-单击式。

1. 圆心/起点/终点

其启动方式如下。

- 单击【草图】工具栏中的按钮。
- 选择菜单命令【工具】/【草图绘制实体】/【圆心/起/终点画弧】。

【圆弧】命令启动以后，依次指定圆弧的圆心、起点、终点。操作如表 2-2 所示。

2. 切线弧

生成一与草图实体相切的弧。实体可以是直线、圆弧、椭圆弧及样条曲线。

其启动方式如下。

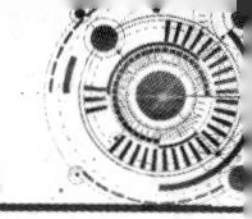

- 单击【草图】工具栏中的按钮。
- 选择菜单命令【工具】/【草图绘制实体】/【切线弧】。

绘制切线弧的操作步骤如下。

（1）启动【切线弧】命令，打开【圆弧】属性管理器。

（2）在直线、圆弧、部分椭圆或样条曲线的端点处单击鼠标左键。

（3）拖曳圆弧以绘制所需的形状，释放鼠标左键，生成切线弧。

（4）单击按钮或按 Esc 键，结束切线弧的绘制。绘制过程如图 2-21 所示。

3. 3 点圆弧

其启动方式如下。

- 单击【草图】工具栏中的按钮。
- 选择菜单命令【工具】/【草图绘制实体】/【3 点圆弧】。

绘制 3 点圆弧的操作步骤如下。

（1）启动【3 点圆弧】命令，打开【圆弧】属性管理器。

（2）单击鼠标左键，设定圆弧起点位置，拖动鼠标光标到圆弧终点释放。

（3）继续拖动圆弧以设置圆弧的半径。

（4）在【圆弧】属性管理器中进行必要的变更，然后单击按钮。绘制过程如图 2-22 所示。

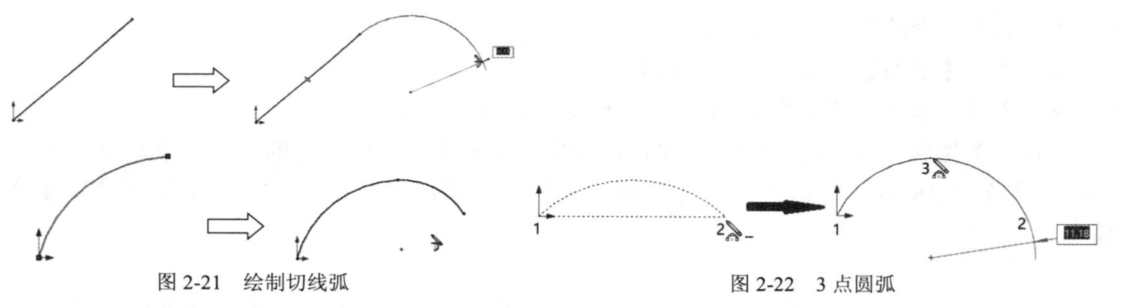

图 2-21　绘制切线弧　　图 2-22　3 点圆弧

以上 3 种绘弧方式的【圆弧】属性管理器如图 2-23 所示，从中可修改起点、终点、圆心的坐标及半径和圆心角，并且可以切换画弧方式。

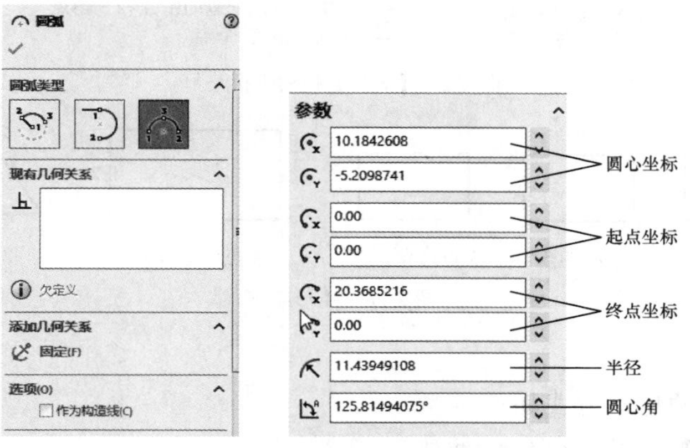

图 2-23　【圆弧】属性管理器

四、圆

【圆】命令的启动方式如下。

- 单击【草图】工具栏中的⊙按钮。
- 选择菜单命令【工具】/【草图绘制实体】/【圆】。

有两种方式画圆[见图 2-24（a）、（b）]，一种是给定圆心及半径画圆，另一种是 3 点画圆，其命令图标分别为⊙和○。

要改变圆的位置，可按住鼠标左键拖曳圆心；要改变圆的大小，可用鼠标左键按住圆周上的任一点拖曳。在【圆】属性管理器中选中【作为构造线】复选项，将会生成点画线圆，如图 2-24（c）所示。

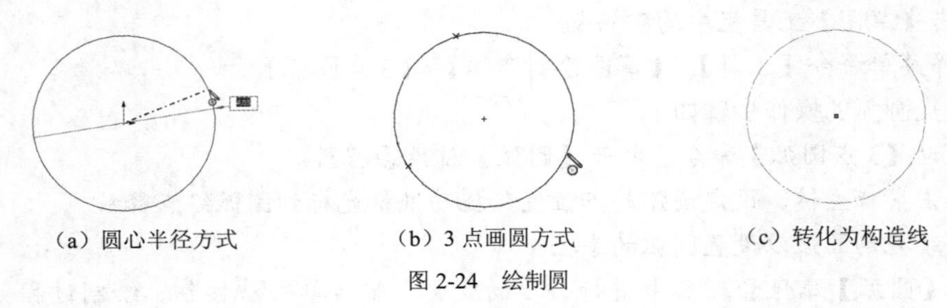

（a）圆心半径方式　（b）3 点画圆方式　（c）转化为构造线

图 2-24　绘制圆

五、矩形

【矩形】命令的启动方式如下。

- 单击【草图】工具栏中的□按钮。
- 选择菜单命令【工具】/【草图绘制实体】/【矩形】。

【矩形】按钮下拉菜单中有 5 个选项，如图 2-25 所示。图标上的点即绘图时需要输入的点。在图 2-26 中，具体说明了各选项下点的输入情况，数字 1、2、3 表明了点的输入顺序。

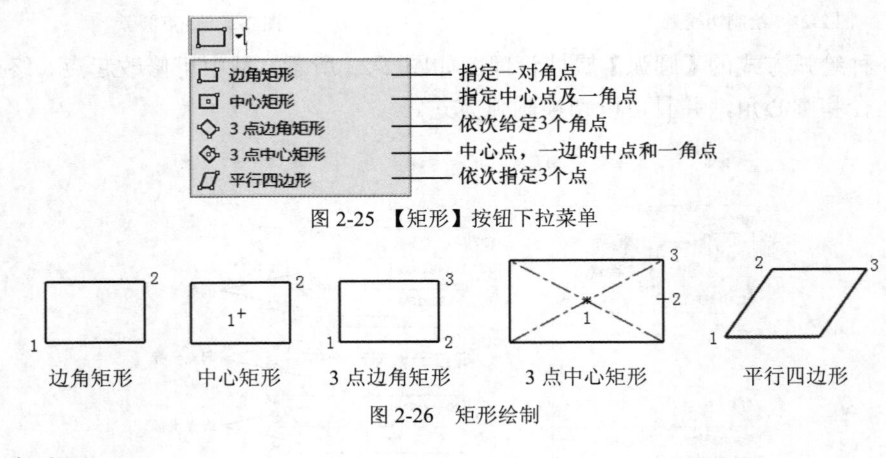

图 2-25 【矩形】按钮下拉菜单

图 2-26　矩形绘制

六、多边形

【多边形】命令的启动方式如下。

- 单击【草图】工具栏中的⬡按钮。
- 选择菜单命令【工具】/【草图绘制实体】/【多边形】。

绘制多边形的操作步骤如下。

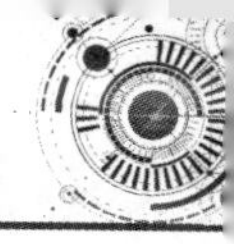

1. 启动【多边形】命令，鼠标光标变为形状，同时打开【多边形】属性管理器，如图 2-27 所示。

2. 在属性管理器中定义多边形参数，如边数、与圆相接的状态等，也可以画完多边形后再改变参数。图 2-28 所示为圆外切多边形（选中“内切圆”单选项），图 2-29 所示为圆内接多边形（选中“外接圆”单选项）。

图 2-27 【多边形】属性管理器

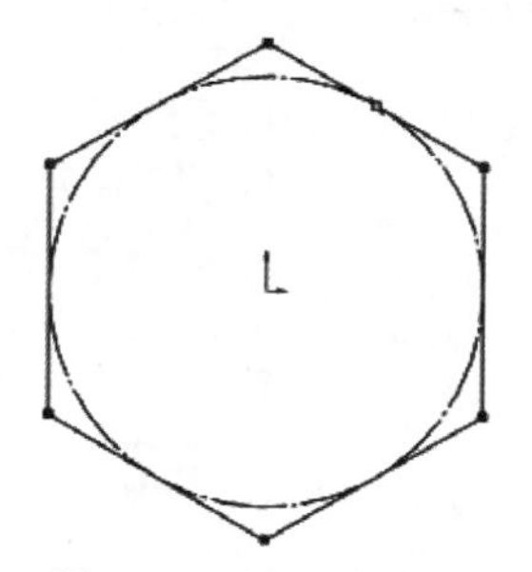

图 2-28　圆外切多边形

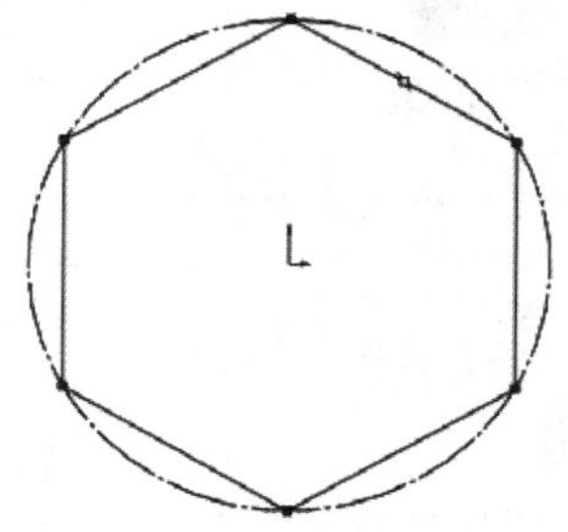

图 2-29　圆内接多边形

3. 在图形区中单击鼠标左键，定义多边形的中心和一顶点，绘出多边形。

4. 单击按钮，关闭属性管理器，完成该多边形的绘制。此时多边形按钮仍处于激活状态，因此仍可继续生成相同边数的多边形。如果要生成另一多边形，单击【新多边形】按钮绘制即可。

5. 再次单击按钮，或者单击【草图】工具栏中的其他工具，或者按 Esc 键，结束【多边形】命令。

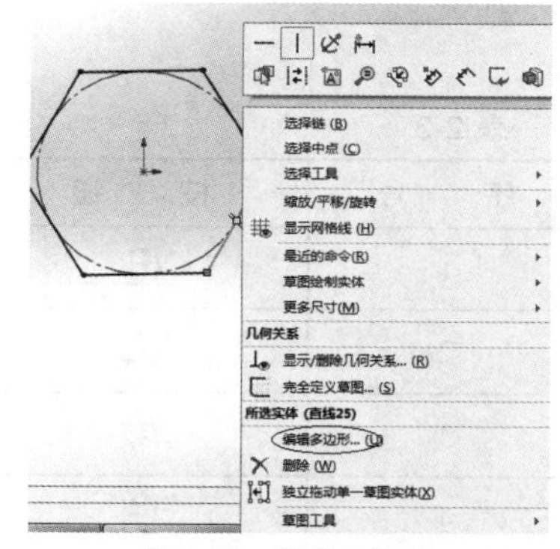

图 2-30　编辑多边形

修改或编辑多边形的方式如下。

- 修改多边形：拖动边可以改变多边形的大小；拖动顶点或中心点可以移动多边形。
- 编辑多边形：选择一条边，单击鼠标右键，在弹出的快捷菜单中选择【编辑多边形】命令，如图 2-30 所示。

七、槽口

【槽口】命令的启动方式如下。

- 单击【草图】工具栏中的按钮。
- 选择菜单命令【工具】/【草图绘制实体】/【直槽口】。

绘制槽口的操作步骤如下。

1. 单击按钮，打开【槽口】属性管理器。
2. 定义直槽口的 1、2、3 点（圆弧槽口需定义 4 个点）。
3. 在属性管理器中定义参数，如中心点坐标、槽宽、槽长等。
4. 在绘图区单击鼠标右键，在弹出的快捷菜单中选择【选择】命令，完成槽口的绘制。

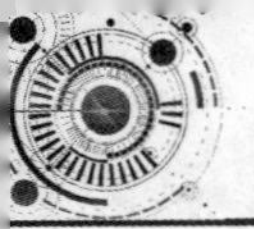

图 2-31 所示为 4 种槽口形式对应的属性管理器及其对应的图形。表 2-3 所示为槽口参数说明。

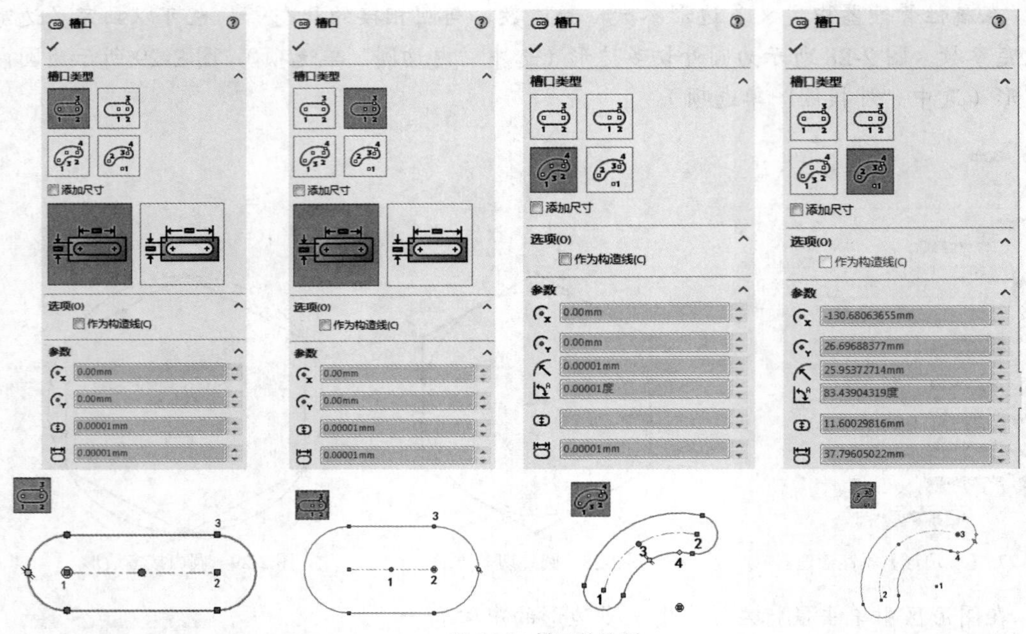

图 2-31　槽口的绘制

表 2-3　槽口参数说明

序　号	按　钮	名　称	参 数 定 义
1		槽口中心点的 x 坐标	定义槽口中心 x 向坐标值
2		槽口中心点的 y 坐标	定义槽口中心 y 向坐标值
3		槽口宽度	指定槽口宽度值
4		槽口长度	指定槽口长度值
5		圆弧半径	指定圆弧槽口半径值
6		圆弧角度	指定圆弧槽口角度值

八、样条曲线

【样条曲线】命令的启动方式如下。

- 单击【草图】工具栏中的 按钮。
- 选择菜单命令【工具】/【草图绘制实体】/【样条曲线】。

1. 绘制样条曲线

（1）启动【样条曲线】命令，打开【样条曲线】属性管理器，如图 2-32 所示。

（2）单击鼠标左键，依次初步确定控制点的位置。

（3）单击 按钮或按 Esc 键，结束【样条曲线】命令。

图 2-32　【样条曲线】属性管理器

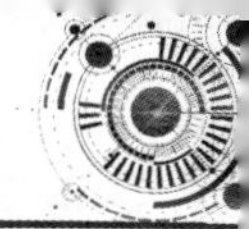

2. 编辑、修改及精确确定样条曲线形状

最常用的编辑方法是选中样条上的控制点后拖曳以改变其位置，如图 2-33 所示。

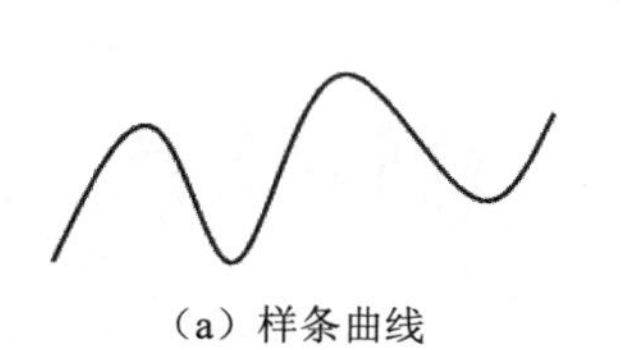

（a）样条曲线

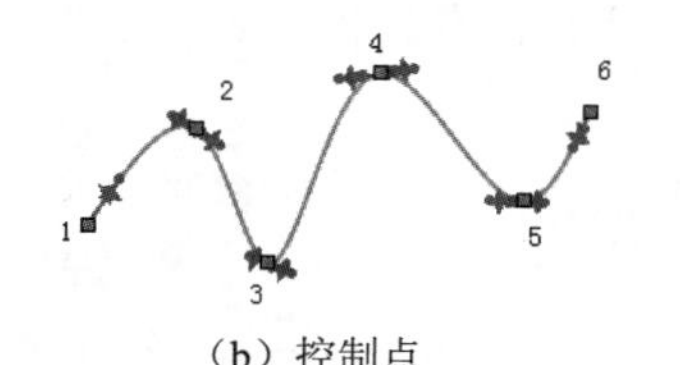

（b）控制点

（c）修改控制点

图 2-33　样条曲线编辑

通过【样条曲线】属性管理器的【参数】栏可以精确设定或修改控制点的坐标。若选中选项区中的【成比例】复选项，则当拖曳样条时样条曲线的整体比例不变；若取消选中该复选项，则拖曳样条曲线的控制点时，将只会改变控制点的位置，而不能保证整条曲线的高宽比例。样条曲线编辑如图 2-34 所示。

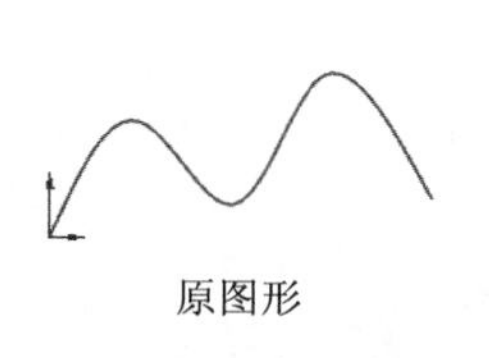

原图形

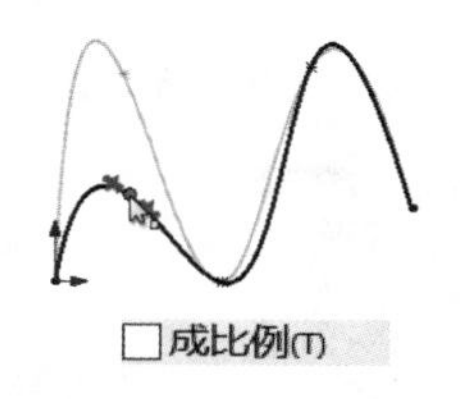

☐成比例(T)

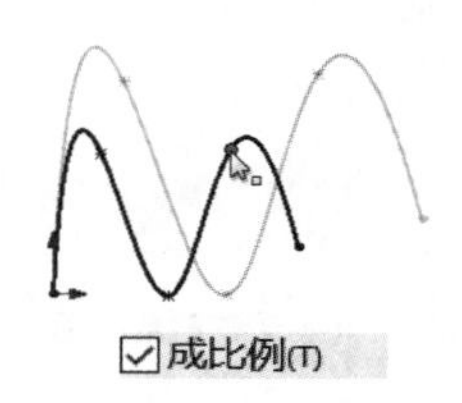

☑成比例(T)

图 2-34　样条曲线编辑

九、草图文字

在草图中可以创建文字。该类草图可用于产品的铭牌或机身上需注明文字的地方。

【文本】命令的启动方式如下。

- 单击【草图】工具栏中的按钮。
- 选择菜单命令【工具】/【草图绘制实体】/【文本】。

在草图中创建文字的操作步骤如下。

1. 先在绘图区绘制好草图路径，草图路径可以是直线、圆弧、样条曲线等，但必须转换成构造线。

2. 单击【文字】按钮，打开【草图文字】属性管理器，如图 2-35 所示。

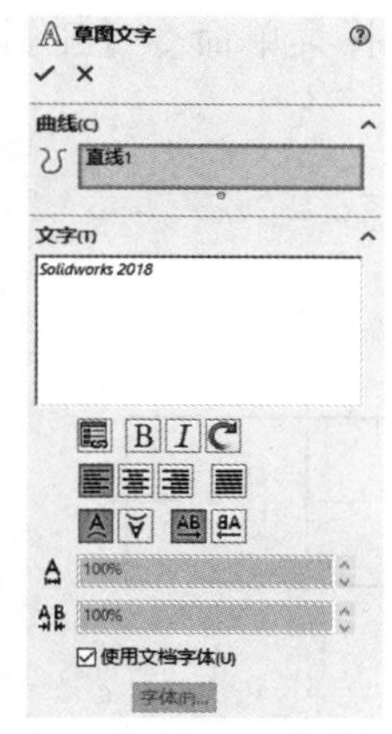

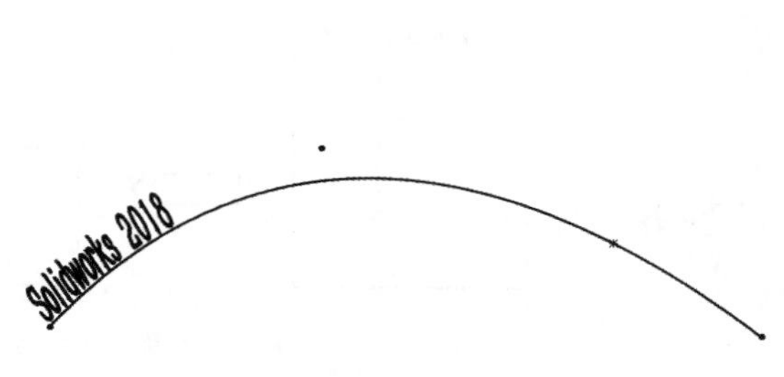

图 2-35　【草图文字】属性管理器

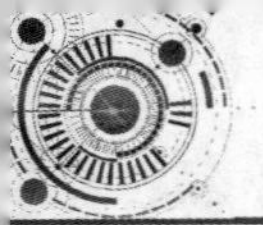

- 在【曲线】文本框中输入草图文字路径，在【文字】文本框中输入“Solidworks 2018”，文字将出现在选中的路径上。
- 根据需要在属性管理器中设置文字属性，如图 2-36 所示。

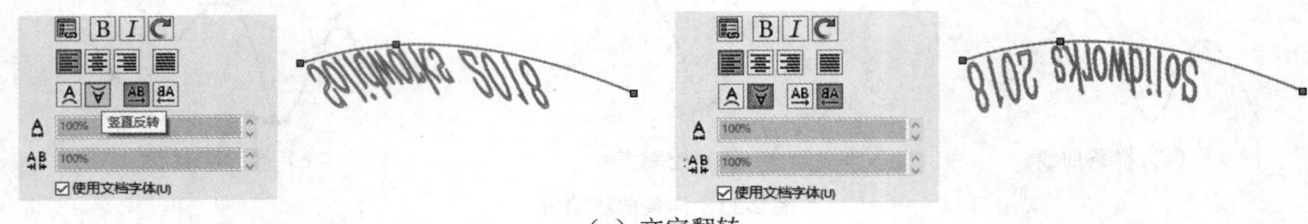

（a）文字翻转

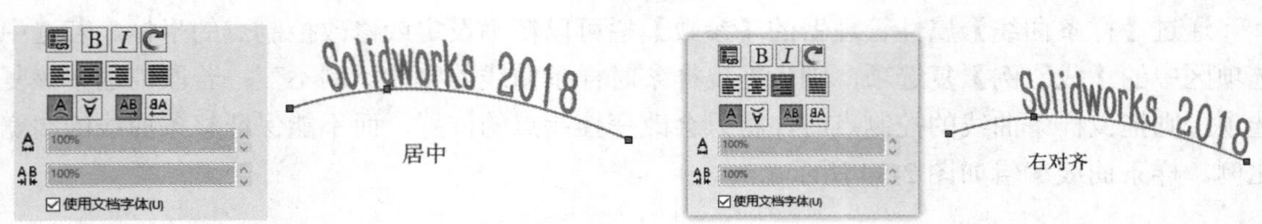

（b）文字对齐

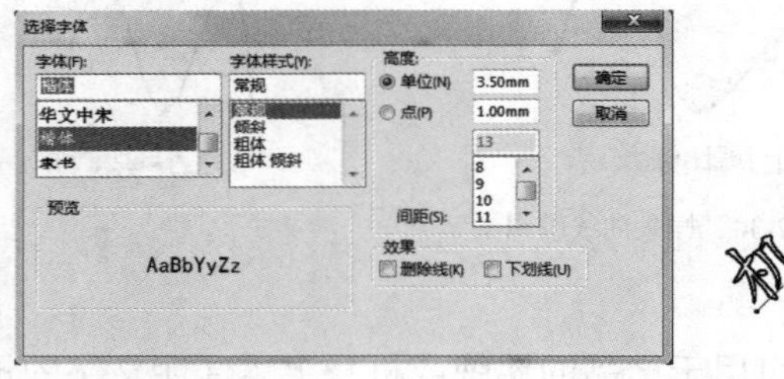

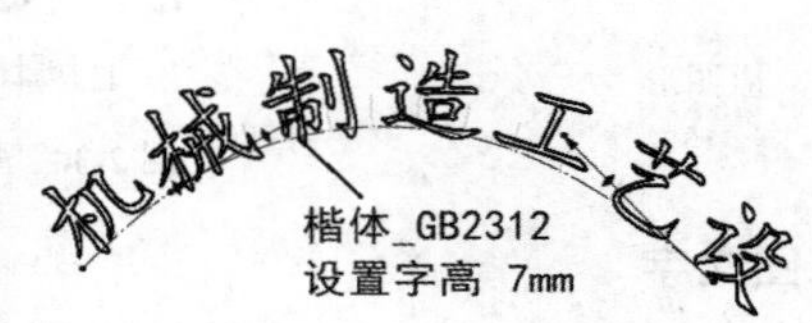

（c）设置字体样式及字高

图 2-36　设置文字属性

2.2.3　为草图实体添加几何关系

为草图添加几何关系可以很容易地控制草图形状，表达造型与设计意图。添加几何关系是参数化 CAD 系统的一个重要功能。系统可以自动添加几何关系，但自动添加的几何关系不一定与设计意愿相吻合，这时就需设计者手动添加适当的几何关系。

一、添加几何关系

该命令启动方式为单击【草图】工具栏中的按钮或选择菜单命令【工具】/【关系】/【添加】。

图 2-37 所示为对矩形添加对称几何关系，操作步骤如下。

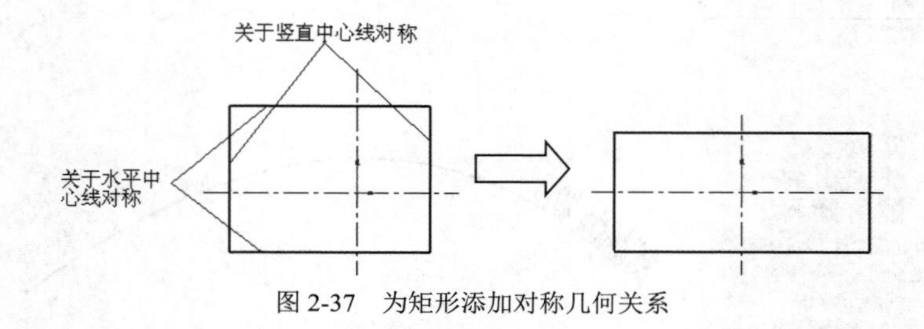

图 2-37　为矩形添加对称几何关系

1. 启动命令后，弹出【添加几何关系】属性管理器，如图 2-38 所示，在【添加几何关

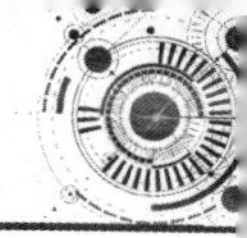

系】栏中列出了所有可以添加的几何关系。

2. 选择矩形上、下两条边线及水平中心线作为所选实体。

3. 单击⊡按钮，再单击✔按钮，完成对称几何关系的添加。

4. 单击上按钮，选择矩形左右两条边线及竖直中心线作为所选实体。

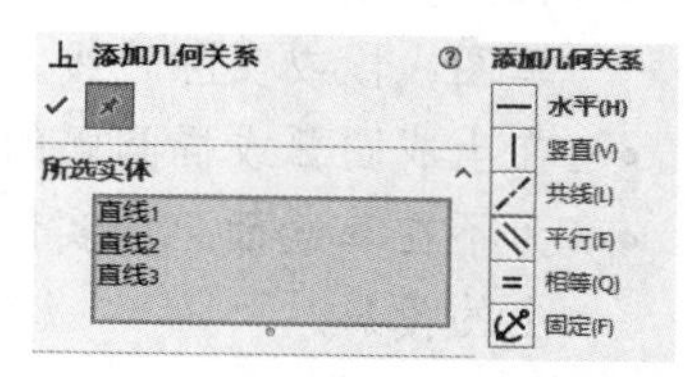

图 2-38　【添加几何关系】属性管理器

重复步骤 3 完成对称几何关系的添加。

【添加几何关系】栏中的【所选实体】选项可以为下列项目。

- 至少有一个所选项目必须是草图实体。
- 其他项目可以包括草图实体、边线、面、顶点、原点、基准面或基准轴；也可以包括其他草图投影到草绘平面上时形成的草图曲线。

表 2-4 列出了几何关系类型、几何元素（即要选择的实体）及所产生的几何关系。

表 2-4　几何关系列表

几何关系	要选择的实体	所产生的几何关系
水平(H) 竖直(V)	一条或多条直线、两个或多个点	直线会变成水平或竖直直线（由当前草图的空间定义），而点会水平或竖直对齐
固定(F)	任何实体	实体的大小和位置被固定
相切(A)	一圆弧、椭圆或样条曲线及一直线或圆弧	两个项目保持相切
共线(L)	两条或多条直线	项目位于同一条直线上
垂直(U)	两条直线	两条直线相互垂直
平行(E)	两条或多条直线 3D 草图中一条直线和一基准面（或平面）	项目相互平行 直线平行于所选基准面
全等(R)	两个或多个圆弧	项目会使用相同的圆心和半径
合并(G)	两个草图点或端点	两个点合并成一个点
对称(S)	一条中心线和两个点、直线、圆弧或椭圆	项目保持与中心线相等距离，并位于一条与中心线垂直的直线上
交叉点(I)	两条直线和一个点	点位于直线的交叉点处
重合(D)	一个点和一直线、圆弧或椭圆	点位于直线、圆弧或椭圆上
同心(N)	两个或多个圆弧，一个点和一个圆弧	圆弧共用同一圆心
中点(M)	两条直线或一个点和一直线	点位于线段的中点
相等(Q)	两条或多条直线，两个或多个圆弧	直线长度或圆弧半径保持相等
穿透(P)	一个草图点和一个基准轴、边线、直线或样条曲线	草图点与基准轴、边线或曲线在草图基准面上穿透的位置重合，穿透几何关系用于使用引导线扫描中
曲线长度相等(L)	两条样条曲线	曲率半径和向量（方向）在两条样条曲线之间相符

添加几何关系时应注意的事项如下。

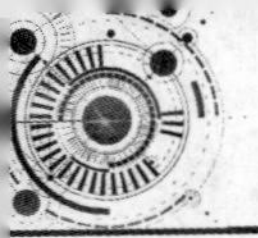

- 在为直线添加几何关系时，该几何关系是相对于无限长的直线，而不是仅仅相对于草图线段或实际边线。因此，当希望一些项目接触时，可能实际上并未接触。
- 在生成圆弧或椭圆弧的几何关系时，几何关系是相对于整圆或椭圆的。
- 为不在草绘面上的实体建立几何关系时，所产生的几何关系应用于此实体在草绘面上的投影。
- 当使用【等距实体】及【转换实体引用】命令时，额外的几何关系会自动产生。

二、自动添加几何关系

SOLIDWORKS 系统支持在绘制草图实体的过程中自动添加几何关系，如水平、竖直、垂直、相切、线段的端点与圆心重合等。草图反馈将表明自动添加的几何关系类型。

【自动添加几何关系】命令的启动方式如下。

- 单击【草图】工具栏中的按钮。
- 选择菜单命令【工具】/【草图设置】/【自动添加几何关系】。

启动命令后，在绘图过程中将自动添加与鼠标光标显示形状相应的几何实体的几何关系。表 2-5 所示为常用的自动添加几何关系。

表 2-5　　常用的自动添加几何关系

种　类	图　例	说　明
自动添加水平		笔形画线光标右侧有“—”符号
自动添加竖直		笔形画线光标右侧有“｜”符号
自动添加垂直		笔形画线光标右侧有“⊥”符号
自动添加相切		笔形画线光标右侧有“ ”符号
自动添加角度		笔形画弧光标右侧有“ ”符号
自动添加重合		笔形画线光标右侧有“ ”符号
自动添加中点		笔形画线光标右侧有“ ”符号

系统默认【自动添加几何关系】复选项为选中状态，在此状态下，如不希望系统自动添加几何关系，只需在绘图的同时按住 Ctrl 键即可，也可完全取消选中【自动添加几何关系】复选项，但不建议初学者选择。

选择菜单命令【工具】/【草图设置】/【自动添加几何关系】，单击鼠标左键，切换选中状态。

在绘图中自动显示草图几何关系的功能，可通过菜单命令【视图】/【隐藏/显示】/【草图几何关系】来打开或关闭。在草图绘制初始阶段，该显示处于打开状态。建议关闭该显示，以保证草图界面清晰。

三、显示/删除几何关系

该命令用于显示手动或自动添加到草图实体上的几何关系，对不需要的几何关系，可进行删除。

【显示/删除】命令的启动方式如下。

- 单击【草图】工具栏中的按钮。
- 选择菜单命令【工具】/【关系】/【显示/删除】。

命令启动后，打开【显示/删除几何关系】属性管理器，在【几何关系】栏中显示了所选草图实体上已有的全部几何关系，如图 2-39 所示。

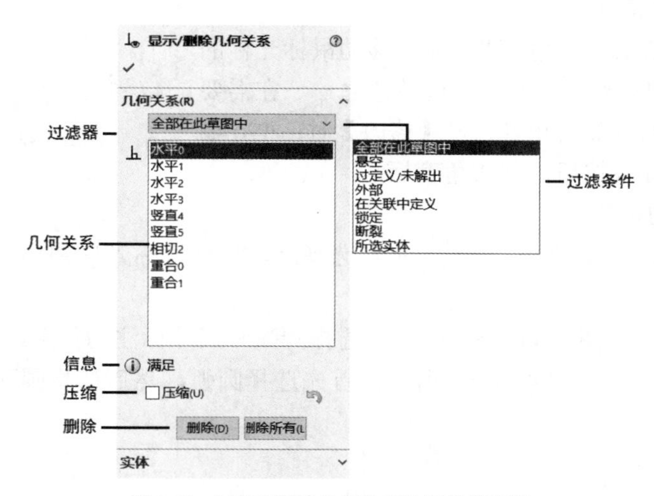

图 2-39 【显示/删除几何关系】属性管理器

2.2.4　标注尺寸

通过草图绘制，草图具备了基本的形状，添加几何关系可以限制草图元素的行为。接下来给草图标注尺寸，以实现对草图的完整约束。

标注尺寸最常用的是【智能尺寸】工具，它可以根据所标注尺寸类型的不同自动调整其标注方式。

启动【智能尺寸】命令有下列 3 种方式。

- 选择菜单命令【工具】/【尺寸】/【智能尺寸】。
- 单击鼠标右键，在弹出的快捷菜单中单击按钮。
- 单击【尺寸/几何关系】工具栏中的按钮。

一、各种类型的尺寸标注

1. 直线尺寸的标注

启动【智能尺寸】命令，选择图 2-40 所示的线段，尺寸线位置不同，标注结果有 3 种可能情况，如图 2-40 所示。确定了尺寸线的位置后单击鼠标左键，尺寸的当前值出现在【修改】对话框中，如图 2-41 所示，可使用微调按钮增大或减小尺寸值，也可直接输入正确的尺寸数值。修改后单击✓按钮，结果如图 2-42 所示。

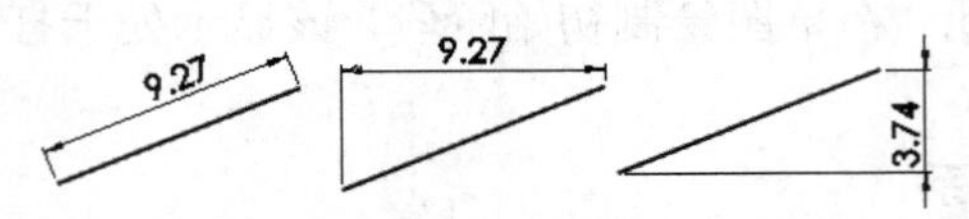

图 2-40 直线尺寸标注的 3 种情况

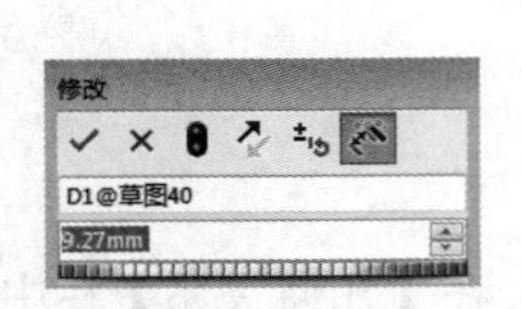

图 2-41 尺寸【修改】对话框

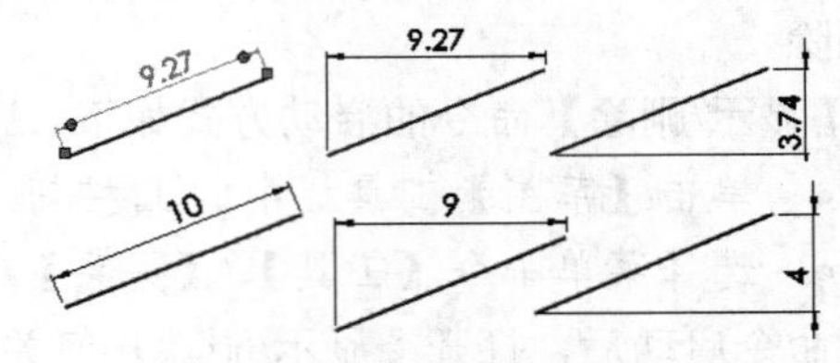

图 2-42 尺寸修改后的结果

2. 角度尺寸的标注

单击按钮，依次选择角的两边后，移动鼠标光标的位置，可出现图 2-43 所示的 4 个角度数值之一，在需要标注的位置单击鼠标左键，出现尺寸【修改】对话框，输入正确的数值后单击✓按钮，完成角度标注。

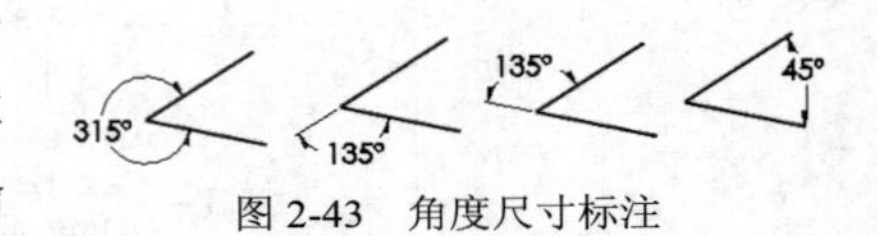

图 2-43 角度尺寸标注

3. 基本尺寸的标注

（1）直径标注，如图 2-44（a）所示。选择圆，移动鼠标光标到标注尺寸的位置，单击鼠标左键。

（2）半径标注，如图 2-44（b）所示。选择圆弧和尺寸标注的位置，单击鼠标左键。

（3）弧长标注，如图 2-44（c）所示。首先选择圆弧，然后选择圆弧的两个端点，最后确定尺寸值的位置。

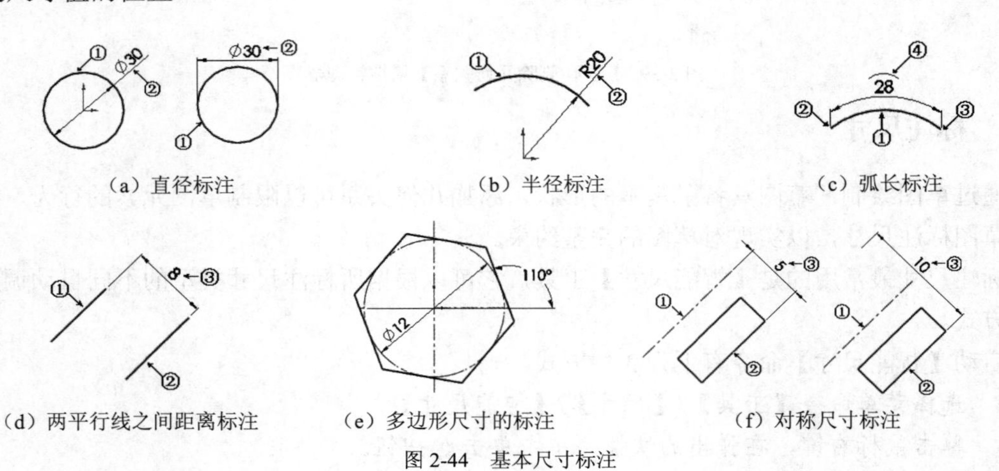

图 2-44 基本尺寸标注

（4）两平行线之间的距离标注，如图 2-44（d）所示。选择两条平行直线和标注位置。

（5）多边形尺寸标注，如图 2-44（e）所示。作一过多边形中心的水平构造线，标注内切圆的直径及任意一条边线与水平构造线的夹角。

（6）对称尺寸标注，如图 2-44（f）所示。选择图元和中心线，尺寸值的位置决定标注的结果，当尺寸值的位置位于中心线或越过中心线时，标注对称尺寸。

二、尺寸的修改

（1）单个尺寸的修改。双击要修改的尺寸，弹出尺寸【修改】对话框，输入新的数值，按 Enter 键，即可完成单个尺寸的修改。

（2）多个尺寸的修改。系统默认设置不支持同时修改多个尺寸，这对于草图尺寸与设计尺寸相差较大的几何元素，有时会造成重建模型失败。事实上，修改尺寸的过程，就是系统对几何体重新求解的过程，即每修改一个尺寸，系统立即进行求解计算，图形随着尺寸的变化而变化，因此要一次修改多个尺寸，必须关闭草图【自动求解】命令，操作步骤如下。

选择菜单命令【工具】/【草图设置】/【自动求解】，取消选择【自动求解】命令。

待所有的尺寸修改完毕之后，再恢复选择【自动求解】命令，这样可避免草图畸变。另外，也可通过【尺寸】属性管理器进行尺寸数值及相关项目的修改。

2.2.5　工程实例——绘制挂轮架平面图形

绘制图 2-45 所示的挂轮架草图。

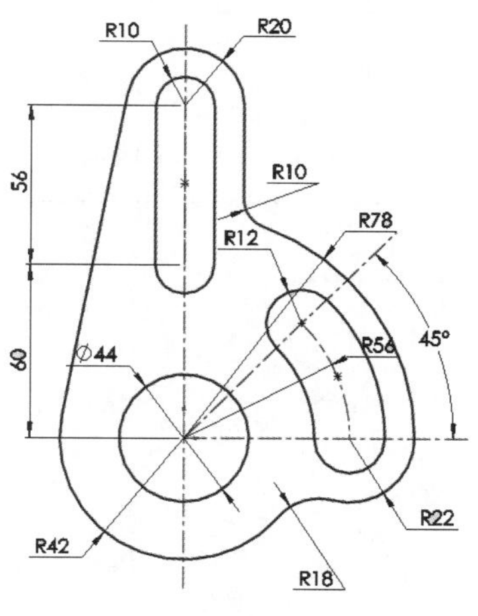

图 2-45　挂轮架草图

绘图思路如下。

- 将重要定位尺寸与草图原点结合。本例在原点绘制了水平与竖直中心线。
- 先绘制有明确定形尺寸的图形，如圆，通过添加定位尺寸绘制其他图线。
- 有些线段要按照圆弧连接的关系画出，放到最后。

绘制步骤如下。

1. 选择菜单命令【文件】/【新建】，在弹出的【新建 SOLIDWORKS 文件】对话框中选择【零件】选项。单击⚙按钮，打开【系统选项(S)-普通】对话框，进入【文档属性】选项卡，选择【尺寸】选项，此时的对话框界面如图 2-46 所示。利用该对话框可对尺寸标注用的字体及箭头进行样式设置，也可进行角度、直径、半径等的标注样式设置。本例设置如图 2-47 所示。

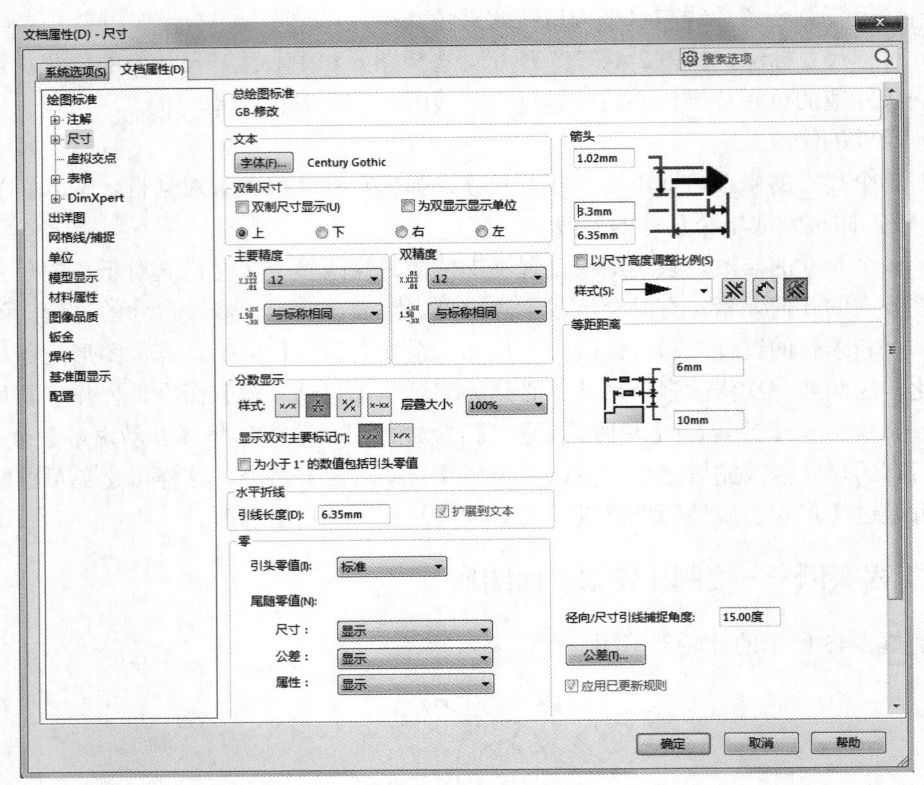

图 2-46　尺寸基本设置

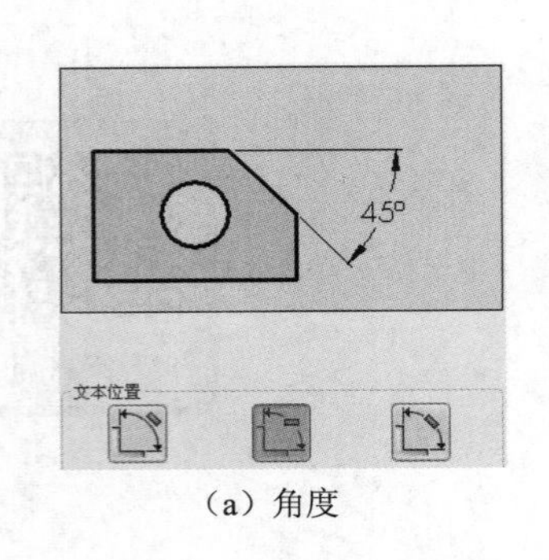

（a）角度

（b）直径

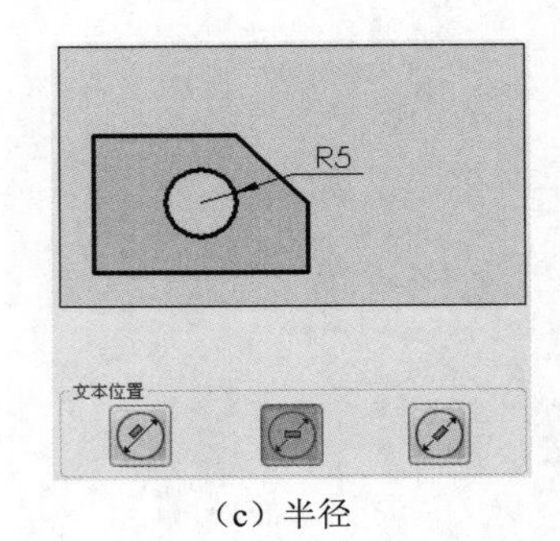

（c）半径

图 2-47　尺寸标注样式设置

2. 选择【前视基准面】作为草绘平面，单击【草图绘制】按钮。

3. 绘制构造线及圆。单击按钮，过原点绘制水平、竖直及 45° 方向构造线；单击按钮，选择原点为圆心，绘制圆，结果如图 2-48 所示。

4. 绘制直槽口并标注尺寸。单击按钮，在竖直中心线上选定两点后，拖动鼠标光标绘出直槽口。单击【智能尺寸】按钮，标注尺寸，结果如图 2-49 所示。

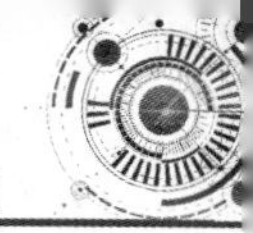

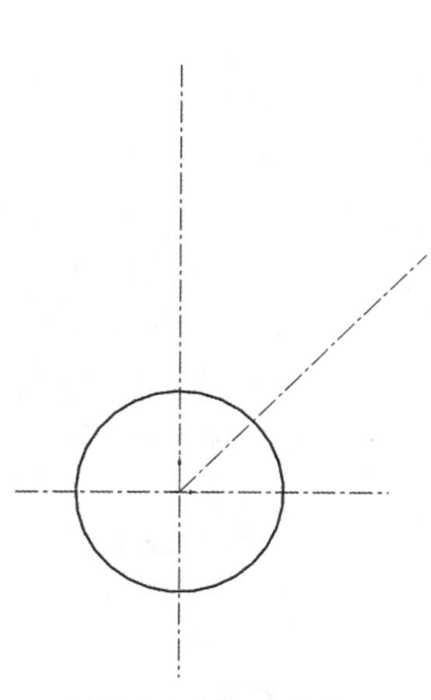

图 2-48　绘制构造线及圆

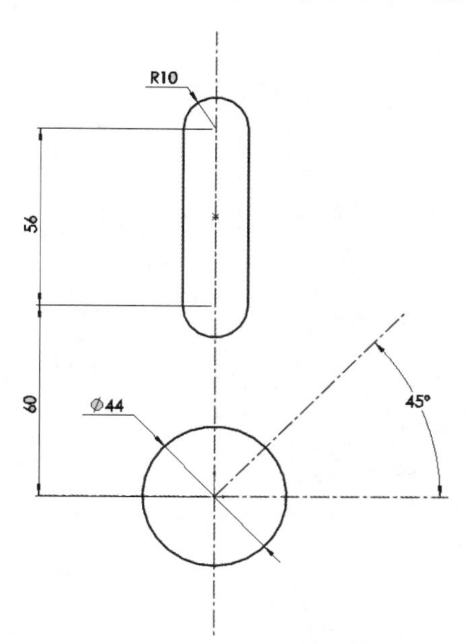

图 2-49　绘制直槽口并标注尺寸

5．绘制圆弧形槽口并标注尺寸，结果如图 2-50 所示。

6．绘制圆弧。分别以原点为圆心，绘制 *R*42、*R*78 两条圆弧并标注尺寸，结果如图 2-51 所示。

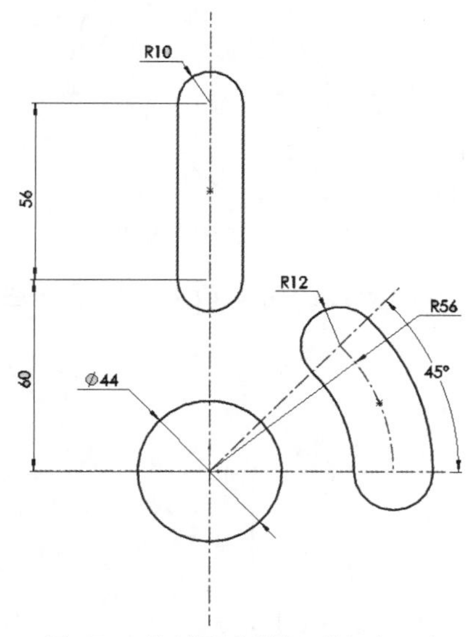

图 2-50　绘制圆弧形槽口并标注尺寸

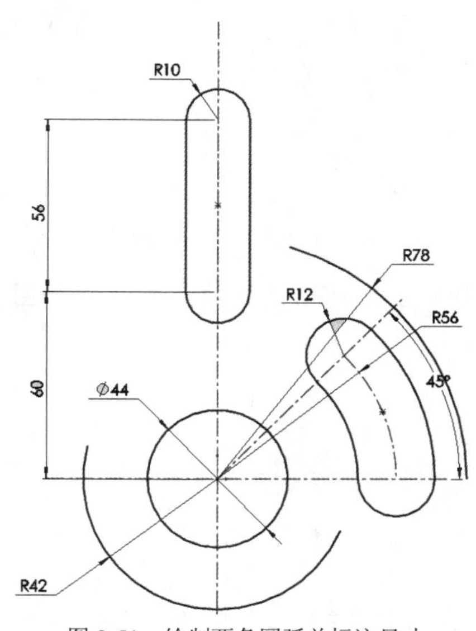

图 2-51　绘制两条圆弧并标注尺寸

7．绘制直线，结果如图 2-52 所示。

8．添加直线与圆弧的相切约束，结果如图 2-53 所示。

9．绘制切线弧，并添加两弧同心约束，结果如图 2-54 所示。标注尺寸结果如图 2-55 所示。

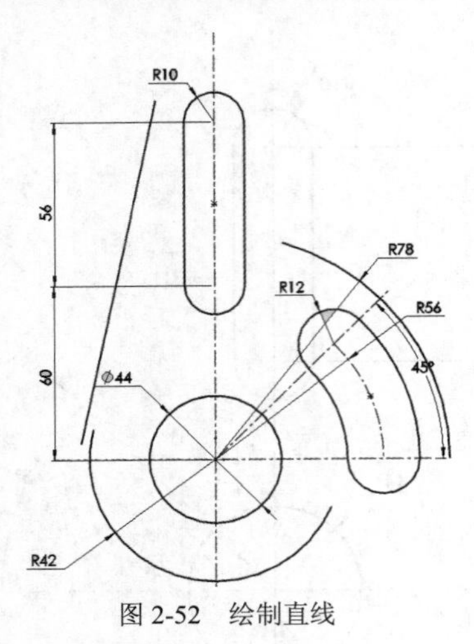

图 2-52　绘制直线

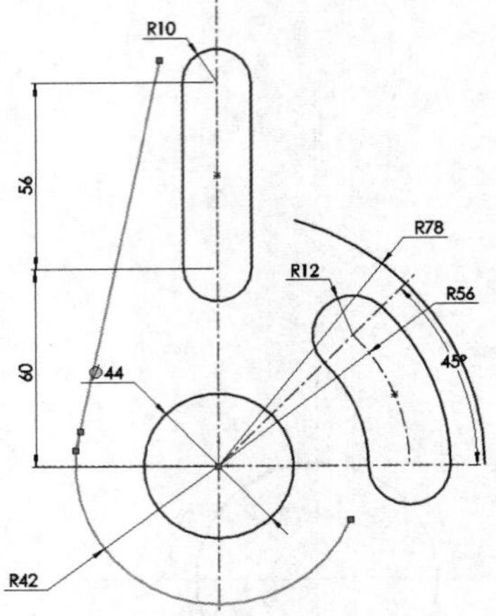

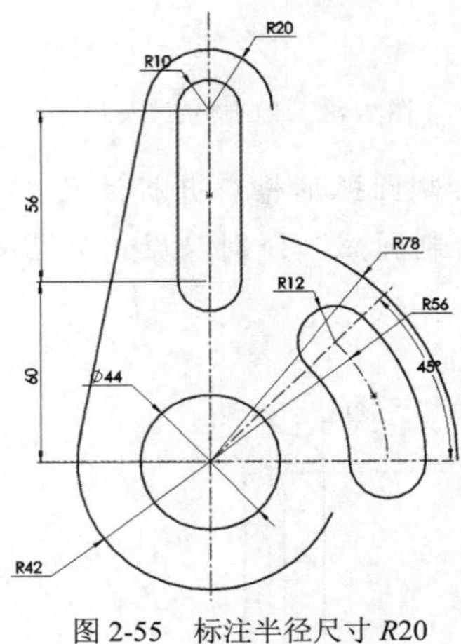

图 2-53　添加相切约束

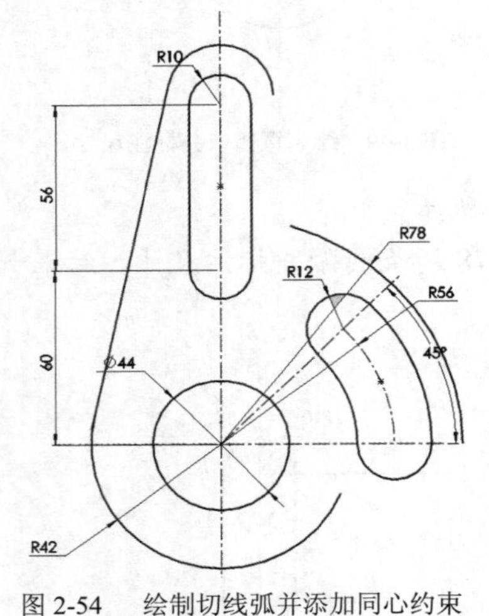

图 2-54　绘制切线弧并添加同心约束

图 2-55　标注半径尺寸 $R20$

10. 绘制 $R78$ 的切线弧，结果如图 2-56 所示；添加两圆弧的同心约束，结果如图 2-57 所示。

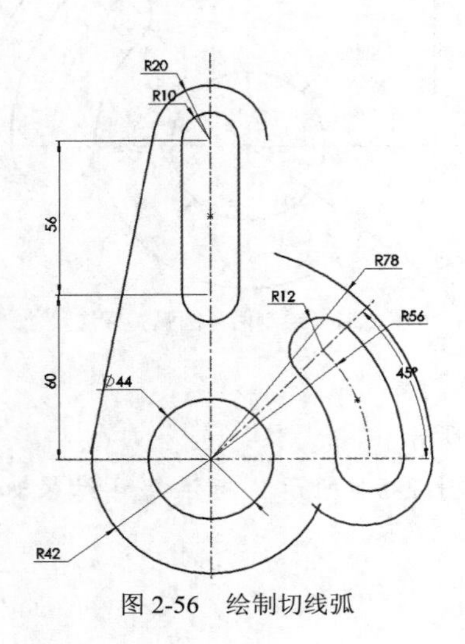

图 2-56　绘制切线弧

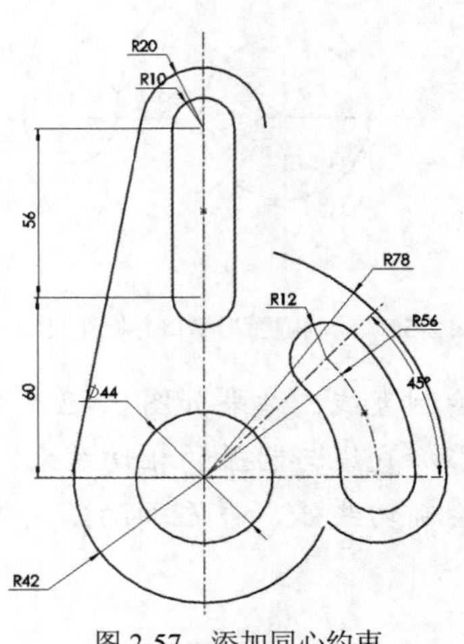

图 2-57　添加同心约束

11. 绘制直线，结果如图 2-58 所示；添加直线与 *R*20 圆弧的相切约束，结果如图 2-59 所示。

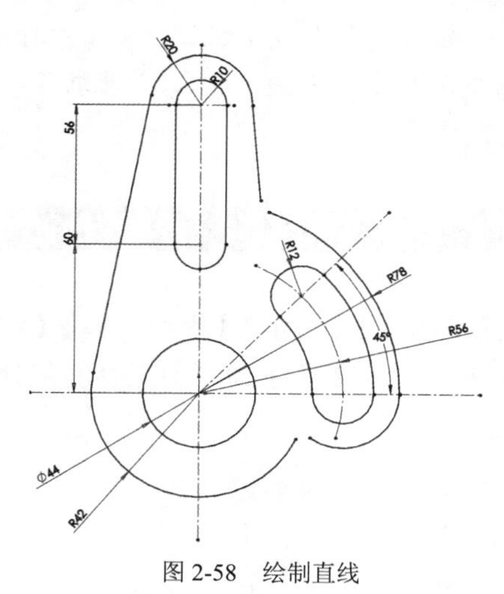

图 2-58　绘制直线

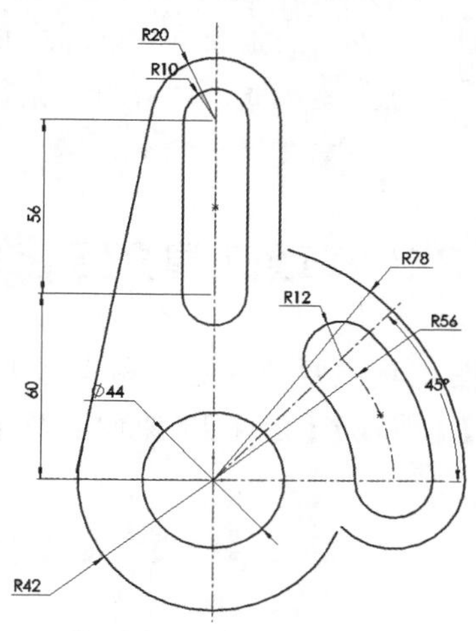

图 2-59　添加相切约束

12. 绘制连接弧，如图 2-60 所示；添加相切约束，结果如图 2-61（a）所示；剪裁图形，结果如图 2-61（b）所示；标注尺寸，最后调整尺寸位置，完成草图，结果如图 2-45 所示。

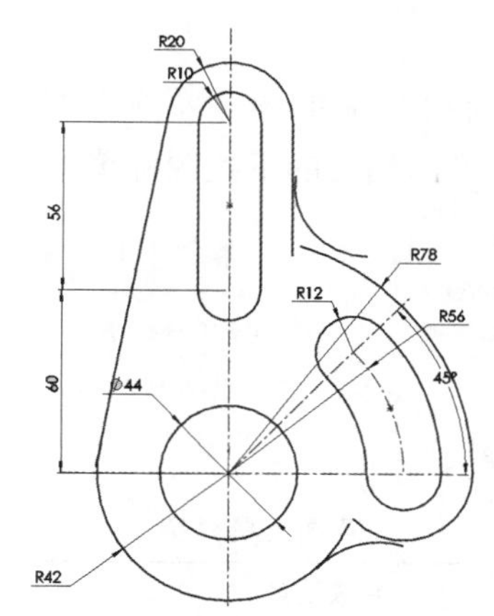

图 2-60　绘制两连接弧

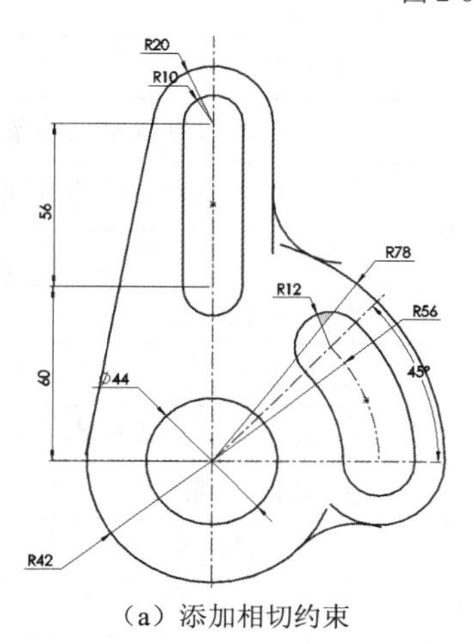

（a）添加相切约束

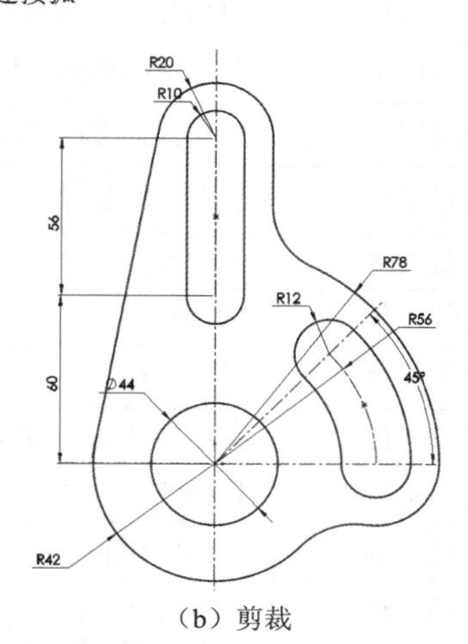

（b）剪裁

图 2-61　添加相切约束并剪裁

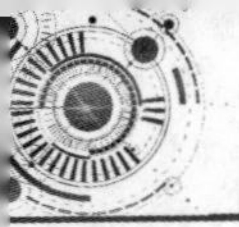

要点提示

由于 SOLIDWORKS 是尺寸驱动的参数化设计软件，因此绘图时只需绘制大致正确的形状即可，标注尺寸时线段的大小会随之变化。为防止修改尺寸时图形发生畸变，可暂时取消选择菜单命令【工具】/【草图设定】/【自动求解】，待全部尺寸标注完成后，再选择【自动求解】命令。

2.3 草图工具介绍

草图工具主要是针对草图实体进行的操作，包括【倒角】【圆角】【等距实体】【转换实体引用】【剪裁】【延伸】【镜像】及【构造线】等命令。图 2-62 所示为草图工具的部分命令按钮。

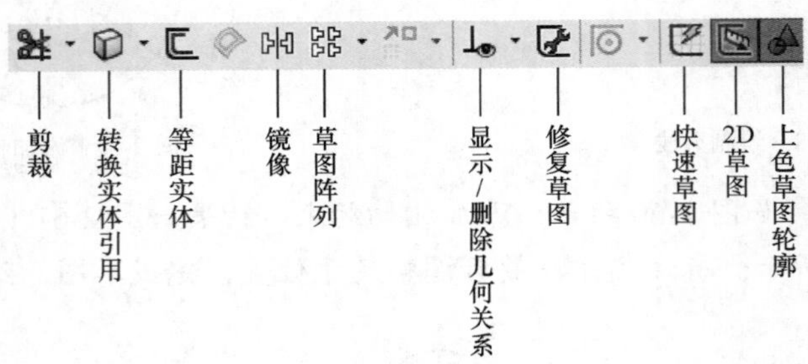

图 2-62　草图工具的部分命令按钮

单击图标右侧的下拉按钮▾，弹出相应的下拉图标菜单，如图 2-63 所示。

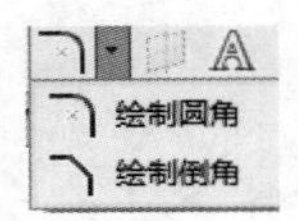

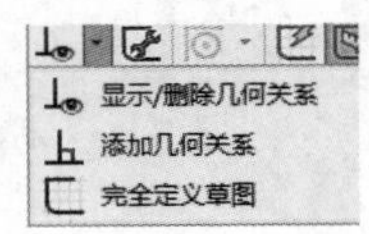

图 2-63　下拉图标菜单

表 2-6 所示为各草图工具的介绍。

表 2-6　草图工具介绍

图　标	名　称	操作对象	结　果
	绘制圆角	两相交的草图实体	生成圆角
	绘制倒角	两相交的草图实体	生成倒角
	等距实体	已有特征边界或草图实体	生成封闭边界或单元线条的等距线
	转换实体引用	已有特征边界	生成与该边界一致的草图实体
	剪裁实体	草图实体	剪裁草图实体或拉伸草图实体
	延伸实体	草图实体	延伸草图实体
	分割实体	草图实体	分割草图实体
	镜像实体	草图实体与一镜像线	生成相对中心线对称的草图实体副本
	动态镜像实体	镜像线	镜像新绘制的草图实体
	线性阵列	草图实体和方向	生成线性阵列
	圆周阵列	草图实体和阵列中心	生成圆周阵列
	移动	草图实体	移动草图实体

续表

图　标	名　称	操 作 对 象	结　果
	旋转	草图实体	旋转草图实体
	缩放比例	草图实体	缩放草图实体
	复制	草图实体	复制草图实体
	交叉曲线	基准面和曲面或模型面；两个曲面；曲面和模型面；基准面和整个零件；曲面和整个零件	生成一张草图并在交叉处生成草图曲线
	转折线	草图实体	生成一转折线
	构造几何线	草图实体	将草图实体转化为辅助线
	制作路径	草图实体	生成机械设计布局草图
	修复草图	草图实体	解决草图线条的交错和重叠问题
	修改	草图实体	移动、旋转或按比例缩放整个草图

2.3.1　圆角和倒角

圆角和倒角是常见的工程结构，可以在草图绘制中完成，也可在实体模型上作为附加特征来实现。

一、圆角

圆角的作用是在两交叉实体的交点处生成一个与两实体都相切的圆弧。

【圆角】命令的启动方式如下。

- 单击【草图】工具栏中的按钮或选择菜单命令【工具】/【草图工具】/【圆角】。

绘制圆角的操作步骤如下。

1. 启动【圆角】命令，打开【绘制圆角】属性管理器，如图 2-64（a）所示。
2. 在【圆角参数】栏中输入圆角半径“10.00mm”。
3. 选择要圆角处理的两实体或交点，完成圆角处理。
4. 单击按钮，结束【圆角】命令。

重复步骤 3 可继续【圆角】命令，直到单击按钮。

【绘制圆角】属性管理器中的选项说明如下。

选中【保持拐角处约束条件】复选项，系统通过保留虚拟交点的方式保留顶角处的几何关系，即原来标注的尺寸或几何关系不会消失；反之，原来的尺寸或几何关系将会消失，如图 2-64（b）所示。

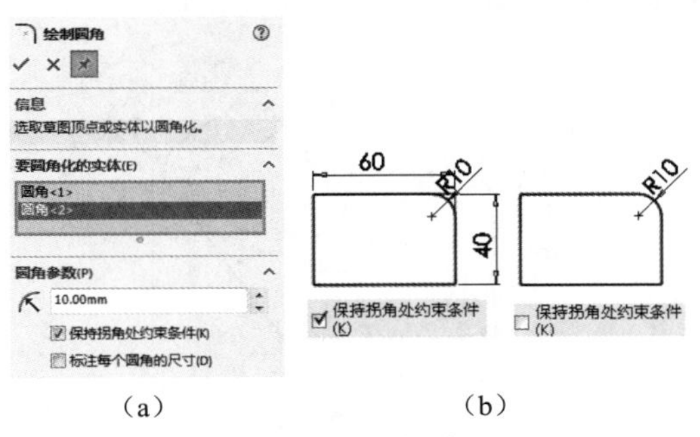

（a）　　（b）

图 2-64　绘制圆角

要点提示

具有相同半径的连续圆角不会单独标注尺寸，将自动与第一个圆角保持相等关系。草图中不允许建立半径为 0 的圆角。

二、倒角

【倒角】命令的启动方式如下。

- 单击【草图】工具栏中的按钮或选择菜单命令【工具】/【草图工具】/【倒角】。

绘制倒角的操作步骤如下。

1. 启动【倒角】命令，打开【绘制倒角】属性管理器，如图 2-65（a）所示。
2. 选择倒角方式（【角度距离】或【距离-距离】）。
3. 选择倒角对象，如图 2-65（b）所示。
4. 单击按钮，结束【倒角】命令。

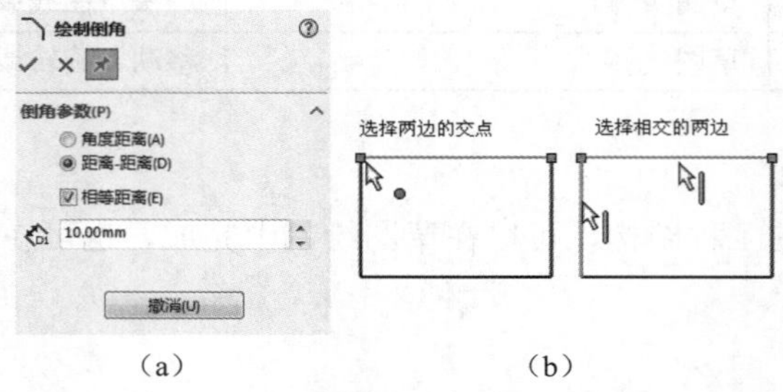

图 2-65　绘制倒角对象选择方式

倒角绘制示例如图 2-66 所示。

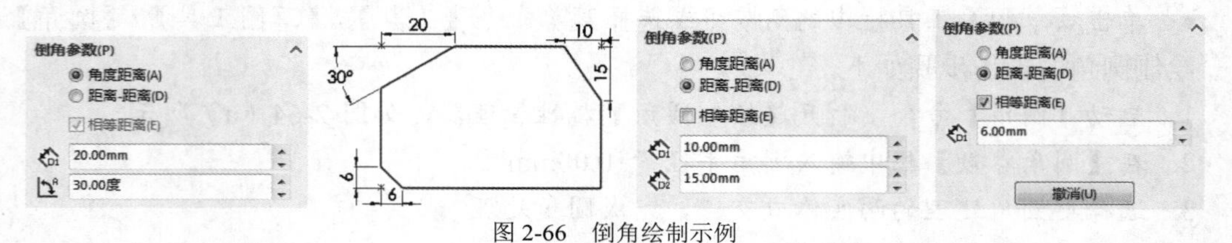

图 2-66　倒角绘制示例

要点提示

如果需要绘制一个以上的倒角，继续选择即可。

2.3.2　工程实例——绘制垫板草图

使用【直线】【圆角】命令绘制图 2-67 所示的垫板草图。

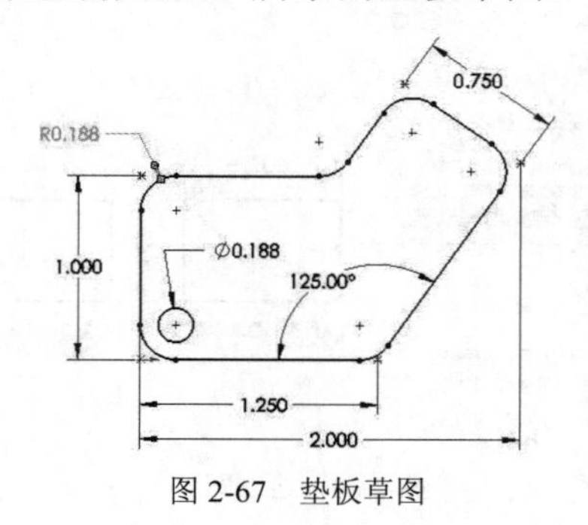

图 2-67　垫板草图

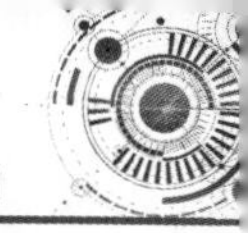

要点提示

图中各尺寸数据是以英寸为单位的，因此绘图前要进行单位设置。

1. 新建文件。

（1）单击按钮，在弹出的【新建 SOLIDWORKS 文件】对话框中选择【零件】选项，单击 确定 按钮。

（2）单击按钮，或者选择菜单命令【工具】/【选项】，打开【系统选项(S)-普通】对话框，在【文档属性】选项卡中选择【单位】选项，设置绘图单位系统为【IPS(英寸、磅、秒)】，数值精确到 3 位小数，如图 2-68 所示。

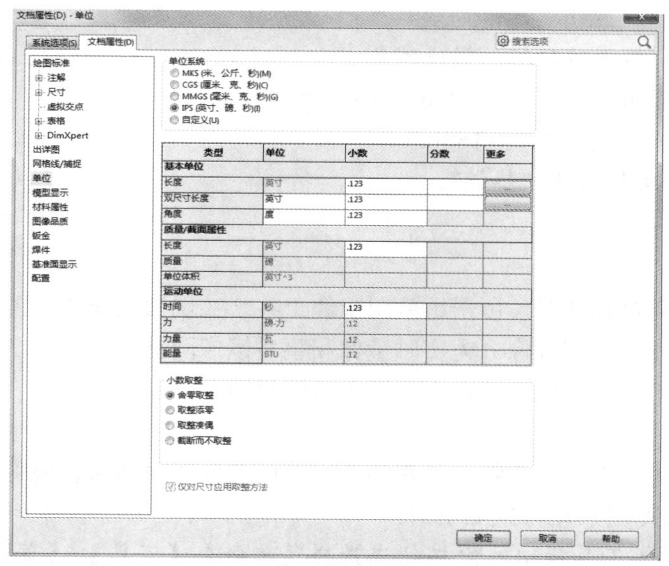

图 2-68　绘图单位设置

2. 启动【草图绘制】命令，选择【前视基准面】，在的下拉菜单中单击按钮。

3. 绘制图形，过程如图 2-69 所示。

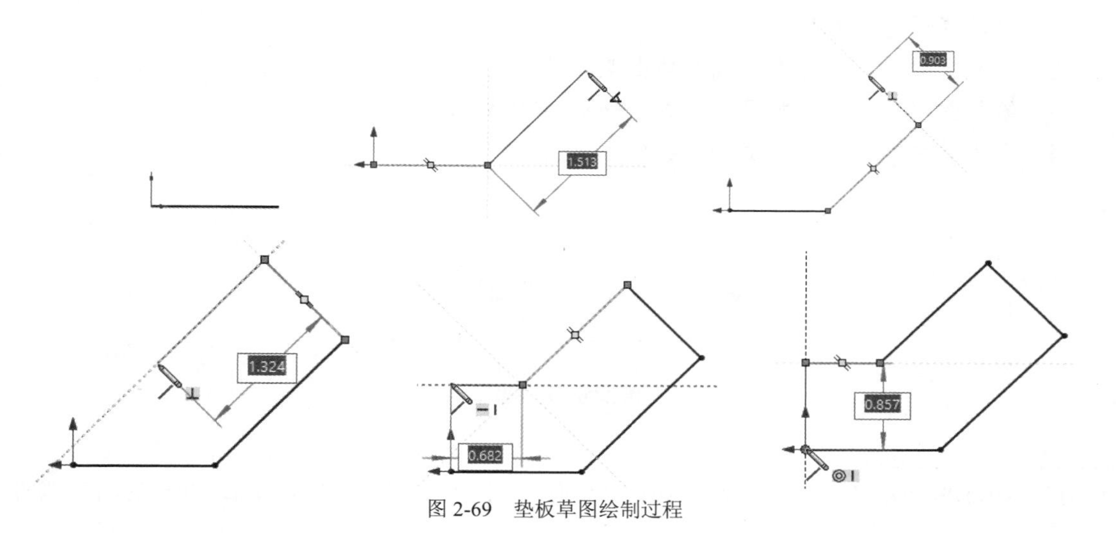

图 2-69　垫板草图绘制过程

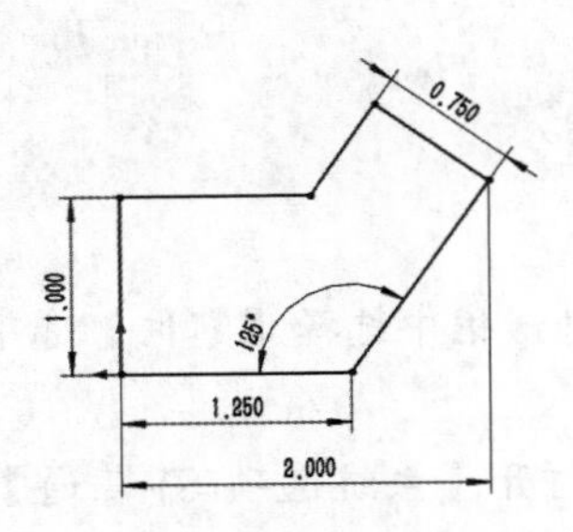

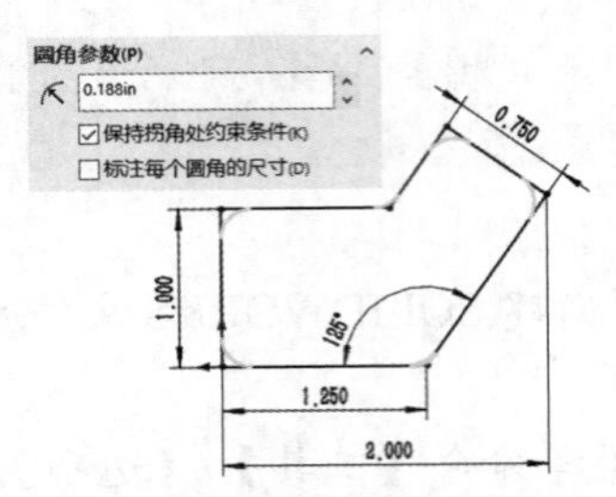

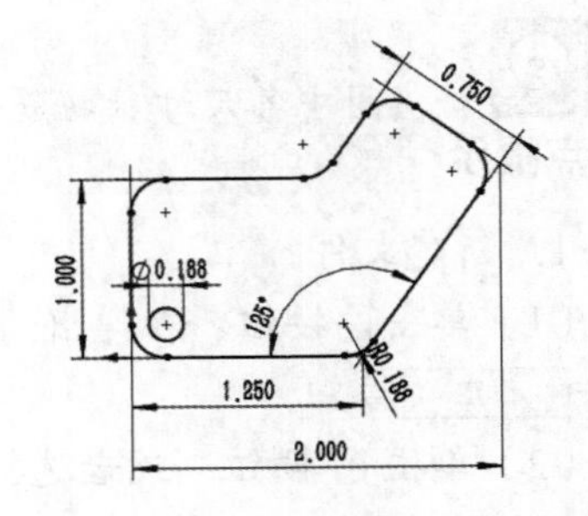

图 2-69　垫板草图绘制过程（续）

（1）绘制直线。连续绘制直线，借助绘图区域出现的推理线（虚线）可准确捕捉到垂直、平行等几何关系。

（2）标注尺寸。按图依次标注线段的尺寸。

（3）倒圆角。圆角半径为“0.188in”，连续倒圆角。

（4）绘制圆。圆的直径为“0.188in”。

4. 保存文件，文件名为“垫板”。

2.3.3　草图镜像

当草图实体具有对称性时，可采用草图镜像工具来实现快速作图。镜像复制与原草图图元自动建立对称关联。草图镜像分为实时镜像和事后镜像两种。

镜像前的准备工作为启动草绘命令，进入草绘界面。

一、实时镜像

实时镜像又称为动态镜像，特点是在绘制原草图的同时对其进行镜像复制。

【动态镜像】命令的启动方式如下。

- 单击【草图】工具栏中的按钮或选择菜单命令【工具】/【草图工具】/【动态镜像】[①]。
- 选择【前视基准面】作为草绘基准面，绘制一条中心线。

动态镜像的操作步骤如下。

1. 启动【动态镜像】命令。
2. 选取中心线，此时中心线两端出现一对等号。
3. 绘制图形，镜像复制同时生成，如图 2-70 所示。
4. 再次单击按钮，完成动态镜像。

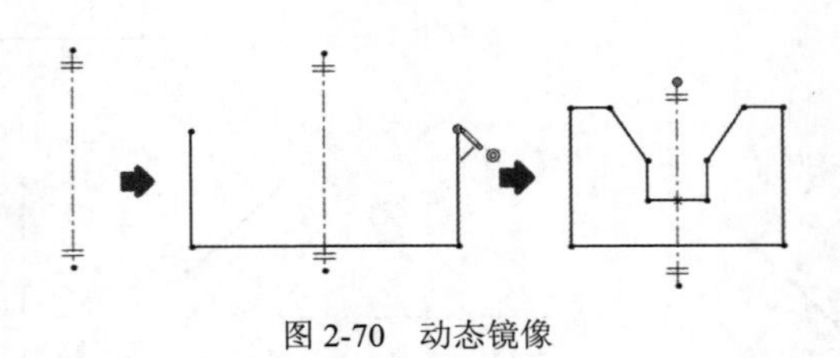

图 2-70　动态镜像

① 有的 SOLIDWORKS 版本中，“镜像”用的是“镜向”二字（“镜向”为错字），本书均用更正后的“镜像”表示。

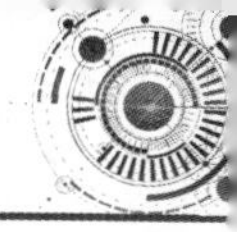

二、事后镜像

事后镜像通过【镜像】命令来启动，启动方式如下。

- 单击【草图】工具栏中的按钮或选择菜单命令【工具】/【草图工具】/【镜像】。

与实时镜像不同，事后镜像不是与原草图同时出现，而是先绘草图，然后选择【镜像】命令。

进行镜像的操作步骤如下。

1. 绘制出水平和竖直两条中心线，再绘制出 1/4 轮廓线和圆。
2. 启动【镜像】命令，打开【镜像】属性管理器，选择 1/4 外轮廓及圆作为要镜像的草图实体，竖直中心线作为镜像点。
3. 单击✓按钮，结束第一次镜像操作。
4. 启动【镜像】命令，将第一次镜像操作所得的图形作为要镜像的实体，水平中心线作为镜像点，单击✓按钮，完成全图。

操作过程如图 2-71 所示。

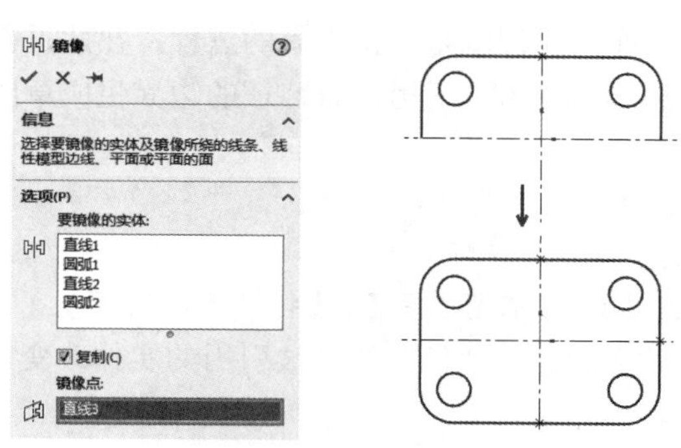

图 2-71　镜像实体

【镜像】属性管理器中的选项说明如下。

- 中心线被视为镜像操作的默认【镜像点】，如果采用框选选择草图实体，选中了中心线，则启动【镜像】命令后，直接对所选草图实体进行复制。
- 若选中【复制】复选项，则原草图实体保留。

2.3.4　等距实体

把已有的草图实体沿其方向偏移一段距离的方法称为等距实体。其操作对象可以是同一草图中已有的草图实体，也可以是已有的模型边界，或者其他草图中的草图实体。生成的图形与原实体产生关联，并保持偏距不变。

【等距实体】命令的启动方式如下。

- 单击【草图】工具栏中的按钮。
- 选择菜单命令【工具】/【草图工具】/【等距实体】。

进行等距实体的操作步骤如下。

1. 启动【等距实体】命令，弹出【等距实体】属性管理器，如图 2-72（a）所示。
2. 选择欲进行等距操作的图元，如图 2-72（b）所示。
3. 在【参数】栏中输入距离“10.00mm”，出现结果预览如图 2-72（c）所示。如果方向

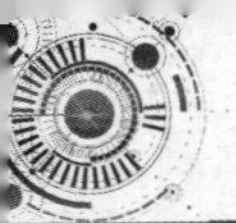

不对，可选中【反向】复选项。

4. 单击✓按钮，结束【等距实体】命令。

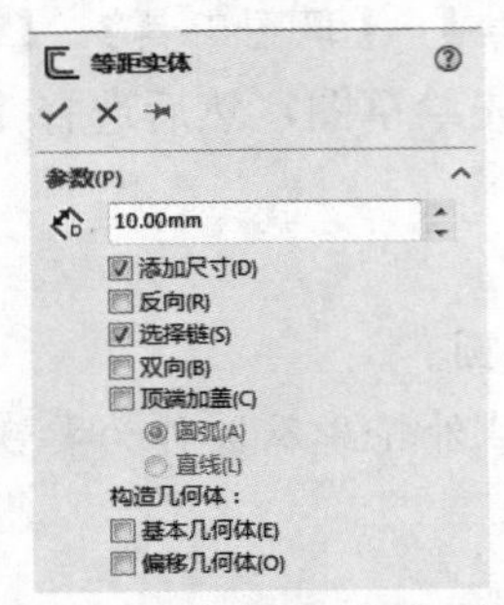

(a)【等距实体】属性管理器

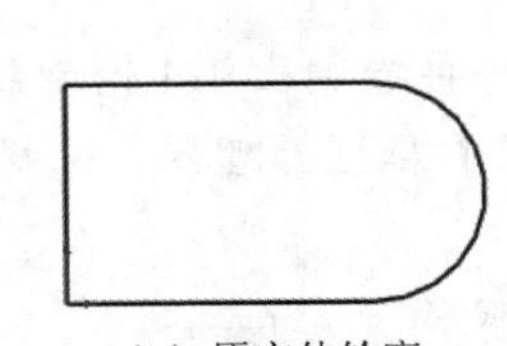
(b) 原实体轮廓

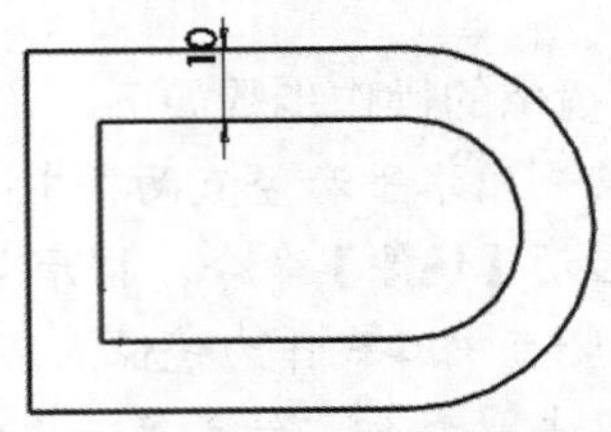

(c) 产生的等距轮廓

图 2-72 等距实体

2.3.5 转换实体引用

SOLIDWORKS 的零件建模过程就是特征积累的过程，在此过程中后面的特征会经常需要引用前面已存在的特征边界做参考，引用已有特征的边界生成草图实体的方法就是转换实体引用。

【转换实体引用】命令的启动方式如下。

- 单击【草图】工具栏中的按钮。
- 选择菜单命令【工具】/【草图工具】/【转换实体引用】。

发生引用关系的两实体之间建立几何关联，被引用的实体改变，则草图随之变化。

转换实体引用的操作步骤如下。

1. 选择基准面 1 作为草绘基准面。
2. 选择 U 形柱体的表面边线。
3. 启动【转换实体引用】命令，完成操作。

具体操作如图 2-73 所示。

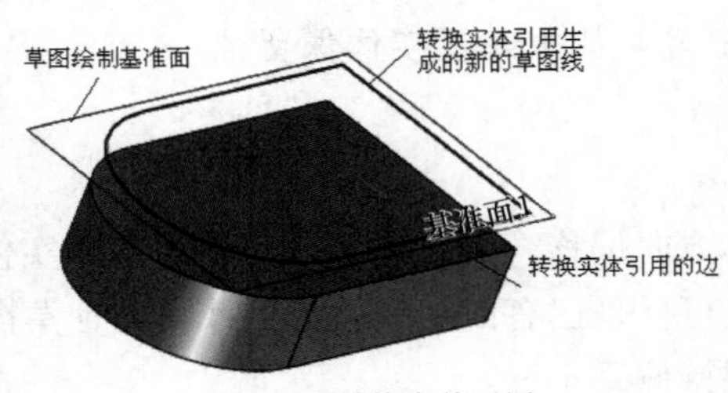

图 2-73 转换实体引用

2.3.6 草图延伸

【延伸】命令的启动方式如下。

- 单击【草图】工具栏中下拉菜单中的按钮或选择菜单命令【工具】/【草图工具】/【延伸】。

进行延伸的操作步骤如下。

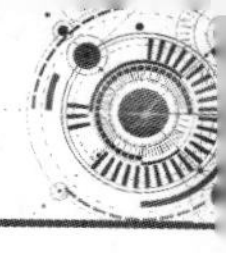

1. 绘制草图，如图 2-74（a）所示。

2. 启动【延伸】命令，当鼠标光标移动到圆弧时，显示圆弧延伸结果预览。

3. 单击鼠标左键完成圆弧延伸操作，如图 2-74（b）所示。

4. 将鼠标光标指向直线，出现延伸预览，如图 2-74（c）所示，单击鼠标左键，完成直线的延伸。

5. 再次单击【延伸】按钮，退出【延伸】命令。

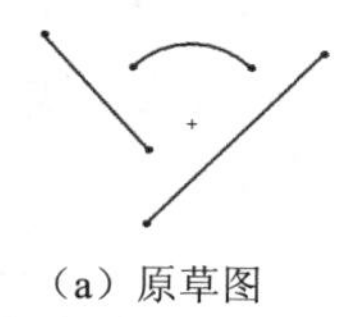

（a）原草图

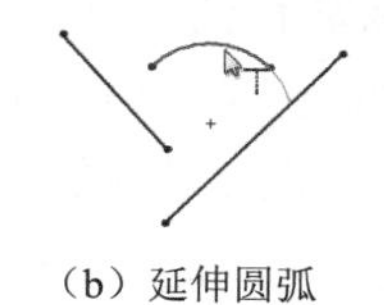

（b）延伸圆弧

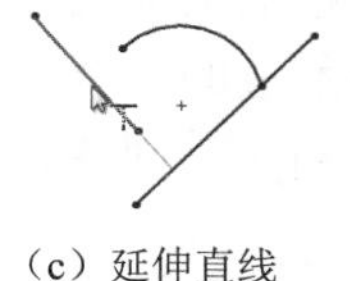

（c）延伸直线

图 2-74　草图延伸

2.3.7　草图剪裁

草图剪裁主要用于剪裁掉不需要的图线。

【剪裁】命令的启动方式如下。

- 单击【草图】工具栏中的按钮。
- 选择菜单命令【工具】/【草图工具】/【剪裁】。

启动命令后，出现【剪裁】属性管理器，如图 2-75 所示，【选项】栏中有 5 种剪裁方式，下面将逐一进行介绍。首先在草绘面上绘制图 2-76（a）所示的图形，然后对其中的草图实体进行剪裁操作。

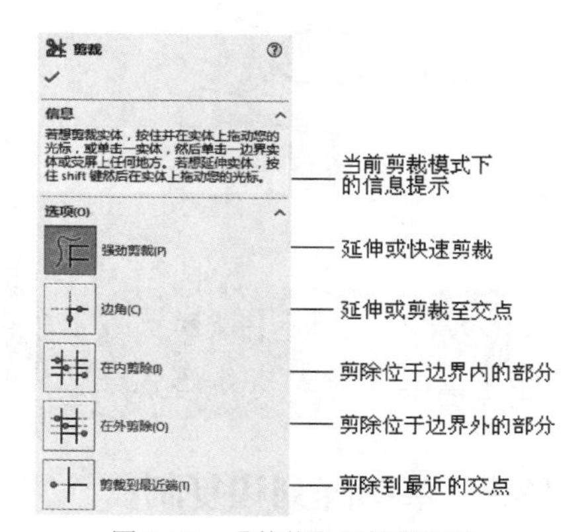

图 2-75　【剪裁】属性管理器

一、【强劲剪裁】

强劲剪裁会删除鼠标划过处的线段。如图 2-76（b）所示，鼠标划过的线 1、线 3、线 4 被剪裁。

二、【边角】

边角剪裁针对两个草图实体。选择两个草图实体后，对其剪裁或延伸，使两个实体相交。如图 2-76（c）所示，取消上一步的操作，回到原图，选择线 3 和线 4，结果产生一直角。

三、【在内剪除】

回到原图，选择圆为剪裁边界，依次选择线 1 至线 6，其剪裁情况如下。

- 与两边界均相交的线段，其位于剪裁边界内部的部分将被剪除，如线 1、线 2。
- 位于边界内部并且与任何边界均不相交的封闭线段不会被剪除，如线 6。
- 位于边界内部并且与任何边界均不相交的线段被删除，如线 3 和线 4。
- 与边界只有一个交点的对象不会被剪除，如线 5。

在内剪除后的效果如图 2-76（d）所示。

四、【在外剪除】

回到原图，选择圆为剪裁边界，依次选择线 1 至线 6，其剪裁情况如下。

- 与两边界均相交的线段，其位于剪裁边界外的部分将被剪除，如线 1、线 2。

- 位于边界内部且与任何边界均不相交的封闭线段不会被剪除，如线 6。
- 位于边界内部并且与任何边界均不相交的直线被延伸至与边界相交，如线 3 和线 4。
- 与边界只有一个交点的线段在边界外的部分被剪除，边界内的部分被延伸至与边界相交，如线 5。

在外剪除后的效果如图 2-76（e）所示。

五、【剪裁到最近端】

回到原图，移动鼠标光标至线段欲剪裁的部分，单击鼠标左键，线段将被一直删除至与其他草图线段的最近的一个交点处，如图 2-76（f）所示的线 1、线 2、线 5。如果草图线段没有与其他图线相交，则整条线段将被删除，如线 3、线 4、线 6。

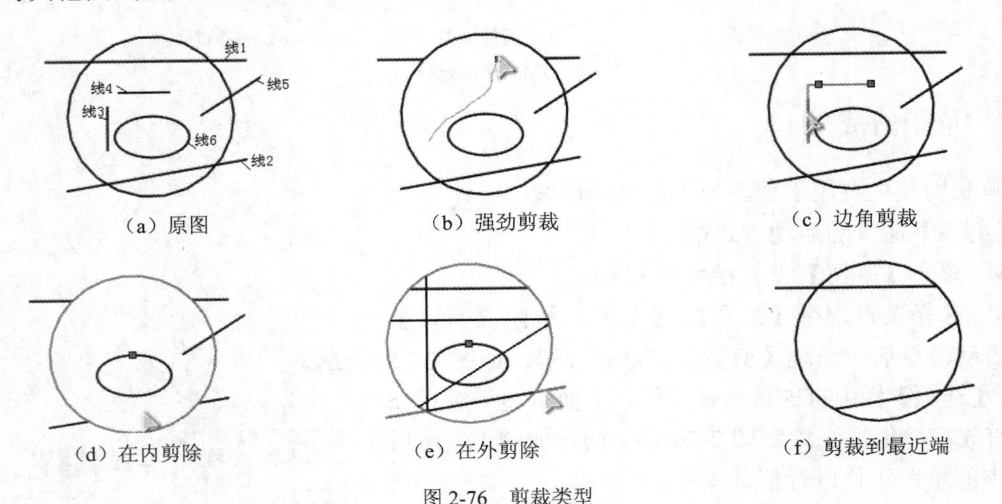

（a）原图　（b）强劲剪裁　（c）边角剪裁

（d）在内剪除　（e）在外剪除　（f）剪裁到最近端

图 2-76　剪裁类型

要点提示

使用【强劲剪裁】命令时，选择对象的同时按住 Shift 键，可延伸实体，但当草图实体已完全定义时，延伸失效。

2.3.8　草图阵列和复制

草图阵列分为线性阵列和圆周阵列。

一、线性阵列

【线性阵列】命令的启动方式如下。

- 单击【草图】工具栏中的器按钮。
- 选择菜单命令【工具】/【草图工具】/【线性阵列】。

进行线性阵列的操作步骤如下。

1. 选择【前视基准面】作为绘图基准面，绘制一个六边形。
2. 启动【线性阵列】命令，弹出【线性阵列】属性管理器，如图 2-77（a）所示。
3. 选择六边形作为要阵列的实体，在【方向 1(1)】栏中输入间距为“30mm”、数量为“4”、角度为“15.00 度”，在【方向 2(2)】栏中输入间距为“30mm”、数量为“3”，效果预览如图 2-77（b）所示。
4. 单击✓按钮，结束线性阵列操作。

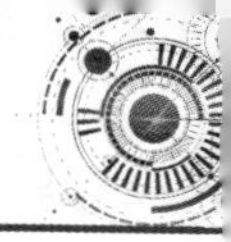

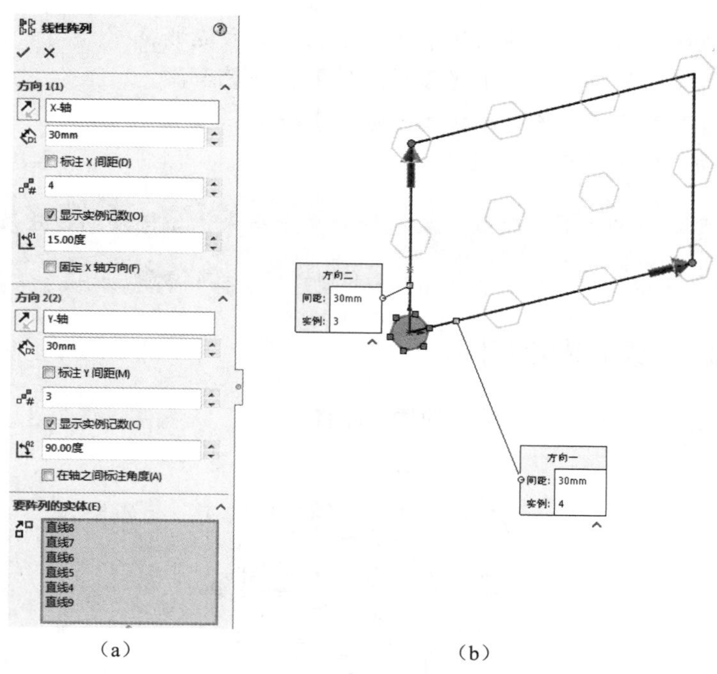

（a）　　（b）

图 2-77　线性阵列

二、圆周阵列

【圆周阵列】命令的启动方式如下。

- 单击【草图】工具栏中下拉列表中的按钮。
- 选择菜单命令【工具】/【草图工具】/【圆周阵列】。

图 2-78 所示为正六边形的圆周阵列。

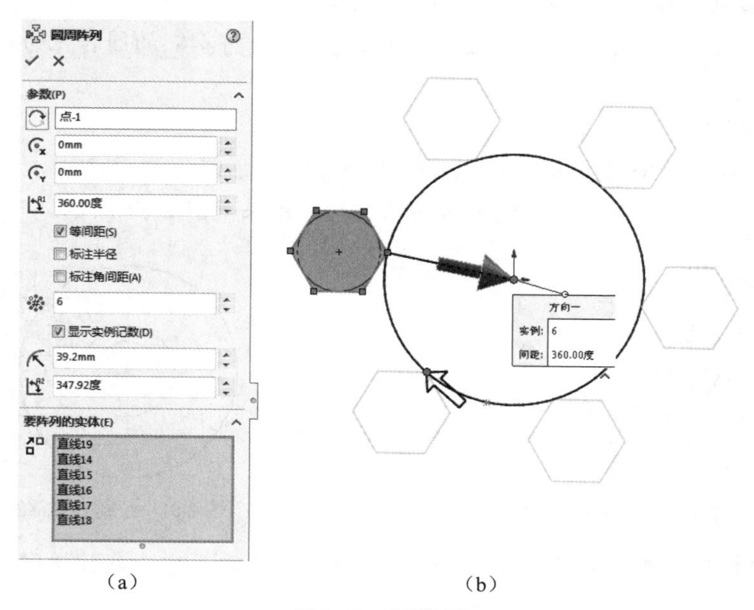

（a）　　（b）

图 2-78　圆周阵列

进行圆周阵列的操作步骤如下。

1. 选择【前视基准面】作为绘图基准面，绘制一个六边形。
2. 启动【圆周阵列】命令，弹出【圆周阵列】属性管理器。
3. 选择【六边形】作为要阵列的实体，输入参数。
4. 单击✓按钮，结束圆周阵列操作。

要点提示

输入各参数的同时，预览效果也同时显示出来，如与预期的效果不符，可随时更改参数进行调整。

2.3.9 工程实例——绘制槽轮草图

使用【阵列】命令绘制图 2-79 所示的槽轮草图。

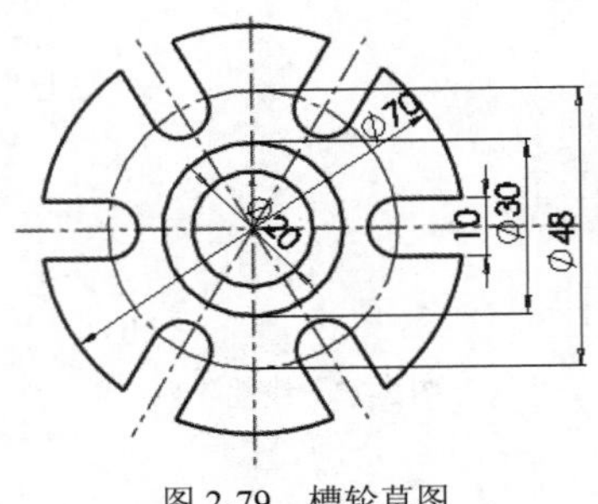

槽轮草图

图 2-79 槽轮草图

1. 新建文件，进入零件设计模式。
2. 选择【前视基准面】作为草绘基准面，在【命令管理器】中打开【草绘】工具栏。
3. 单击按钮，过原点绘制水平和竖直中心线。
4. 单击按钮，绘制同心圆，直径分别为 20、30、48、70。
5. 单击按钮，标注尺寸ϕ20、ϕ30、ϕ48、ϕ70、并将ϕ48 的圆转化为构造线，结果如图 2-80 所示。
6. 绘制 U 形槽。

（1）单击按钮，绘制圆弧，圆心位于ϕ48 的圆周上。

（2）单击按钮，绘制直线，使其与圆弧相切，结果如图 2-81 所示。

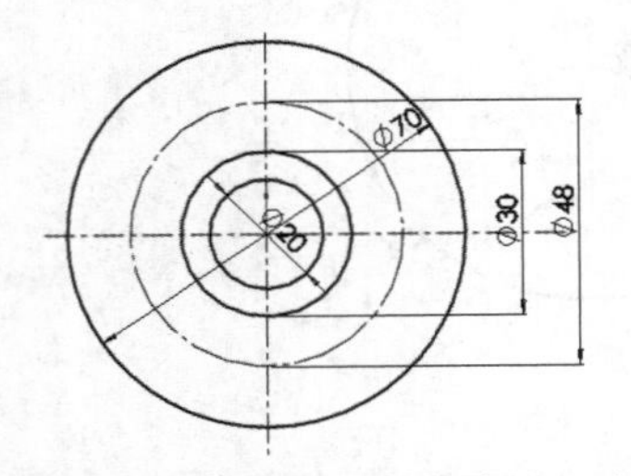

图 2-80 绘制构造线及圆并标注尺寸

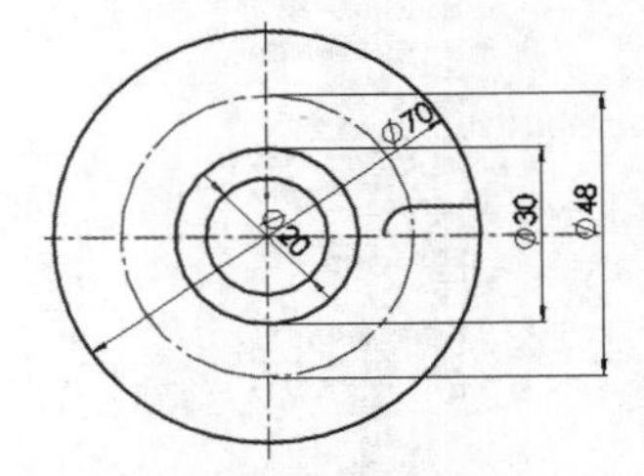

图 2-81 绘制 U 形槽的 1/2

（3）单击按钮，选择圆弧与直线为镜像实体，关于水平中心线作镜像，结果如图 2-82 所示。

7. 单击按钮，以原点为阵列中心，将 U 形槽进行圆周阵列，结果如图 2-83 所示。
8. 单击按钮，进行剪裁，结果如图 2-84 所示。

9. 单击![]按钮，添加约束，使 U 形槽的圆心与构造线圆 ϕ48 的重合，如图 2-85 所示。

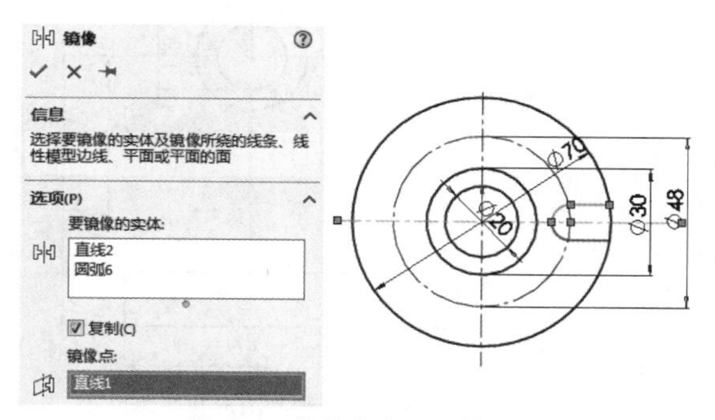

图 2-82　镜像生成 U 形槽

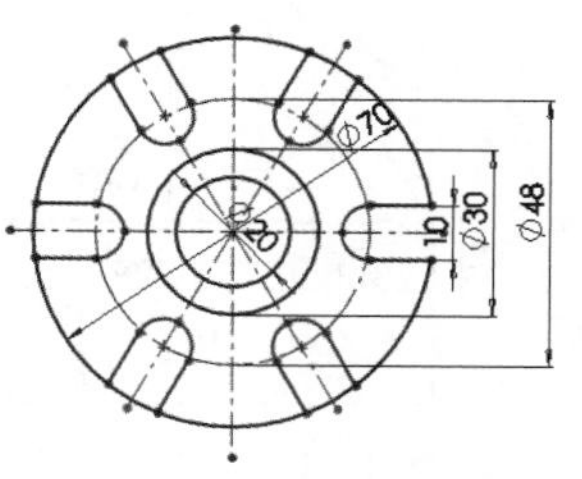

图 2-83　U 形槽圆周阵列

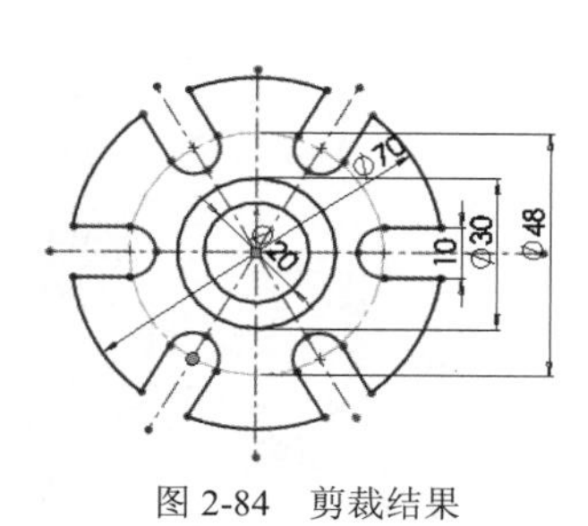

图 2-84　剪裁结果

图 2-85　添加约束

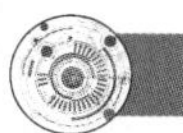 2.4　综合训练——绘制铣刀头尾架草图

绘制图 2-86 所示的铣刀头尾架草图。

绘图思路如下。

- 善于利用草图原点，将重要的定位尺寸与原点结合。本图中将上方圆心放在了原点。
- 尺寸分为定位尺寸与定形尺寸。找好水平尺寸和竖直尺寸的基准，绘制中心线。平面图形常用尺寸基准：对称图形的对称中心线，较大圆的中心线或较长的线段。
- 在平面图形中，有些图线的尺寸已完全给定，可以直接画出。而有些线段要按照圆弧连接的关系画出，可放在最后。
- 标注完尺寸再添加倒角或圆角。
- 一个完整的草图应该是完全定义的。

铣刀头尾架草图

绘图步骤如下。

1. 单击![]按钮，在弹出的【新建 SOLIDWORKS 文件】对话框中选择【零件】选项，单击 确定 按钮。选择【前视基准面】进行草绘，过原点绘制水平和竖直中心线，绘制圆 ϕ40、ϕ25 及下部矩形并标注尺寸，结果如图 2-87 所示。

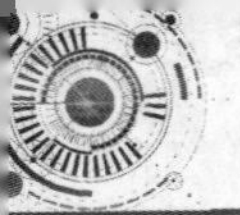

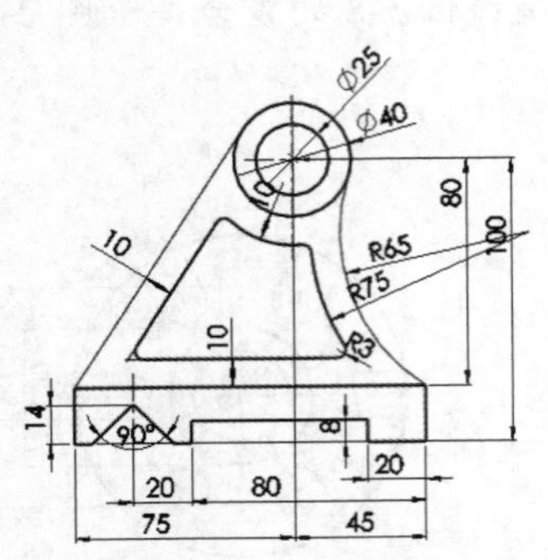

图 2-86　铣刀头尾架草图

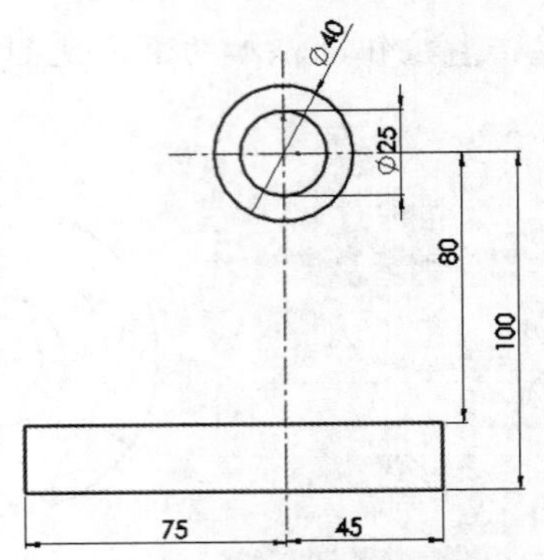

图 2-87　绘制图形并标注尺寸

2. 先绘制矩形槽，再绘制三角形槽（先绘制 90° 角的一边及对称中心线，用【镜像】命令生成），剪裁并标注尺寸，结果如图 2-88 所示。

3. 作圆 $\phi 40$ 的切线，作 $\phi 170$ 及 *R*65 的点画线圆，再以两圆的交点为圆心作 *R*65 的连接弧，并标注尺寸，结果如图 2-89 所示。

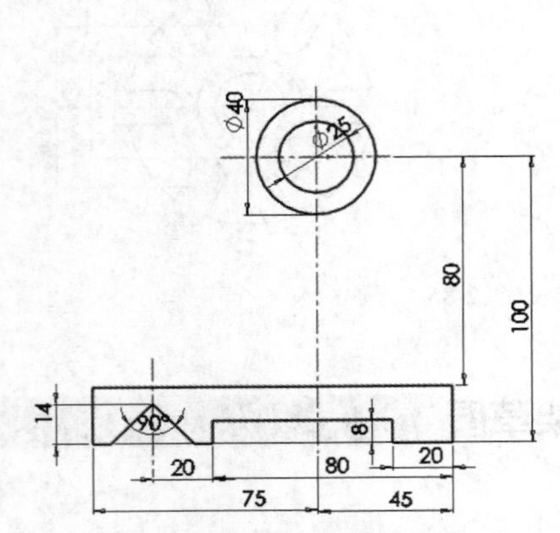

图 2-88　绘制槽并标注尺寸等

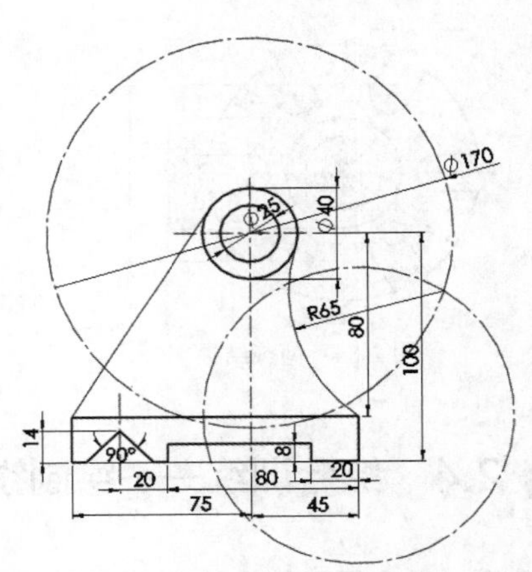

图 2-89　绘制圆、圆弧并标注尺寸

4. 绘制等距线，结果如图 2-90 所示。

5. 剪裁图形，结果如图 2-91 所示。

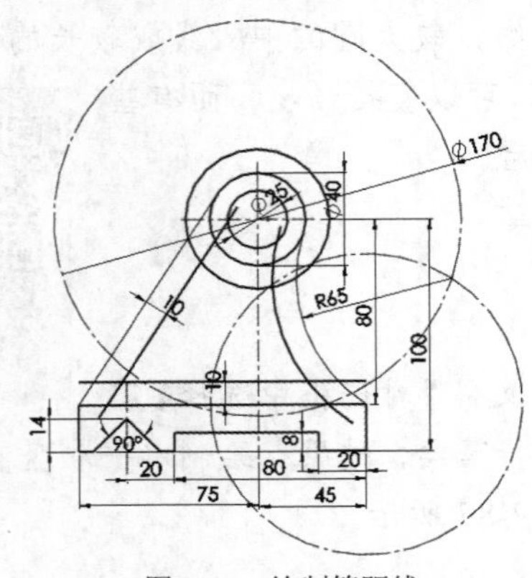

图 2-90　绘制等距线

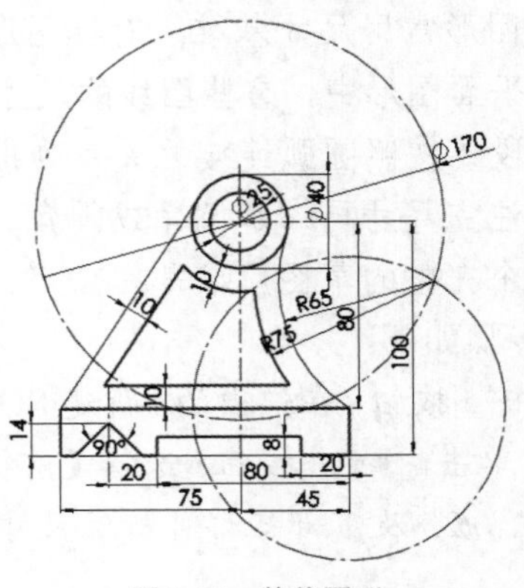

图 2-91　剪裁图形

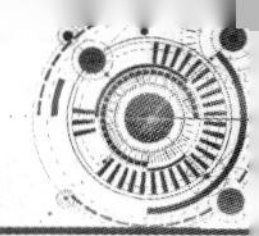

6. 倒圆角，结果如图 2-92 所示。

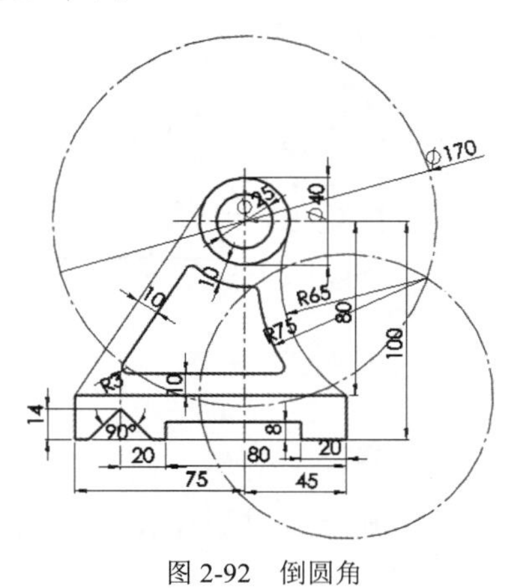

图 2-92　倒圆角

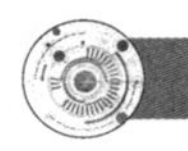

2.5　小结

本章介绍了如何在草图中绘制平面图形。

【本章重点】

1. 设置草图的基本环境。
2. 绘制平面图形的步骤：绘制草图实体→添加几何关系→标注尺寸。
3. 常用的草图实体命令有直线、圆、圆弧、多边形及样条曲线等。
4. 常用的草图工具命令有圆角、倒角、等距实体、转换实体引用、剪裁及镜像等。
5. 草图约束有添加几何关系与标注尺寸。

【本章难点】

1. 草图剪裁。需注意剪裁之后可能丧失重要的几何关系。
2. 草图几何关系。草图完成后需保证草图状态为完全定义。
3. 标注尺寸。掌握线性尺寸、直径尺寸、半径尺寸、角度尺寸的标注方式。

2.6　习题

1. 按图 2-93 给出的尺寸画出下列平面图形，其中图 2-93（b）中尺寸的单位是英寸。

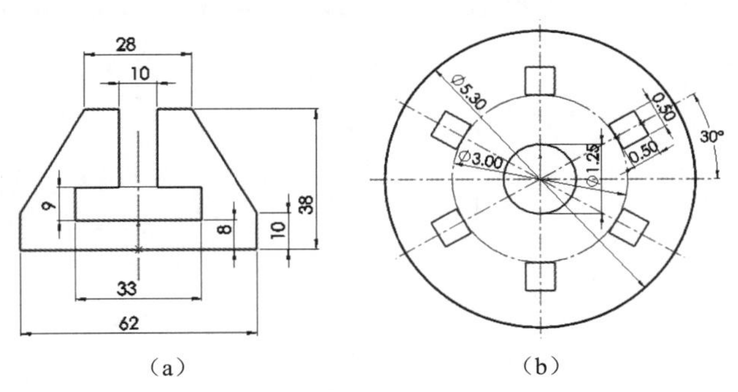

（a）　（b）

图 2-93　平面图形

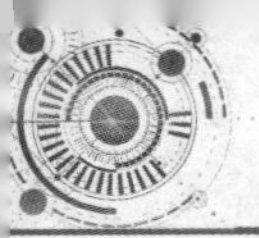

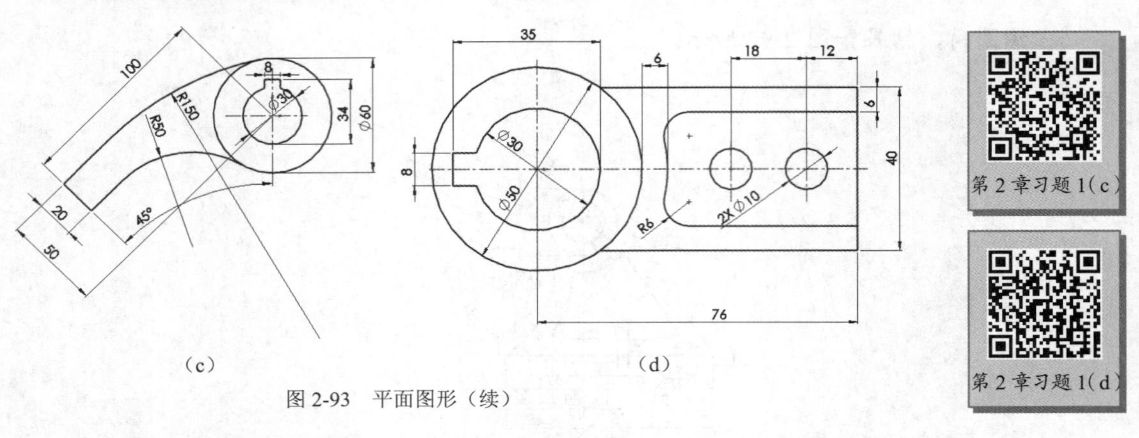

图 2-93　平面图形（续）

2．按图 2-94 给出的尺寸画出下列圆弧连接的草图，并计算出图 2-94（a）和（c）的面积。

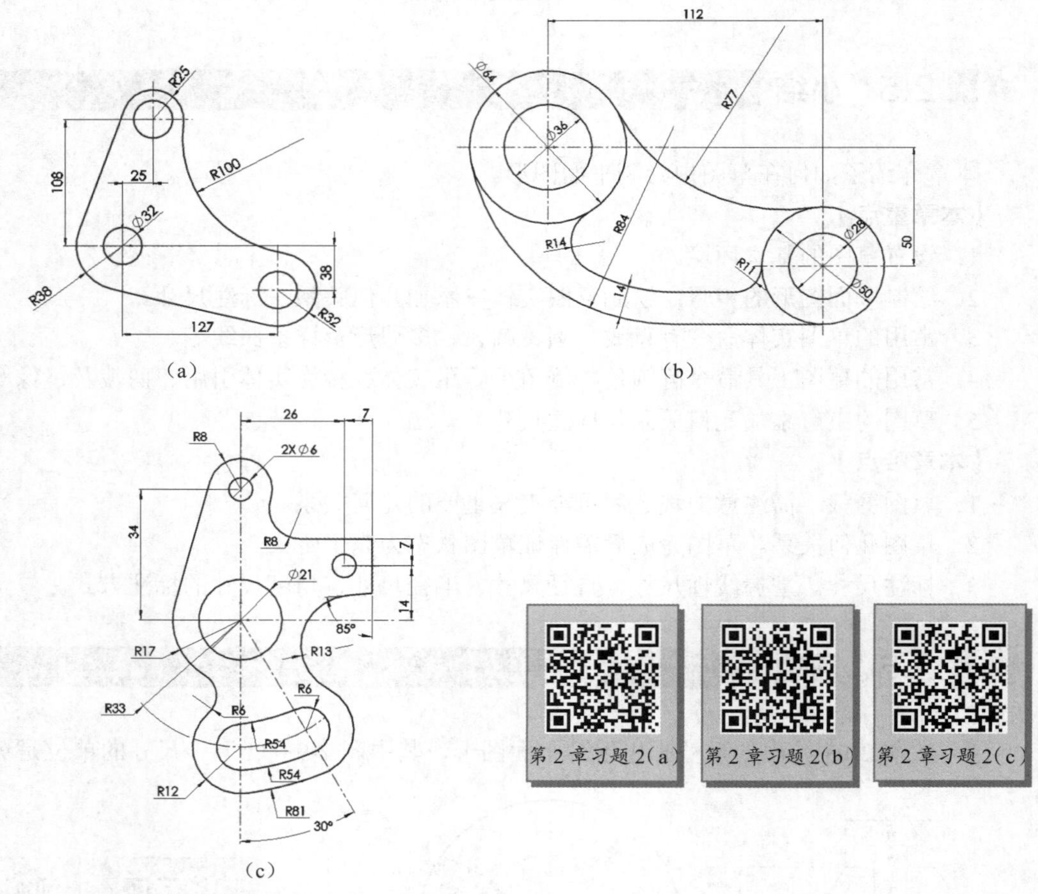

图 2-94　圆弧连接

第 3 章

零件建模——草绘特征

知识目标： 如何选择最佳草图轮廓和草图平面；
掌握拉伸、旋转、扫描、放样、边界等草绘特征的使用方法。

能力目标： 能够选择恰当的草绘特征进行零件建模。

素质目标： 使用不同的特征组成零件，着重体现设计意图，培养设计思维。

在 SOLIDWORKS 中，零部件由多个特征组合而成。创建一个基本零部件，如图 3-1 所示的轴承座，总是从草绘特征开始的。草绘特征是指二维特征截面经过拉伸、旋转、扫描、放样及边界等方式形成的一类实体特征，因为特征截面需以草图的方式绘制，故称为草绘特征。

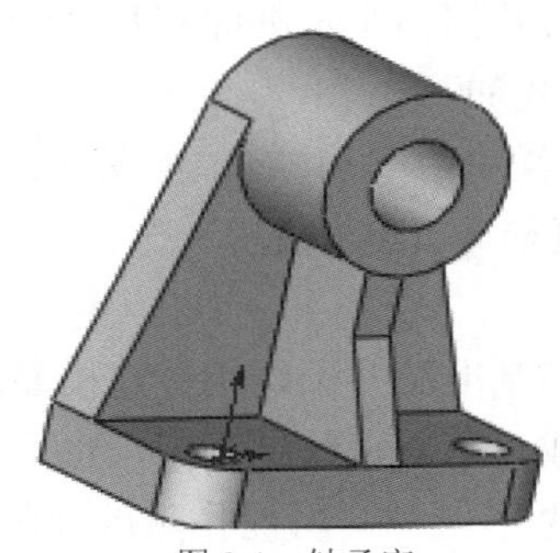

图 3-1　轴承座

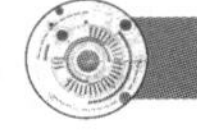

3.1　预备知识

在学习草绘特征之前，需要掌握零件的建模步骤，了解什么是草绘特征，以及特征建模时如何根据需要来建立参考基准。

3.1.1　草绘特征

草绘特征包括拉伸特征、旋转特征、扫描特征、放样特征、边界特征及筋特征。【特征】工具栏对应的启动方式如图 3-2 所示。

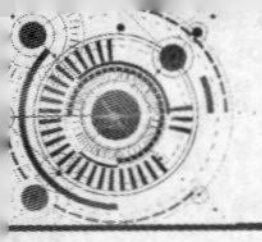

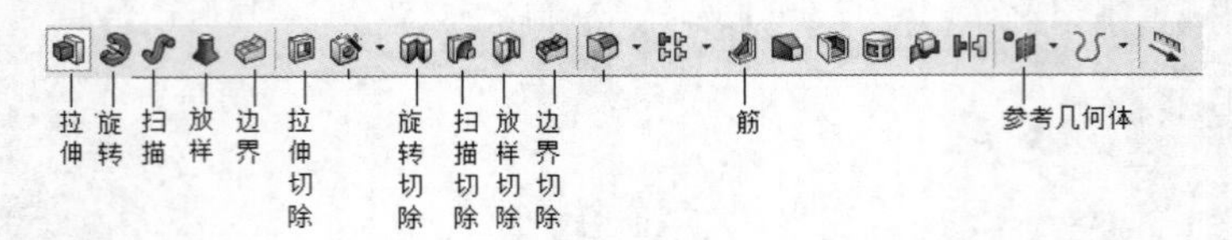

图 3-2 【特征】工具栏对应的启动方式

3.1.2 零件建模步骤

利用 SOLIDWORKS 可以进行零件设计和对现有零件建模。当对现有零件建模时，可以采用不同特征完成相同的结果，采用哪种特征最合适，可按照以下 3 个步骤来确定。

一、确定最佳轮廓

当选择特征建模时，首先要确定草图轮廓，所选的轮廓要比选其他轮廓建立出的部分多，能够反映模型的整体面貌。

二、选择草图平面

选择哪一个平面来放置第一个草图，需要参考以下方面。

（1）零件本身的显示方位。

（2）零件在装配体中的方位。

（3）零件在工程图中如何摆放。

三、设计意图

建模是为设计服务的，因此要根据设计意图来选择草图与特征。

3.1.3 参考几何体

参考几何体（Reference Geometry）包括基准面、基准轴、坐标系和三维曲线，用于协助生成特征。草绘特征中常用的参考几何体是基准面和基准轴。

【参考几何体】命令的启动方式如下。

- 单击【参考几何体】工具栏中的按钮，如图 3-3 所示。
- 选择菜单命令【插入】/【参考几何体】。

一、基准面

在零件建模时，仅仅 3 个视图基准面并不能满足建模要求，这时便需要建立基准面。基准面可在零件或装配体文件中生成，可用来绘制草图，也可生成模型的剖面视图。放样和扫描中常常用到基准面。选择的参考不一样，所能作基准面的方式也不一样，【基准面】属性管理器如图 3-4 所示，其常用命令示例如表 3-1 所示。

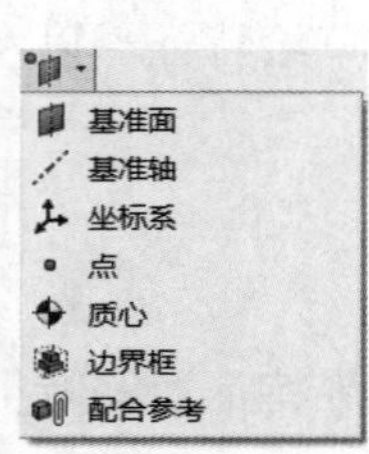

图 3-3 参考几何体

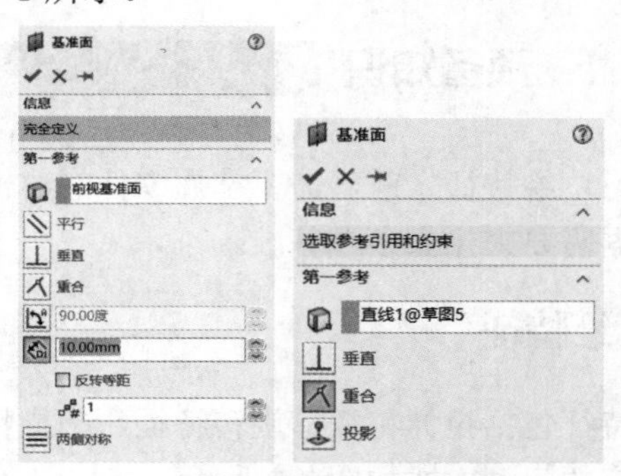

图 3-4 【基准面】属性管理器

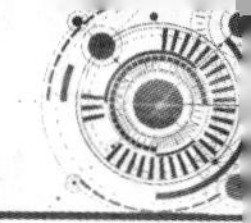

表 3-1　【基准面】属性管理器中的常用命令示例

选　　项	说　　明	选 定 参 考	示　　例
平行	生成一个与选定基准面平行的基准面	一个平面 一个点	
垂直	生成一个与选定参考垂直的基准面	一条边线、一个平面 一个点	
重合	生成一个穿过选定参考的基准面	一个基准面 或 3 个点 或一条直线与一个点	第一参考 直线2@草图8 垂直 重合 投影 第二参考 点1@草图8 重合 投影 0
90.00度 角度	生成一个基准面，它通过一条边线、轴线或草图线，并与一个圆柱面或基准面成一定角度	一个基准面 或一条边线 设置角度	
10.00mm 偏移	生成一个与某个基准面或面平行，并偏移指定距离的基准面	一个基准面 设置数据	

二、基准轴

在生成草图几何体时或在圆周阵列中常使用基准轴。基准轴的启动和操作方式与基准面类似，也需要选择参考实体。【基准轴】属性管理器如图 3-5 所示。

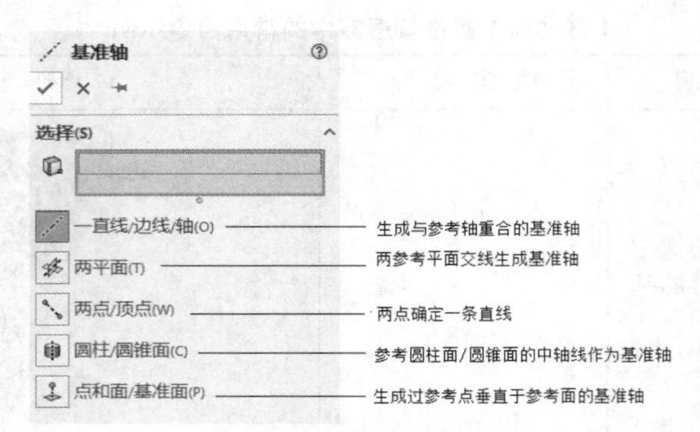

图 3-5 【基准轴】属性管理器

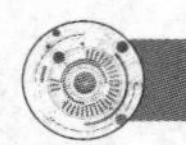

3.2 拉伸特征

拉伸特征是最基本的草绘特征之一，也是最易于操作的特征，最简单的拉伸只需要绘制一个草图便可以完成。本节通过绘制图 3-6 所示的座体零件来介绍拉伸特征的应用。

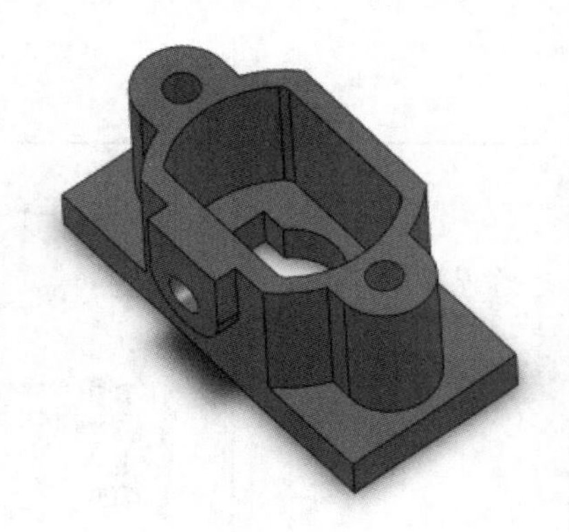

图 3-6 座体

3.2.1 特征说明

【拉伸】命令和【拉伸切除】命令的启动方式如下。

- 【拉伸】命令：单击【特征】工具栏中的按钮，或者选择菜单命令【插入】/【凸台/基体】/【拉伸】。
- 【拉伸切除】命令：单击【特征】工具栏中的按钮，或者选择菜单命令【插入】/【切除】/【拉伸】。

拉伸特征启动之后，弹出图 3-7 所示的【凸台-拉伸】属性管理器。

拉伸切除特征与拉伸特征的选项类似。

要点提示

建立拉伸特征截面时，草图必须是封闭的。

如果草图中存在交叉区域，那么在拉伸时必须选择适当的草图轮廓。

薄壁零件也可以通过拉伸切除来实现。

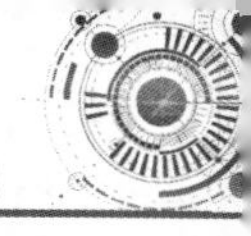

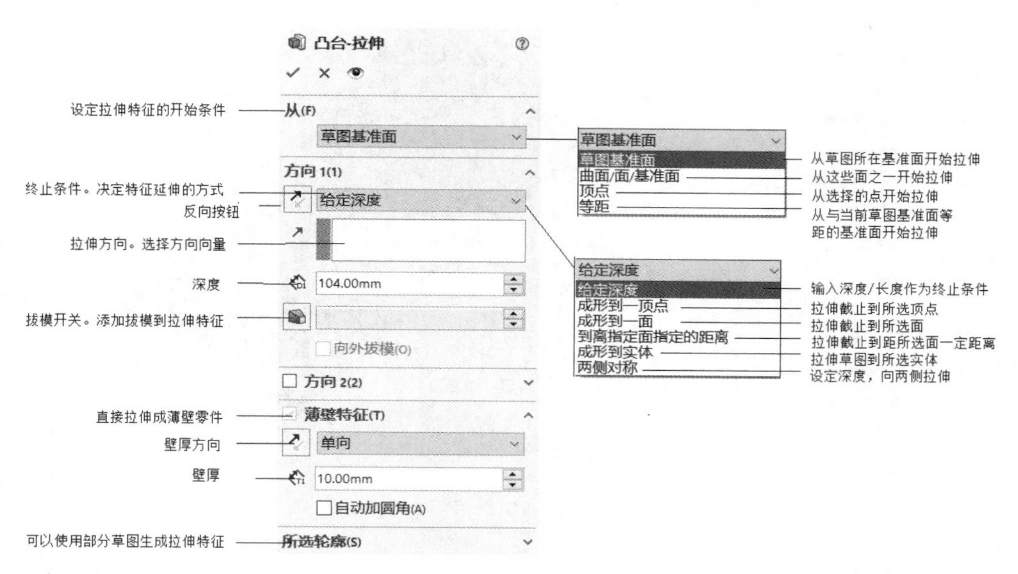

图 3-7 【凸台-拉伸】属性管理器

3.2.2 工程实例——座体

绘图思路如下。

- 根据座体放置方式确定最佳草图轮廓，选择上视基准面作为草图平面。
- 绘制草图过程中要完全约束。
- 本实例中应用了拉伸的多种终止方式：给定深度、拉伸到实体、完全贯穿等。

绘制步骤如下。

1. 在上视基准面绘制“草图 1”，如图 3-8 所示。

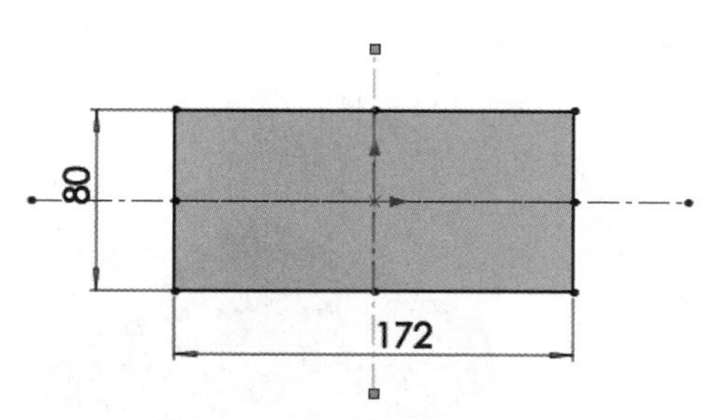

图 3-8 绘制“草图 1”

2. 在特征管理设计树中选中“草图 1”，单击【特征】工具栏上的 按钮，启动拉伸特征。在【凸台-拉伸】属性管理器中选择从【草图基准面】开始拉伸，终止条件为【给定深度】，输入深度为“20.00mm”，如图 3-9 所示，单击 ✓ 按钮完成拉伸操作。

3. 选择新的零件上表面为基准面，绘制“草图 2”，如图 3-10 所示。

4. 在【特征】工具栏中单击 按钮，启动拉伸切除特征，在【切除-拉伸】属性管理器中选择从【草图基准面】开始拉伸，选中草图中两端的圆，终止条件为【完全贯穿】，如图 3-11 所示。单击 ✓ 按钮完成拉伸切除操作。

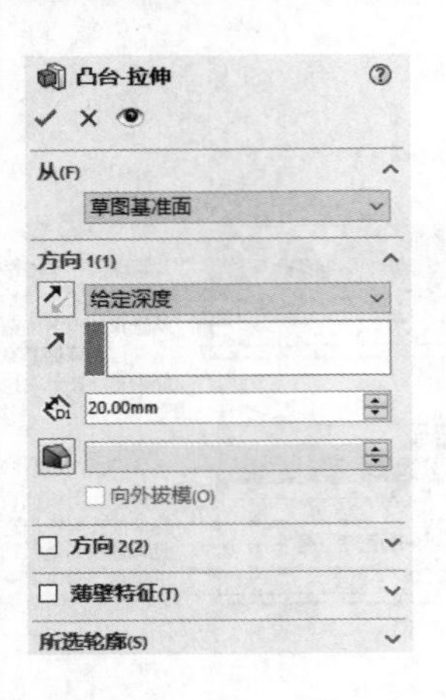

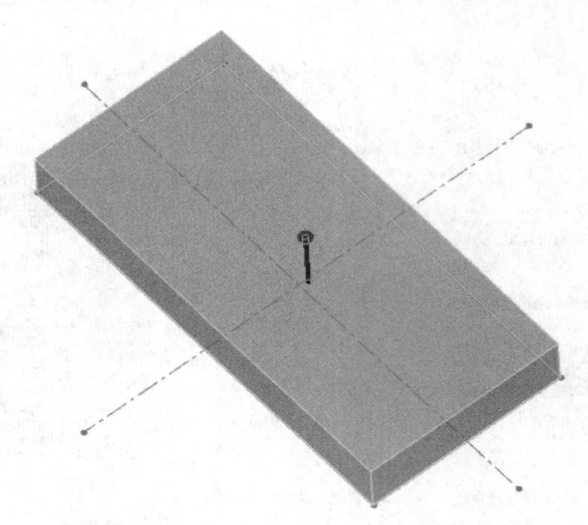

图 3-9　拉伸

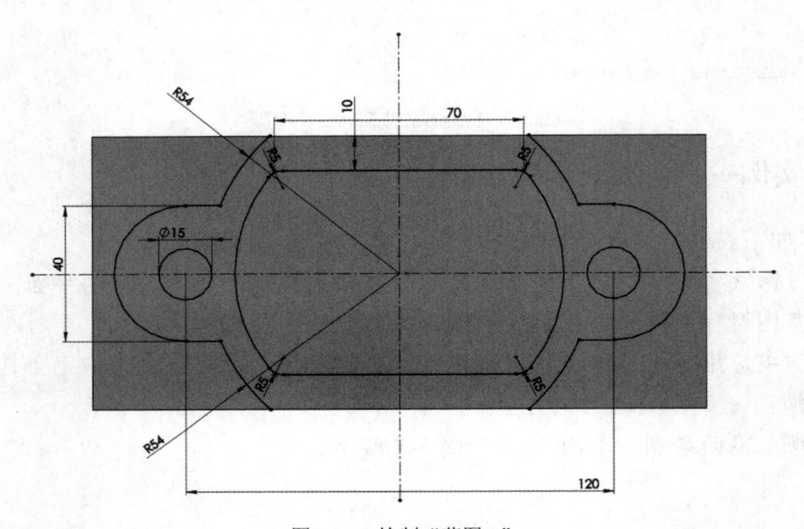

图 3-10　绘制“草图 2”

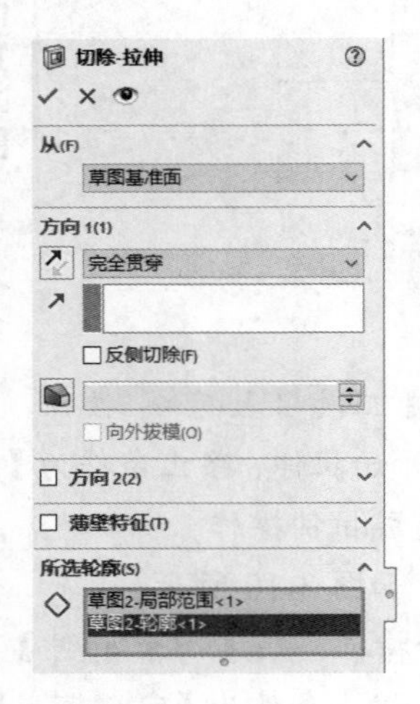

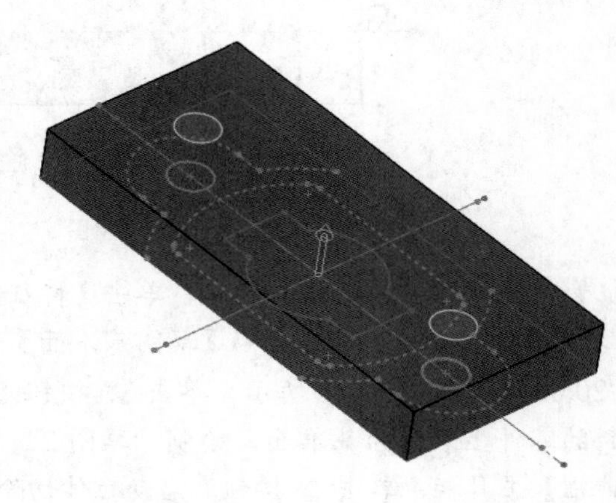

图 3-11　拉伸切除

5. 选择“草图 2”轮廓，单击【特征】工具栏中的 按钮，启动拉伸特征，选择从【草图基准面】开始拉伸，终止条件为【给定深度】，输入深度为“65.00mm”，如图 3-12 所示，

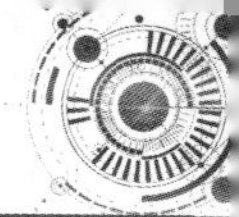

单击 ✔ 按钮完成拉伸操作。

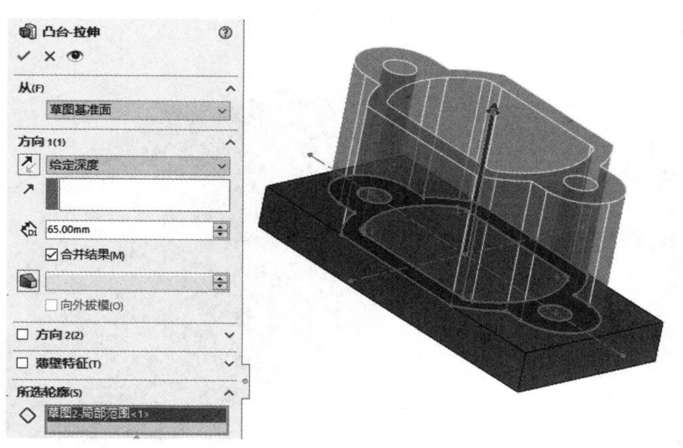

图 3-12　拉伸

6. 与“草图 2”同一参考平面绘制“草图 3”，如图 3-13 所示。

7. 在【特征】工具栏中单击 按钮，启动拉伸切除特征，在【切除-拉伸】属性管理器中选择从【草图基准面】开始拉伸，选中“草图 3”，终止条件为【完全贯穿】，如图 3-14 所示。单击 ✔ 按钮完成拉伸切除操作。

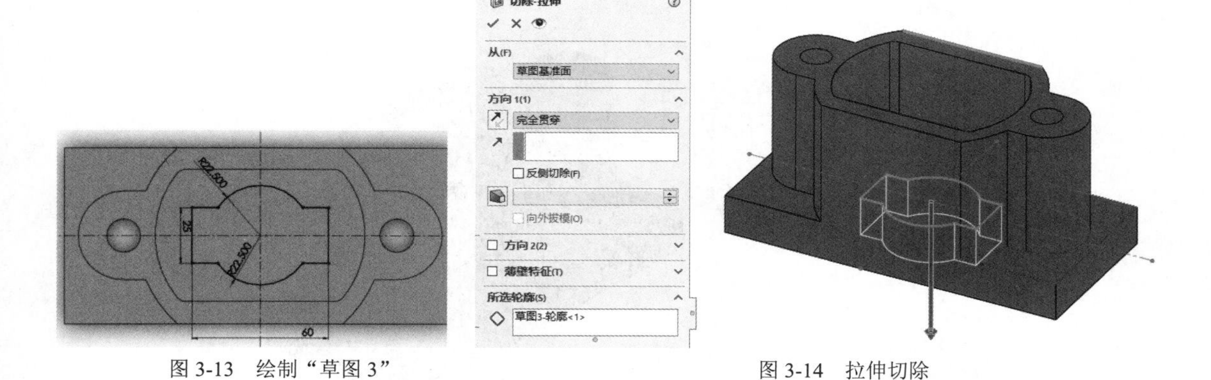

图 3-13　绘制“草图 3”　　　　图 3-14　拉伸切除

8. 选择图 3-15 所示的基准面，绘制“草图 4”。

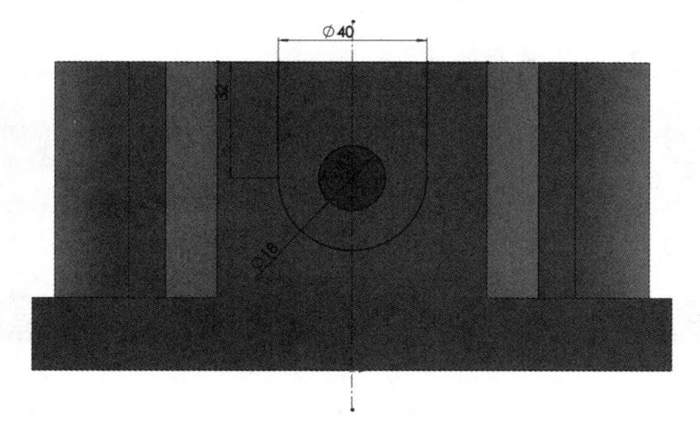

图 3-15　绘制“草图 4”

9. 在【特征】工具栏中单击 按钮，启动拉伸切除特征，在【切除-拉伸】属性管理器中选择从【草图基准面】开始拉伸，选中“草图 4”中的圆形轮廓，终止条件为【成形到下一面】，如图 3-16 所示。单击 ✓ 按钮完成拉伸切除操作。

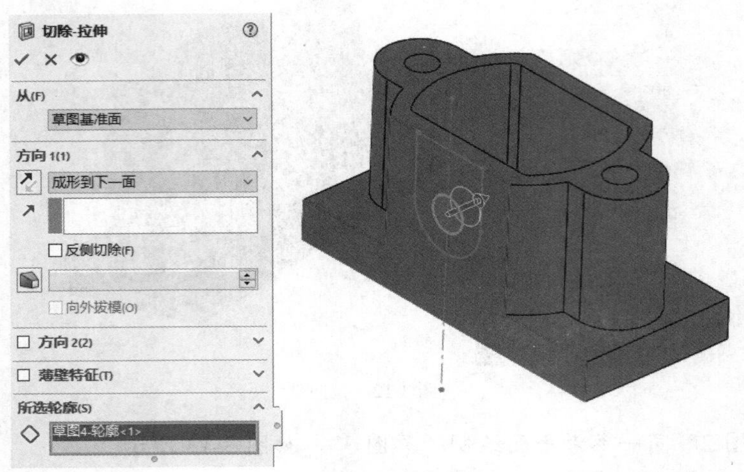

图 3-16　成形到下一面切除

10. 选择“草图 4”轮廓，单击【特征】工具栏中的 按钮，启动拉伸特征，选择从【草图基准面】开始拉伸，终止条件为【给定深度】，输入深度为“10.00mm”，如图 3-17 所示。

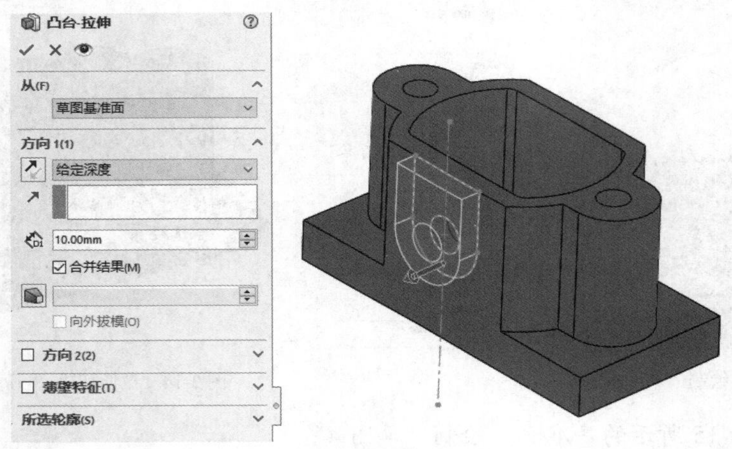

图 3-17　拉伸

11. 单击 ✓ 按钮，得到座体零件。

要点提示

在绘图区打开特征管理设计树，选中草图，可重复使用同一个草图，对草图中不同轮廓进行拉伸，或者拉伸切除。

3.3　旋转特征

旋转特征是通过绕中心线旋转一个或多个轮廓来添加或移除材料，适合于构造回转体。在生成旋转特征时，需要选中旋转轴和旋转截面的草图轮廓。本节通过绘制图 3-18 所示的带轮来讲解旋转特征的应用。

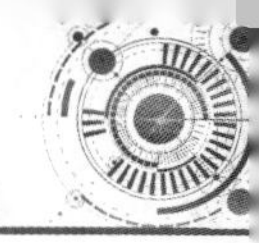

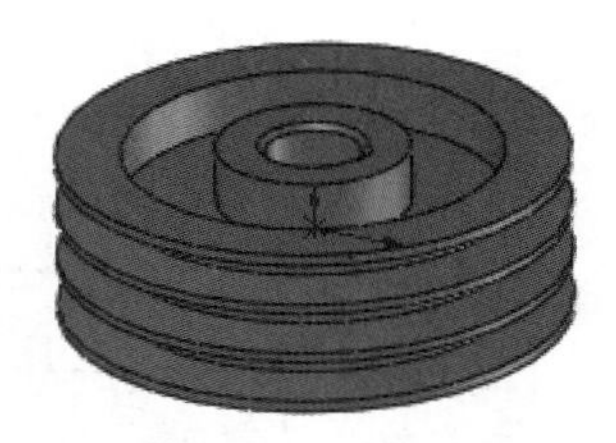

图 3-18　带轮

3.3.1　特征说明

【旋转】命令的启动方式如下。

- 单击【特征】工具栏中的按钮。
- 选择菜单命令【插入】/【凸台/基体】/【旋转】。

【旋转切除】命令的启动方式如下。

- 单击【特征】工具栏中的按钮。
- 选择菜单命令【插入】/【切除】/【旋转】。

旋转特征启动之后，弹出图 3-19 所示的【旋转】属性管理器。

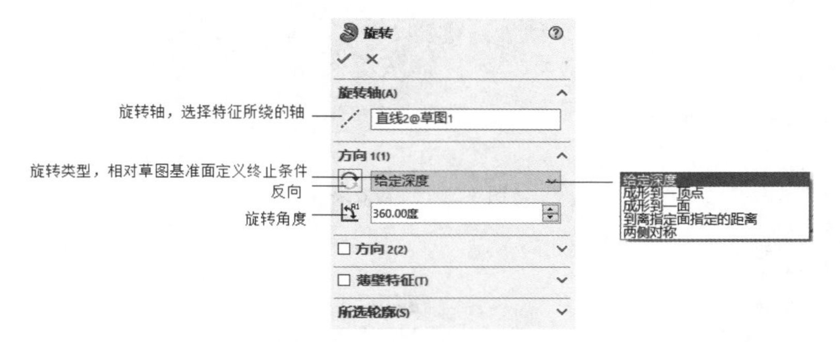

图 3-19　【旋转】属性管理器

要点提示

- 建立旋转特征截面时，草图必须是封闭的。
- 旋转特征的草图必须全部位于旋转中心线一侧，如果存在交叉草图，应选择位于中心线一侧的草图轮廓进行旋转。
- 旋转草图标注尺寸时应标注成直径尺寸。

3.3.2　工程实例——带轮

绘图思路如下。

带轮零件只需要绘制一个草图，然后旋转。在草图绘制过程中，要注意中心线的位置，中心线尽量与原点重合。确定中心线之后，利用直线、草图阵列等方式绘制带轮草图。

带轮

绘图步骤如下。

1. 在前视基准面上绘制“草图 1”，如图 3-20 所示。

2. 选中草图，单击【特征】工具栏中的按钮，启动旋转特征，使草图沿中心线旋转，如图 3-21 所示。

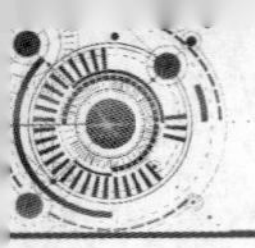

3. 添加倒角，如图 3-22 所示（第 4 章中详述）。

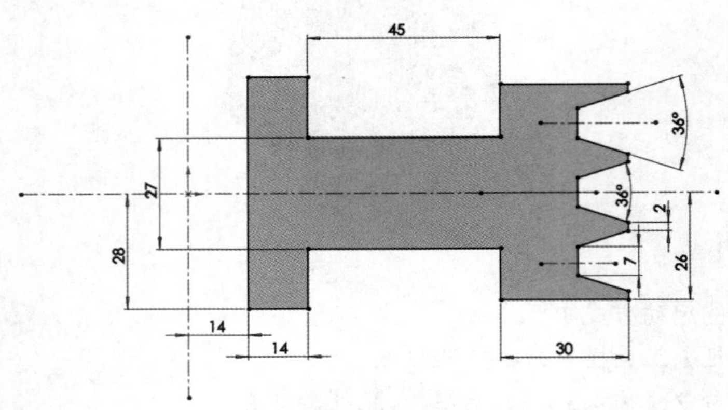

图 3-20 绘制“草图 1”

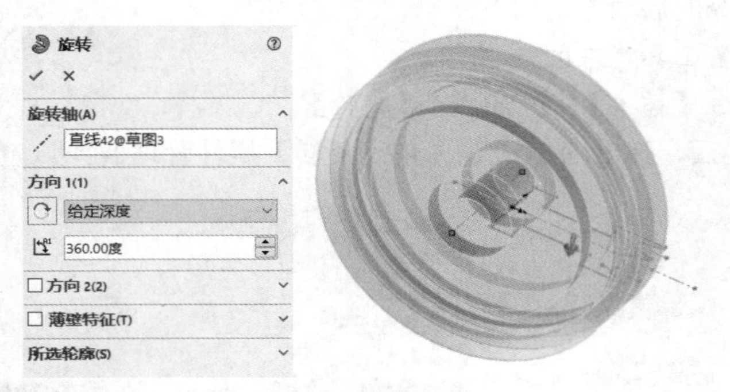

图 3-21 旋转效果

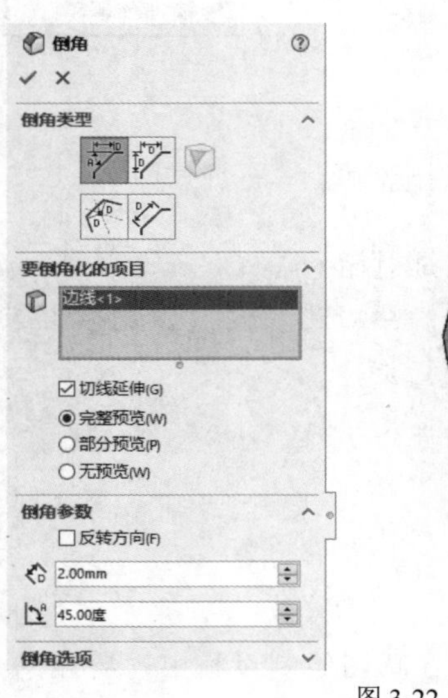

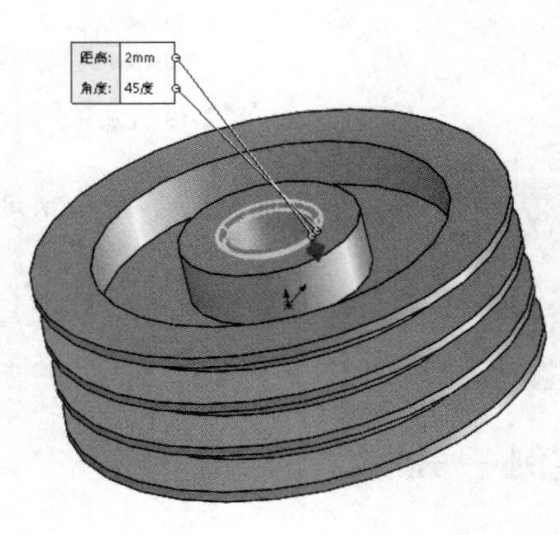

图 3-22 添加倒角效果

4. 进行拉伸切除。

（1）选中带轮中心端面作为草图平面，新建草图，利用【转换实体引用】和【直线】命令绘制“草图 2”，如图 3-23 所示。

（2）单击【特征】工具栏中的按钮，启动拉伸切除特征，选择终止条件为【完全贯穿】，如图 3-24 所示。

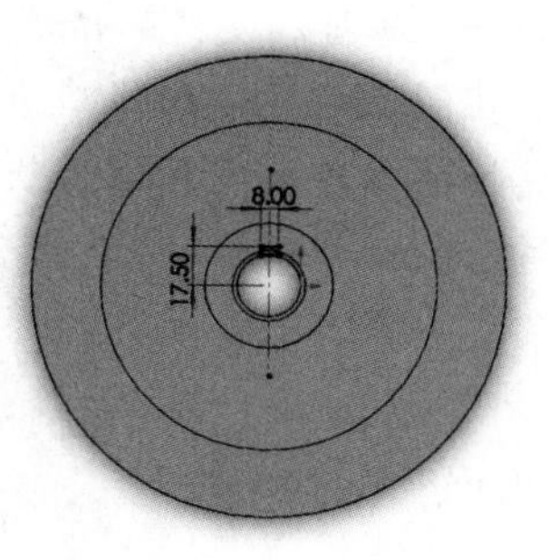

图 3-23 绘制“草图 2”

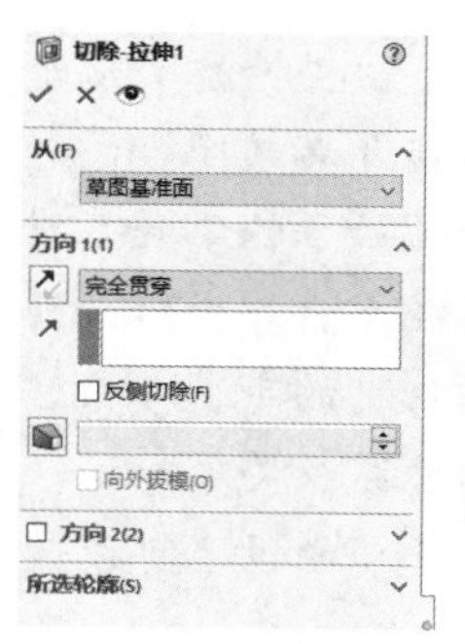

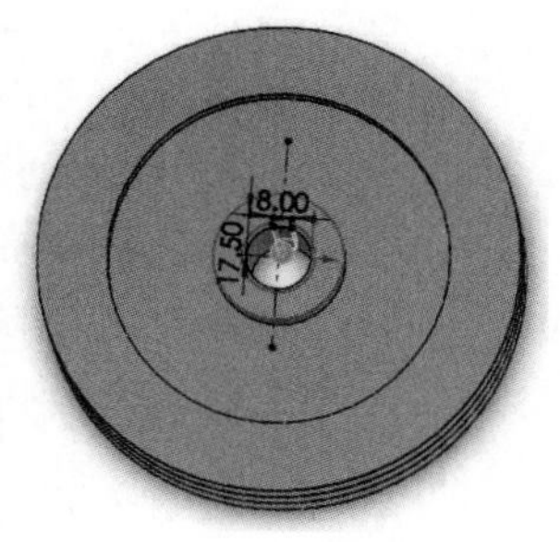

图 3-24 拉伸切除效果

5. 单击 ✔ 按钮，得到带轮零件。

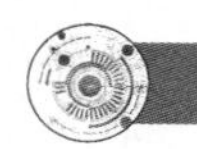

3.4 扫描特征

扫描特征是指由二维草绘平面沿一个平面或空间轨迹线扫描而成的一类特征。此处的轨迹线可看成特征的外形线，而草绘平面可看成特征截面。

本节以图 3-25 所示的弯管接头为例，讲解扫描特征的应用。

图 3-25 弯管接头

3.4.1 特征说明

扫描的组成部分为扫描轮廓（一个）、扫描路径和引导线。扫描至少需要使用两个要素：一个扫描轮廓和一条扫描路径。

扫描轮廓（通常为一个封闭草图）是沿着扫描路径移动的零件横截面；扫描路径（通常为一条开环直线或曲线）用于定义扫描轮廓在空间的方向。引导线用来控制轮廓的形状，可以把引导线想象成用来控制轮廓的参数，引导线与扫描轮廓连接在一起。当扫描轮廓面沿路径扫描时，其将会沿着引导线的形状发生变化。

【扫描】命令的启动方式如下。

- 单击【特征】工具栏中的按钮。
- 选择菜单命令【插入】/【凸台/基体】/【扫描】。

【扫描切除】命令的启动方式如下。

- 单击【特征】工具栏中的按钮。
- 选择菜单命令【插入】/【切除】/【扫描】。

扫描特征启动之后，弹出图 3-26 所示的【扫描】属性管理器。

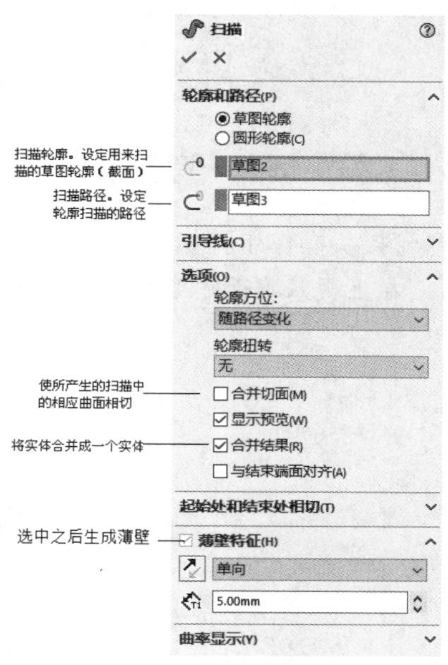

图 3-26 【扫描】属性管理器

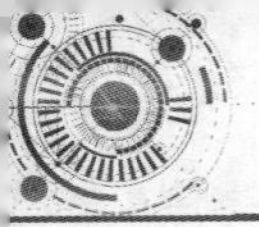

要点提示

- 进行实体扫描，扫描轮廓必须是封闭的，且不能出现自相交叉的情况。
- 扫描路径可以是开环或闭合的包含在草图中的一组曲线或一组模型边线。路径的起点必须位于轮廓的基准面上。扫描路径的端点决定扫描的长度，即如果扫描路径比引导线短，则扫描将在扫描路径的终点结束。
- 引导线是扫描特征的可选参数，可以使用多条引导线，引导线和扫描轮廓之间一定要建立穿透关系。
- 【轮廓方位】选项的设置可以改变建模形状，如图 3-27 所示。

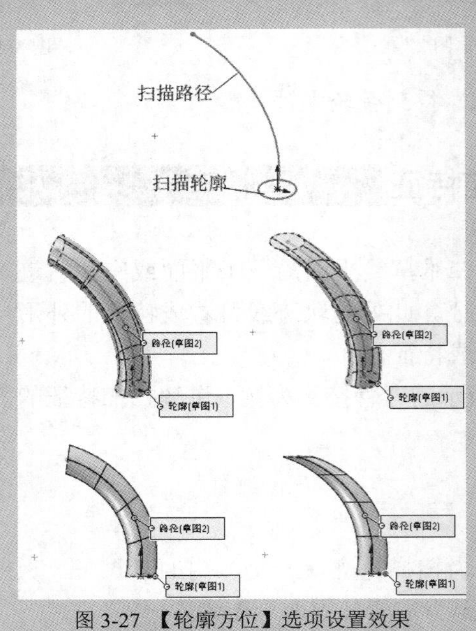

图 3-27 【轮廓方位】选项设置效果

3.4.2 工程实例——弯管接头

弯管接头操作步骤如下。

1. 在上视基准面中绘制草图，如图 3-28 所示。

弯管接头

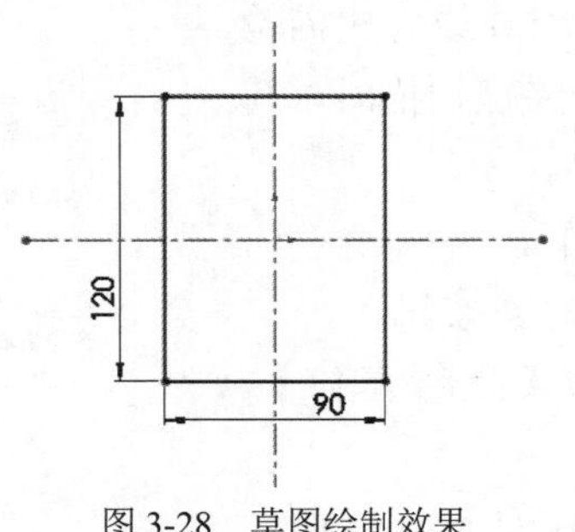

图 3-28 草图绘制效果

2. 启动拉伸特征，选择终止条件为【给定深度】，设置深度为“15.00mm”，如图 3-29 所示。单击 ✓ 按钮完成拉伸操作。

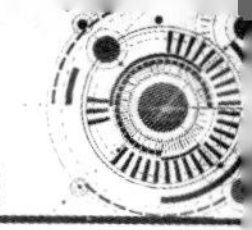

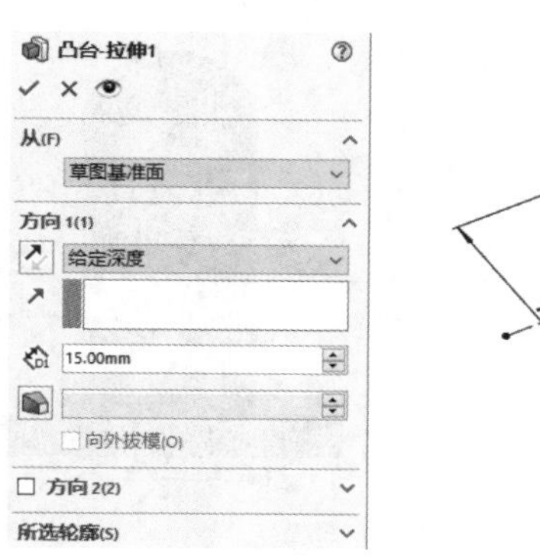

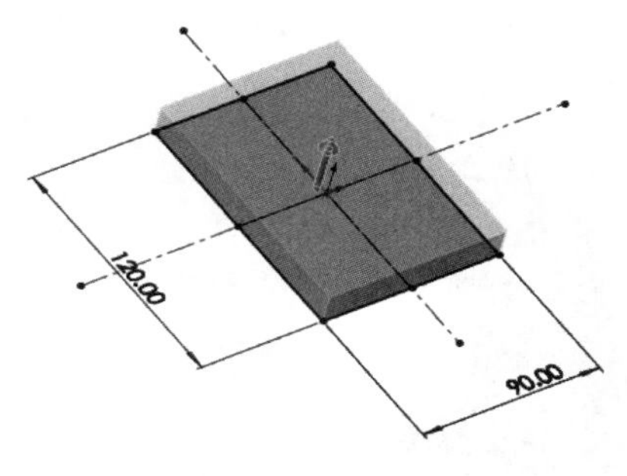

图 3-29　拉伸效果

3. 扫描实体。

（1）在建好的凸台上表面建立扫描轮廓草图，如图 3-30 所示。

（2）以前视基准面为草图平面绘制草图，扫描路径如图 3-31 所示。*R*145 圆弧端点与草图轮廓的圆重合，圆心与草图轮廓圆的中心线重合。

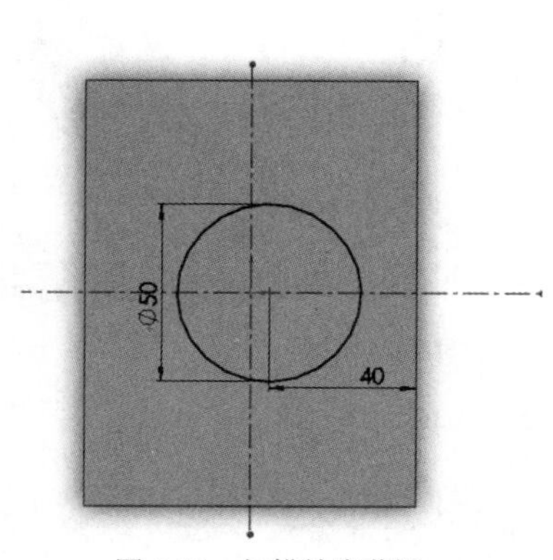

图 3-30　扫描轮廓草图

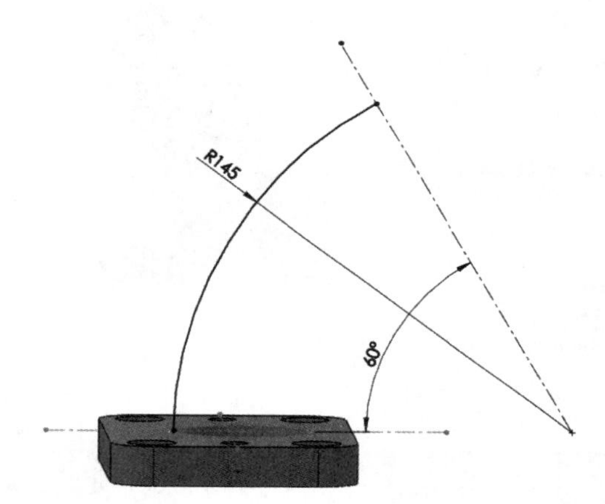

图 3-31　扫描路径草图效果

（3）单击【特征】工具栏中的按钮，启动扫描特征，在弹出的【扫描】属性管理器中选择轮廓草图与路径草图，如图 3-32 所示，选中【薄壁特征】复选项，设置壁厚为“5.00mm”，单击 ✓ 按钮完成扫描操作。

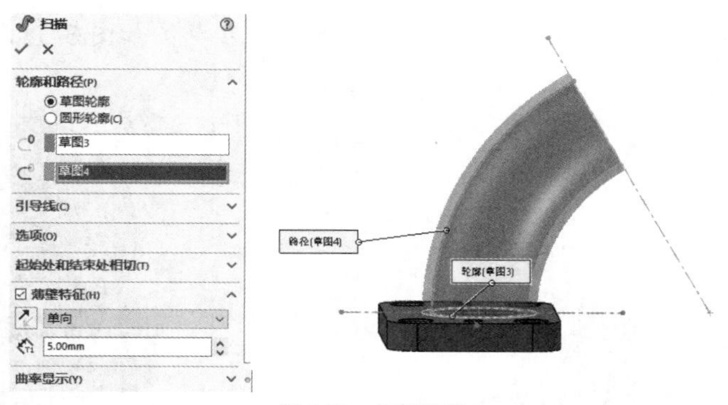

图 3-32　扫描效果

4. 拉伸另一部分实体。选择图 3-33 所示的侧面为草图平面绘制草图，如图 3-34 所示。

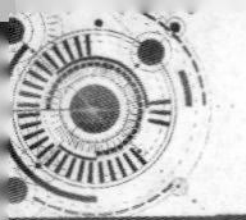

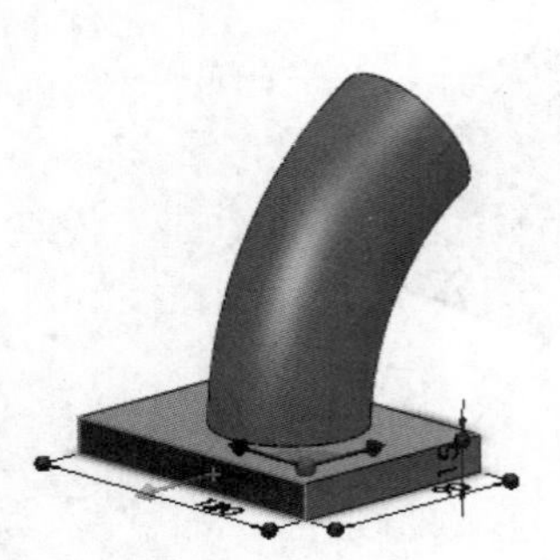

图 3-33　选择草图平面

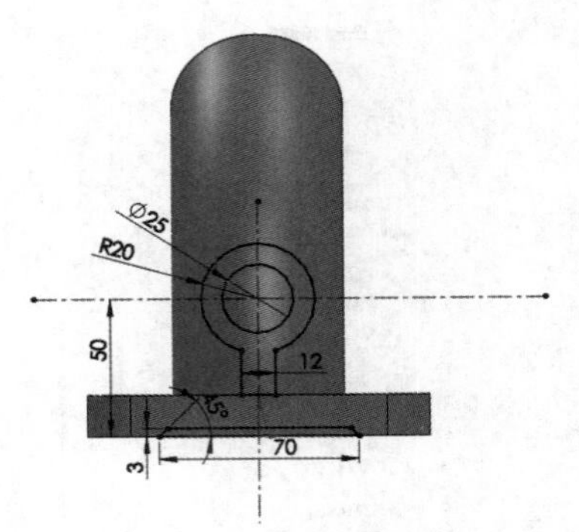

图 3-34　草图绘制效果

单击【特征】工具栏中的按钮，启动拉伸命令，选择草图局部范围，终止条件为【成形到实体】，单击按钮选择要终止的实体，如图 3-35 所示，单击✓按钮完成拉伸操作。

5. 拉伸切除底座。共享草图局部范围，拉伸切除底座，如图 3-36 所示。

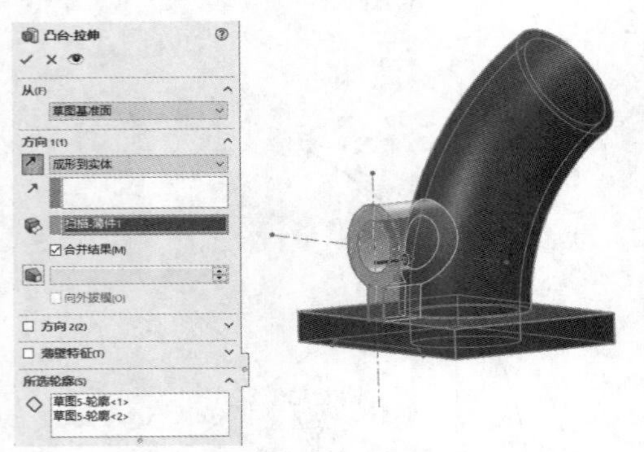

图 3-35　拉伸实体效果

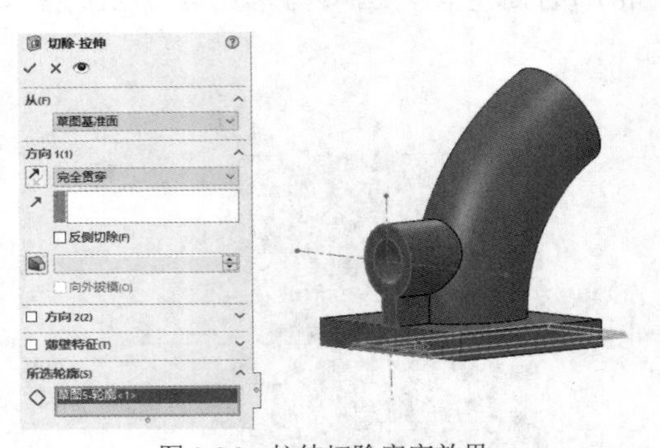

图 3-36　拉伸切除底座效果

要点提示

图 3-35 中的拉伸结构也可使用 3.6 节中的【筋】命令来绘制，这样绘制草图更为简单。

6. 选中草图中间的圆形，选择终止条件为【成形到下一面】，进行拉伸切除，使孔与接管串通，如图 3-37 所示。

7. 拉伸凸台。

（1）选择扫描接管的上部平面作为草图基准面，建立草图如图 3-38 所示。

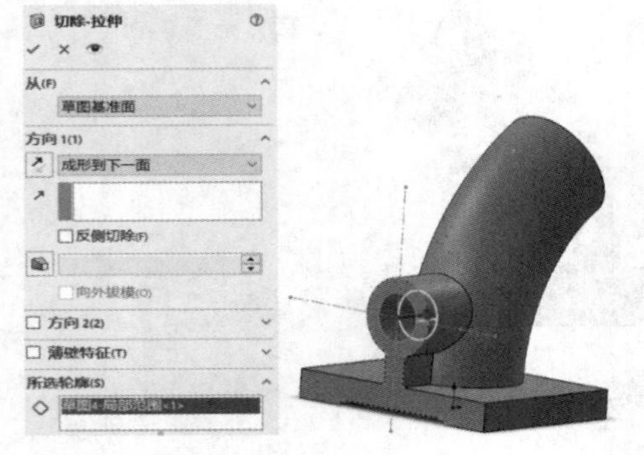

图 3-37　拉伸切除效果

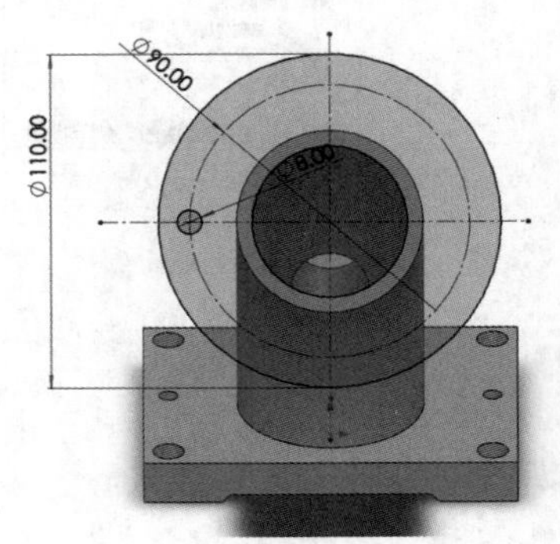

图 3-38　建立草图

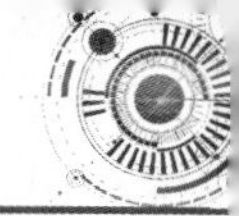

（2）拉伸凸台，选择终止条件为【给定深度】，深度为"12.00mm"，如图3-39所示。

8. 扫描切除槽。

（1）在步骤7的凸台表面绘制草图，扫描路径草图效果如图3-40所示。

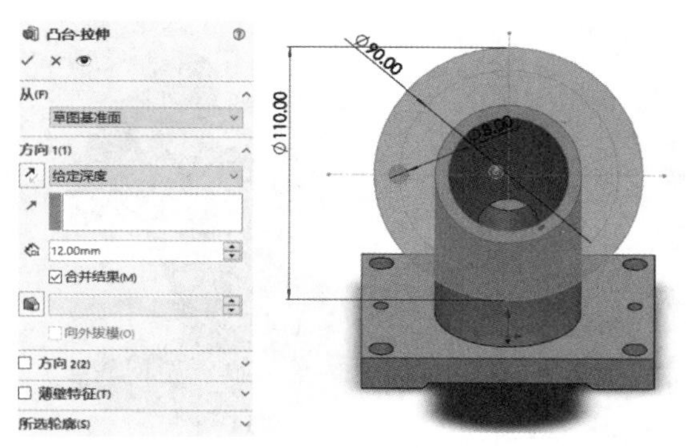

图3-39　拉伸效果

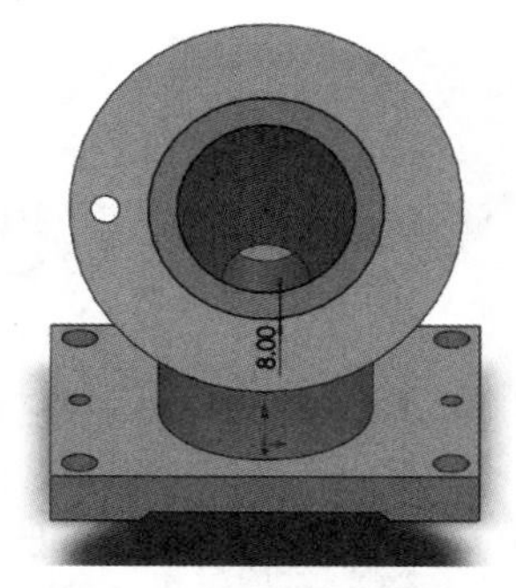

图3-40　扫描路径草图效果

（2）在前视基准面中新建草图，扫描轮廓草图效果如图3-41所示。

（3）单击【特征】工具栏中的按钮，启动【扫描切除】命令，选择扫描路径和扫描轮廓，如图3-42所示，单击✓按钮完成扫描切除操作。

要点提示

本步骤也可用旋转切除来完成。

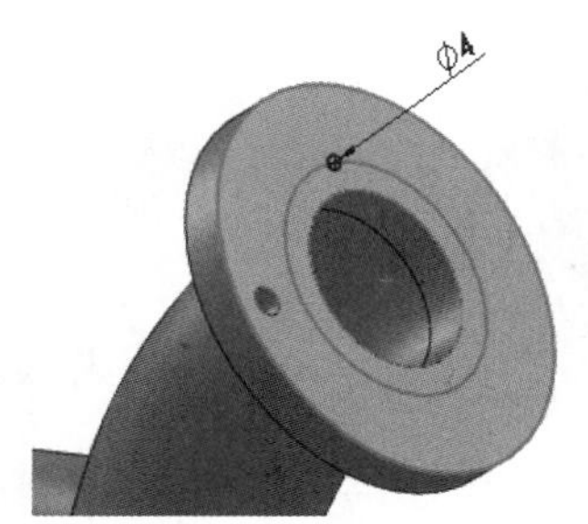

图3-41　扫描轮廓草图效果

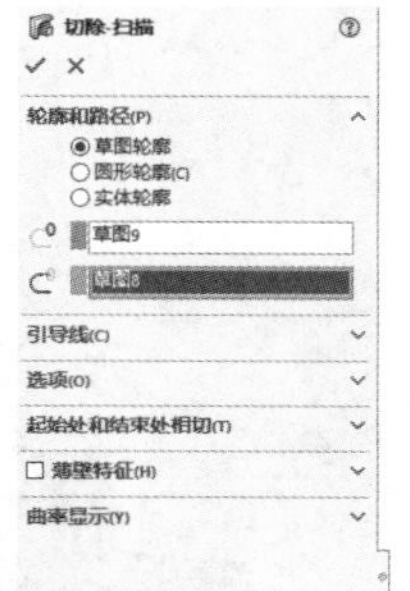

图3-42　扫描切除效果

9. 拉伸另一个接口。

（1）在前视基准面中绘制直线，如图3-43所示。建立基准面如图3-44所示。

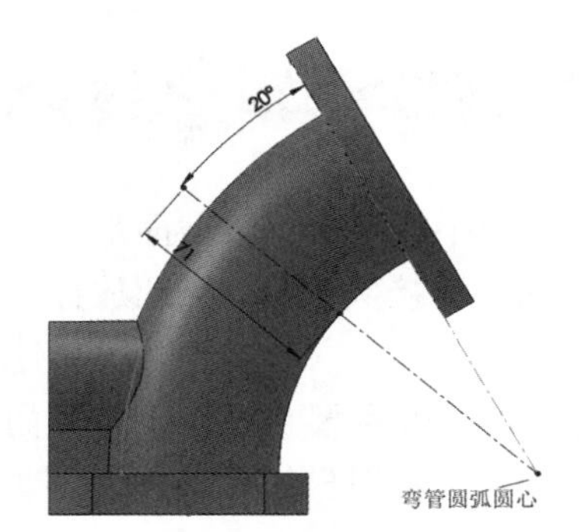

图3-43　绘制直线效果

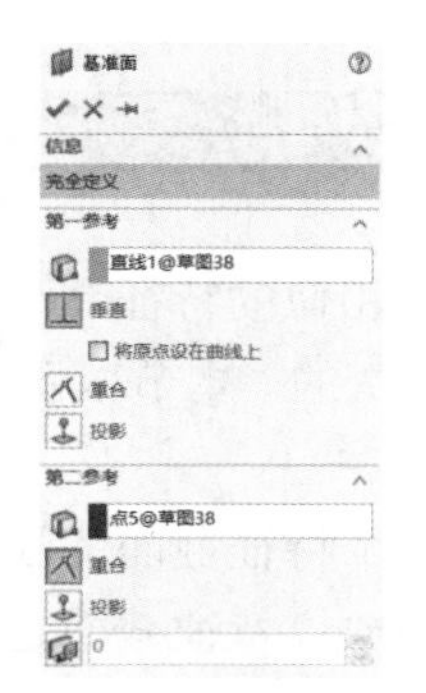

图3-44　建立基准面

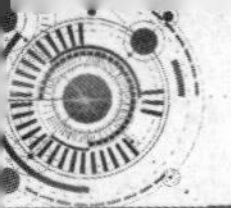

（2）在所建基准面上绘制草图，如图 3-45 所示。

（3）拉伸草图，选择草图最外侧方形轮廓，选择终止条件为【成形到实体】，选中扫描接管外壁，并选中【合并结果】复选项，单击 ✓ 按钮完成拉伸操作，如图 3-46 所示。

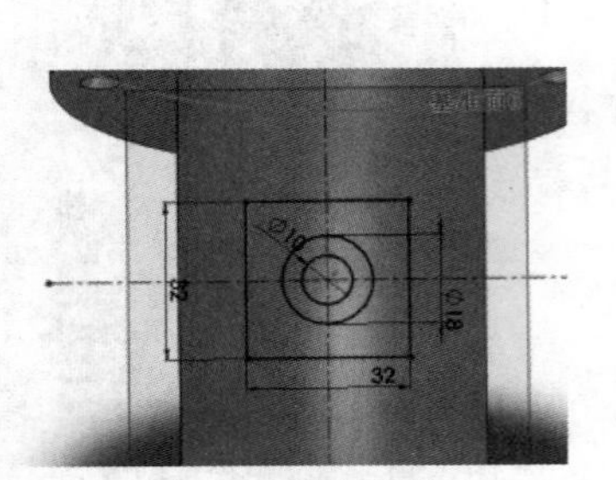

图 3-45　绘制草图

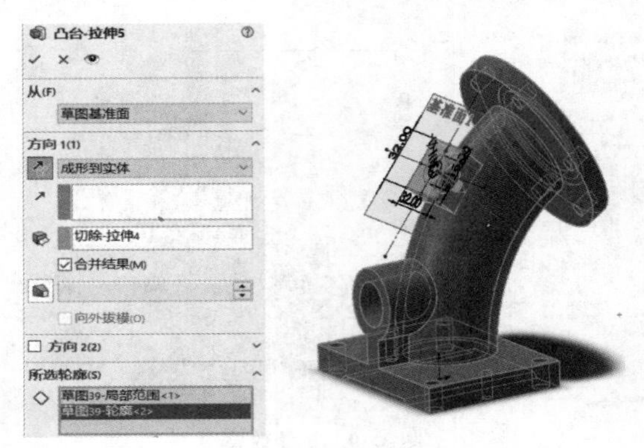

图 3-46　拉伸效果

（4）选中草图中 ϕ18 圆作为局部轮廓，进行拉伸切除，设置深度为“5.00mm”，如图 3-47 所示。单击 ✓ 按钮完成拉伸切除操作。

（5）选中草图中 ϕ10 圆作为局部轮廓，进行拉伸切除，设置终止条件为【成形到一面】，选中接管外壁，单击 ✓ 按钮完成拉伸切除操作。

10. 为零件添加圆角，进行阵列、镜像等，详见第 4 章。

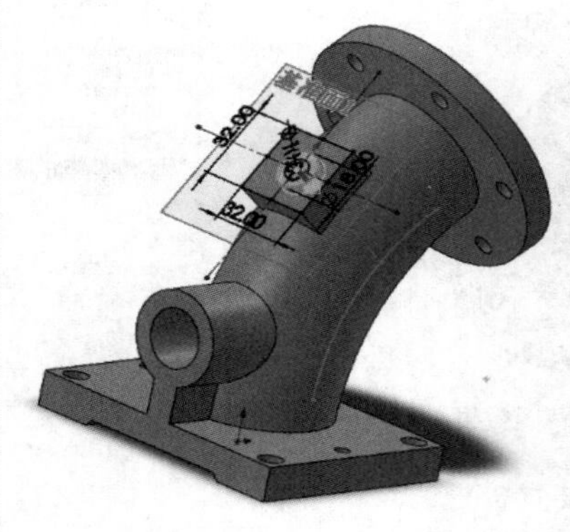

图 3-47　拉伸切除效果

 3.5　放样和边界

放样和边界特征是两个功能相似的特征命令。它们是由两个或多个草绘截面形成的一类特征，截面之间的特征形状是渐变的。本节以图 3-48 所示的方圆接头为例，介绍放样和边界特征的应用。

创建放样特征时，理论上各个特征截面的线段数量应相等，并且要合理地确定截面之间的对应点，如果系统自动创建的放样特征截面之间的对应点不符合用户的要求，则创建放样特征时必须使用引导线。

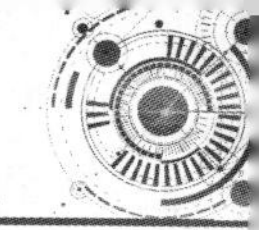

放样的组成部分为截面草图（两个或两个以上）和引导线或中心线。

边界的组成部分为截面草图（两个或两个以上）。

【放样】与【放样切除】命令的启动方式如下。

- 单击【特征】工具栏中的按钮，或者选择菜单命令【插入】/【凸台/基体】/【放样】。
- 单击【特征】工具栏中的按钮，或者选择菜单命令【插入】/【切除】/【放样】。

图 3-48　方圆接头

【边界】与【边界切除】命令的启动方式如下。

- 单击【特征】工具栏中的按钮，或者选择菜单命令【插入】/【凸台/基体】/【边界】。
- 单击【特征】工具栏中的按钮，或者选择菜单命令【插入】/【切除】/【边界】。

3.5.1　选项介绍

【放样】命令启动之后，弹出图 3-49 所示的【放样】属性管理器。

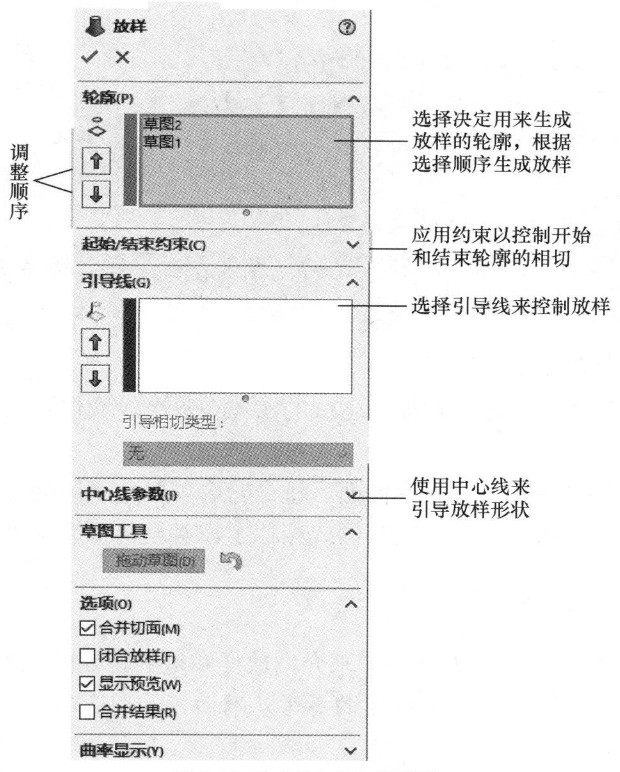

图 3-49　【放样】属性管理器

【边界】命令启动之后，弹出图 3-50 所示的【边界】属性管理器。

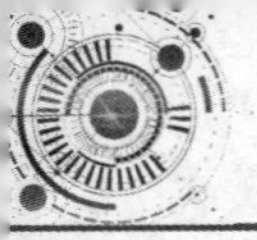

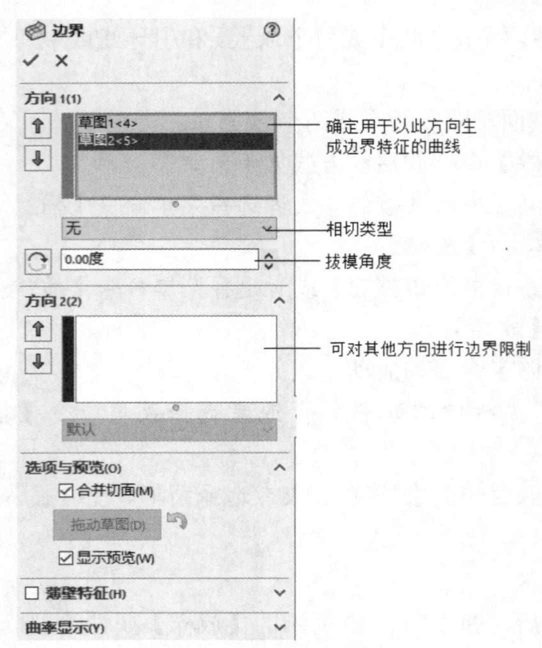

图 3-50 【边界】属性管理器

要点提示

建立放样特征时要注意以下事项。

- 放样的截面草图必须有两个或两个以上。
- 在多个截面草图中可以仅第一个或最后一个轮廓是点，也可以这两个轮廓均为点。
- 引导线必须与所有轮廓相交。
- 在引导线和轮廓上的顶点之间，或者在引导线和轮廓中用户定义的草图点之间必须是穿透几何关系。

扫描与边界、放样特征的主要区别如下。

（1）扫描特征使用单一的轮廓截面，生成的实体在每个轮廓位置上的实体截面都是相同或相似的。

（2）边界和放样特征使用多个轮廓截面，每个轮廓可以是不同的形状，这样生成的实体在每个轮廓位置上的实体截面就不一定相同或相似了，甚至可以完全不同。

3.5.2 工程实例——方圆接头

下面通过绘制图 3-48 所示的方圆接头来介绍放样和边界特征的应用。

1. 建立与上视基准面距离为 200mm 的参考基准面，如图 3-51 所示。

2. 建立放样特征。

（1）在上视基准面新建“草图 1”，绘制正方形。

（2）在“基准面 1”中新建“草图 2”，绘制圆形。

（3）单击【特征】工具栏中的按钮，启动放样特征，在弹出的【放样】属性管理器中选中“草图 1”和“草图 2”为轮廓，如图 3-52 所示，单击 ✓ 按钮完成放样操作。

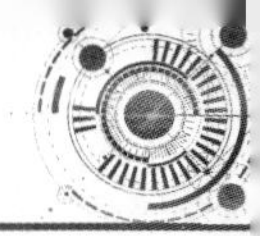

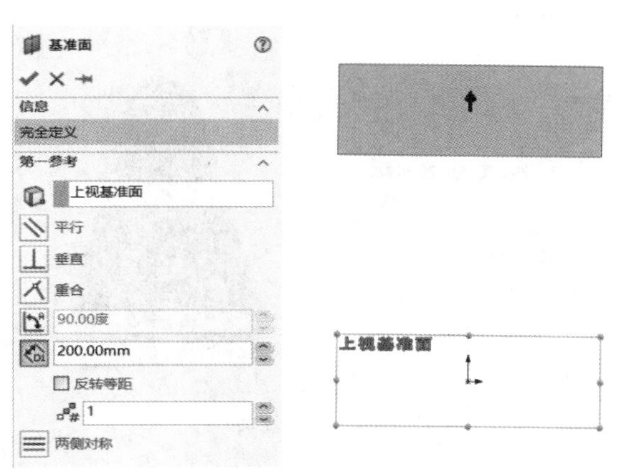

图 3-51　建立基准面

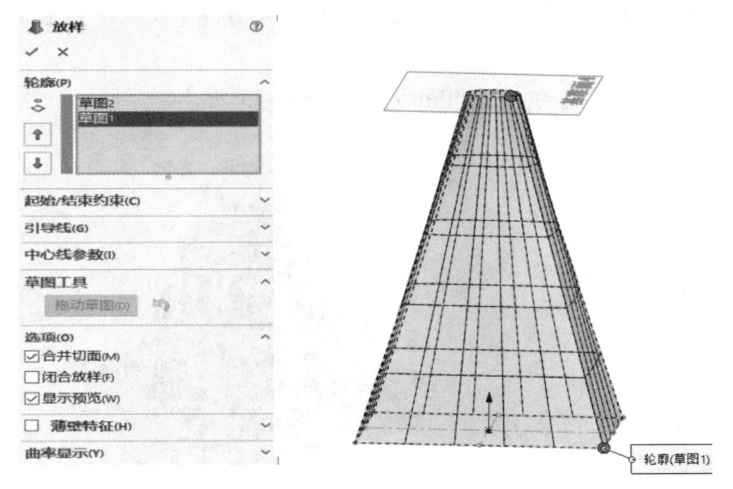

图 3-52　放样效果

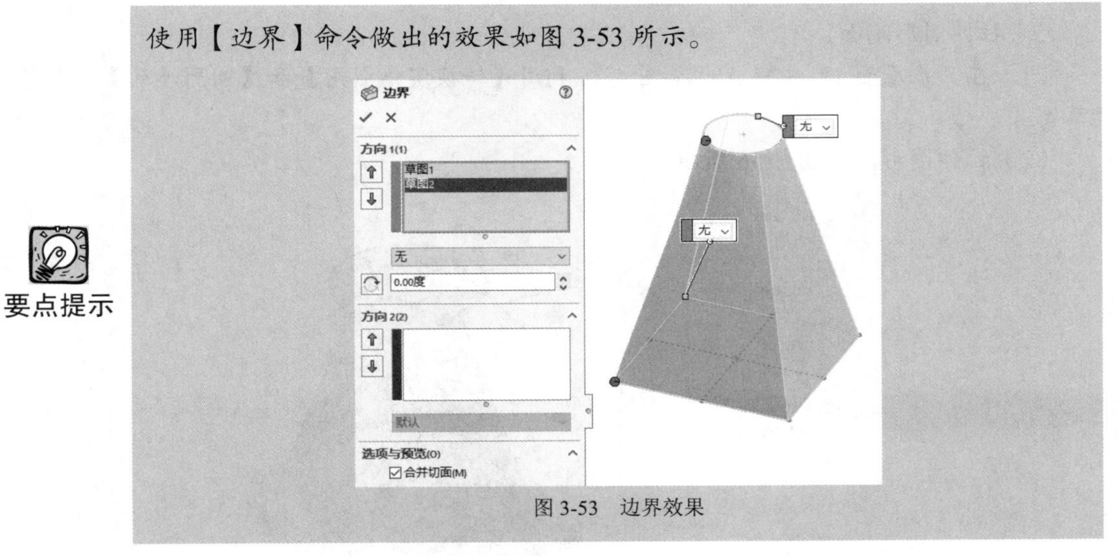

要点提示

使用【边界】命令做出的效果如图 3-53 所示。

图 3-53　边界效果

3. 向外抽壳，如图 3-54 所示（详见第 4 章）。

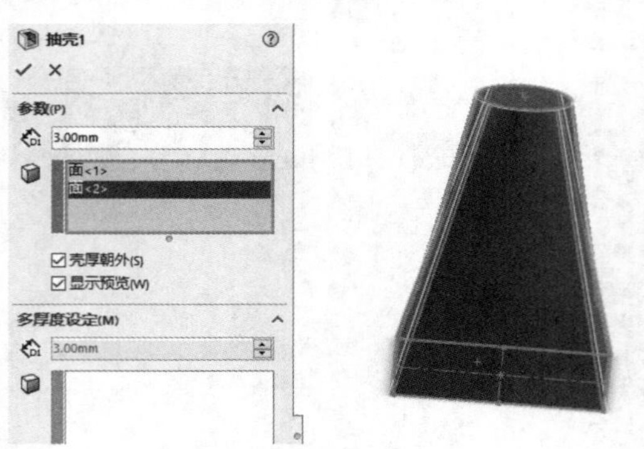

图 3-54　抽壳效果

4. 拉伸方形端面。

（1）在上视基准面建立新草图，利用【转换实体引用】【线性阵列】和【镜像】命令绘制“草图 3”。

（2）向下拉伸，输入深度为“10.00mm”，如图 3-55 所示。

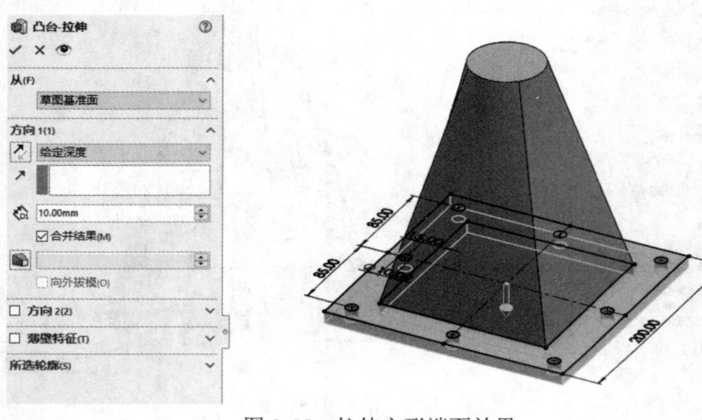

图 3-55　拉伸方形端面效果

5. 拉伸圆形端面。

（1）在“基准面 1”中建立“草图 4”，利用【转换实体引用】和【圆周阵列】命令绘制“草图 4”。

（2）拉伸图形，如图 3-56 所示。

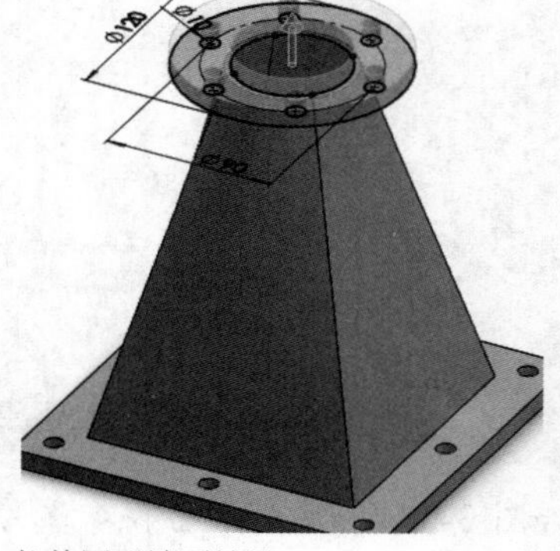

图 3-56　拉伸圆形端面效果

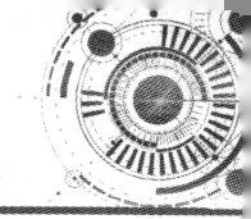

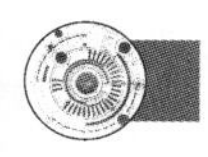

3.6　筋特征

使用筋特征，只需要很少的草图元素就可以建立筋。建立筋特征时需要指定筋的厚度、位置、筋材料的方向和拔模斜度。本节以图 3-57 所示的轴承座零件为例，介绍筋特征的应用。

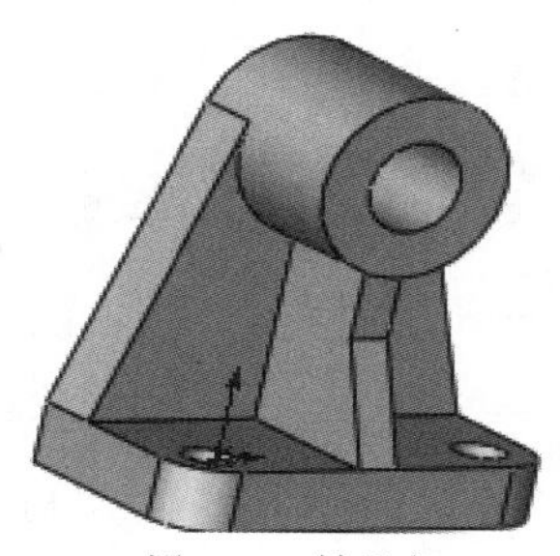

图 3-57　轴承座

3.6.1　特征说明

【筋】命令的启动方式如下。

- 单击【特征】工具栏中的按钮，或者选择菜单命令【插入】/【特征】/【筋】。

启动之后，弹出图 3-58 所示的【筋 1】属性管理器。

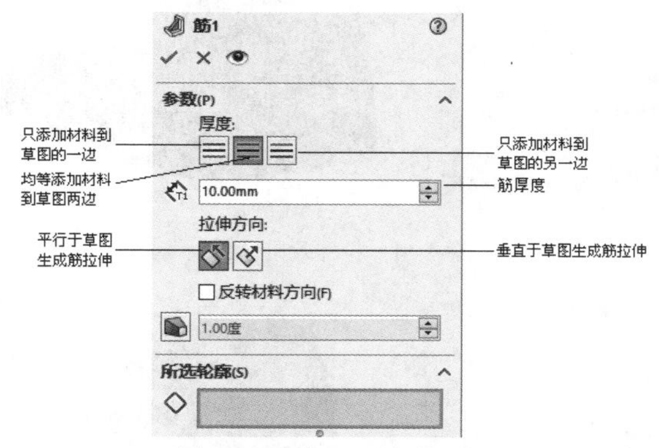

图 3-58 【筋 1】属性管理器

建立筋特征时要注意以下事项。

（1）筋特征的草图可以简单也可以复杂，可以用一条直线来形成筋的中心，也可以详细描述筋的外形轮廓。

（2）所绘制的筋草图既可以垂直于草图平面拉伸也可以平行于草图平面拉伸，而复杂的筋草图只能垂直于草图平面拉伸。

3.6.2　工程实例——轴承座

轴承座

下面通过绘制图 3-57 所示的轴承座来介绍筋特征的应用。

1. 建立拉伸草图，如图 3-59 所示。
2. 通过共享草图的不同轮廓，生成拉伸实体，如图 3-60～图 3-62 所示。

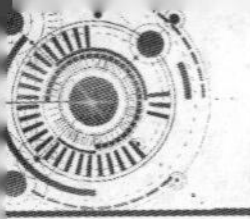

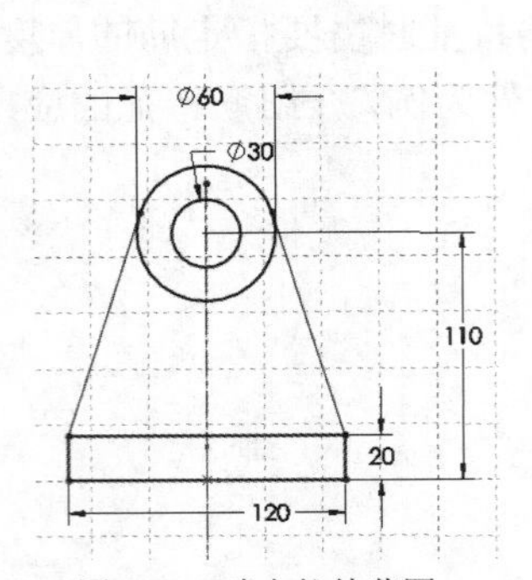

图 3-59　建立拉伸草图

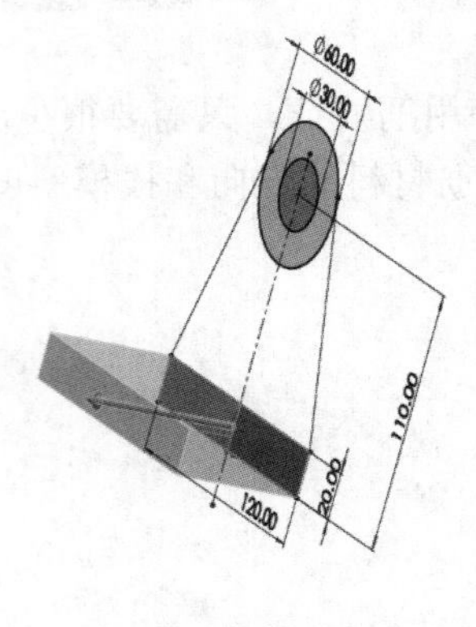

图 3-60　拉伸效果（1）

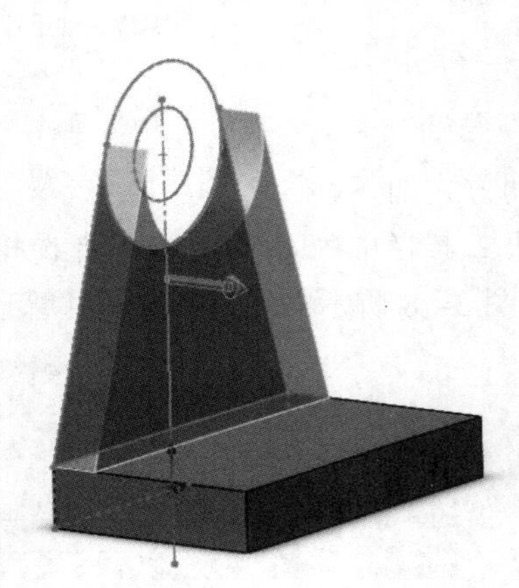

图 3-61　拉伸效果（2）

图 3-62　拉伸效果（3）

要点提示

共享草图可使用同一个草图生成不同特征。在特征管理设计树中选择用来生成第一个特征的同一草图，然后从草图中生成第二个特征。

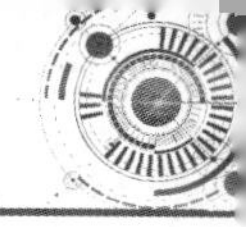

3. 建立筋草图，如图 3-63 所示。

要点提示

这里，草图端点要与实体模型建立穿透或重合关系。

4. 单击【特征】工具栏中的按钮，启动筋特征，在弹出的【筋 1】属性管理器中设置筋厚度为“10.00mm”，平行于草图拉伸，如图 3-64 所示，单击 ✓ 按钮完成筋操作。

5. 钻孔，完成零件。

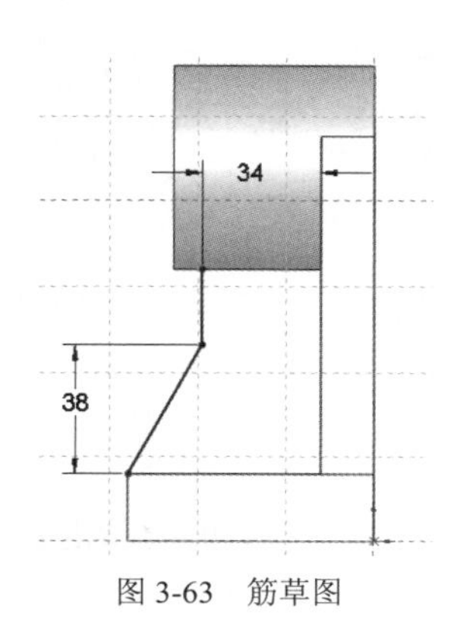

图 3-63　筋草图

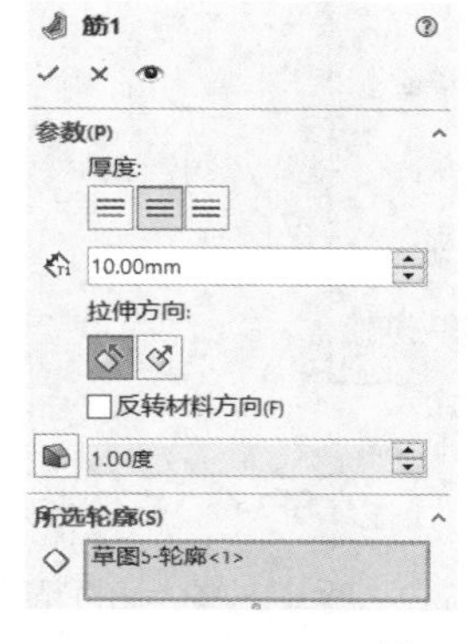

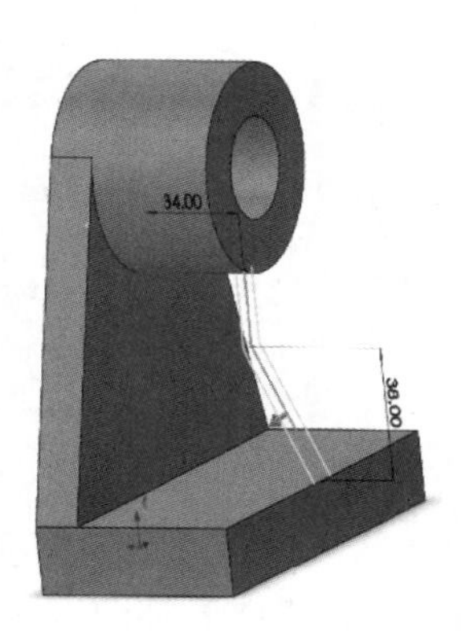

图 3-64　筋效果

3.7　特征编辑

零件的建模过程一般包括特征的建立和特征的操作管理。特征编辑中常用的命令有特征的重定义、特征属性的修改、特征的动态修改、特征的复制与删除。

3.7.1　特征重定义

一个特征生成之后，如果发现其某些地方不符合要求，通常不必删除特征，而是对特征进行重新定义，然后修改特征参数，如拉伸特征的深度等。

特征重定义的操作过程一般包括编辑草图和编辑特征两个部分。在零件设计过程中，当某个特征不合适时，可以对特征的草图和特征参数属性进行编辑修改。

启动方法为在特征管理设计树中选中需要修改的特征，单击鼠标右键，在弹出的快捷菜单（图 3-65）中单击按钮可编辑特征，单击按钮可编辑特征草图。

图 3-65　快捷菜单

3.7.2　更改特征属性

特征属性包括特征名称、颜色、压缩、创建者和创建日期等信息。

在特征管理设计树中选中需要修改的特征，如图 3-66（a）所示，单击鼠标右键，在弹出的快捷菜单中选择【特征属性】选项，弹出图 3-66（b）所示的【特

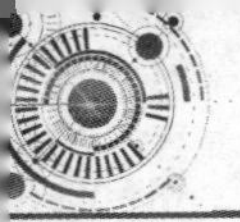

征属性】对话框，利用该对话框可更改名称，设置特征相关属性。

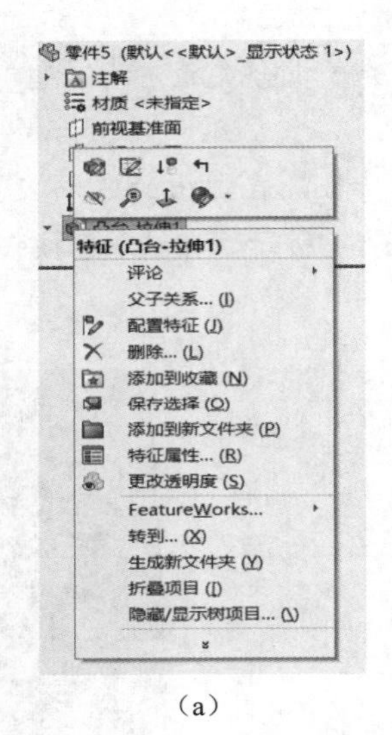

（a）

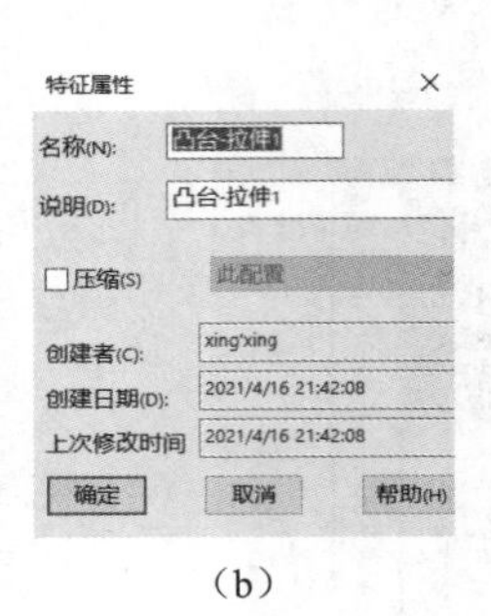

（b）

图 3-66　特征属性

另外一种更改名称的方法是选中要更改名称的特征或草图，停顿一下，再次单击其名称，名称会变为可修改状态，输入新的名称即可。

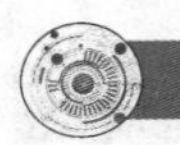

3.8　综合训练——铣刀头底座

运用本章知识点完成图 3-67 所示铣刀头底座的建模。

绘图思路如下。

- 先绘制底板、支撑板，再绘制套筒。
- 绘制草图时注意完全约束。

绘制铣刀头底座的操作步骤如下。

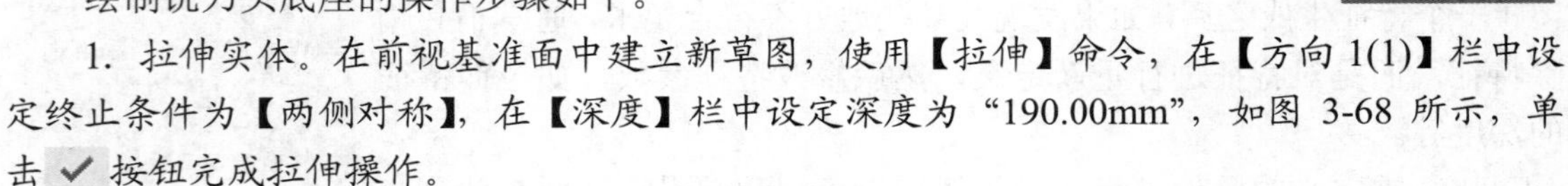

1. 拉伸实体。在前视基准面中建立新草图，使用【拉伸】命令，在【方向 1(1)】栏中设定终止条件为【两侧对称】，在【深度】栏中设定深度为“190.00mm”，如图 3-68 所示，单击 ✓ 按钮完成拉伸操作。

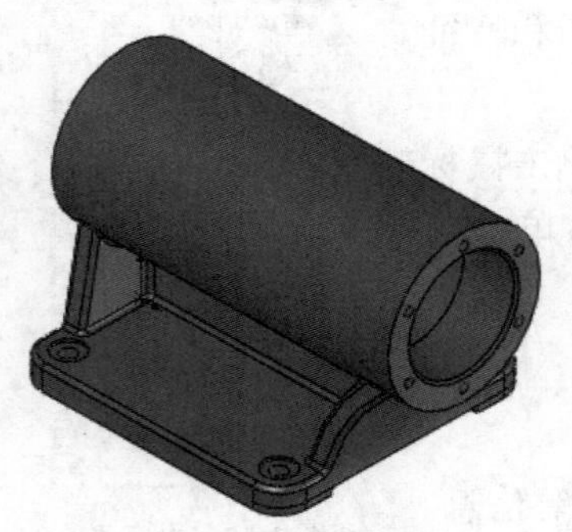

图 3-67　铣刀头底座

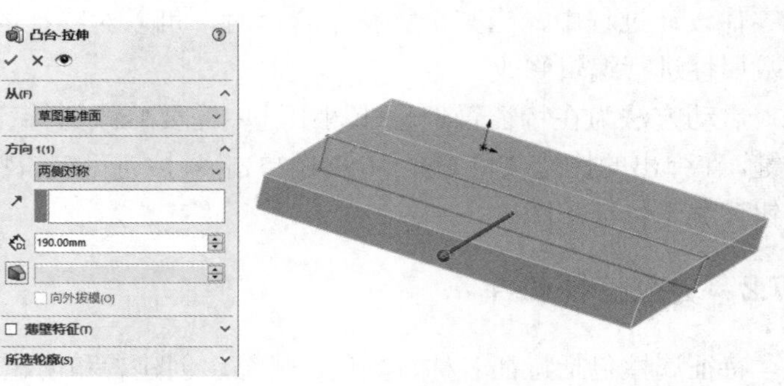

图 3-68　拉伸效果（1）

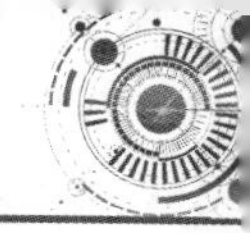

2. 绘制图 3-69 所示的草图，使用【拉伸】命令，如图 3-70 所示，在【方向 1(1)】栏中设定终止条件为【两侧对称】，在【深度】栏中设定深度为“120.00mm”，单击 ✓ 按钮完成拉伸操作。

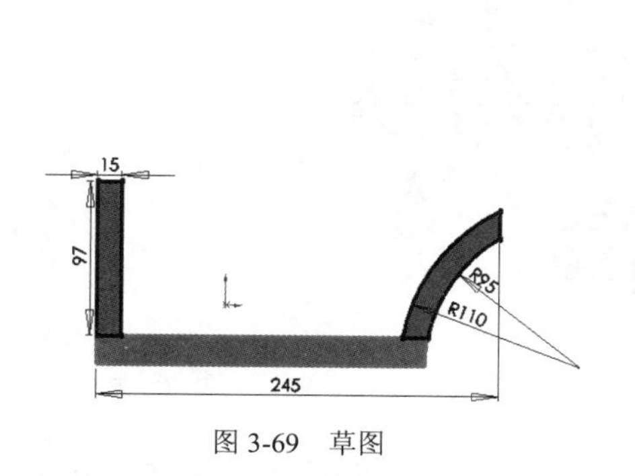

图 3-69　草图

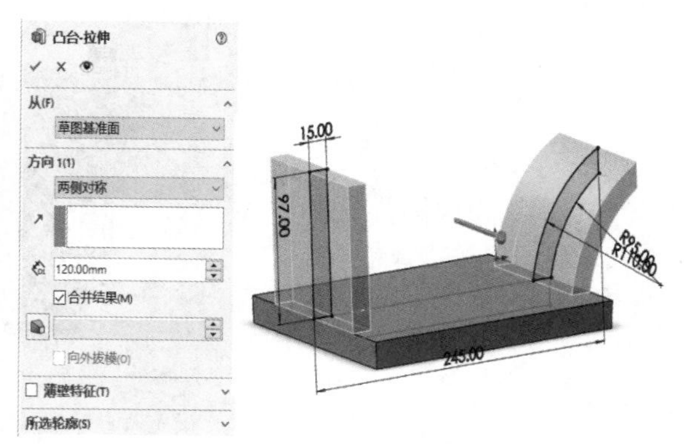

图 3-70　拉伸效果（2）

3. 绘制新草图，启动【拉伸切除】命令，如图 3-71 所示，在【方向 1(1)】栏中设定终止条件为【两侧对称】，在【深度】栏中设定深度为“110.00mm”，单击 ✓ 按钮完成拉伸切除操作。

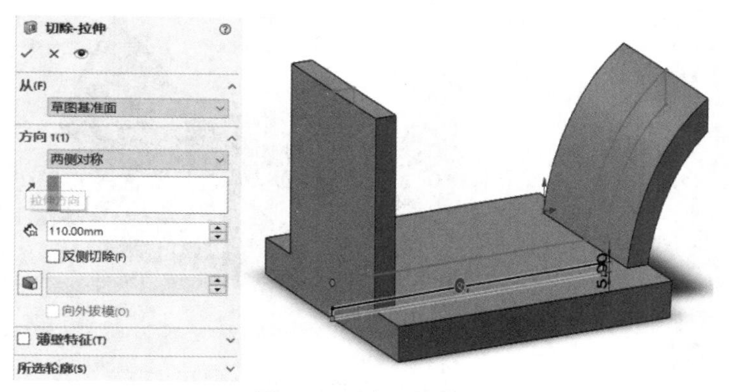

图 3-71　切除拉伸效果

4. 筋特征。绘制图 3-72 所示的草图，单击【特征】工具栏中的按钮，或者选择菜单命令【插入】/【特征】/【筋】，选择拉伸方向为“平行于草图”，厚度为“10.00mm”，两侧对称，单击 ✓ 按钮完成筋操作。

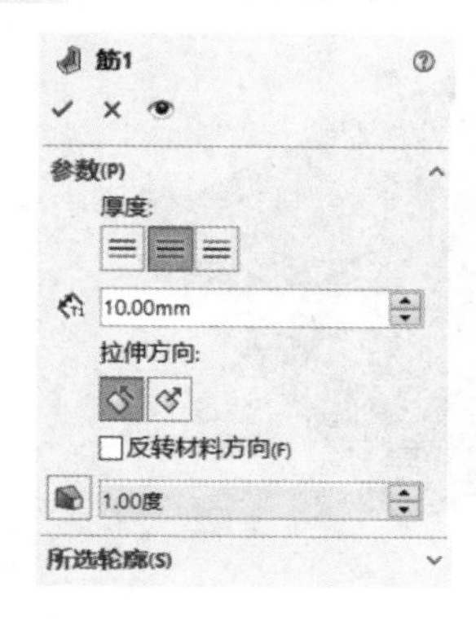

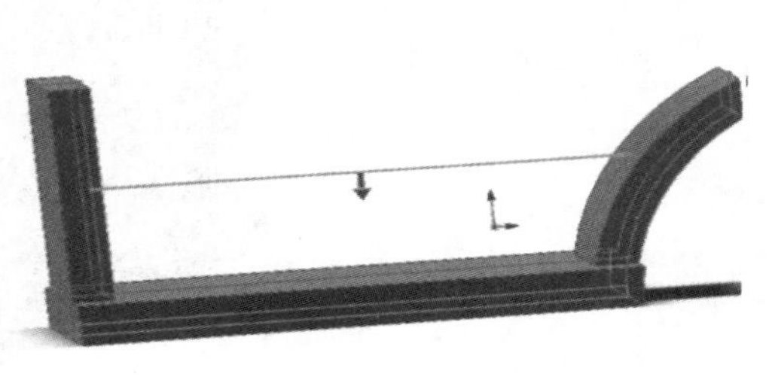

图 3-72　筋效果

5. 在底面建立新草图，使用【拉伸切除】命令，如图 3-73 所示，在【方向 1(1)】栏中设定终止条件为【完全贯穿】，单击 ✓ 按钮完成拉伸切除孔操作。

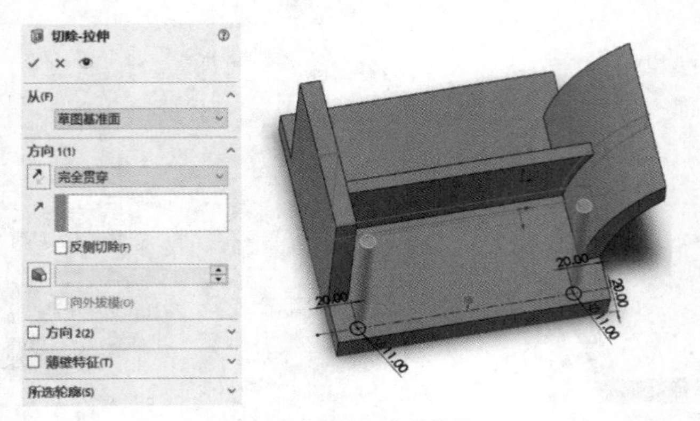

图 3-73 拉伸切除孔效果

6. 切除拉伸阶梯孔。在底面绘制草图，使用【拉伸切除】命令，如图 3-74 所示，在【方向 1(1)】栏中设定终止条件为【给定深度】，在【深度】栏中设定深度为“2.00mm”，单击 ✓ 按钮完成拉伸切除操作。

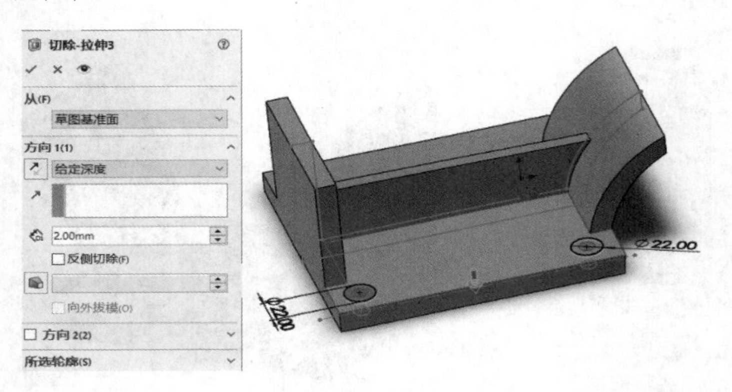

图 3-74 阶梯孔效果

7. 镜像孔，如图 3-75 所示（具体方法详见第 4 章）。

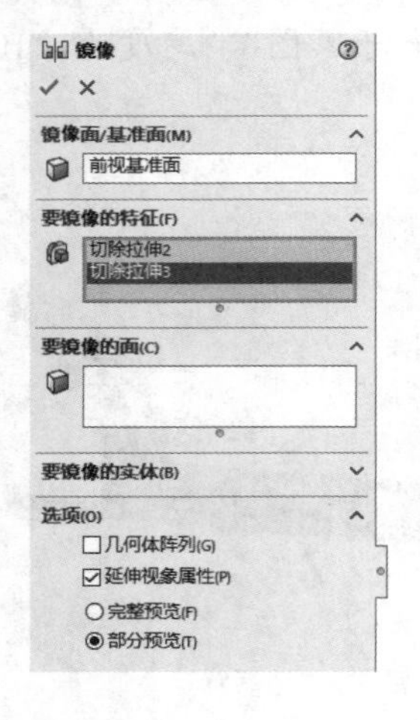

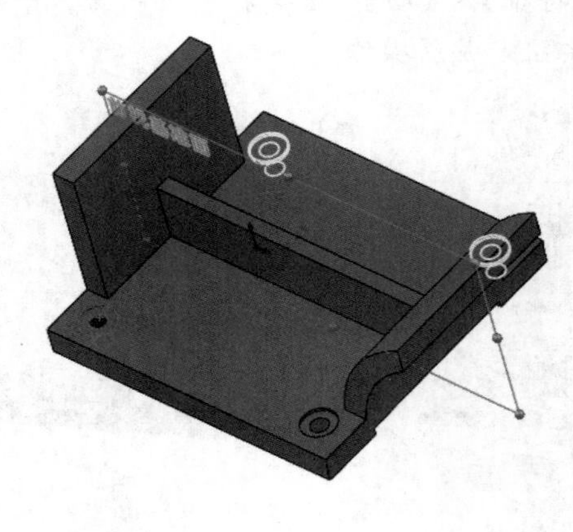

图 3-75 镜像孔效果

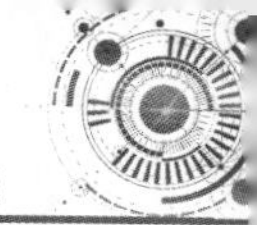

8. 旋转实体。单击【特征】工具栏中的按钮，窗口的左侧区域将显示【旋转】属性管理器，将竖直中心线选为旋转轴，默认的旋转方向为“单向”，默认的旋转角度为“360.00度”，如图 3-76 所示，单击 ✓ 按钮完成旋转操作。

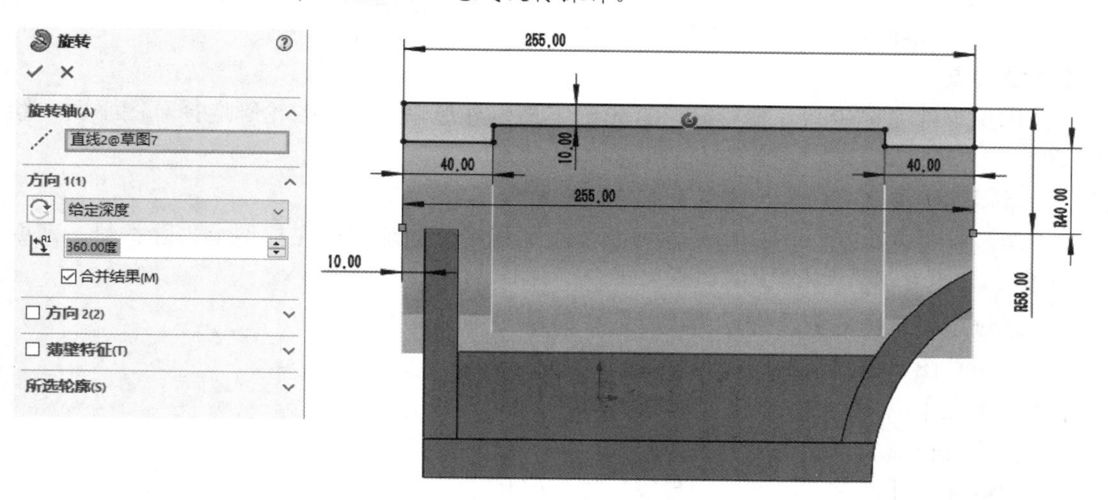

图 3-76　旋转效果

9. 拉伸切除边角实体，如图 3-77 所示。

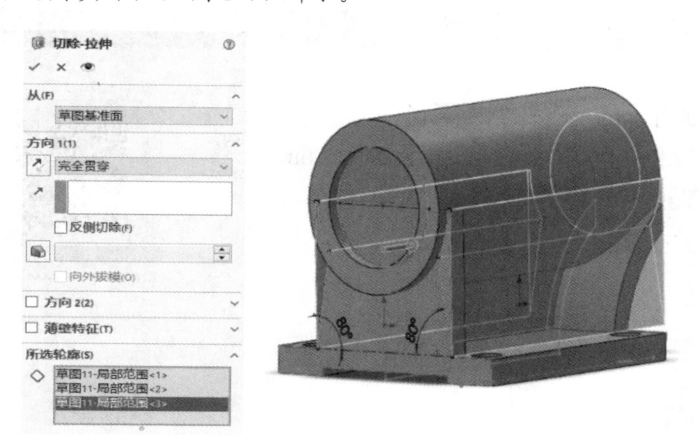

图 3-77　拉伸切除效果

10. 绘制螺纹孔（具体方法详见第 4 章），结果如图 3-78 所示。

11. 绘制圆角（具体方法详见第 4 章），结果如图 3-79 所示。

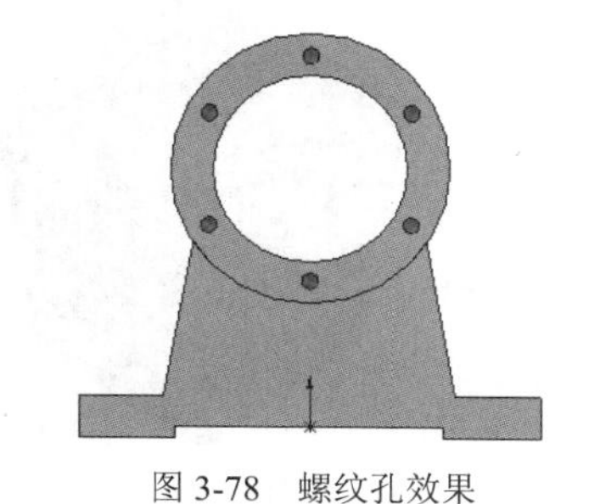

图 3-78　螺纹孔效果

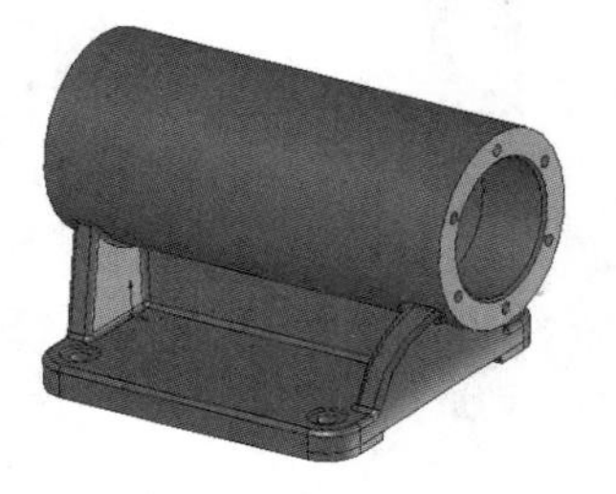

图 3-79　圆角效果

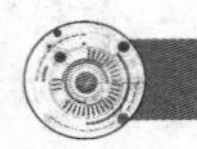 3.9 小结

本章讨论了零件建模的特征分析与建模步骤、零件建模的草绘特征。

【本章重点】

1．掌握零件建模步骤。建模时，首先确定最佳外形轮廓，根据轮廓选择草图平面，绘制草图。

2．常用草绘特征有拉伸、旋转、扫描、放样及边界。

3．草绘特征的应用。凸台用于在模型上添加材料，切除用于在模型上去除材料，薄壁选项可建立薄壁零件。

4．通过选择草图轮廓，实现草绘特征中的草图共用。

5．编辑草图、编辑特征和编辑特征属性。

【本章难点】

1．扫描特征需要草图轮廓和扫描路径，缺一不可。

2．理解穿透几何关系。使用引导线扫描或放样时需建立与草图轮廓的穿透关系。

3．创建并比较放样和边界特征。

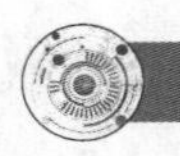 3.10 习题

1．创建图 3-80 所示的笔形工具笔杆。

提示：使用旋转和切除拉伸特征，孔直径为 5mm。

2．创建图 3-81 所示的筋。

提示：尺寸随意指定，筋草图为两交叉直线。

第 3 章习题 1

第 3 章习题 2

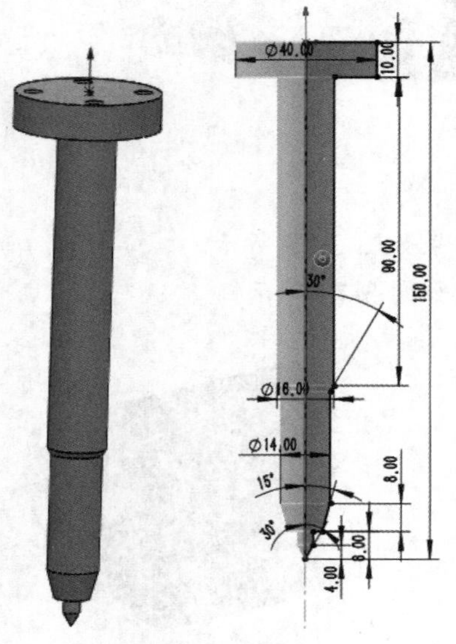

图 3-80　笔形工具笔杆

图 3-81　筋

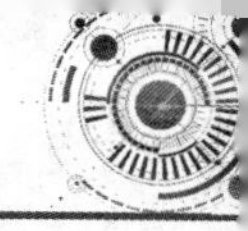

3．创建图 3-82 所示的吊钩。

提示：可使用带引导线扫描，扫描轮廓为圆。路径草图如图 3-83 所示。

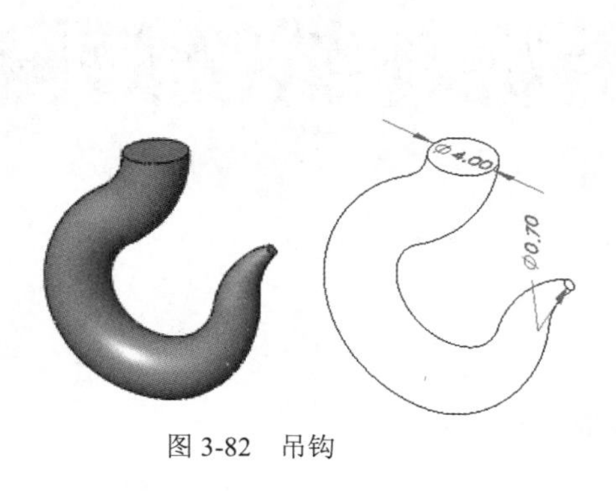

图 3-82　吊钩

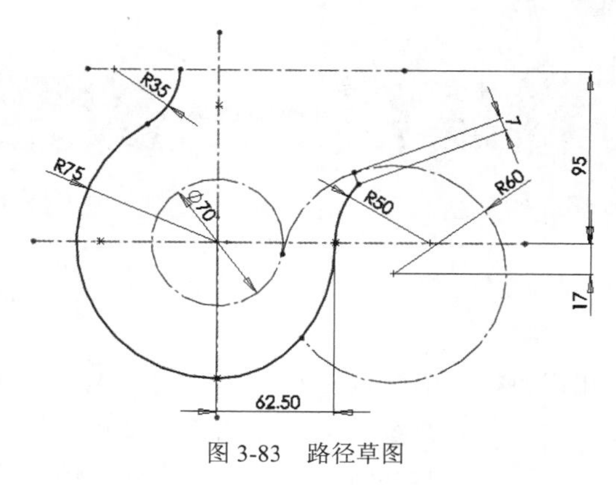

图 3-83　路径草图

4．创建图 3-84 所示的吸尘器接头。

提示：可使用扫描特征、放样/边界特征，也可使用拉伸特征。轮廓草图如图 3-85 所示，路径草图如图 3-86 所示。

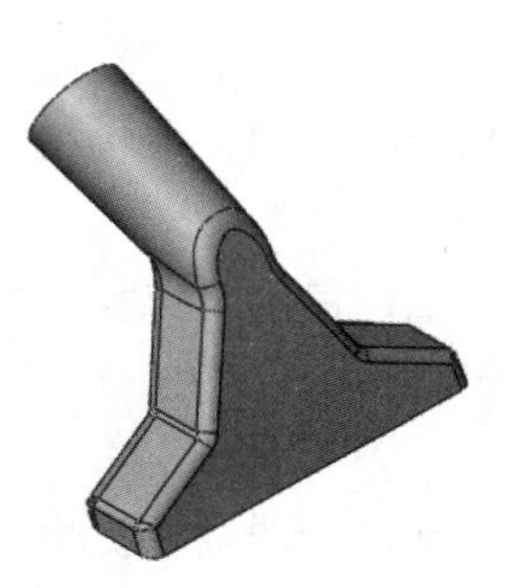

图 3-84　吸尘器接头

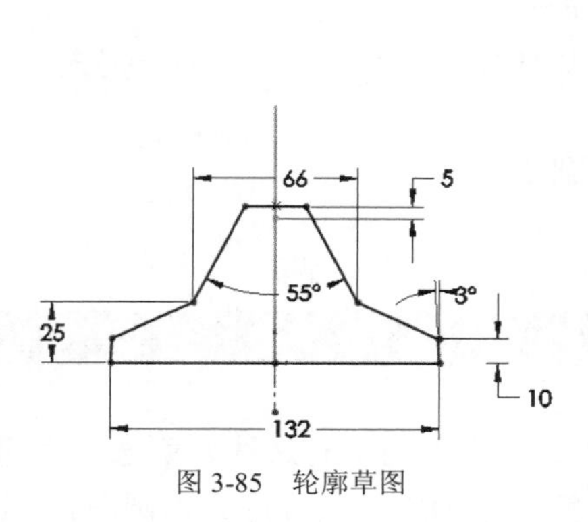

图 3-85　轮廓草图

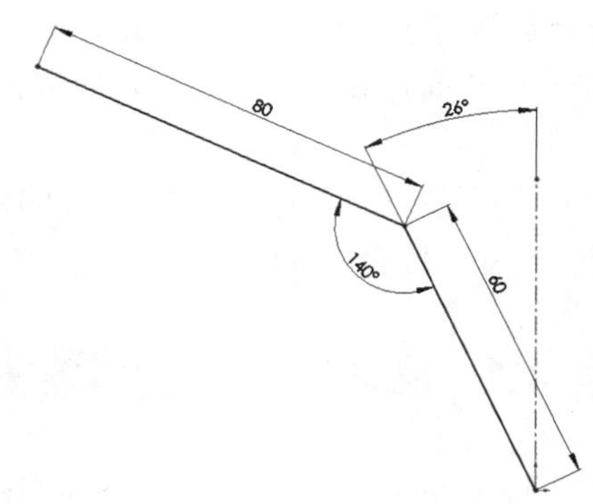

图 3-86　路径草图

第 4 章

零件建模——放置特征与特征复制

知识目标：能够创建孔、键、槽等成形特征。

在零件上添加圆角、倒角、抽壳等放置特征。

掌握特征镜像、阵列的使用方式。

能力目标：能够根据设计意图完成零件建模的细节。

素质目标：探讨添加放置特征的意义，建立设计要围绕产品需求的意识。

放置特征是指由系统提供的或用户自定义的一类模板特征，这类特征的几何形状是确定的。通过改变其尺寸大小，可以得到大小不同、形状相似的几何特征。放置特征包括圆角、倒角、抽壳及钻孔。

特征复制是零件建模中的常用方法，包括镜像和阵列。

图 4-1 所示的法兰，在建模过程中运用了钻孔、圆角、倒角、阵列及镜像等特征。

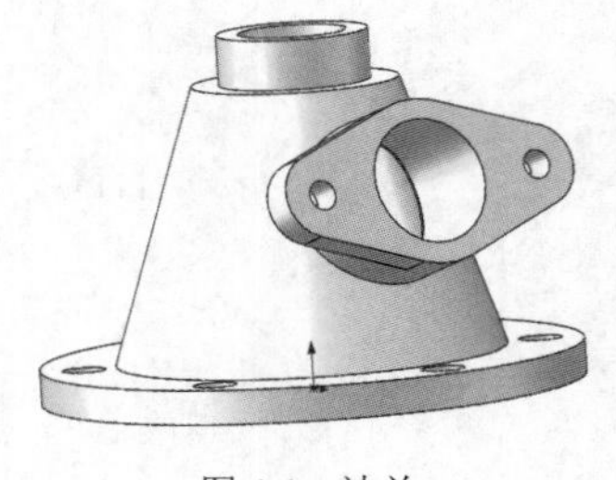

图 4-1　法兰

要在零件建模过程中使用放置特征，一般需要提供以下两个方面的信息。

（1）放置特征的位置，如钻孔特征，用户首先需要指定在哪一个平面上钻孔，然后需要确定孔在该平面上的定位尺寸。

（2）放置特征的尺寸，如钻孔特征的直径尺寸、圆角特征的半径尺寸、抽壳特征的壁厚等。

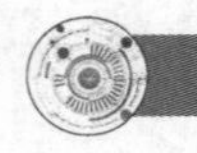

4.1　圆角特征

圆角特征是在零件上生成一个内圆角或外圆角。一个面的所有边线、所选的多组面、所选的边线或边线环均可以生成圆角。本节学习为第 3 章的铣刀头底座添加圆角，如图 4-2 所示。

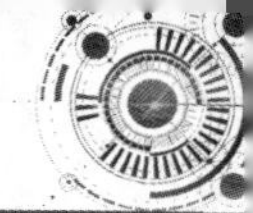

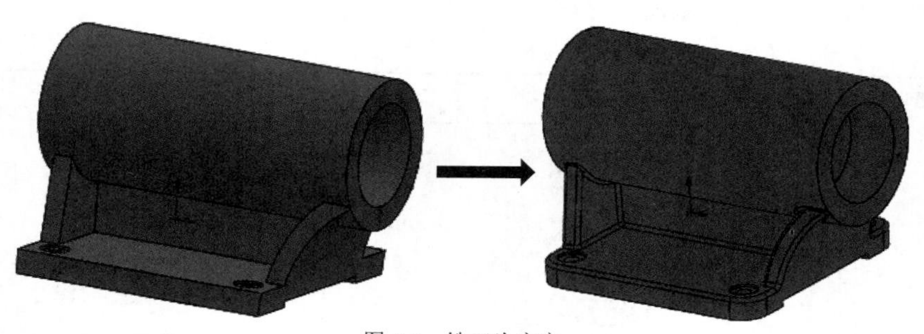

图 4-2　铣刀头底座

4.1.1　特征说明

圆角特征启动之后，弹出图 4-3 所示的【圆角】属性管理器。

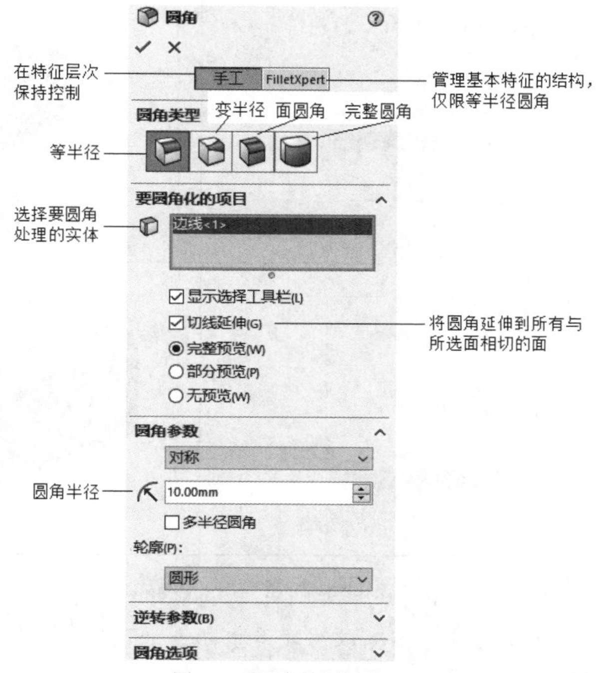

图 4-3 【圆角】属性管理器

【圆角】命令的启动方式如下。

- 单击【特征】工具栏中的按钮，或者选择菜单命令【插入】/【特征】/【圆角】。

可根据绘图需要选择不同的圆角类型，对应的特征选项也会随之变化。

不同圆角类型，其对应的特征选项及圆角预览如表 4-1 所示。

表 4-1　圆角类型及其对应的特征选项和圆角预览

圆角类型	特征选项	圆角预览
等半径圆角	圆角类型 要圆角化的项目 边线<1>	半径: 10mm

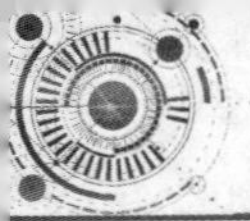

续表

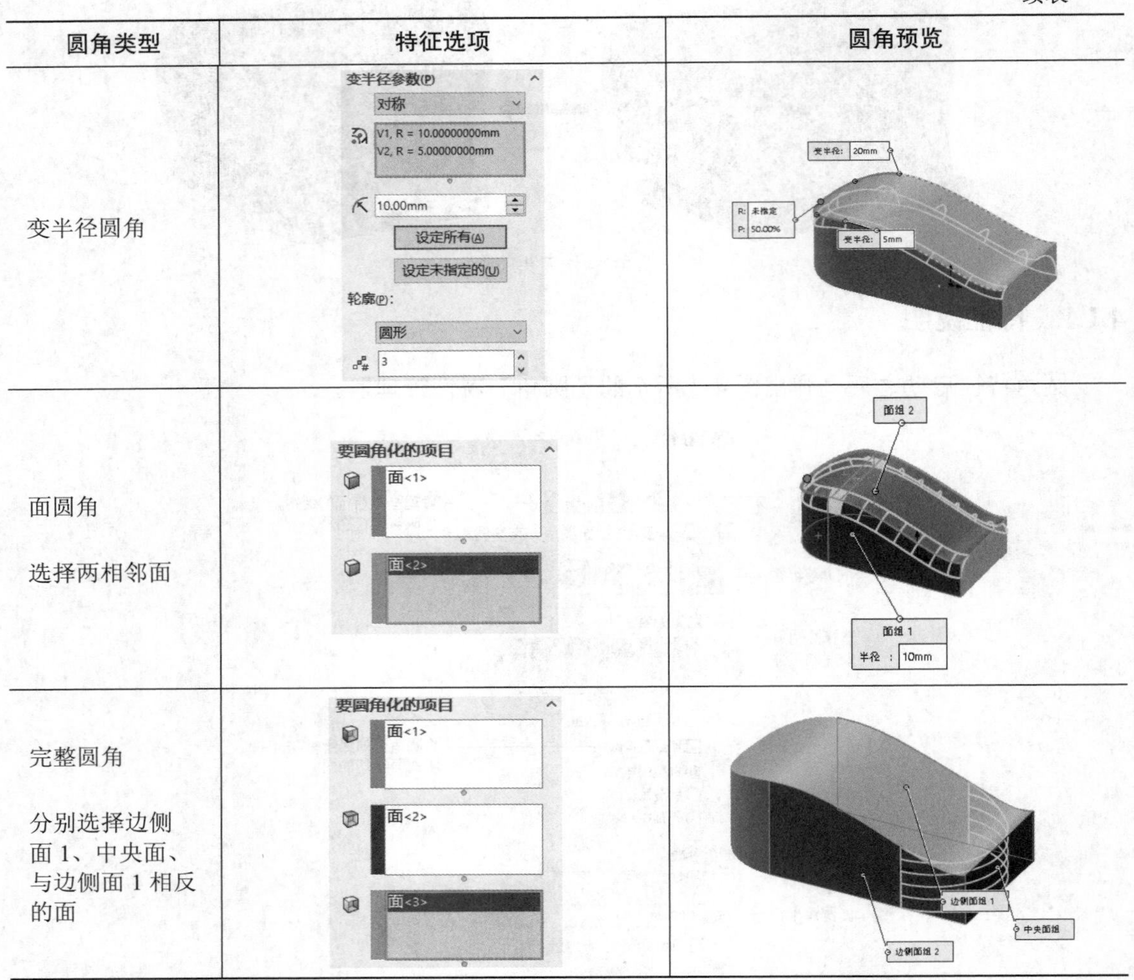

圆角类型	特征选项	圆角预览
变半径圆角		
面圆角 选择两相邻面		
完整圆角 分别选择边侧面 1、中央面、与边侧面 1 相反的面		

要点提示

图 4-4 所示是没有选中【切线延伸】复选项的结果，而表 4-1 中都是选中【切线延伸】复选项的结果，可以明显看出两者的区别。

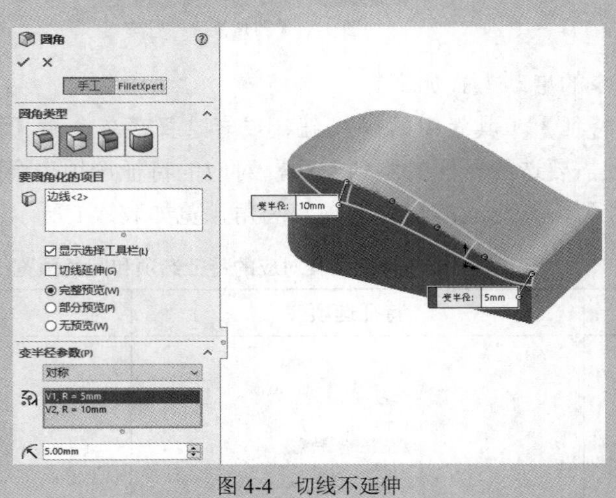

图 4-4　切线不延伸

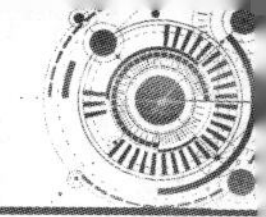

一般而言，在生成圆角时最好遵循以下规则。

（1）在添加小圆角之前添加较大圆角。当有多个圆角会聚于一个顶点时，先生成较大圆角。

（2）如果需要拔模，在生成圆角前先添加拔模。

（3）最后添加装饰用的圆角。在大多数其他几何体定位后尝试添加装饰圆角。越早添加装饰圆角，系统重建零件需要花费的时间越长。

（4）可以用单一圆角操作来处理需要相同半径圆角的多条边线。如果改变此圆角的半径，则在同一操作中生成的所有圆角都会改变。

4.1.2　工程实例——铣刀头底座倒圆角

铣刀头底座倒圆角的步骤如下。

1. 打开素材文件“素材\第 4 章\铣刀头底座.sldprt”。

2. 为底座四角添加等半径圆角，输入半径为“20.00mm”，如图 4-5 所示。

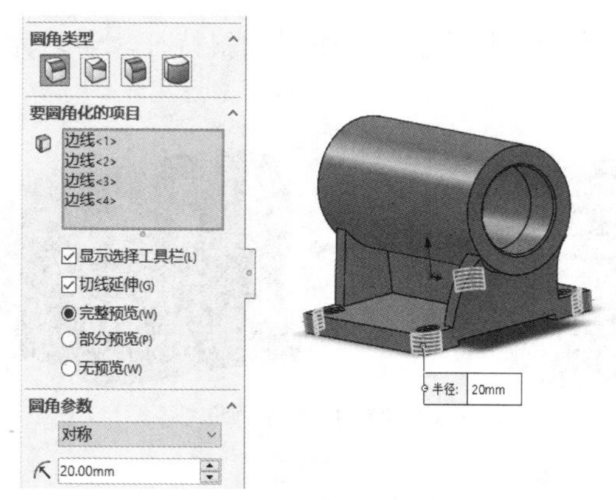

图 4-5　圆角效果（1）

3. 选中底座支撑面，为支撑面各边线添加等半径圆角，输入圆角半径为“3.00mm”，如图 4-6 所示。

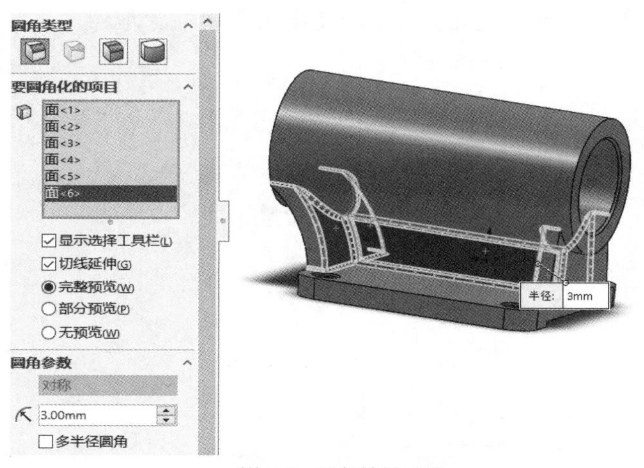

图 4-6　圆角效果（2）

4. 继续添加圆角，如图 4-7 所示。

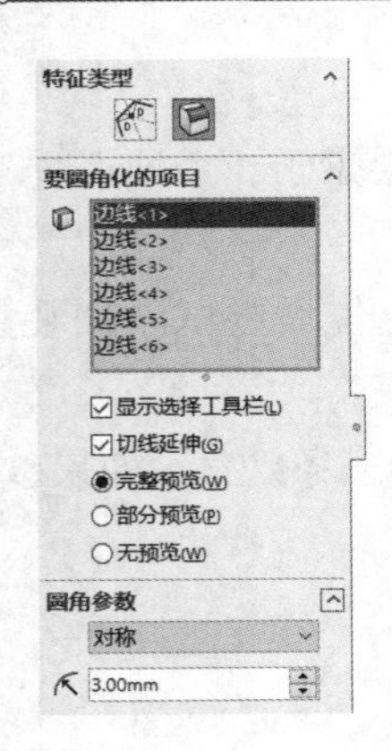

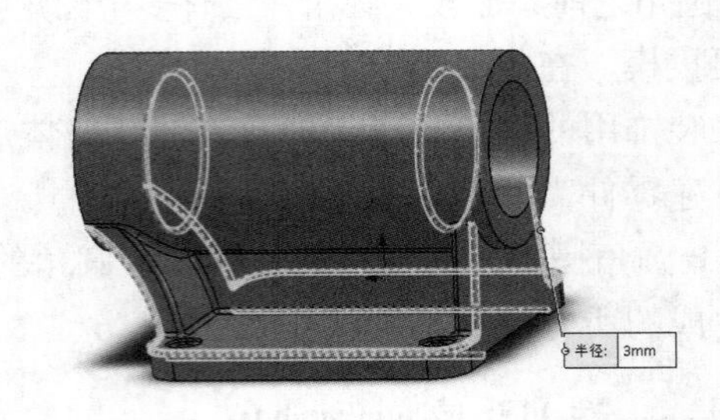

图 4-7　圆角效果（3）

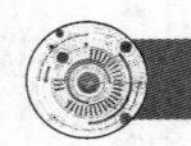

4.2　倒角特征

倒角工具用于在所选边线、面或顶点上生成一倾斜特征。学习完本节可为铣刀头底座添加倒角，如图 4-8 所示。

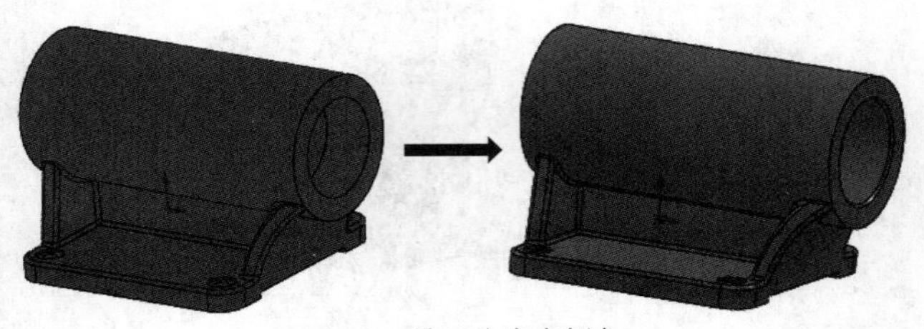

图 4-8　铣刀头底座倒角

【倒角】命令的启动方式如下。

- 单击【特征】工具栏中的按钮，或者选择菜单命令【插入】/【特征】/【倒角】。

4.2.1　特征说明

【倒角】命令启动之后，弹出图 4-9 所示的【倒角】属性管理器。

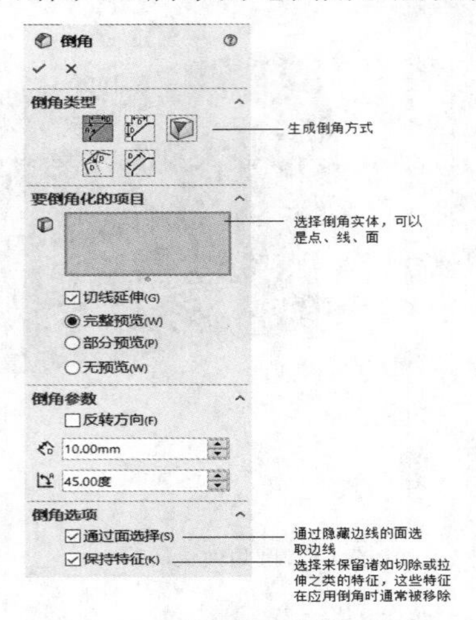

图 4-9 【倒角】属性管理器

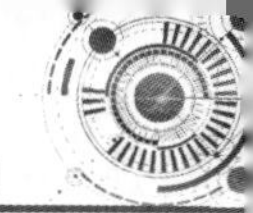

根据需要可选择不同倒角方式生成倒角，如表 4-2 所示。

表 4-2 倒角方式

倒角类型	选项设置	倒角结果
角度-距离	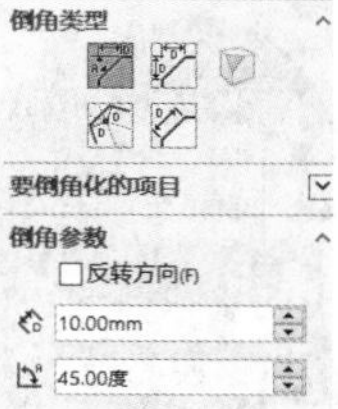	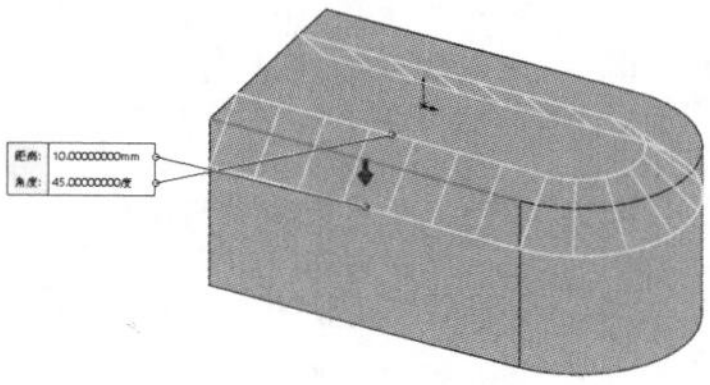
距离-距离：在所选倒角边线的一侧输入两个距离值，或者选择【对称】选项并指定一个数值	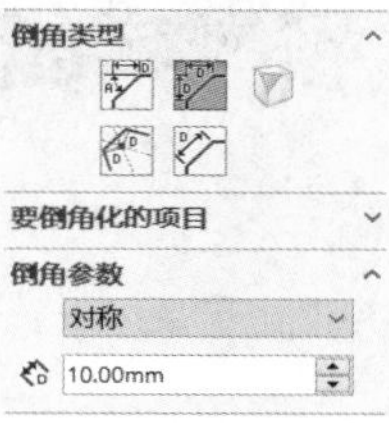	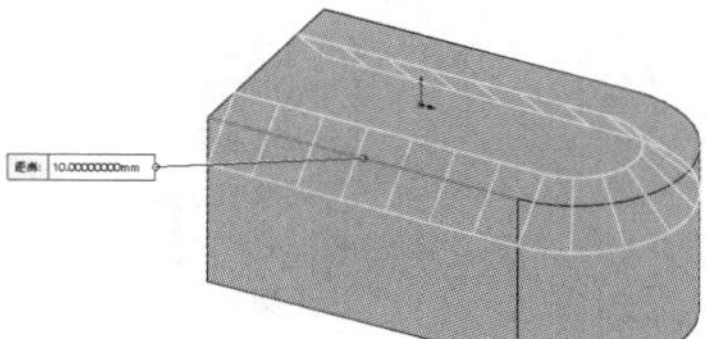
顶点：在所选顶点的每侧输入 3 个距离值，或者选中【相等距离】复选项并指定一个数值	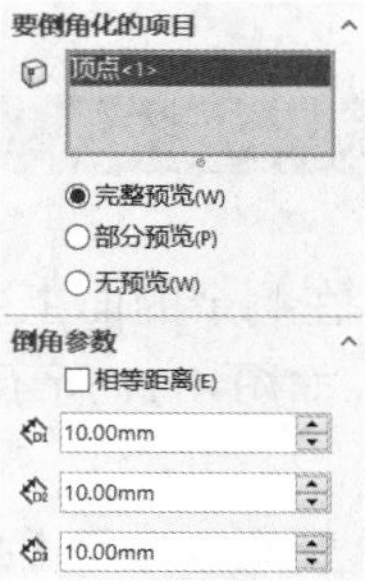	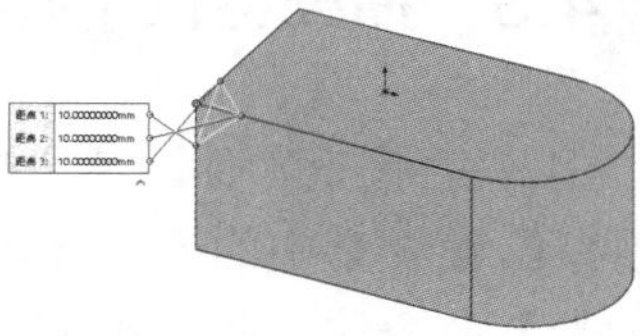
等距面：通过偏移选定边线相邻的面来求解等距面倒角	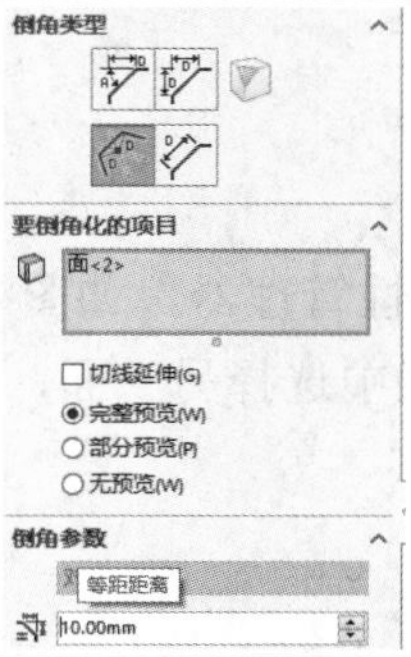	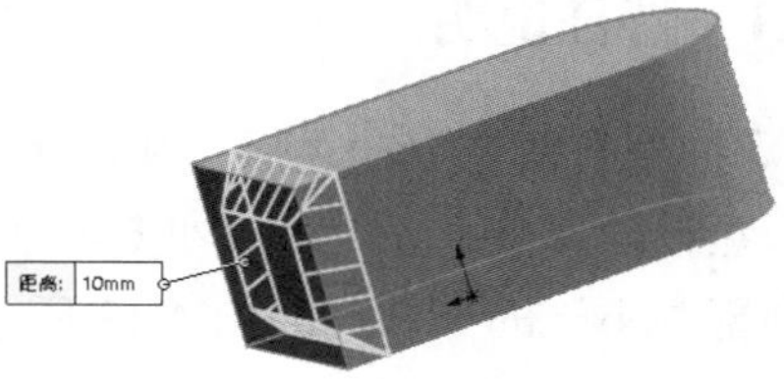
面-面：可混合非相邻、非连续的面	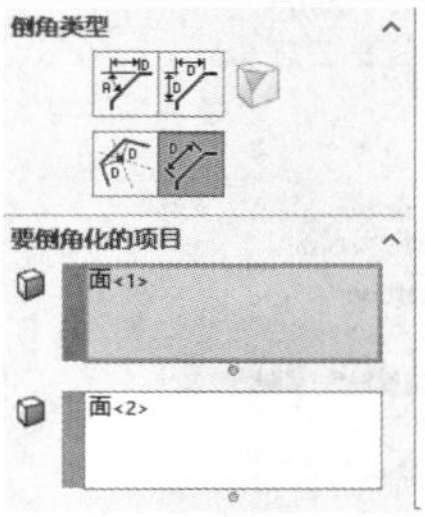	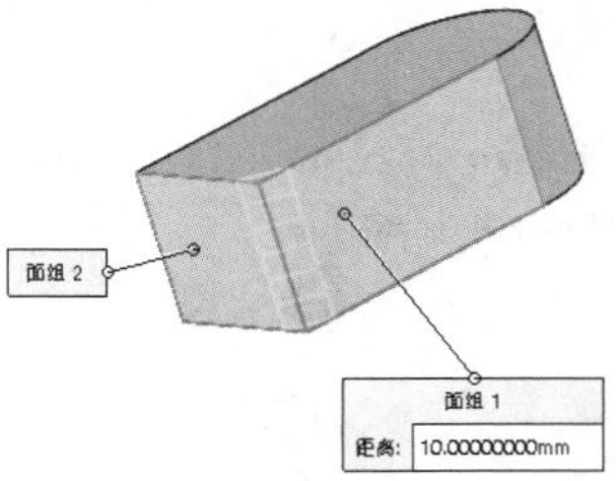

4.2.2 工程实例——铣刀头底座倒角

铣刀头底座倒角的操作步骤如下。

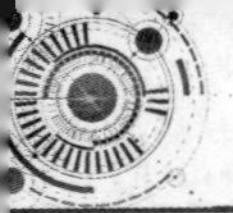

为铣刀头底座文件添加倒角，选中【角度距离】单选项，如图 4-10 所示。

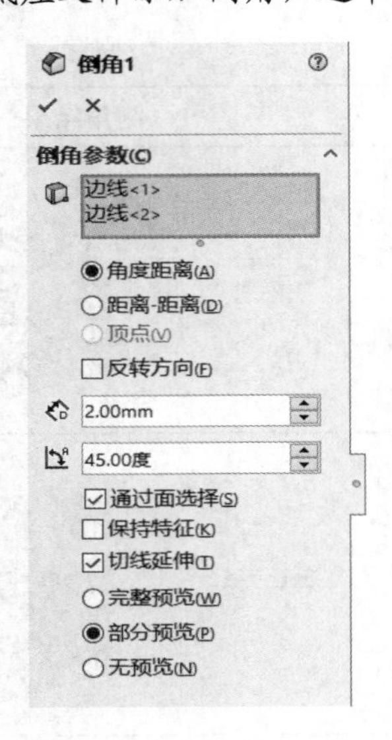

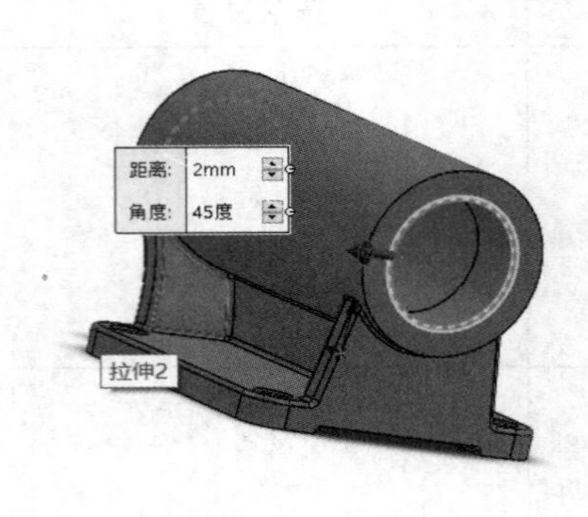

图 4-10　倒角

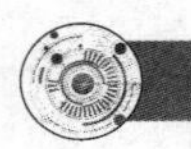

4.3　抽壳特征

抽壳工具会掏空零件，使所选择的面敞开，在剩余的面上生成薄壁特征。第 3 章中的方圆接头应用到了抽壳，如图 4-11 所示。

图 4-11　方圆接头

【抽壳】命令的启动方式如下。

- 单击【特征】工具栏中的按钮，或者选择菜单命令【插入】/【特征】/【抽壳】。

4.3.1　特征说明

【抽壳】命令启动之后，弹出【抽壳 1】属性管理器，如图 4-12 所示。

在设定厚度之后，可以在【多厚度设定】栏中选择另一面，设置与默认厚度不同的厚度，得到壁厚不一的零件，如图 4-13 所示。

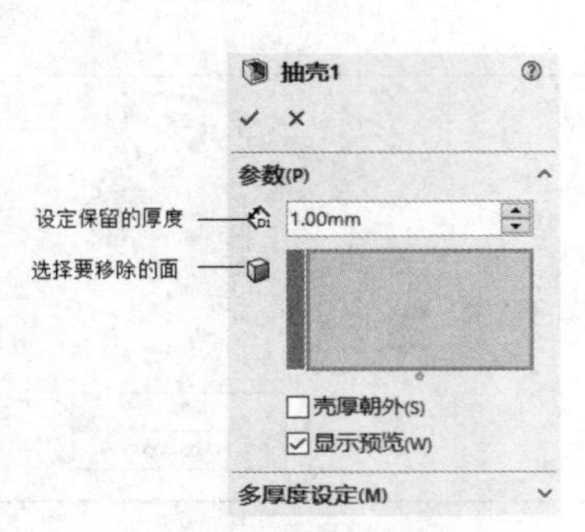

图 4-12　【抽壳 1】属性管理器

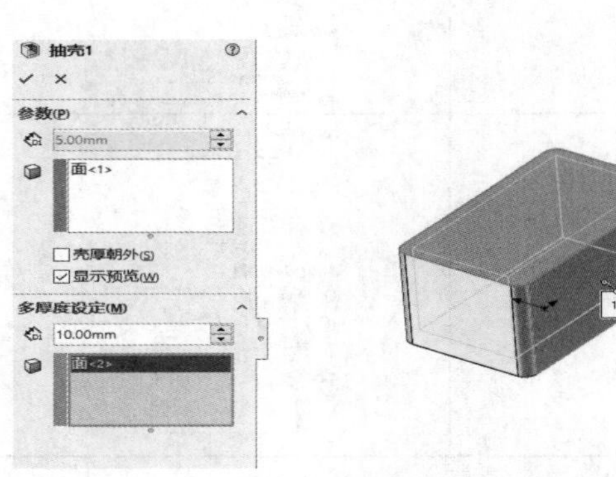

图 4-13　多厚度抽壳

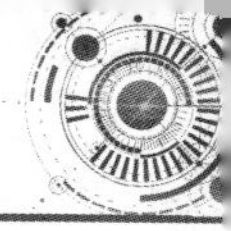

4.3.2 工程实例——方圆接头

方圆接头实体抽壳的作图步骤如下。

1. 打开素材文件“素材\第4章\方圆接头实体.sldprt”。

2. 在【特征】工具栏中单击按钮，选择上下两个底面，选中【壳厚朝外】复选项，输入距离为“3mm”，如图4-14所示。单击✔按钮可得到零件方圆接头的抽壳特征。

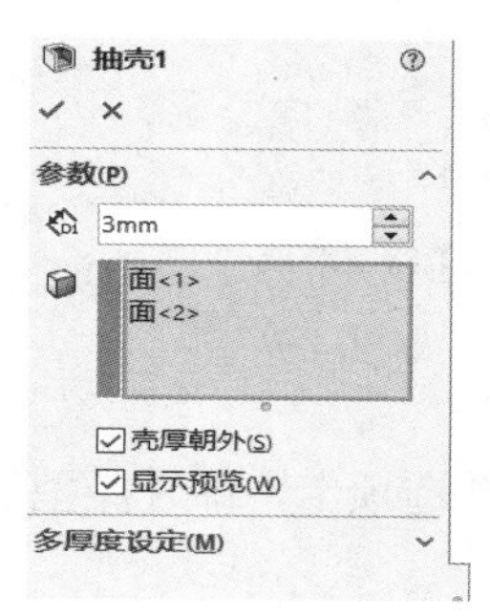

图4-14 抽壳效果

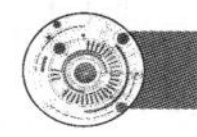

4.4 钻孔特征

钻孔是在模型上生成各种类型的孔特征。操作时在平面上放置孔并设定深度，并可以通过标注尺寸来指定其位置。本节通过绘制图4-15所示的螺母来介绍钻孔特征的应用。

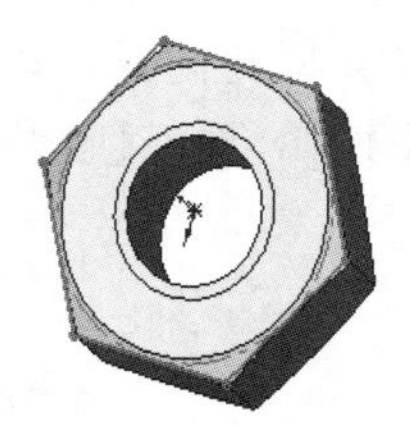

图4-15 螺母

一般在设计阶段将近结束时生成孔，这样可以避免因疏忽而将材料添加到现有孔内的情况。孔特征包括简单直孔和异型孔。异型孔使用异型孔向导，需要其他参数，可生成具有复杂轮廓的孔，如柱孔或锥孔。

不同孔命令的启动方式如下。

- 简单直孔：单击【特征】工具栏中的按钮，或者选择菜单命令【插入】/【特征】/【简单直孔】。
- 孔向导：单击【特征】工具栏中的按钮，或者选择菜单命令【插入】/【特征】/【孔向导】。

4.4.1 简单直孔

简单直孔的大部分选项与拉伸切除类似，不同的是需要选择孔所在的平面及设置孔直径，如图4-16所示。

当孔建立完成后也可以更改孔的位置，在模型或特征管理设计树中用鼠标右键单击【孔】特征，在弹出的快捷菜单中单击【编辑草图】按钮，添加尺寸以定义孔的位置，也可以在草图中修改孔的直径。

如要改变孔的直径、深度或类型，在模型或特征管理设计树中用鼠标右键单击【孔】特征，在弹出的快捷菜单中单击【编辑特征】按钮，然后在【孔】属性管理器中进行必要的更改。

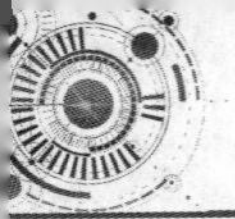

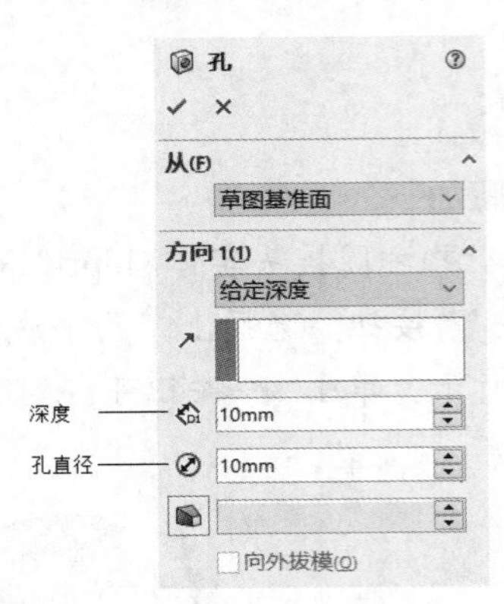

图 4-16 【简单直孔】特征选项

4.4.2 异型孔向导

新建异型孔，【孔规格】属性管理器显示两个选项卡，即【类型】与【位置】，如图 4-17 所示。

（1）【类型】选项卡：用于设定孔类型参数。

（2）【位置】选项卡：用于在平面或非平面上找出异型孔向导。使用尺寸和其他草图工具来定位孔中心。孔特征可在这些选项卡之间转换。例如，选择【位置】选项卡并找出孔，然后选择【类型】选项卡并定义孔类型，接着再次选择【位置】选项卡并添加更多孔。

异型孔向导可以生成柱孔、锥孔、孔、螺纹孔、管螺纹孔、旧制孔、柱孔槽口、锥孔槽口及槽口，在【孔规格】属性管理器中的孔类型如图 4-18 所示。

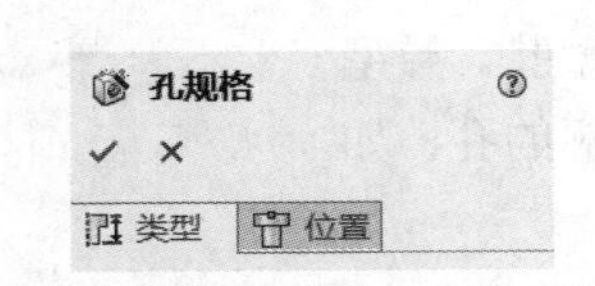

图 4-17 【孔规格】属性管理器

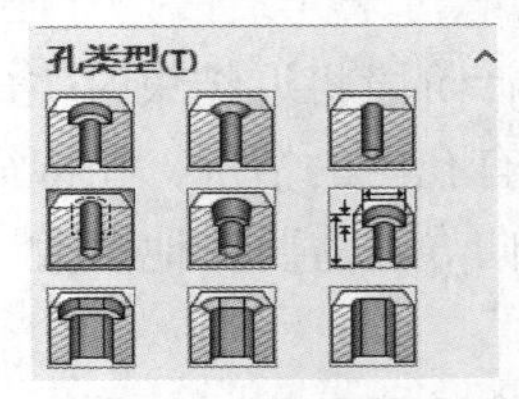

图 4-18 孔类型

根据要求，选择孔类型之后，再选择不同的标准和规格。

要点提示

使用异型孔向导时要注意面的预选择和后选择。

- 当预选一个平面，然后单击【特征】工具栏中的按钮时，所产生的草图为二维草图。
- 如果先单击按钮，然后选择一个平面或非平面，所产生的草图为三维草图。
- 与二维草图不一样，用户不能将三维草图约束到直线，不过可将三维草图约束到面。

4.4.3 工程实例——螺母

螺母的作图步骤如下。

1. 拉伸六边形基体，如图 4-19 所示。
2. 旋转切除螺母边角，如图 4-20 所示。

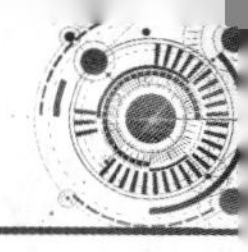

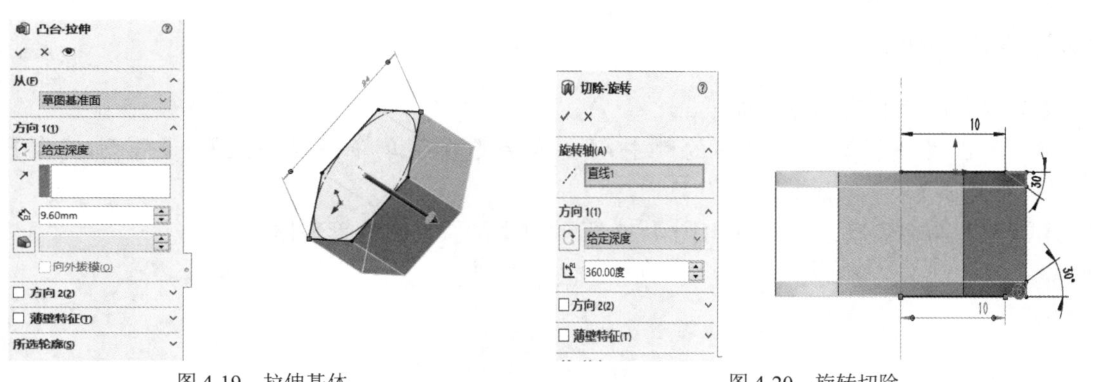

图 4-19　拉伸基体　　　　图 4-20　旋转切除

3. 单击【特征】工具栏中的按钮，打开【孔规格】属性管理器，在【孔类型】栏中单击【直螺纹孔】按钮，在【标准】下拉列表中选择【ISO】，在【类型】下拉列表中选择【底部螺纹孔】，在【孔规格】栏的【大小】下拉列表中选择【M12×1.25】，如图 4-21 所示，在零件中心点单击鼠标左键确定孔的位置，最后单击✓按钮，完成螺母造型。

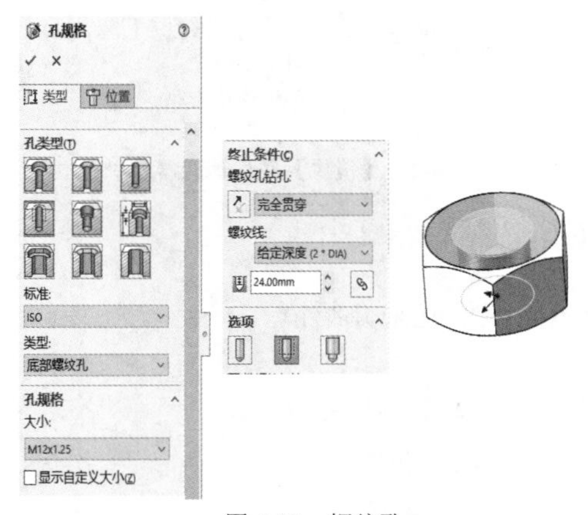

图 4-21　螺纹孔

4.5　镜像特征

镜像特征是沿面或基准面镜像，生成一个特征（或多个特征）的复制。镜像时，可选择特征也可选择构成特征的面。本节以轴承座为例介绍镜像特征，如图 4-22 所示。

图 4-22　轴承座

4.5.1 特征说明

【镜像】命令的启动方式如下。

- 单击【特征】工具栏中的按钮，或者选择菜单命令【插入】/【阵列/镜像】/【镜像】。

【镜像】命令启动之后，弹出图 4-23 所示的【镜像】属性管理器。

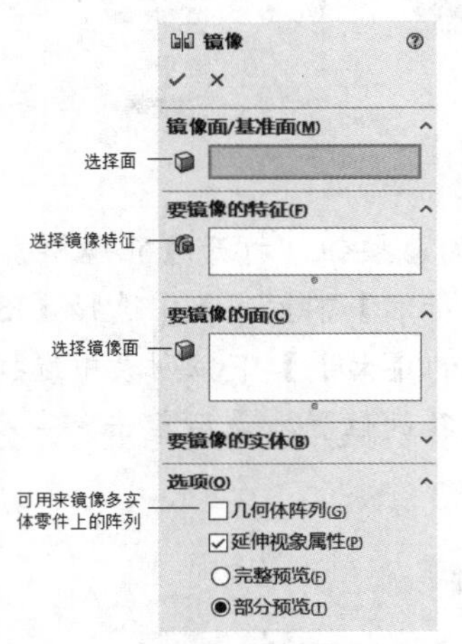

图 4-23 【镜像】属性管理器

4.5.2 工程实例——镜像孔

下面通过绘制图 4-24 所示的镜像孔来介绍镜像特征的应用。

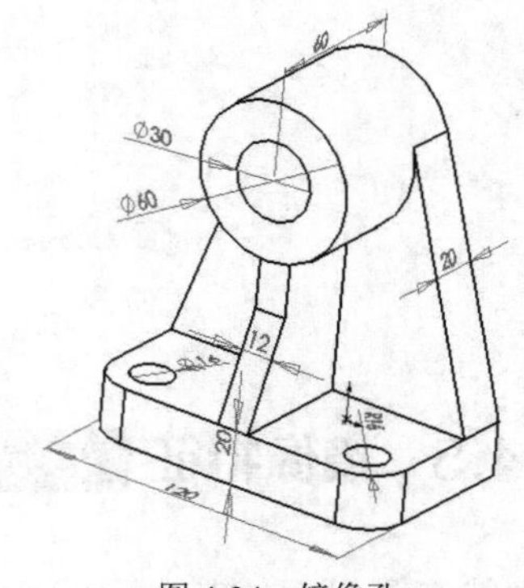

图 4-24 镜像孔

1. 打开素材文件“素材\第 4 章\轴承座.sldprt”，在底座上创建一个简单直孔，如图 4-25 所示，使直孔的圆心与底座圆角为同心关系。

2. 启动【镜像】命令，在【镜像】属性管理器的【镜像面/基准面】栏中选择“右视”，在【要镜像的特征】栏中选择【孔 1】选项，最后单击按钮，完成零件造型，如图 4-26 所示。

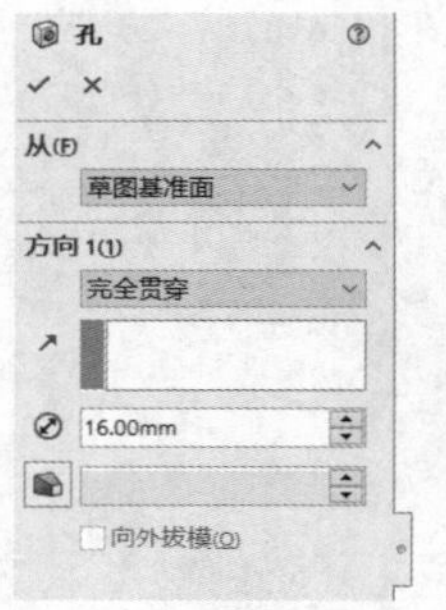

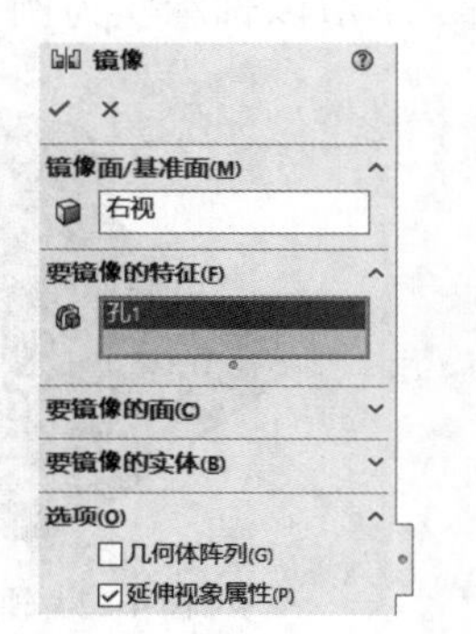

图 4-25 创建简单直孔

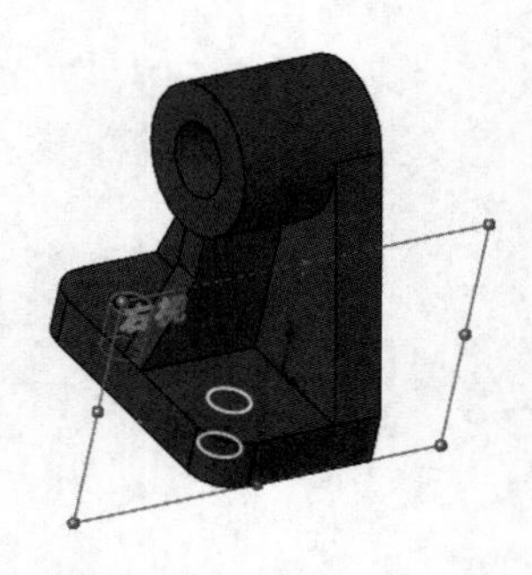

图 4-26 镜像效果

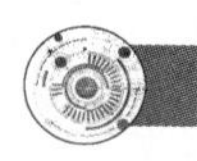

4.6　阵列特征

阵列是按线性阵列或圆周阵列复制所选的源特征。

（1）对于线性阵列，先选择特征，然后指定方向、线性间距和实例总数。

（2）对于圆周阵列，先选择特征，再选择作为旋转中心的边线或轴，然后指定实例总数及实例的角度间距或实例总数及生成阵列的总角度。

本节以图 4-27 所示的压盖零件为例，介绍阵列特征的使用。

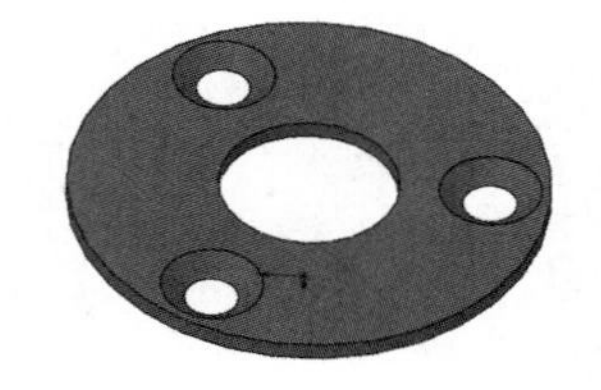

图 4-27　压盖

4.6.1　线性阵列

【线性阵列】命令的启动方式如下。

单击【特征】工具栏中的 按钮，或者选择菜单命令【插入】/【阵列/镜像】/【线性阵列】。

在图 4-28 所示的【线性阵列】属性管理器中可以同时在两个方向生成线性阵列。

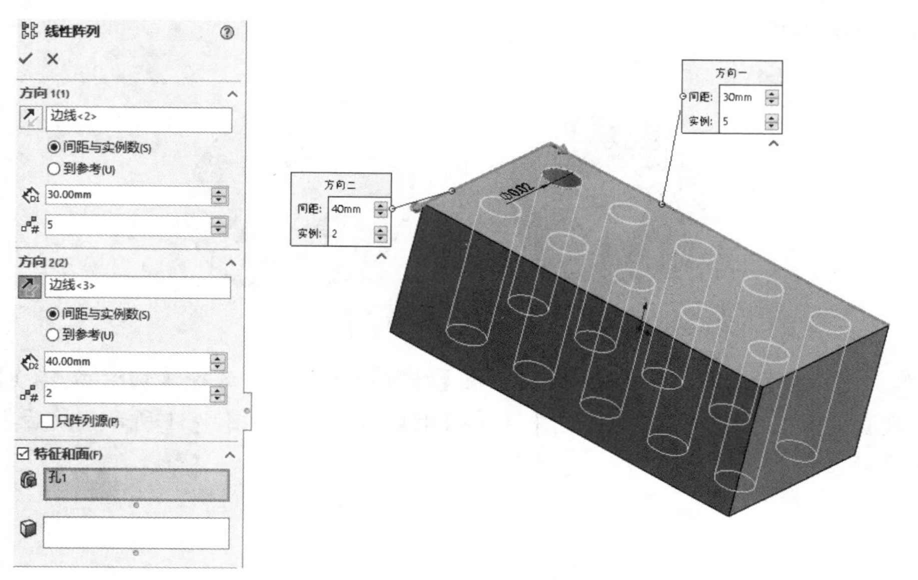

图 4-28　线性阵列

4.6.2　圆周阵列

图 4-29 所示的【阵列(圆周)】属性管理器在绕一轴心阵列一个或多个特征时出现。阵列轴常通过坐标轴、圆形边线或草图直线、线性边线或草图直线、圆柱面或曲面、旋转面或曲面、角度尺寸等来确定。

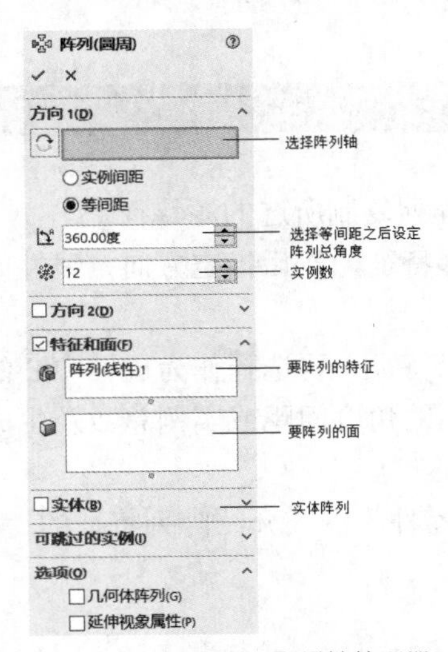

图 4-29 【阵列(圆周)】属性管理器

4.6.3 工程实例——压盖

下面通过绘制图 4-27 所示的压盖来介绍阵列特征的应用。

1. 绘制草图，经过拉伸（或旋转）厚度为 2mm 的凸台和旋转切除（或放样切除）得到压盖基体，如图 4-30 所示。

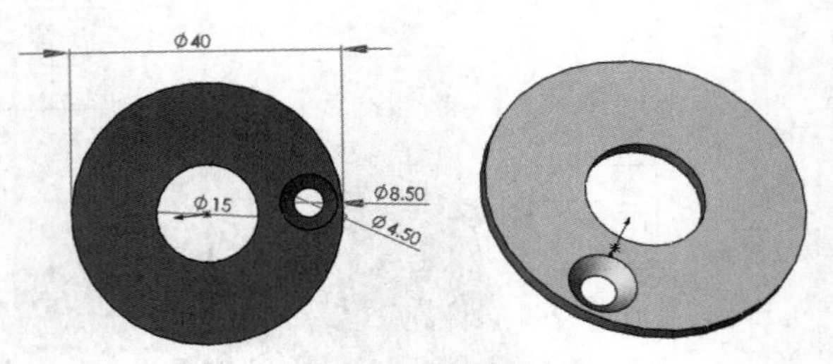

图 4-30 压盖基体

2. 单击【特征】工具栏中的按钮，在【特征和面】栏中选择【切除-旋转 1】选项，在【实例数】文本框中输入“3”，并选中【等间距】单选项，如图 4-31 所示。最后单击✓按钮，完成零件造型。

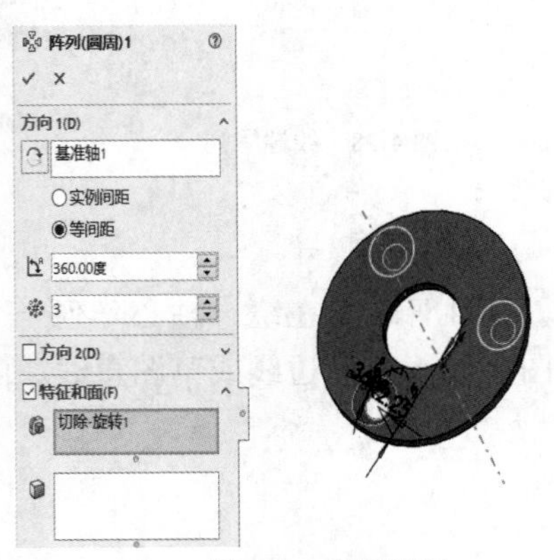

图 4-31 圆周阵列

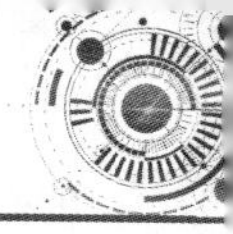

要点提示

若找不到中心轴，可以通过选择菜单命令【视图】/【隐藏/显示】/【临时轴】调出。

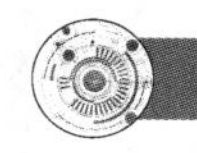

4.7　综合训练——法兰

下面通过绘制图 4-32 所示的法兰来巩固所学知识。

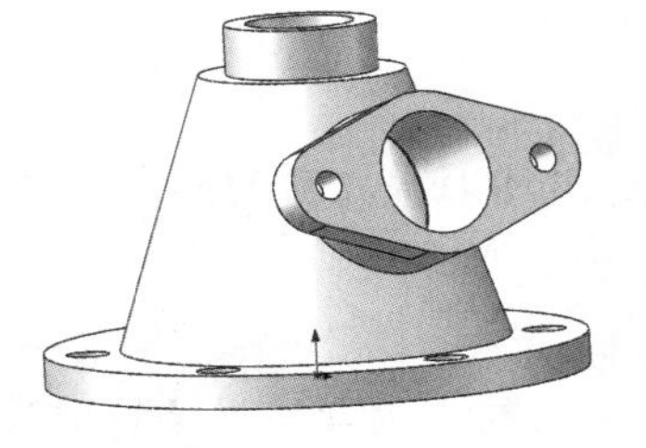

图 4-32　法兰

绘图思路如下。

- 零件主体为回转体，使用【旋转】命令完成。中空可在绘制草图时做出，也可先生成实体后抽壳。
- 法兰零件的孔一般都采用圆周阵列完成。
- 侧面连接口需要建立基准面或基准轴确定位置。
- 灵活运用草图共享会大大减少绘图工作量。

绘图步骤如下。

1. 激活“前视基准面”，在该平面上绘制草图，具体尺寸如图 4-33 所示。

要点提示

这里绘制了比较完整的草图，除了下述步骤，还可使用草图共享，通过【旋转】命令完成步骤 2 和步骤 4，详见素材“法兰 2”。下面实际绘图步骤中分别绘制了草图，使用【拉伸】命令，更简单一些。

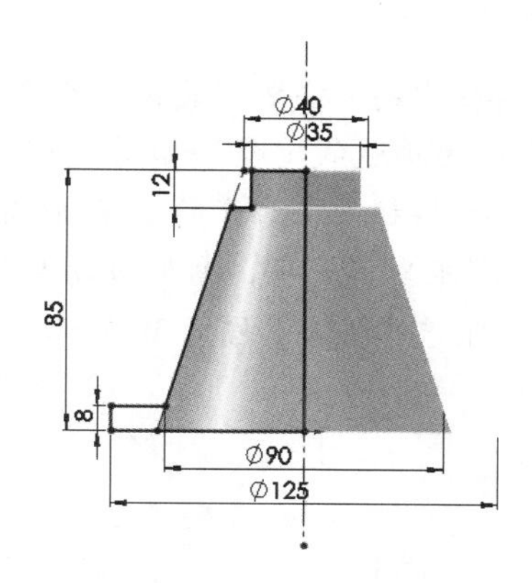

图 4-33　草图尺寸

2. 旋转。单击【特征】工具栏中的按钮，启动旋转特征，打开【旋转 1】属性管理器。将竖直直线选为旋转轴，默认的旋转方向为“单向”，默认的旋转角度为“360.00 度”，单击✔按钮完成旋转，如图 4-34 所示。

3. 抽壳。单击【特征】工具栏中的按钮，选中零件上下表面，如图 4-35 所示，完成抽壳。

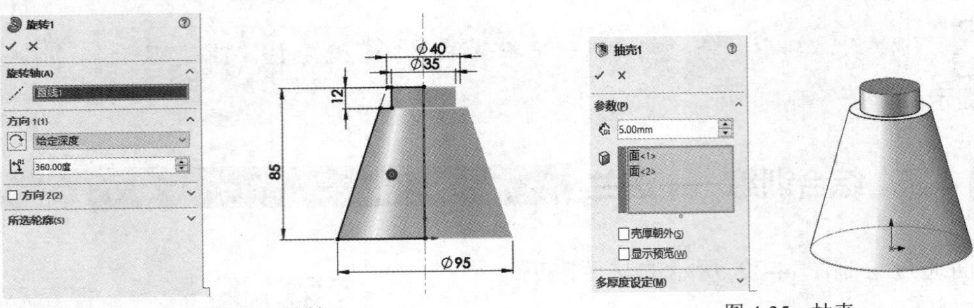

图 4-34　旋转　　　　图 4-35　抽壳

4. 拉伸底座。选中抽壳之后的底面作为基准面，绘制草图，拉伸生成底座，如图 4-36 所示。

要点提示

绘制草图时，内圆使用【转换实体引用】命令转换。

5. 在零件底面上建立新草图，绘制圆形构造线，如图 4-37 所示。

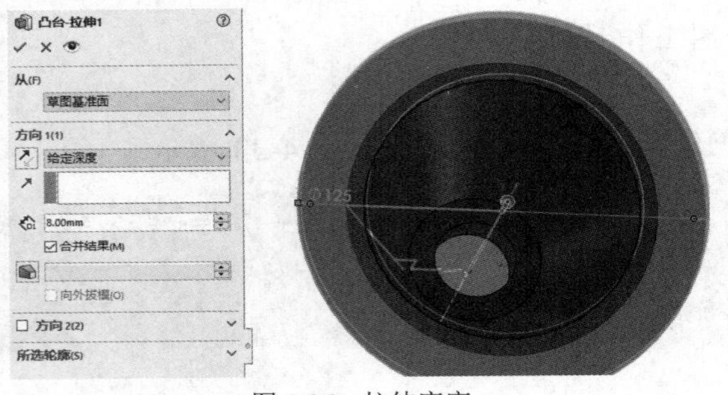

图 4-36　拉伸底座

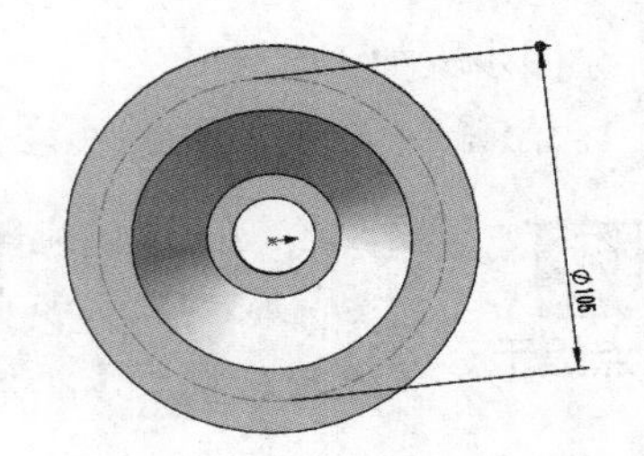

图 4-37　圆形构造线

6. 钻孔。单击【特征】工具栏中的按钮，或者选择菜单命令【插入】/【特征】/【简单直孔】，使孔的圆心与图 4-37 中的构造线重合，如图 4-38 所示。

7. 单击【特征】工具栏中的按钮，在打开的【阵列(圆周)1】属性管理器的【阵列轴】栏中选择旋转外表面，选中【等间距】单选项，角度自动变为“360.00 度”，在【实例数】栏中输入“6”，在【特征和面】栏中选中孔，如图 4-39 所示，最后单击✓按钮生成圆周阵列。

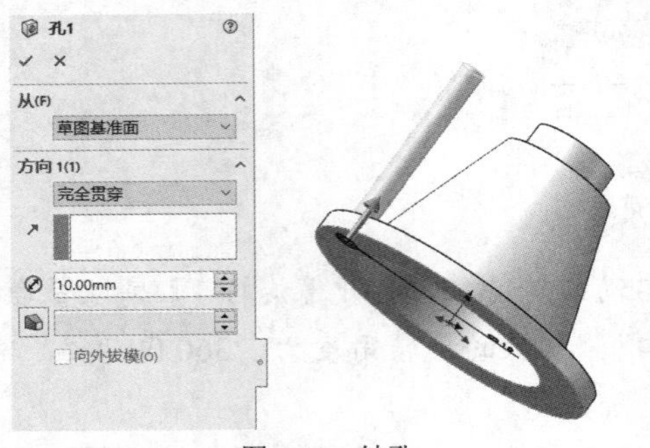

图 4-38　钻孔

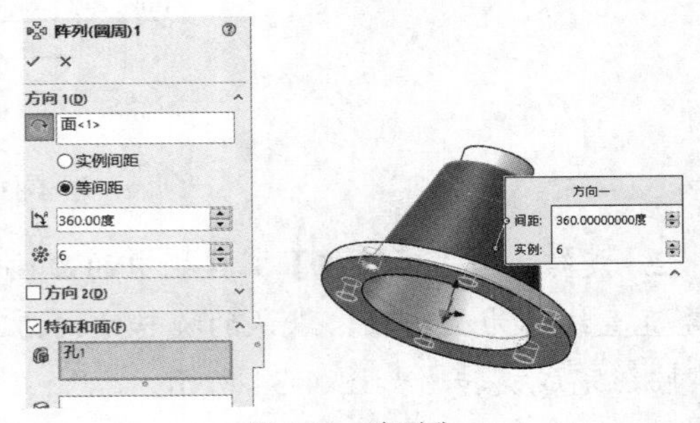

图 4-39　阵列孔

8. 在前视基准面上建立草图，如图 4-40 所示。

9. 建立基准面。建立与草图中直线垂直并过顶点的基准面，如图 4-41 所示。

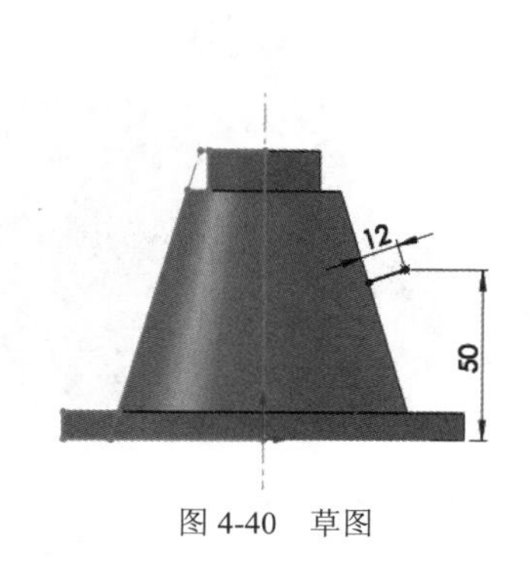

图 4-40　草图

图 4-41　基准面

10. 在此基准面上建立新草图，如图 4-42 所示。

要点提示

绘制草图时可使用镜像完成孔和圆弧。注意圆弧与直线要相切。
选中草图实体后，可按住 Ctrl 键的同时单击其他实体添加几何关系。

11. 选中图 4-43 右图所示的草图轮廓，对其进行拉伸，选择终止条件为【成形到一面】，拉伸到旋转零件外壁，单击✓按钮完成拉伸操作。

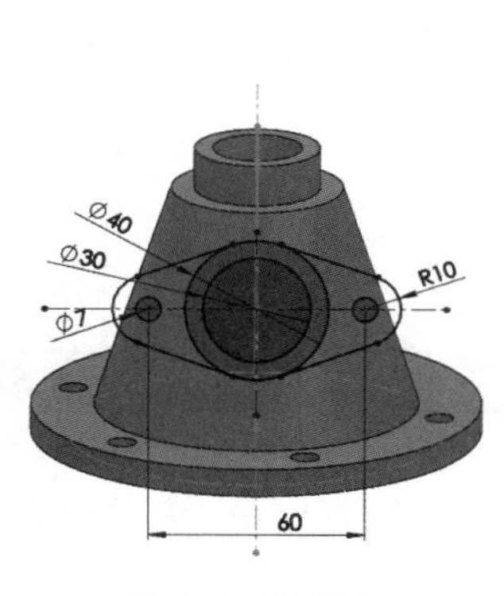

图 4-42　新草图

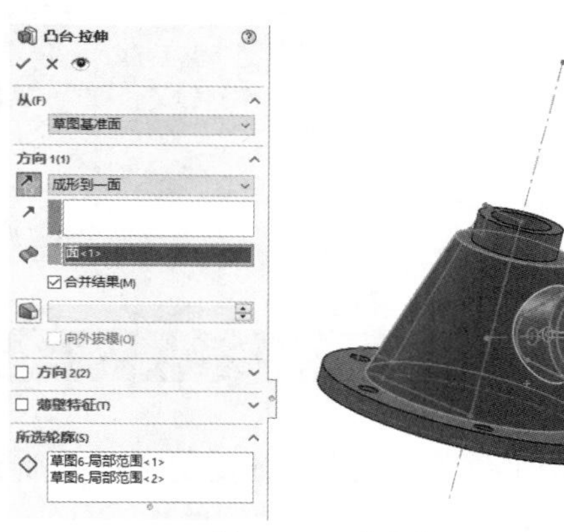

图 4-43　凸台拉伸

12. 切除拉伸孔。共用草图，选中图 4-44 所示的内圆，使用【拉伸切除】命令，在【方向 1】栏中设定终止条件为【成形到下一面】，选中旋转凸台抽壳后的内壁，单击✓按钮完成切除拉伸操作。

要点提示

草图共享的方式：启动命令后，从图形区域的设计树中找到相应草图，单击选择即可。

13. 拉伸凸台。拉伸图 4-45 所示的草图轮廓，设定终止条件为【给定深度】，设置厚度为“8.00mm”，单击✓按钮完成拉伸操作。

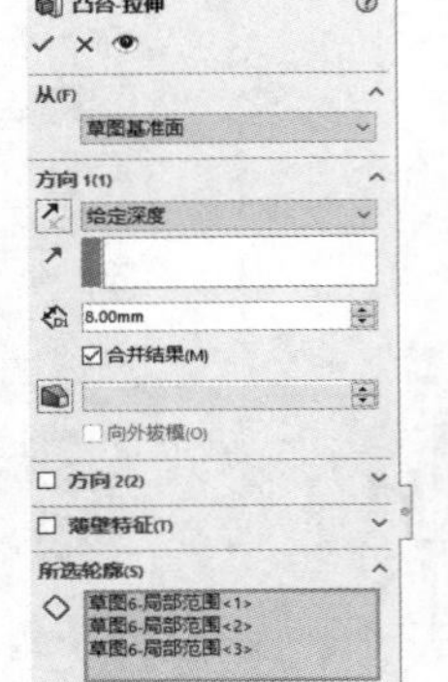

图 4-44　切除拉伸孔

图 4-45　拉伸凸台

14. 选中法兰内壁接口处，如图 4-46 所示，添加半径为“2.00mm”的圆角。

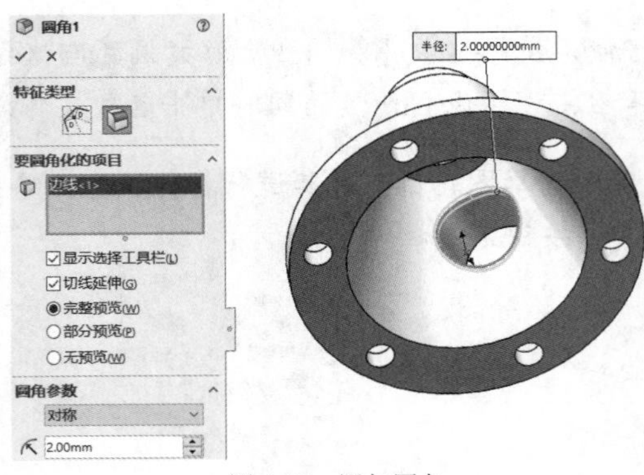

图 4-46　添加圆角

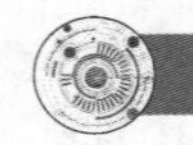 4.8　小结

本章讨论了放置特征和特征复制的基本命令和操作，在零件建模中属于标准成形特征。

【本章重点】

1. 常用的放置特征有圆角、倒角、抽壳及钻孔。
2. 常用的特征复制有镜像、线性阵列、圆周阵列。
3. 圆角、倒角、圆周阵列在机械零件中应用十分广泛，应重点练习。

【本章难点】

1. 圆角有多种生成方式，各选项对结果有不同影响。
2. 圆周阵列需注意选择阵列轴，线性阵列需注意阵列方向。
3. 草图命令和特征命令中都有镜像，请注意比较两者异同。

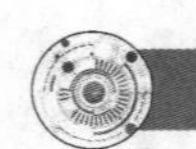 4.9　习题

1. 创建图 4-47 所示的弯管接头钻孔。

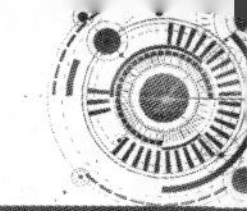

图 4-47 弯管接头钻孔

提示：打开素材文件“素材/第 4 章/弯管接头.sldprt”，如图 4-48 所示，完成以下操作。

（1）圆周阵列现有孔。

（2）为底座添加半径为 15mm 的圆角，钻直径为 18mm 和 11mm、深度为 6mm 的阶梯孔并阵列。

（3）侧面凸台添加 5mm 圆角和尺寸为 2mm 及 45° 的倒角。

图 4-48 素材文件

2．创建图 4-49 所示的轮毂零件。

提示：使用旋转、筋特征、圆周阵列。其外轮廓草图如图 4-50 所示。

图 4-49 轮毂

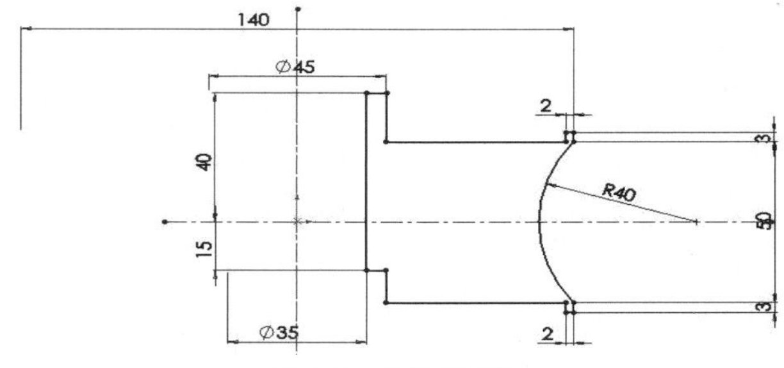

图 4-50 外轮廓草图

3．绘制图 4-51 所示的五爪机器人抓手中的爪腕零件。

图 4-51 爪腕零件

提示：本零件主要使用的命令有拉伸、拉伸切除、圆周阵列、倒角及圆角。尺寸为英制单位，拉伸凸台厚度为 0.5in、未注圆角为 0.1in，尺寸图如图 4-52 所示。

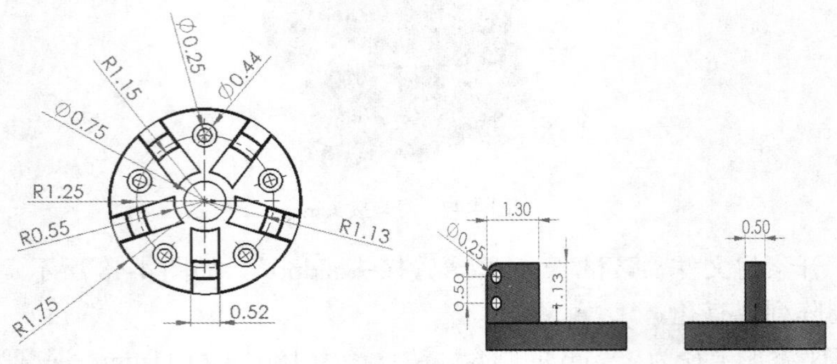

图 4-52　尺寸图

4．绘制图 4-53 所示的爪形夹具零件。

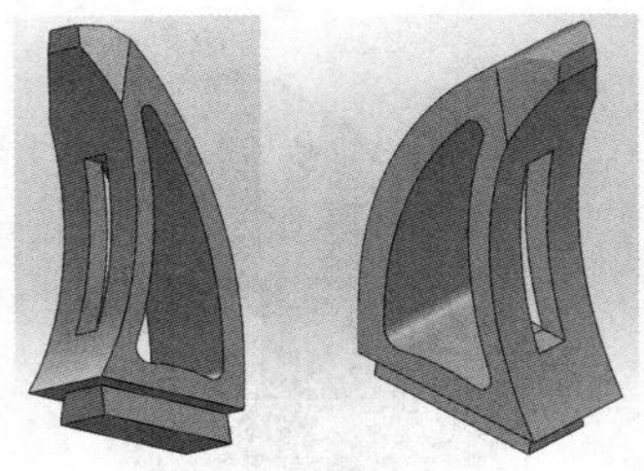

图 4-53　爪形夹具

提示：本零件主要使用的命令有草图绘制、拉伸、拉伸切除、倒角及圆角。本题尺寸为英制单位，尺寸图如图 4-54 所示。

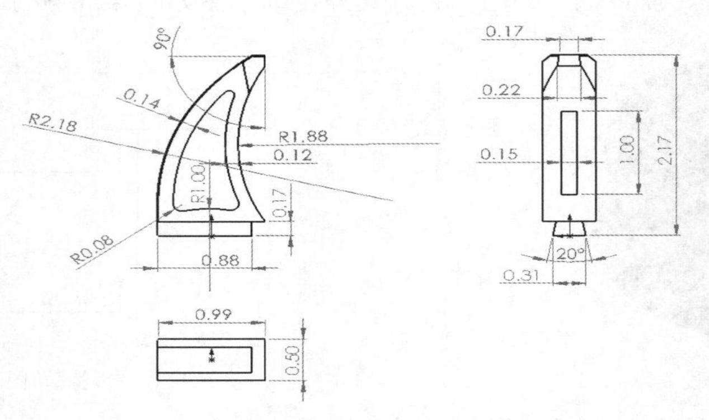

图 4-54　尺寸图

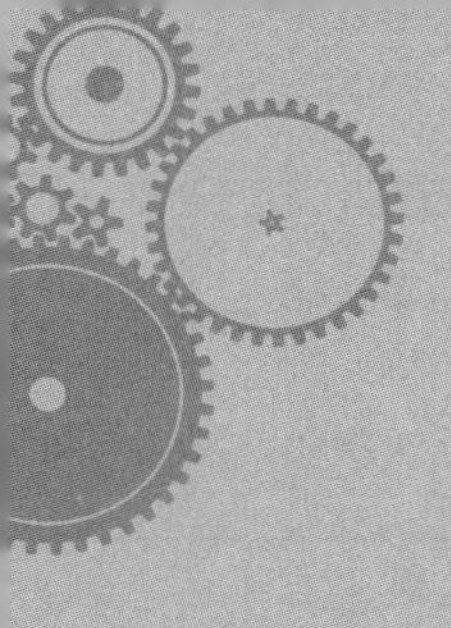

第5章 曲线和曲面造型

知识目标：认识曲线特征，可以基于多个对象创建组合曲线；
掌握曲面的生成方式，如何由曲面生成实体，理解曲面与实体的异同点。
能力目标：能够使用曲线与曲面建造复杂零件。
素质目标：曲线、曲面大量应用于工业设计、汽车行业、航天行业，加强对这些领域的理解。

随着现代制造业对外观、功能、实用设计等要求的提高，曲线与曲面造型越来越多地被应用于广大工业领域的产品设计中，本章将介绍曲线和曲面的基本功能。

5.1 曲线

曲线常用来生成实体模型特征。例如，可将曲线用作扫描特征的路径或引导曲线，或者用作放样特征的引导曲线，或者用作拔模特征的分割线等。本节通过绘制图5-1所示的蜗杆来介绍曲线的应用。

【曲线】命令的启动方式如下。

单击【特征】工具栏中的 ʊ 按钮，或者选择菜单命令【插入】/【曲线】。

可以使用图5-2所示的曲线生成方式生成多种类型的三维曲线。

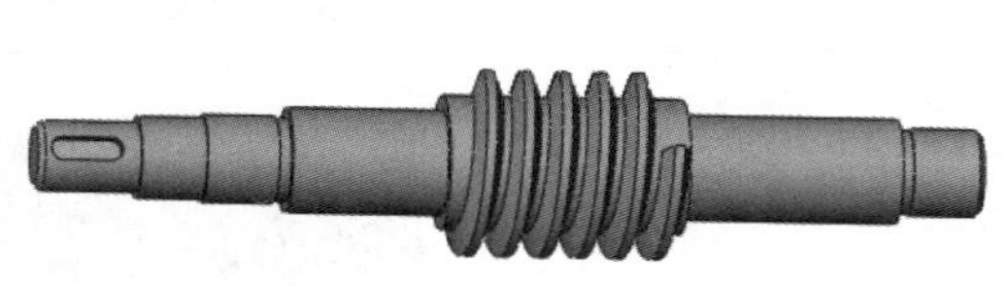

图5-1　蜗杆

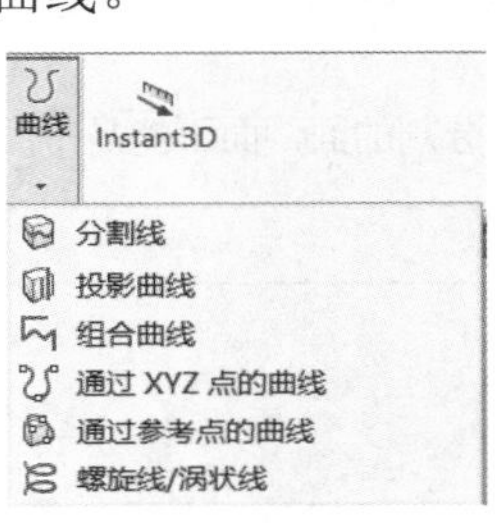

图5-2　曲线生成方式

5.1.1 投影曲线

【投影曲线】命令的启动方式如下。

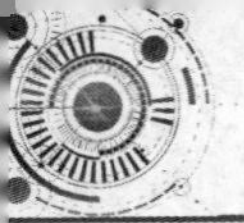

- 单击【曲线】工具栏中的按钮，或者选择菜单命令【插入】/【曲线】/【投影曲线】。

投影曲线可以由两种方式生成，即面上草图和草图上草图，如表 5-1 所示。

表 5-1　　投影曲线类型

投 影 类 型	属性管理器	预览及效果
面上草图 将一幅草图投影到模型中的面上形成的曲线，如果模型面是弯曲表面，则形成的投影曲线是三维曲线	投影曲线 选择(S) 投影类型: 面上草图(K) 草图上草图(E) 草图3 面<1> 反转投影(R)	
草图上草图 首先在两个相交的基准面上分别绘制草图，此时系统会将每一个草图向所在平面的垂直方向投影，得到一个曲面，最后这两个曲面在空间中相交而生成一条三维曲线	投影曲线 选择(S) 投影类型: 面上草图(K) 草图上草图(E) 草图5 草图4	

5.1.2 分割线

分割线工具将草图投影到曲面或平面。它可以将所选的面分割为多个分离的面，从而允许选取每一个面。

【分割线】命令的启动方式如下。

- 单击【曲线】工具栏中的按钮，或者选择菜单命令【插入】/【曲线】/【分割线】。

生成分割线有 3 种方式，即通过轮廓、投影、交叉点，如表 5-2 所示。本章主要介绍常用的前两种方式。

表 5-2　　分割线类型

分 割 类 型	属性管理器	预览及效果
轮廓分割 1．取一基准面为拔模方向； 2．投影穿过模型的侧影轮廓线（外边线）； 3．选取要分割的面，面不能是平面	分割线 分割类型(T) 轮廓(S) 投影(P) 交叉点(I) 选择(E) 前视基准面 面<1> 反向(R) 0.00度	前视基准面
投影分割 将草图投影到曲面上，可形成以投影曲线创建的分割线特征	分割类型(T) 轮廓(S) 投影(P) 交叉点(I) 选择(E) 草图7 面<1> 要分割的面(面<1>) 单向(D) 反向(R)	

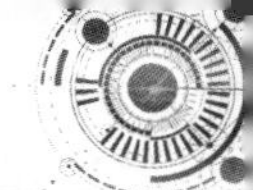

续表

分 割 类 型	属性管理器	预览及效果
交叉点分割 以交叉实体、曲面、面、基准面或曲面样条曲线分割面		

5.1.3 螺旋线和涡状线

绘制螺旋线和涡状线都需要事先选定一个基圆作为基体。

【螺旋线/涡状线】命令的启动方法如下。

- 单击【曲线】工具栏中的按钮，或者选择菜单命令【插入】/【曲线】/【螺旋线/涡状线】。

螺旋线有多种定义方式，通过不同的定义方式可以得到相同的结果。要得到高为 50mm、螺距为 10mm、圈数为 5 的螺旋线有以下几种定义方式，如表 5-3 所示。

表 5-3　　螺旋线定义方式

螺距和圈数	高度和圈数	高度和螺距	螺旋线效果

（1）【螺距和圈数】，设置恒定螺距为“10.00mm”，圈数为“5”。

（2）【高度和圈数】，设置高度为“50.00mm”，圈数为“5”。

（3）【高度和螺距】，设置恒定螺距为“10.00mm”，高度为“50.00mm”。

涡状线通过螺距和圈数来设定，如图 5-3 所示。

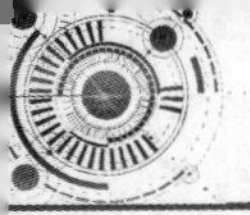

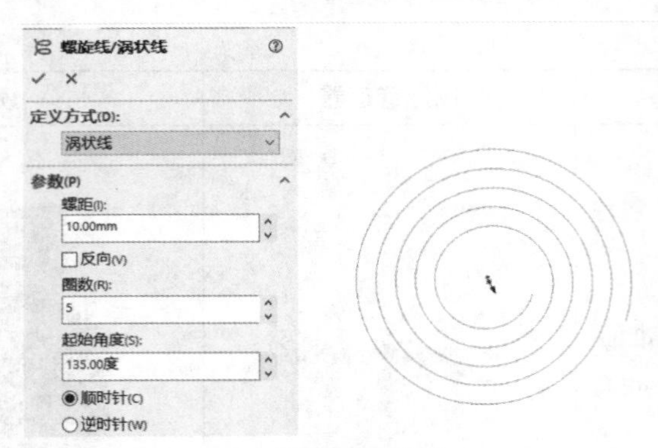

图 5-3　涡状线

5.1.4　其他曲线生成方式

相对而言，组合曲线，通过参考点的曲线，通过 *x*、*y*、*z* 点的曲线较为简单，生成方式如表 5-4 所示。

表 5-4　其他曲线生成方式

曲线类型	启动方式	属性管理器及预览
组合曲线 可以通过将曲线、草图几何和模型边线组合为一条单一曲线来生成组合曲线	单击【曲线】工具栏中的按钮，或者选择菜单命令【插入】/【曲线】/【组合曲线】	组合曲线 要连接的实体(E) 边线<3> 边线<4> 边线<5>
通过参考点的曲线 按照要生成曲线的次序来选择草图点或顶点，或者选择两者	单击【曲线】工具栏中的按钮，或者选择菜单命令【插入】/【曲线】/【通过参考点的曲线】	通过参考点的曲线 通过点(P) 顶点<1> 顶点<2> 顶点<3> 闭环曲线(O)
通过 *x*、*y*、*z* 点的曲线 通过双击 *x*、*y* 和 *z* 坐标列中的单元格并在每个单元格中输入一个点坐标，生成一套新的坐标	单击【曲线】工具栏中的按钮，或者选择菜单命令【插入】/【曲线】/【通过 XYZ 点的曲线】	曲线文件 浏览...　保存　另存为　插入　确定　取消 点 / X / Y / Z： 1　0.00mm　0.00mm　0.0 2　3.00mm　4.00mm　5.0 3　4.00mm　4.00mm　3.0 4　7.00mm　5.00mm　2.0

5.1.5　工程实例——蜗杆

蜗杆的绘图步骤如下。

1. 绘制草图，将竖直中心线选为旋转轴，旋转方向为“单一方向”，旋转角度为“360.00 度”，类型设为“单向”，旋转基体，如图 5-4 所示，然后单击✓按钮完成旋转操作。

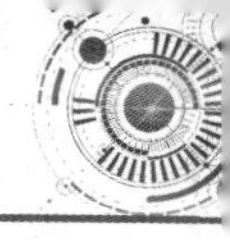

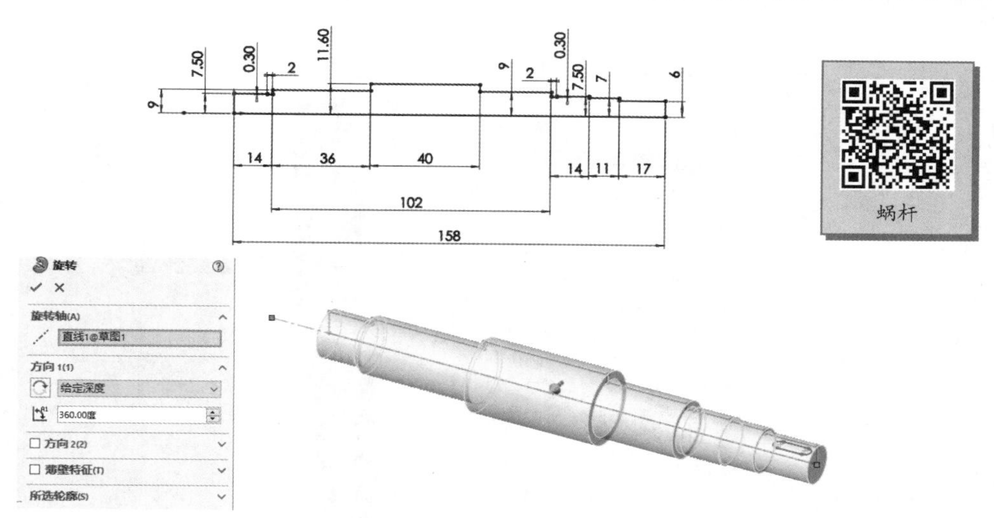

图 5-4　旋转基体效果

2. 在旋转之后的基体上凸台平面上建立草图，绘制与上凸台半径相等的圆，以此圆为基准建立螺旋线，如图 5-5 所示。

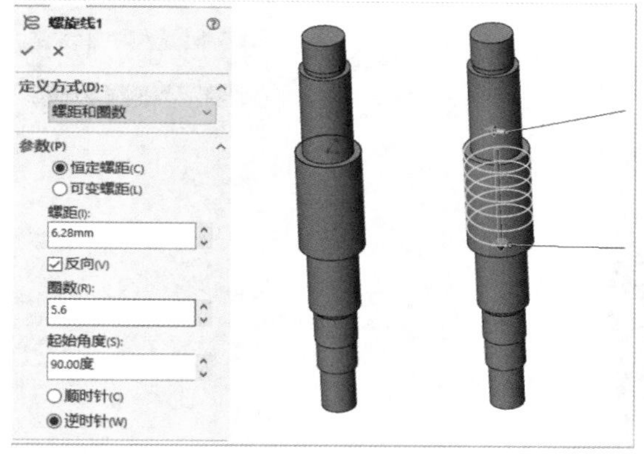

图 5-5　螺旋线效果

3. 在前视基准面上建立新草图，如图 5-6 所示。

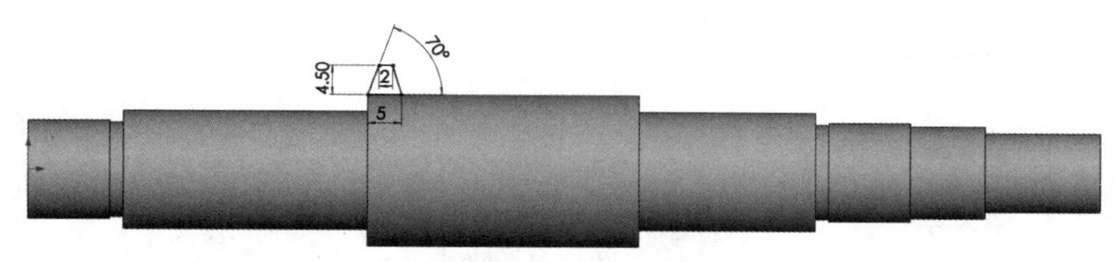

图 5-6　轮廓草图

4. 扫描螺纹线。以步骤 3 中建立的草图为轮廓，以螺旋线为扫描路径扫描螺纹线，如图 5-7 所示。

5. 在蜗杆顶端和末端添加角度为“45.00 度”、距离为“1.00mm”的倒角，如图 5-8 所示。

6. 拉伸切除键槽。首先建立图 5-9 所示的基准面，然后在基准面上绘制草图，并进行拉伸切除，如图 5-10 所示，单击 ✓ 按钮完成蜗杆造型。

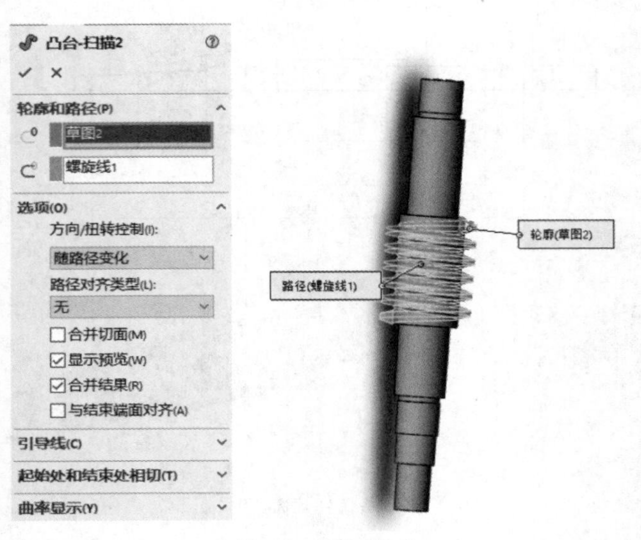

图 5-7　扫描螺纹线

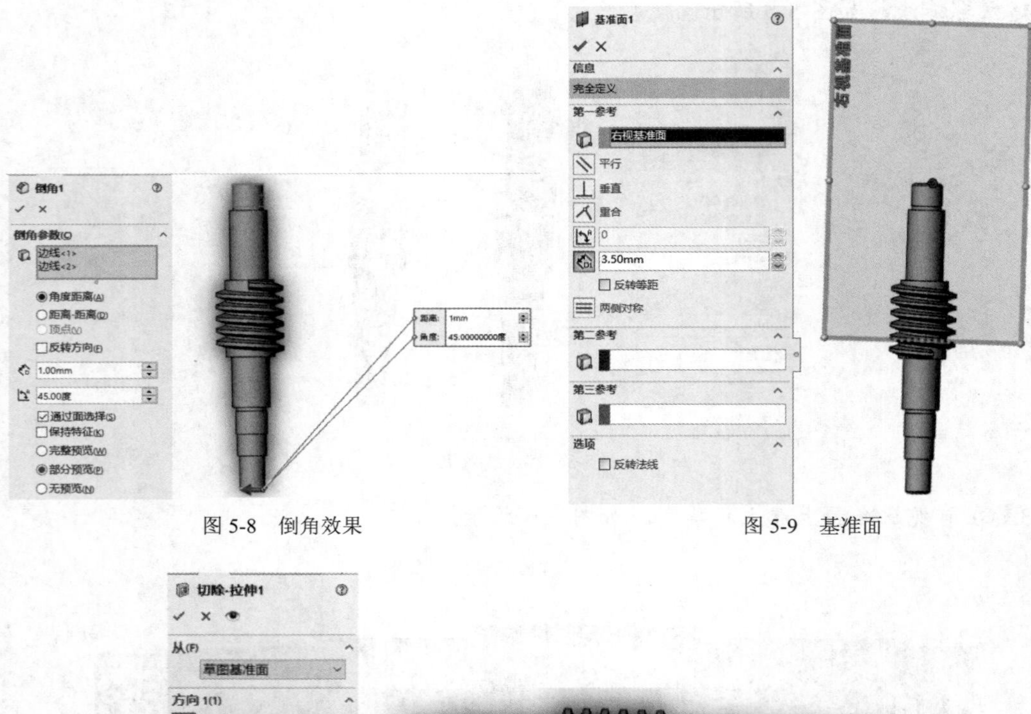

图 5-8　倒角效果

图 5-9　基准面

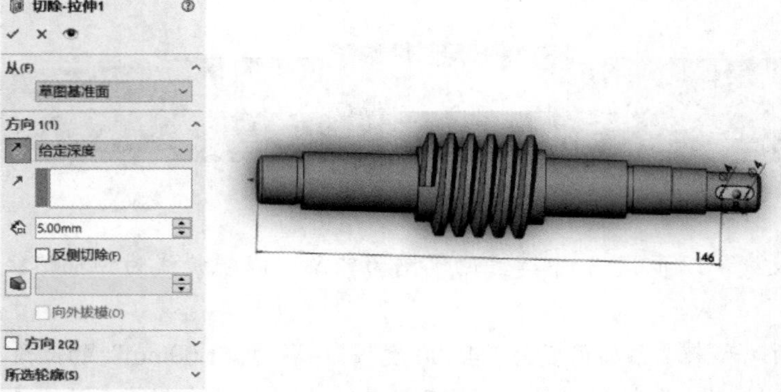

图 5-10　键槽效果

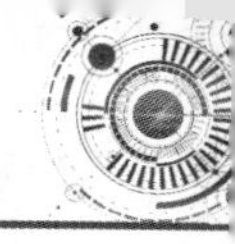

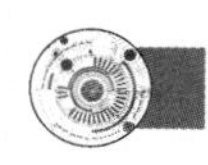

5.2　曲面造型

在许多情况下，需要使用曲面建造型。一种情况是输入其他 CAD 系统的数据，生成了曲面模型，而不是实体模型；另一种情况是建立的形状需要利用自有曲面并缝合到一起，最终生成实体。

本节将通过绘制图 5-11 所示的瓶子来介绍曲面造型的应用。

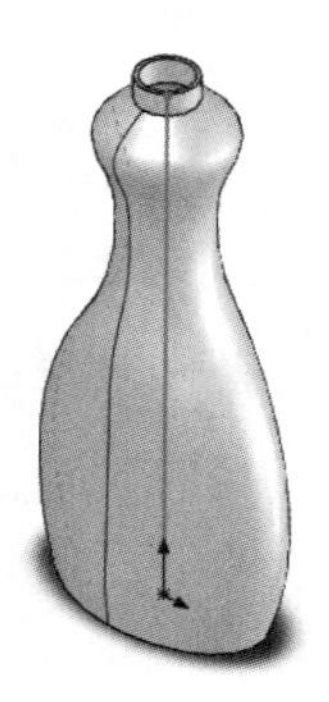

图 5-11　瓶子

5.2.1　曲面的生成方式

曲面是一种可用来生成实体特征的几何体，可以使用以下方法生成。

（1）从草图或从位于基准面上的一组闭环边线插入一个平面。

（2）从草图拉伸、旋转、扫描、放样或边界。

（3）从现有面或曲面等距。

（4）输入文件。

（5）生成中面。

（6）延展曲面。

（7）生成边界曲面。

常用的曲面生成方式如表 5-5 所示，可以看到其中有很多选项跟实体特征类似。

表 5-5　常用曲面生成方式

生 成 方 式	属性设置及生成曲面
拉伸曲面 单击【曲面】工具栏中的按钮，或者选择菜单命令【插入】/【曲面】/【拉伸曲面】	曲面-拉伸 从(F) 草图基准面 方向 1(1) 给定深度 40.00mm 向外拔模(O) 封底 方向 2(2) 所选轮廓(S)

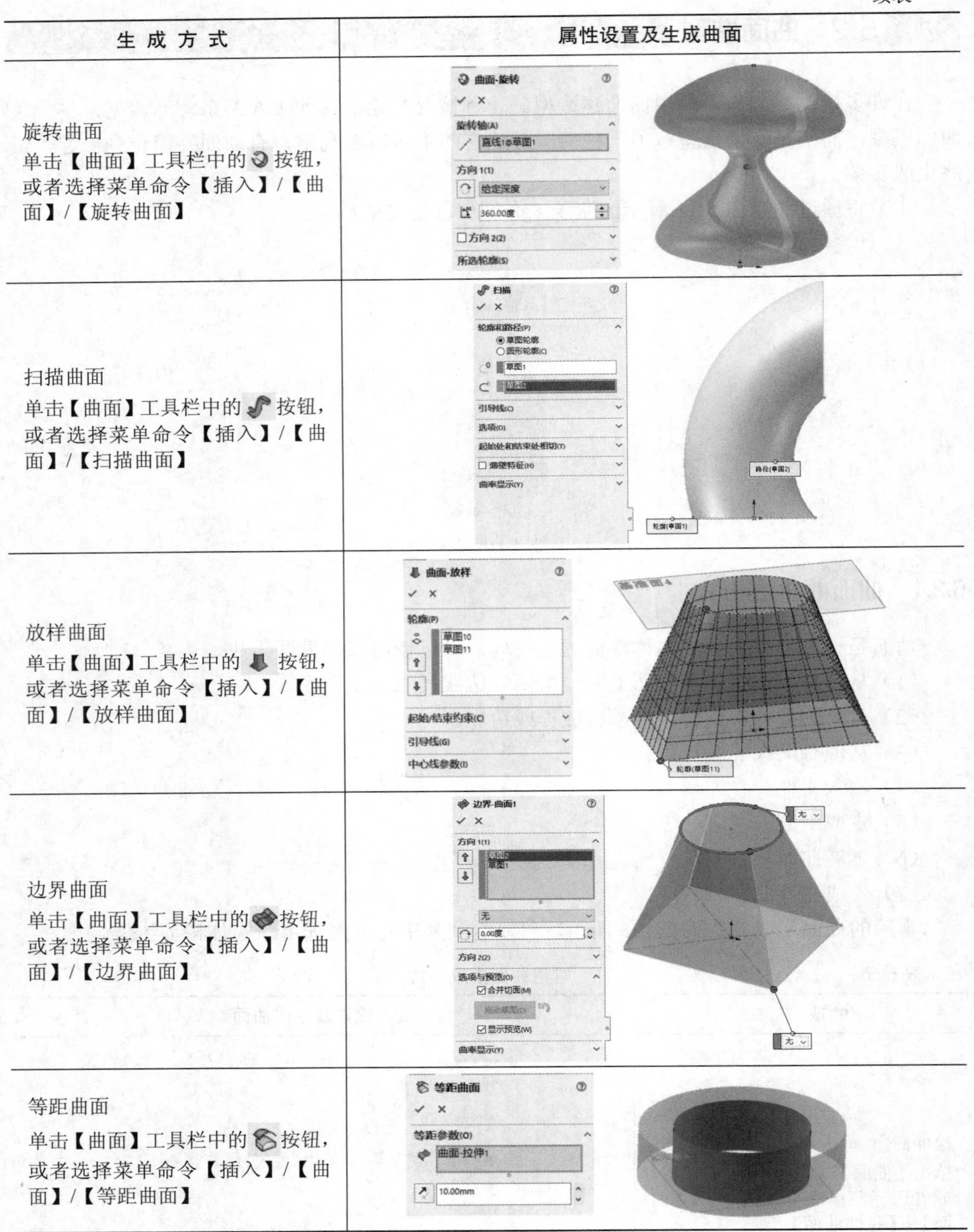

续表

生 成 方 式	属性设置及生成曲面
旋转曲面 单击【曲面】工具栏中的 按钮，或者选择菜单命令【插入】/【曲面】/【旋转曲面】	
扫描曲面 单击【曲面】工具栏中的 按钮，或者选择菜单命令【插入】/【曲面】/【扫描曲面】	
放样曲面 单击【曲面】工具栏中的 按钮，或者选择菜单命令【插入】/【曲面】/【放样曲面】	
边界曲面 单击【曲面】工具栏中的 按钮，或者选择菜单命令【插入】/【曲面】/【边界曲面】	
等距曲面 单击【曲面】工具栏中的 按钮，或者选择菜单命令【插入】/【曲面】/【等距曲面】	

5.2.2　曲面编辑

曲面编辑是对已有的曲面进行编辑和修改，从而达到创建复杂曲面的目的。常用的曲面编辑功能有缝合曲面、延伸曲面、曲面圆角、剪裁曲面、移动/复制曲面、删除面等。

曲面命令、启动方式与属性设置如表 5-6 所示。

表 5-6　曲面编辑命令

曲面命令	启动方式	属性设置
缝合曲面 将两个或多个面和曲面组合成一个面	单击【曲面】工具栏中的按钮，或者选择菜单命令【插入】/【曲面】/【缝合曲面】	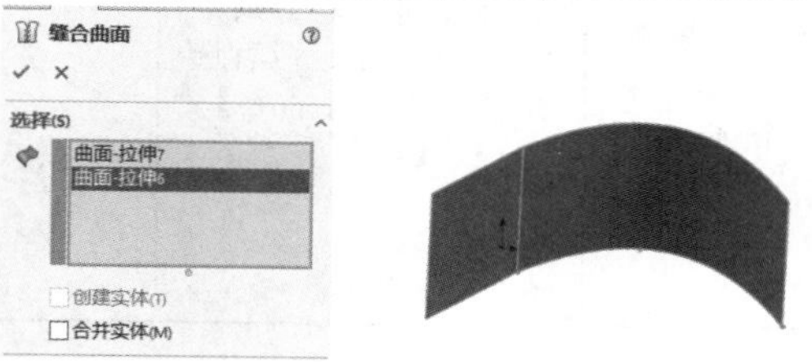 缝合曲面 选择(S) 曲面-拉伸7 曲面-拉伸6 创建实体(T) 合并实体(M)
注意：缝合曲面时曲面的边线必须相邻并且不重叠； 曲面不必处于同一基准面上； 选择整个曲面实体或选择一个或多个相邻曲面实体		
延伸曲面 可以通过选择一条边线、多条边线或一个面来延伸曲面	单击【曲面】工具栏中的按钮，或者选择菜单命令【插入】/【曲面】/【延伸曲面】	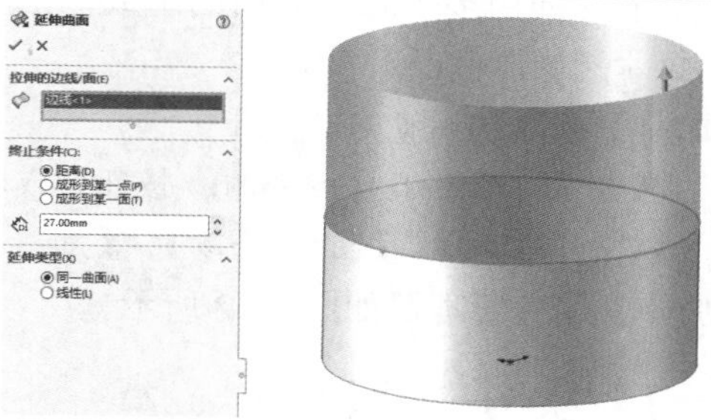 延伸曲面 拉伸的边线/面(E) 边线<1> 终止条件(C): 距离(D) 成形到某一点(P) 成形到某一面(T) 27.00mm 延伸类型(X) 同一曲面(A) 线性(L)
曲面圆角 对于曲面实体中以一定角度相交的两个相邻面，可使用圆角以使其之间的边线平滑	单击【曲面】工具栏中的按钮，或者选择菜单命令【插入】/【曲面】/【圆角】	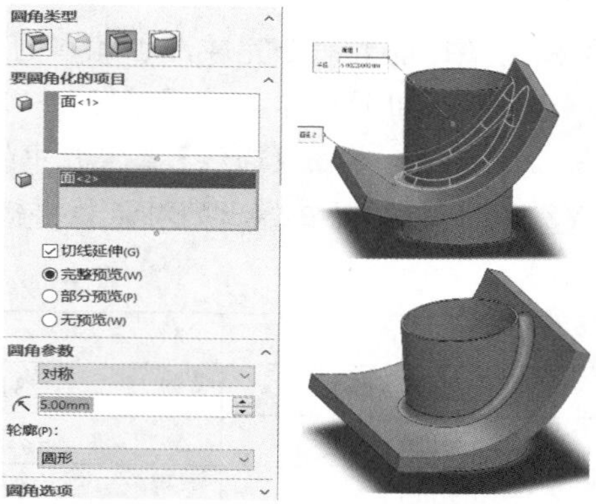 圆角类型 要圆角化的项目 面<1> 面<2> 切线延伸(G) 完整预览(W) 部分预览(P) 无预览(W) 圆角参数 对称 5.00mm 轮廓(P): 圆形 圆角选项
剪裁曲面 可以使用曲面、基准面或草图作为剪裁工具来剪裁相交曲面，也可以将曲面和其他曲面联合使用作为相互的剪裁工具	单击【曲面】工具栏中的按钮，或者选择菜单命令【插入】/【曲面】/【剪裁曲面】	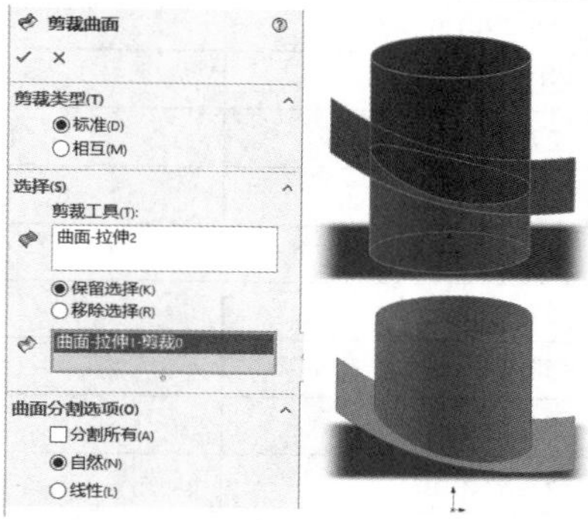 剪裁曲面 剪裁类型(T) 标准(D) 相互(M) 选择(S) 剪裁工具(T): 曲面-拉伸2 保留选择(K) 移除选择(R) 曲面-拉伸1-剪裁0 曲面分割选项(O) 分割所有(A) 自然(N) 线性(L)

续表

曲面命令	启动方式	属性设置
删除面 从曲面实体删除面，或者从实体中删除一个或多个面来生成曲面	单击【曲面】工具栏中的按钮，或者选择菜单命令【插入】/【面】/【删除】	

5.2.3 曲面加厚

通过加厚一个或多个相邻曲面来生成实体特征。如果要加厚的曲面由多个相邻的曲面组成，则用户必须先缝合曲面才能加厚曲面。

【加厚】命令的启动方式如下。

- 单击【特征】工具栏中的按钮，或者选择菜单命令【插入】/【凸台/基体】/【加厚】。

【加厚】属性管理器如图 5-12 所示。

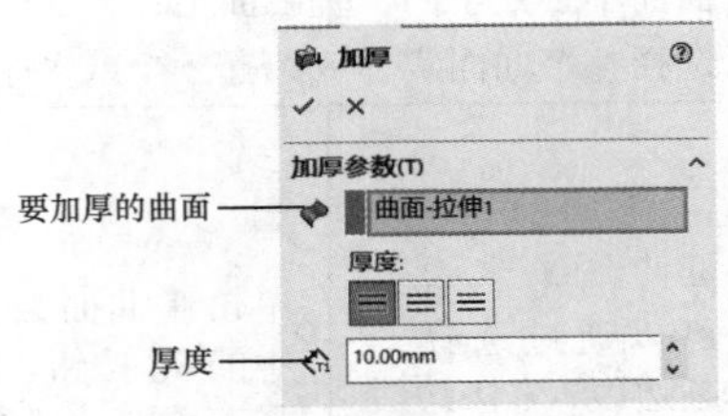

图 5-12 【加厚】属性管理器

5.2.4 工程实例——瓶子

瓶子使用【扫描】命令完成，因此本例重点在于建立轮廓草图、路径和引导线。绘图步骤如下。

1. 建立引导线。单击【曲线】工具栏中的按钮，或者选择菜单命令【插入】/【曲线】/【通过 XYZ 点的曲线】，在弹出的对话框中输入 x、y、z 的坐标，如表 5-7 所示。

表 5-7 x、y、z 的坐标

x	y	z
−12.7mm	231.78mm	0mm
−27.69mm	215.9mm	0mm
−21.84mm	196.85mm	0mm
−18.29mm	177.8mm	0mm
−20.57mm	152.4mm	0mm
−27.18mm	133.35mm	0mm
−38.99mm	114.3mm	0mm
−49.02mm	95.25mm	0mm
−54.99mm	76.2mm	0mm
−57.53mm	57.15mm	0mm
−57.15mm	38.1mm	0mm
−53.85mm	19.05mm	0mm
−47.62mm	0mm	0mm

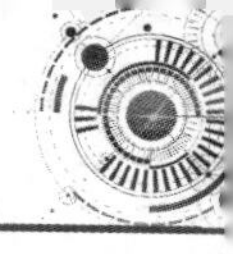

或者在弹出的【曲线文件】对话框中单击 浏览... 按钮，直接打开素材文件 “素材\第 5 章\Bottle from Front.txt”，导入编辑好的点，如图 5-13 所示。

曲线文件

F:\solidworks\第四讲\Bottle from Front.sldcrv

点	X	Y	Z
1	-12.7mm	231.78mm	0mm
2	-27.69mm	215.9mm	0mm
3	-21.84mm	196.85mm	0mm
4	-18.29mm	177.8mm	0mm
5	-20.57mm	152.4mm	0mm
6	-27.18mm	133.35mm	0mm
7	-38.99mm	114.3mm	0mm
8	-49.02mm	95.25mm	0mm
9	-54.99mm	76.2mm	0mm
10	-57.53mm	57.15mm	0mm

浏览... 保存 另存为 插入 确定 取消

图 5-13　导入曲线文件

同样，导入曲线文件 “Bottle from Side.txt”，生成的引导线如图 5-14 所示。

2. 建立路径草图。在前视基准面中建立新草图，过原点绘制竖直线段，如图 5-15 所示。

3. 建立轮廓草图。在上视基准面中绘制椭圆草图，让引导线与轮廓草图建立穿透关系，结果如图 5-16 所示。

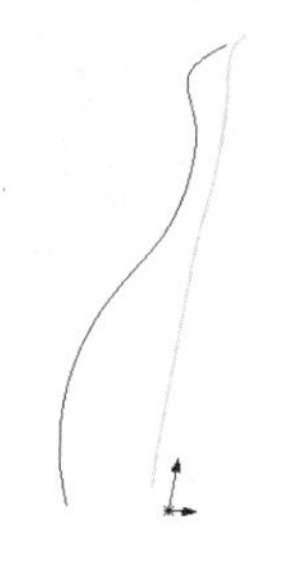

图 5-14　引导线

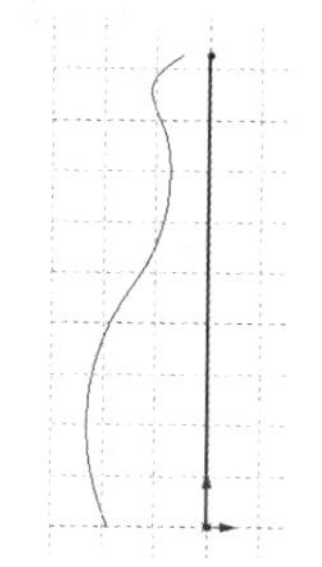

图 5-15　路径草图

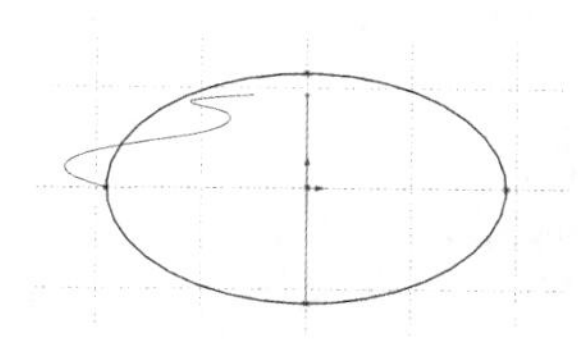

图 5-16　轮廓草图

4. 扫描曲面。单击【曲面】工具栏中的按钮，或者选择菜单命令【插入】/【曲面】/【扫描曲面】，选择 “草图 1” 作为路径，“草图 2” 作为轮廓，两条曲线作为引导线，如图 5-17 所示。

5. 建立底面。单击【曲面】工具栏中的按钮，或者选择菜单命令【插入】/【曲面】/【平面区域】，使用边线来建立底面，如图 5-18 所示。

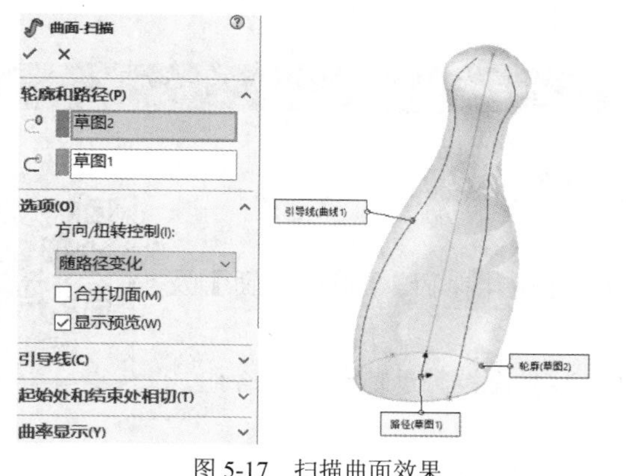

图 5-17　扫描曲面效果

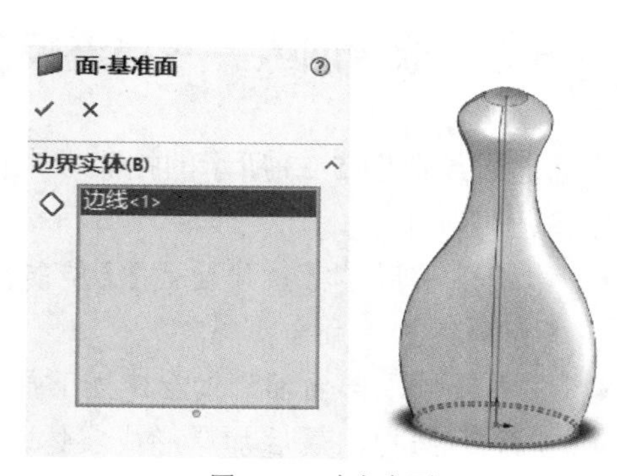

图 5-18　建立底面

6. 建立基准面，如图 5-19 所示。

7. 拉伸瓶口。将瓶口边线使用【转换实体引用】命令转换为新草图。单击【曲面】工具栏中的按钮，或者选择菜单命令【插入】/【曲面】/【拉伸曲面】，拉伸瓶口，效果如图 5-20 所示。

8. 缝合曲面。单击【曲面】工具栏中的按钮，或者选择菜单命令【插入】/【曲面】/【缝合曲面】，将所有曲面实体选中，合成一个曲面，如图 5-21 所示。

9. 加厚。单击【特征】工具栏中的按钮，或者选择菜单命令【插入】/【凸台/基体】/【加厚】，将曲面实体转换为实体，最后单击✓按钮，完成瓶子造型，如图 5-22 所示。

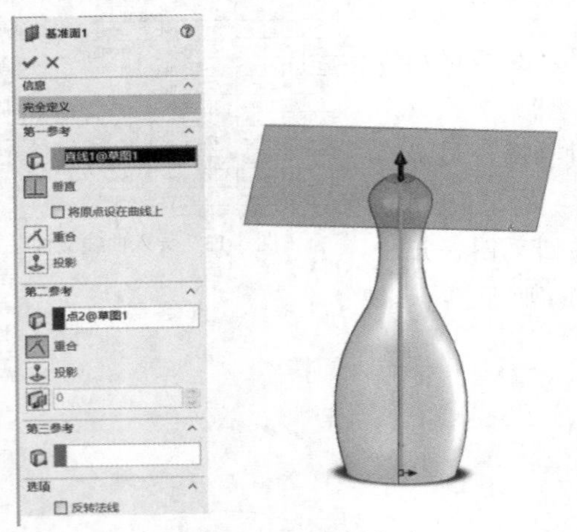

图 5-19　建立基准面

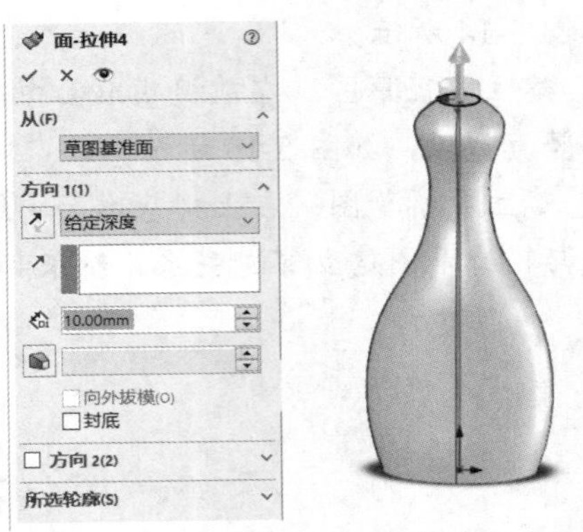

图 5-20　瓶口拉伸效果

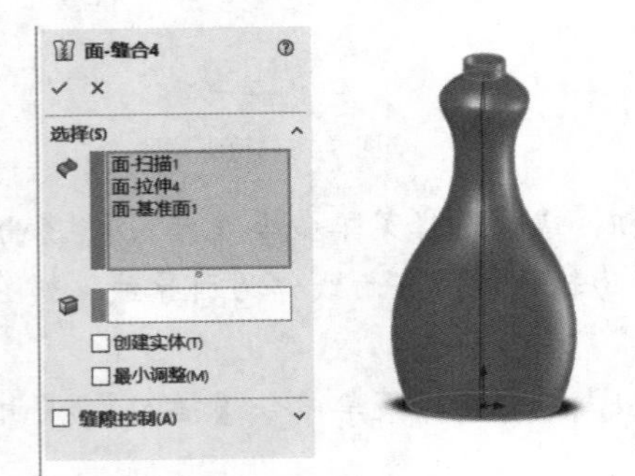

图 5-21　曲面缝合效果

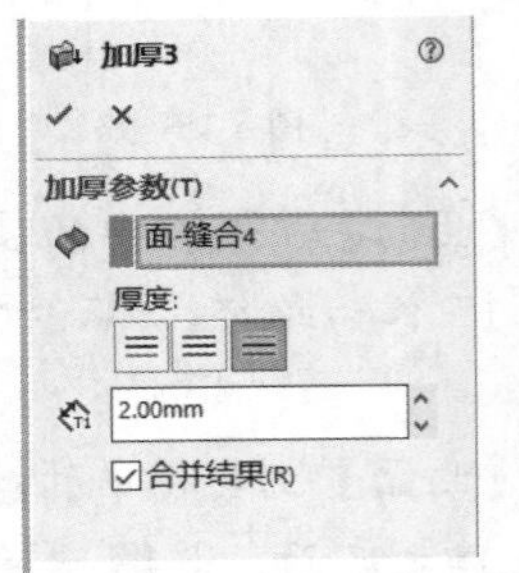

图 5-22　加厚效果

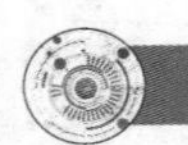

5.3　综合训练——挡流板

下面通过绘制图 5-23 所示的挡流板来巩固所学内容。

绘图思路如下。

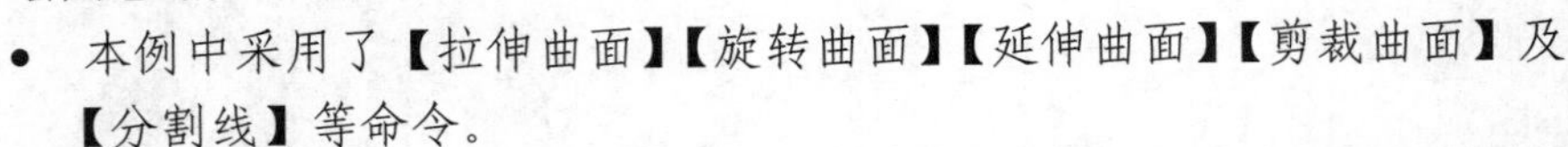

- 本例中采用了【拉伸曲面】【旋转曲面】【延伸曲面】【剪裁曲面】及【分割线】等命令。
- 首先绘制上部曲面，然后建立下部圆柱形曲面，通过剪裁和缝合组成完整的结构，最后加厚形成实体。
- 绘图过程中注意利用原点。

思考

挡流板是否可以用实体命令建模，有什么异同？

操作步骤如下。

1. 拉伸曲面。单击【曲面】工具栏中的按钮，或者选择菜单命令【插入】/【曲面】/【拉伸曲面】，在【曲面-拉伸】属性管理器中进行相应的设置，然后单击✓按钮。曲面拉伸效

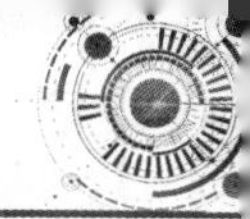

果如图 5-24 所示。

图 5-23　挡流板

图 5-24　曲面拉伸效果

要点提示　后面有步骤剪裁曲面，因此图 5-24 中线段长度尺寸是不重要的。注意标注角度、弧长及与原点的对应关系。

2．在上视基准面中绘制草图，如图 5-25 所示。

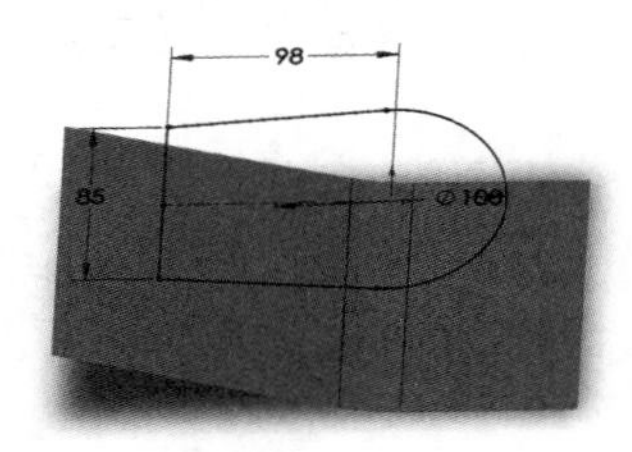

图 5-25　草图

3．分割线。单击【曲线】工具栏中的按钮，或者选择菜单命令【插入】/【曲线】/【分割线】，打开【分割线】属性管理器，以投影方式生成分割线，如图 5-26 所示，单击✓按钮完成分割线绘制。

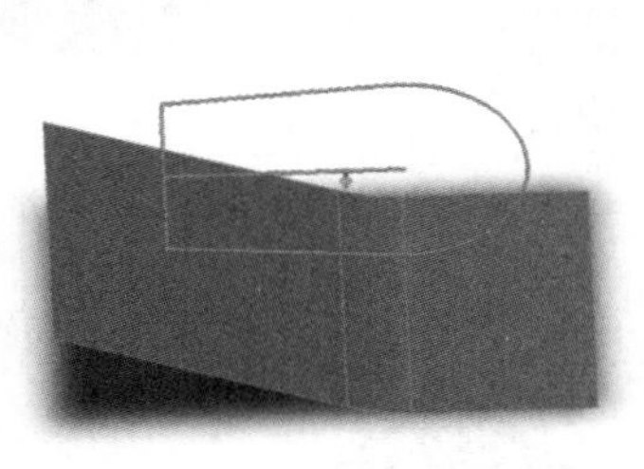

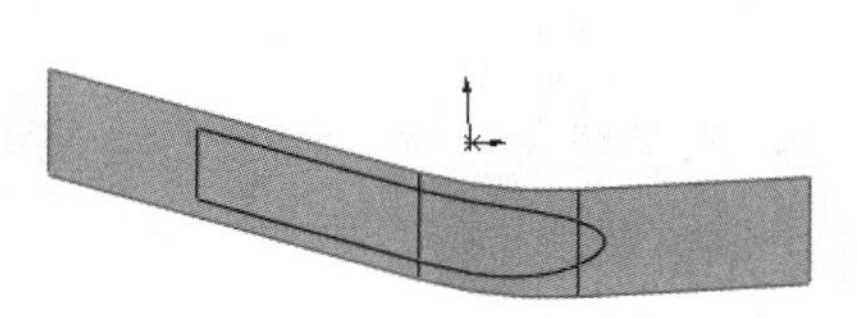

图 5-26　分割线绘制效果

4．删除面。单击【曲面】工具栏中的按钮，或者选择菜单命令【插入】/【面】/【删除面】，在弹出的【删除面】属性管理器中选择要删除的曲面，在【选项】栏中选中【删除】单选项，然后单击✓按钮，结果如图 5-27 所示。

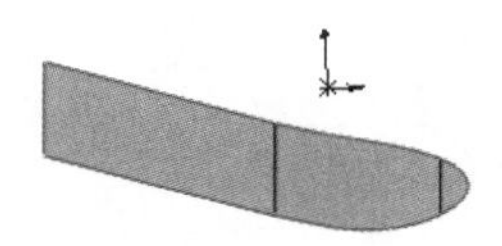

图 5-27　删除面

5．旋转曲面。在前视基准面中建立草图，单击【曲面】工具栏中的按钮，或者选择菜单命令【插入】/【曲面】/【旋转曲面】，在弹出的【曲面-旋转】属性管理器中设置旋转参数，如图 5-28 所示，单击✓按钮完成曲面旋转操作。

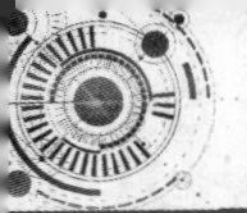

6. 延伸曲面。单击【曲面】工具栏中的按钮，或者选择菜单命令【插入】/【曲面】/【延伸曲面】，在弹出的【延伸曲面】属性管理器中设置参数，如图 5-29 所示，单击✓按钮完成曲面延伸操作。

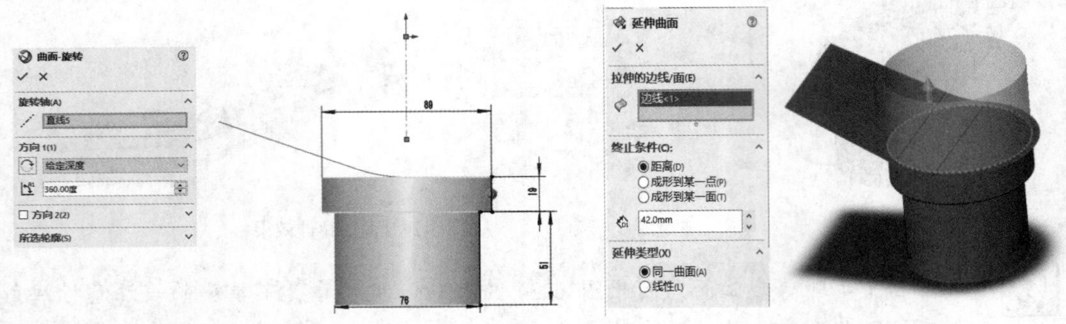

图 5-28 旋转曲面效果　　　　图 5-29 延伸曲面效果

7. 剪裁曲面。单击【曲面】工具栏中的按钮，或者选择菜单命令【插入】/【曲面】/【剪裁曲面】，在弹出的【剪裁曲面】属性管理器中设置参数，将上部多余部分裁掉，如图 5-30 所示。

8. 建立基准面，如图 5-31 所示。

图 5-30 剪裁曲面效果　　　　图 5-31 基准面

9. 建立组合曲线，如图 5-32 所示。

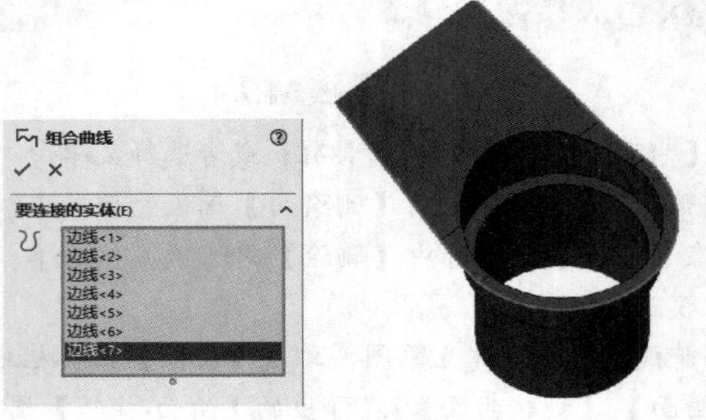

图 5-32 组合曲线

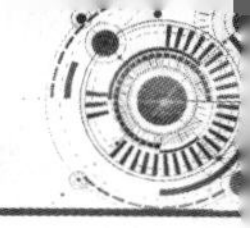

10. 扫描曲面。单击【曲面】工具栏中的 按钮，或者选择菜单命令【插入】/【曲面】/【扫描曲面】，在基准面 1 上绘制尺寸为 11mm 的直线作为轮廓草图，组合曲线作为路径草图，扫描曲面如图 5-33 所示。

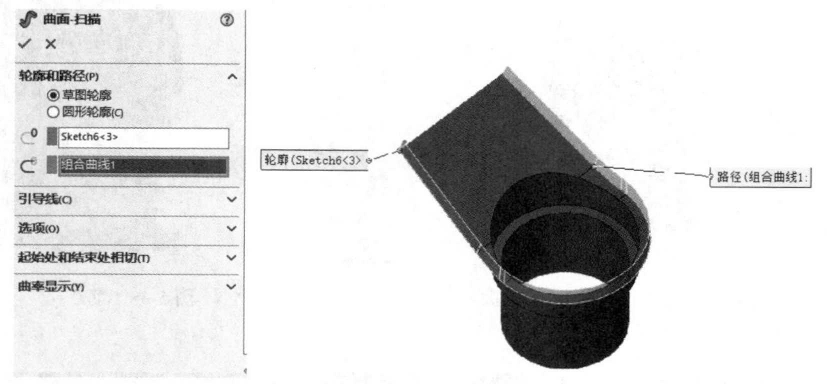

图 5-33　扫描曲面

11. 缝合各曲面。单击【曲面】工具栏中的 按钮，或者选择菜单命令【插入】/【曲面】/【缝合曲面】，将所有曲面实体选中，缝合成一个曲面，如图 5-34 所示。

要点提示

缝合使多个曲面实体组合成一个曲面实体。

12. 给曲面倒圆角，如图 5-35 所示。

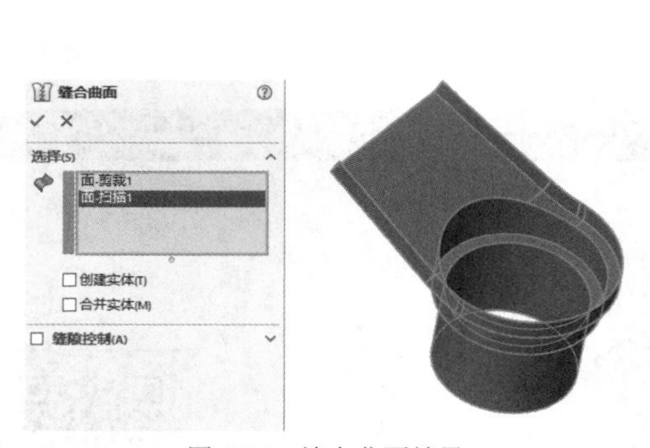

图 5-34　缝合曲面效果

图 5-35　曲面圆角效果

13. 加厚。单击【特征】工具栏中的 按钮，或者选择菜单命令【插入】/【凸台/基体】/【加厚】，如图 5-36 所示，将曲面实体转换为实体，单击 ✓ 按钮完成加厚操作。

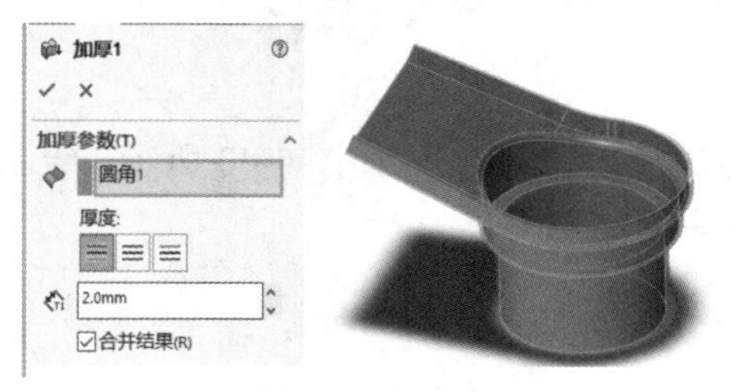

图 5-36　加厚效果

14. 拉伸筋，完成挡流板零件绘制，如图 5-37 和图 5-38 所示。

图 5-37　筋 1

图 5-38　筋 2

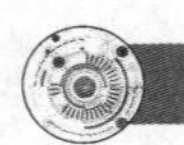

5.4　小结

本章介绍了曲线与曲面的应用。

【本章重点】

1．投影曲线、分割线的创建。螺旋线与涡状线在零件建模中的应用。

2．曲面的生成方式有拉伸、旋转、扫描、放样、边界及等距等。

3．曲面编辑的修改方式有缝合、延伸、剪裁、移动、复制、删除及圆角等。

【本章难点】

1．曲面的缝合与加厚。若曲面之间有缝隙则无法完成缝合。

2．理解曲面特征与实体特征的区别。

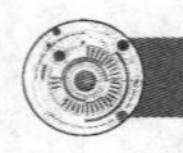

5.5　习题

1．创建图 5-39 所示的风扇。

图 5-39　风扇

提示：利用旋转生成中心凸台，凸台尺寸如图 5-40 所示，绘制螺旋线放样曲面，然后加厚完成扇片，最后添加圆角并阵列。

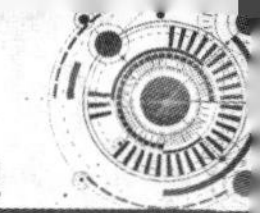

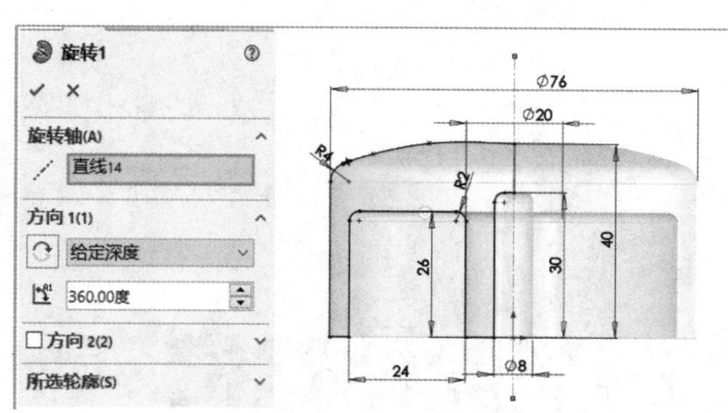

图 5-40　凸台尺寸

2．创建图 5-41 所示的锥状弹簧。

提示：建立锥状螺旋线，定义方式选择“螺距和圈数”，设置螺距为 10mm、圈数为 10。绘制小圆作为轮廓草图、锥状螺旋线作为路径草图，然后扫描。

图 5-41　锥状弹簧

第 6 章

自底向上的装配体建模

知识目标：了解自底向上零件装配的基本过程，能够新建装配体，使用各种技术在装配体中插入零部件，在零部件之间添加配合关系；
掌握智能配合的基本方法；
能够对装配体进行剖切和生成爆炸视图，展示装配结构；
学会装配体的干涉与碰撞检查。

能力目标：能够使用零件建模和零件装配完成产品设计。

素质目标：通过不同的装配形式，加深对流程制造业和零散制造业的认识。

本章主要介绍 SOLIDWORKS 装配设计的基本过程和各种装配配合。

装配体是由若干零部件组合而成的。在 SOLIDWORKS 系统中，零部件可以是单个的零件，也可以是由两个或两个以上的零件组成的子装配体，如图 6-1 所示。

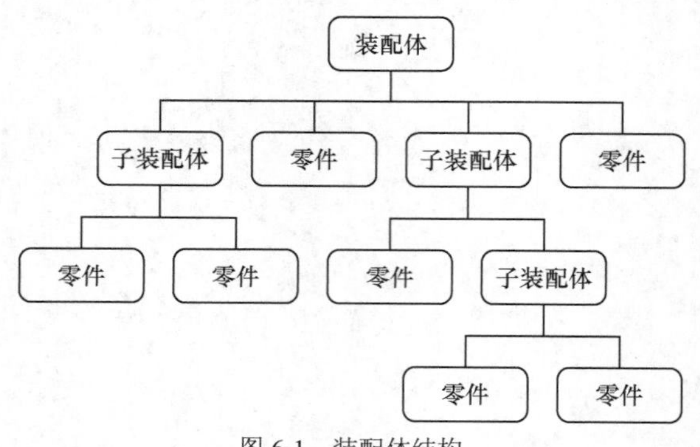

图 6-1　装配体结构

装配设计有自顶向下和自底向上两种方法。

（1）自顶向下装配，是指先创建装配体，然后直接在装配体上进行零件设计，由此设计的零件与装配体自动建立关联。

（2）自底向上装配，要求每个零件单独进行设计，然后再进行装配。

图 6-2 所示的低速滑轮机构使用了自底向上的设计方法。本章将介绍如何新建装配体，插入零件、添加配合等装配的基本过程，以及爆炸视图、碰撞检查等操作方法。

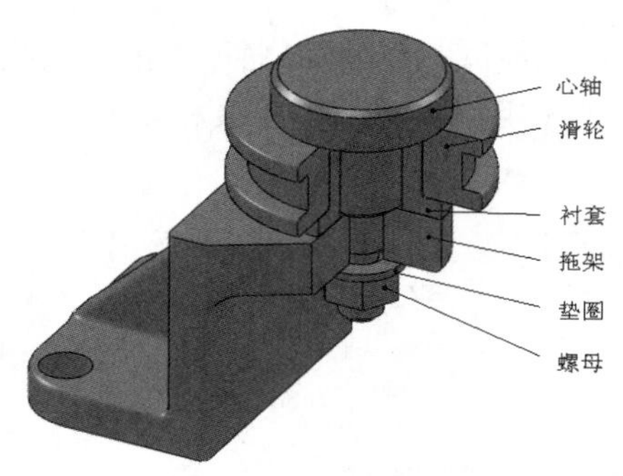

图 6-2　低速滑轮机构装配图

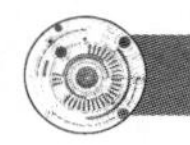

6.1　装配基本过程——低速滑轮机构

6.1.1　建立装配体文件

进入装配体设计工作模式的方式如下。

- 单击【标准】工具栏中的按钮，系统弹出【新建 SOLIDWORKS 文件】对话框，如图 6-3（a）所示，选择【装配体】选项，单击确定按钮。
- 继续单击对话框左下角的高级按钮，选中【Tutorial】选项卡，选择【assem】装配体选项，如图 6-3（b）所示。

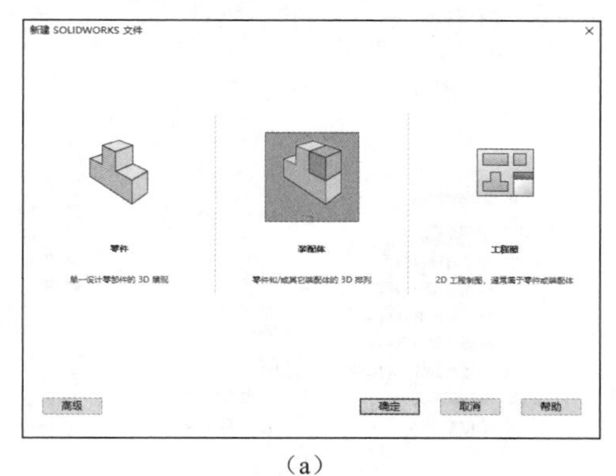

（a）

（b）

图 6-3 【新建 SOLIDWORKS 文件】对话框

装配设计环境界面如图 6-4 所示。由环境界面可看出，系统的装配设计工作界面与零件设计的类似。在装配设计中主要使用【装配体】工具栏，如图 6-5 所示，其下拉菜单如图 6-6 所示。

图 6-4　装配设计环境界面

图 6-5 【装配体】工具栏

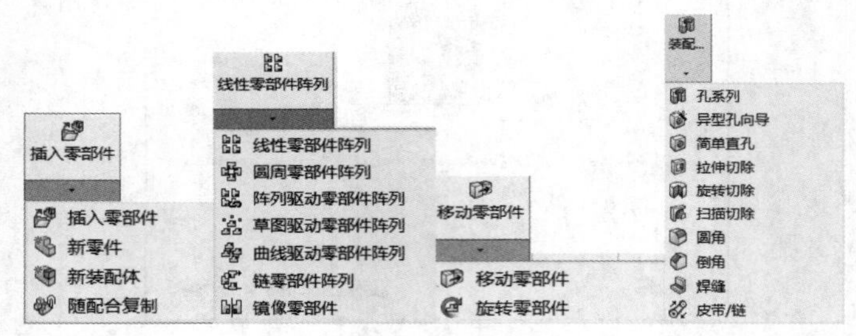

图 6-6　下拉菜单

6.1.2　插入零件

装配过程是依次插入相关零件的过程，插入零件的方法有逐个插入和成批插入，下面分别进行介绍。

一、一般步骤

（1）插入装配体中的一个固定件。所谓的固定就是使该零件的原点与装配环境的原点重合。

单击【开始装配体】属性管理器中的 浏览(B)... 按钮或选择菜单命令【插入】/【零部件】/【现有零件/装配体】，如图 6-7 所示。

图 6-7　【插入】菜单选项

（2）插入其他零件。在弹出的【打开】对话框中选择要插入的零件名，这里选择素材文件“素材\第 6 章\低速滑轮机构\拖架.SLDPRT”，单击【显示预览窗格】按钮，出现零件预览，再单击 打开 按钮，如图 6-8 所示。

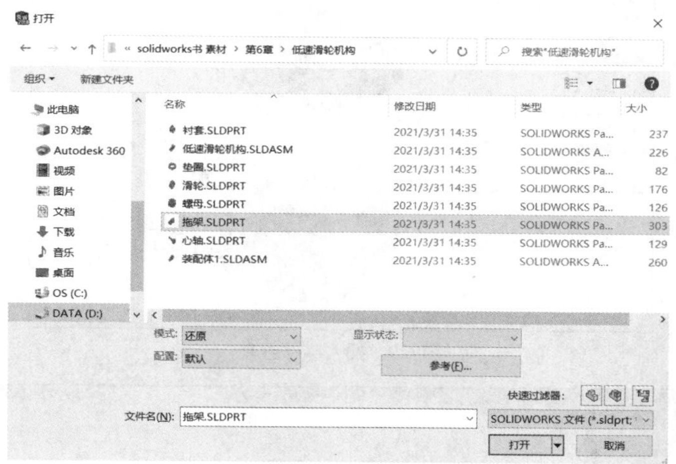

图 6-8 【打开】对话框

（3）此时将鼠标光标移到绘图区，指定零件安放位置。一般固定件放置在原点。拖曳鼠标光标指向该原点，待鼠标光标变为时单击原点，则零件固定。单击下拉图标菜单中的按钮，拖架显示为正等轴测图，以便于观察后面插入的零件。

要点提示

如果装配体文件中没有出现原点，选择菜单命令【视图】/【隐藏/显示】/【原点】，则原点显示。

要点提示

零件前缀的含义：零件名称前面没有前缀，表示零部件完全定义。

【固定】符号，表示该零件已经固定于当前位置，而不是依靠配合关系。

【−】符号，表示零部件欠定义，依然存在运动自由度。

【+】符号，表示零部件过定义，定位信息互相冲突。

【?】符号表示这个零部件没有解。

（4）重复步骤（1）~（3），插入其他零件，如衬套等。插入后可放置于任意一点，特征管理设计树中衬套前有“−”号，说明该零件是浮动的，如图 6-9 所示。可通过移动、旋转零部件命令改变其位置。保存装配体文件，文件名为“低速滑轮机构”。

要点提示

将零件插入到装配体时，该零件文件与装配体文件就建立了链接。虽然零部件出现在装配体中，但是其数据仍保存在原零件文件中，对零件的任何修改都会体现在装配图中。

二、快速插入零件

打开 Windows 系统的资源管理器，找到欲插入的零件所在的目录，拖曳该零件至装配体窗口中，如滑轮。

用相同的方法将其他零件拖曳到装配窗口中。通过资源管理器插入零部件，如图 6-10 所示。

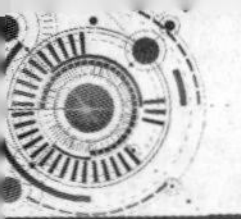

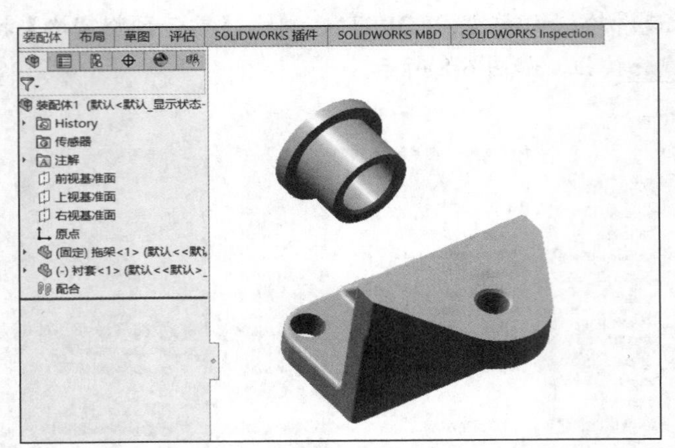

图 6-9　插入零件衬套

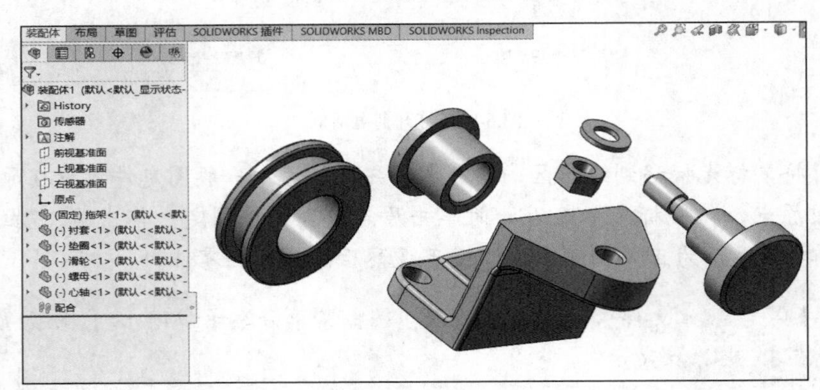

图 6-10　通过资源管理器插入零部件

要点提示

用鼠标左键按住零件，可将其进行平移；用鼠标右键按住零件，可将其旋转。

6.1.3　添加装配关系

装配过程与实际生产中的装配过程相同。拖动一个零部件不足以精准组装一个装配体，应该使用表面和边使零部件互相配合。

添加装配关系

零件插入之后，装配零部件的操作步骤如下。

1. 安装衬套。

（1）单击按钮，移动零件，再单击按钮，将衬套位置调整合适。

（2）单击按钮，打开【配合】属性管理器。在【选项】栏中，系统默认【显示弹出对话】复选项为选中状态，即配合时弹出【配合】工具栏，如图 6-11 所示。

（3）选择衬套圆柱面和拖架上部圆柱孔表面，系统自动弹出【配合】工具栏，当前系统默认的配合是同轴心，即按钮为按下状态，控制区同时出现【同心 1】属性管理器。

（4）单击【同心 1】属性管理器中的按钮或【配合】工具栏中的按钮，完成同轴心配合约束的添加，如图 6-12 所示。

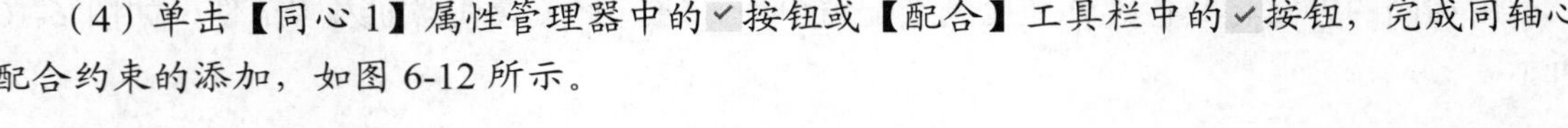

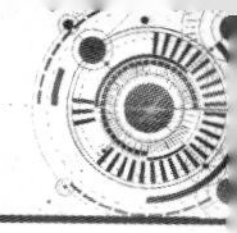

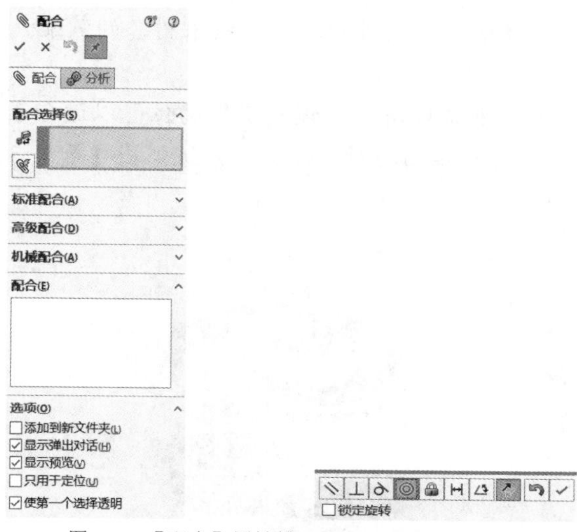

图 6-11 【配合】属性管理器及【配合】工具栏

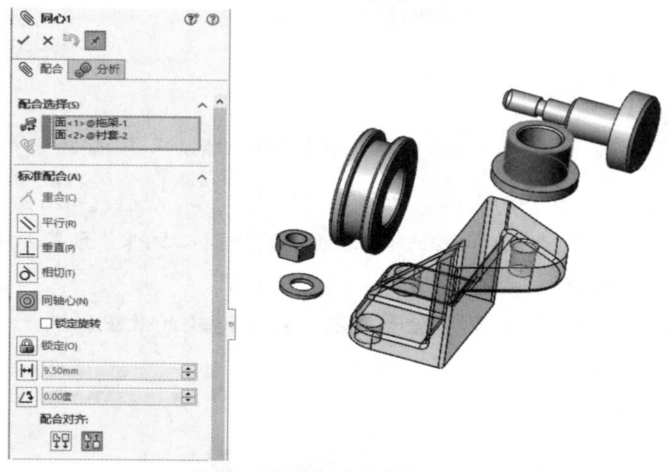

图 6-12　添加衬套与拖架同心配合

（5）继续添加约束，按住鼠标左键旋转装配体至合适的位置后，选择衬套底面，再选择拖架顶面，此时出现面重合预览，单击✓按钮完成重合添加，如图 6-13 所示。

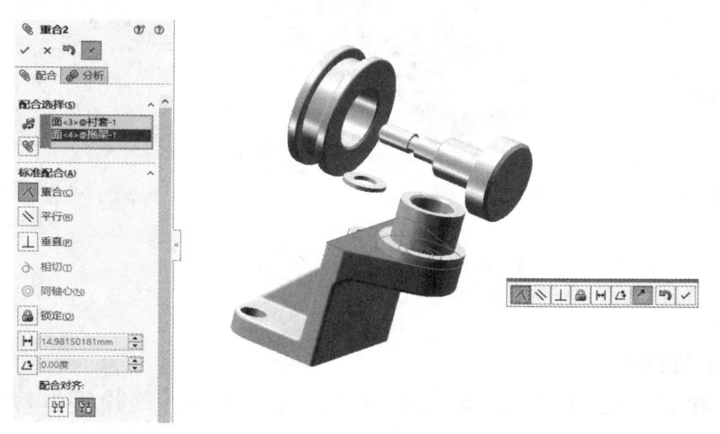

图 6-13　添加衬套与拖架重合配合

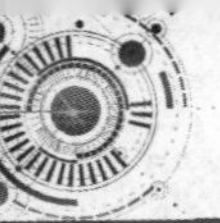

（6）单击✓按钮，关闭【配合】属性管理器，结束衬套的装配。

2. 装配滑轮。

（1）利用和工具移动和旋转滑轮，调整滑轮的位置以适合于装配。

（2）单击按钮，选择滑轮端面与衬套端面，系统弹出【重合3】属性管理器，选择重合约束，预览如图 6-14 所示。

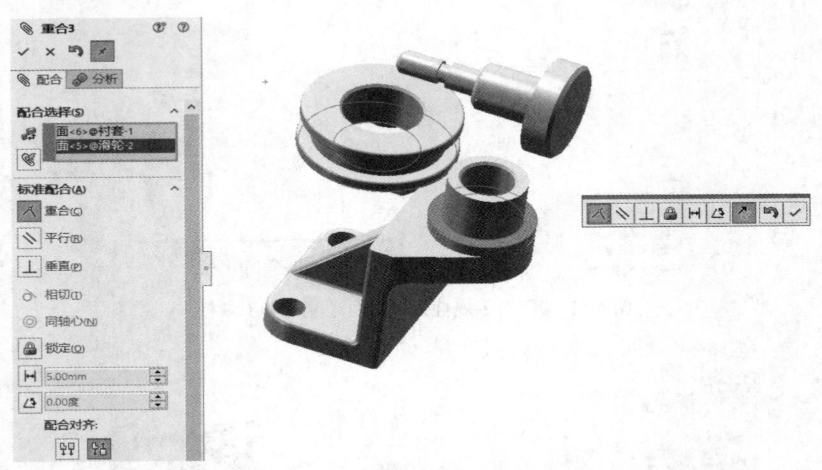

图 6-14 添加滑轮与衬套端面重合配合

（3）单击✓按钮，完成重合约束的添加。

（4）继续选择滑轮的内孔表面和衬套外圆柱面，选择同心约束，预览结果如图 6-15 所示，单击✓按钮，完成同心约束的添加。

（5）单击✓按钮，关闭【配合】属性管理器，结束滑轮的装配。

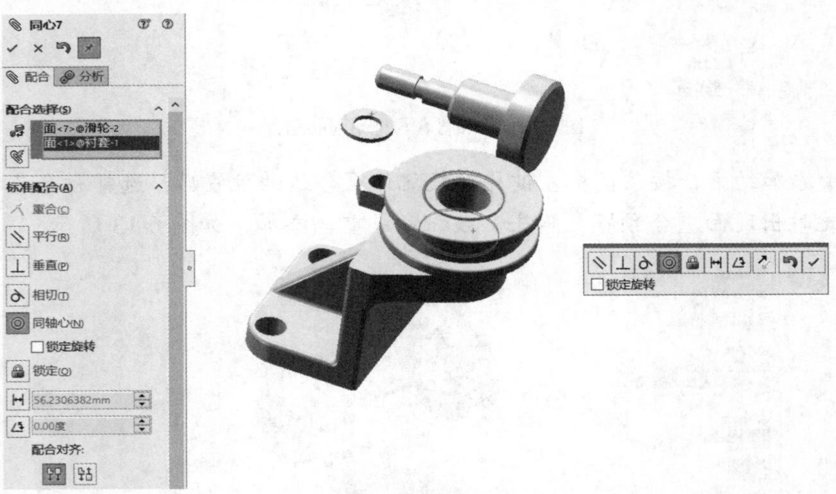

图 6-15 添加滑轮与衬套同心配合

3. 装配心轴。

（1）调整心轴的位置。

（2）单击按钮，选择心轴的圆柱面和衬套内孔表面，选择同心约束，预览结果如图 6-16 所示。

图 6-16　添加心轴与衬套同心配合

（3）单击✓按钮，完成同心约束的添加。

（4）继续选择滑轮的端面与心轴的端面，选择重合配合，预览结果如图 6-17 所示，单击✓按钮完成重合配合的添加。

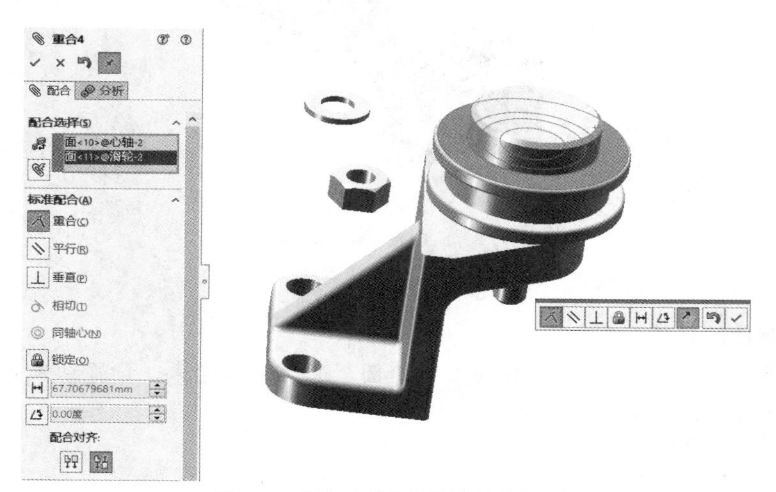

图 6-17　添加心轴与滑轮端面重合配合

（5）单击✓按钮，关闭【配合】属性管理器，结束心轴的装配。

4．装配垫圈。

（1）调整垫圈的位置。

（2）单击📎按钮，选择心轴的圆柱面和垫圈的内孔表面，选择同心约束，预览结果如图 6-18 所示。

（3）单击✓按钮，完成同心约束的添加。

（4）继续选择垫圈端面与拖架端面为重合配合，单击✓按钮，完成重合约束的添加，如图 6-19 所示。

（5）单击✓按钮，关闭【配合】属性管理器，结束垫圈的装配。

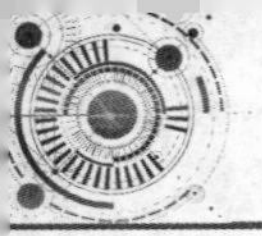

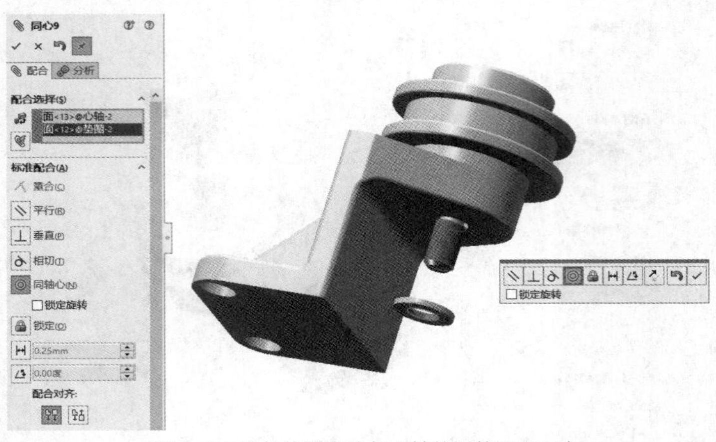

图 6-18　添加垫圈内孔与心轴外圆的同心配合

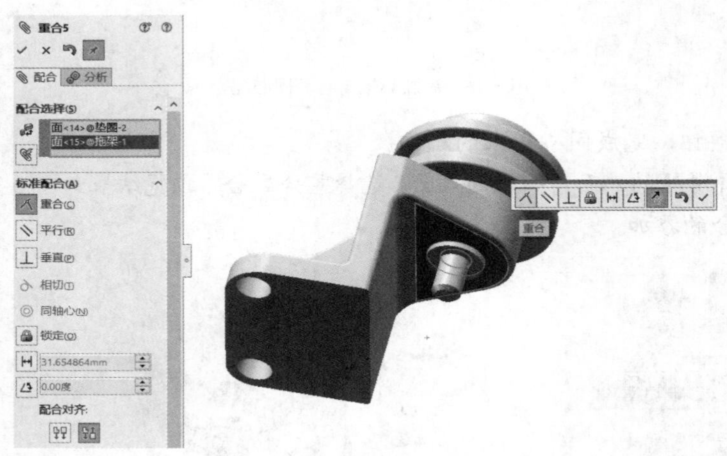

图 6-19　添加垫圈与拖架的重合配合

5. 装配螺母。

（1）调整螺母的位置。

（2）单击 按钮，选择螺母内孔与心轴外圆，选择同心约束，预览结果如图 6-20 所示。

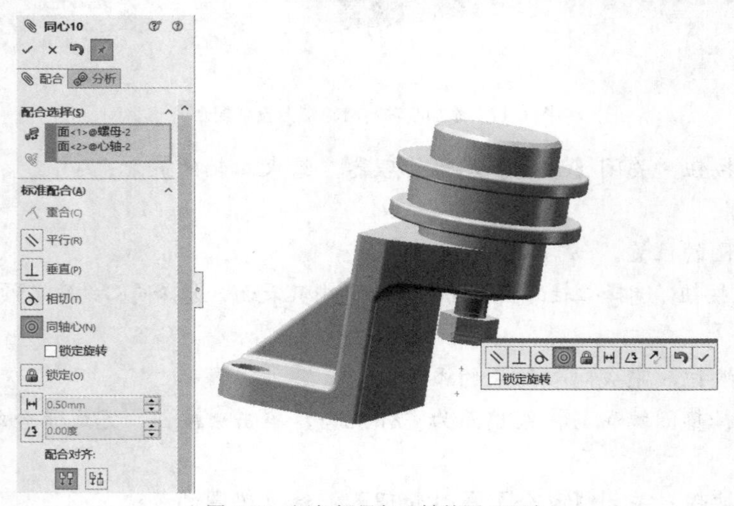

图 6-20　添加螺母与心轴的同心配合

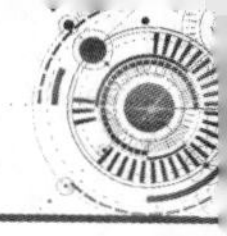

（3）单击按钮，完成同心约束的添加。

（4）选择螺母的上端面和垫圈的下表面，添加重合约束，预览如图 6-21 所示。

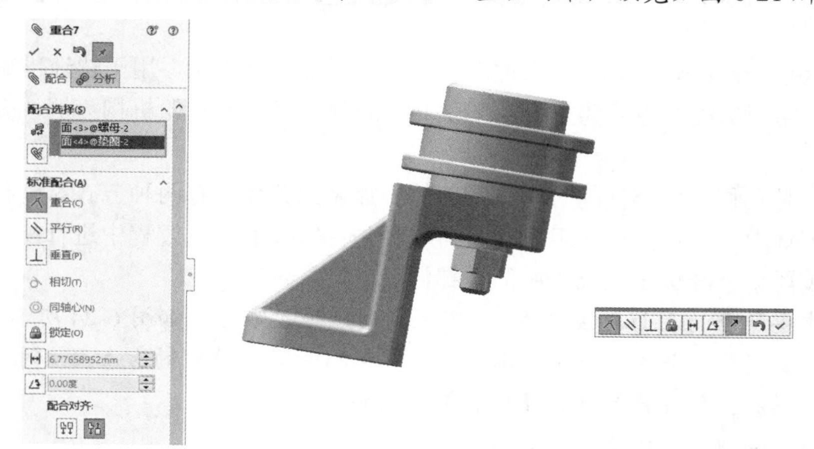

图 6-21　添加螺母与垫圈端面的重合配合

单击【同向对齐】按钮或【反向对齐】按钮可调整螺母的位置，使其不带倒角的一面与垫圈接触。

（5）单击按钮，完成重合约束的添加。

（6）单击按钮，关闭【配合】属性管理器，结束螺母的装配。

6. 生成装配体轴测剖视图。

（1）单击【装配体】工具栏中的按钮，在其下拉菜单中单击按钮。

（2）选择心轴顶面作为草绘面，进入草绘界面。

（3）单击按钮，绘制直线（剖切线），如图 6-22 所示，然后单击按钮，结束【直线】命令，最后单击按钮，完成草图绘制。

（4）打开【切除-拉伸】属性管理器，在【方向 1】栏中选择【完全贯穿】。在【特征范围】栏中保持选中系统默认的【所选零部件】单选项，取消选中【自动选择】复选项，如图 6-23（a）所示；打开【所选零部件】对话框，在绘图区展开特征管理设计树，如图 6-23（b）所示，选择要进行切除操作的实体为垫圈、衬套、拖架；其名称出现在【影响到的零部件】列表框中，如图 6-23（a）所示。

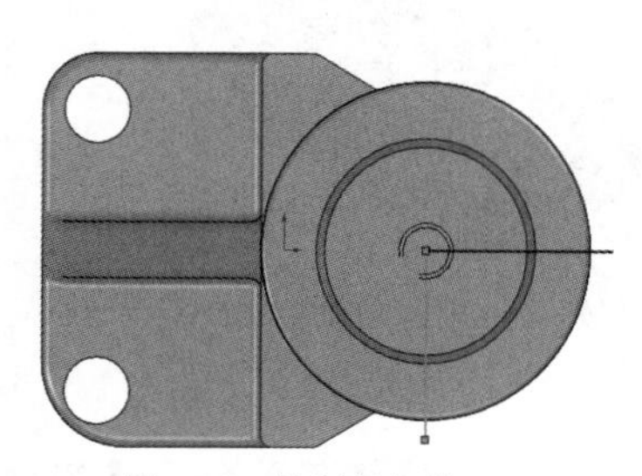

图 6-22　绘制剖切线

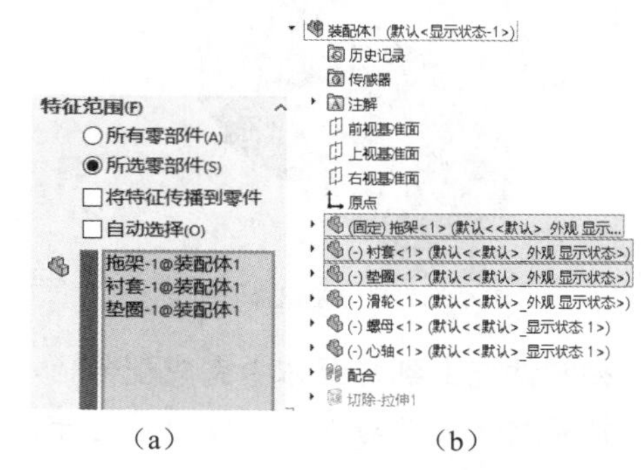

（a）　　（b）

图 6-23　确定剖切范围

（5）单击按钮，完成装配体。

7. 保存文件。

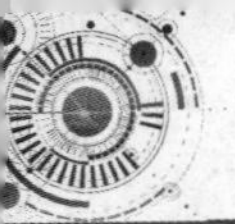

6.2 智能配合

智能配合（Smart Mates）可以通过直接拖曳来添加配合关系，用于快速准确地将零部件组装在一起，常用的配合方式为重合与同轴心。此处仍以低速滑轮机构为例，介绍使用智能配合的方法。

智能配合是在移动零部件的时候为零部件添加装配关系，有两种方式：一种是零部件已经插入到装配体中，通过拖曳实现配合；另一种是在零件的插入过程中进行配合。

一、组装两个已经位于装配体中的零部件

（1）选中要配合的表面，按住 Alt 键不放，同时拖曳零件，如图 6-24 所示。

（2）当拖曳到另一个要配合的实体上（如图 6-25 所示，拖架的上表面）时，两表面以重合方式配合，释放鼠标左键后弹出【配合】工具栏。

（3）单击✓按钮，完成重合配合。

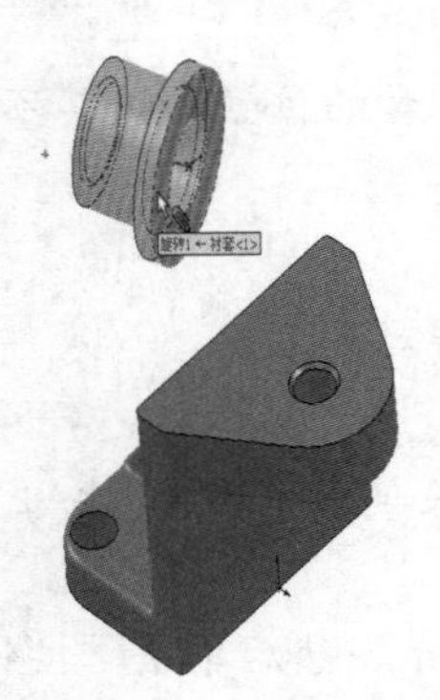

图 6-24　选中要配合的表面

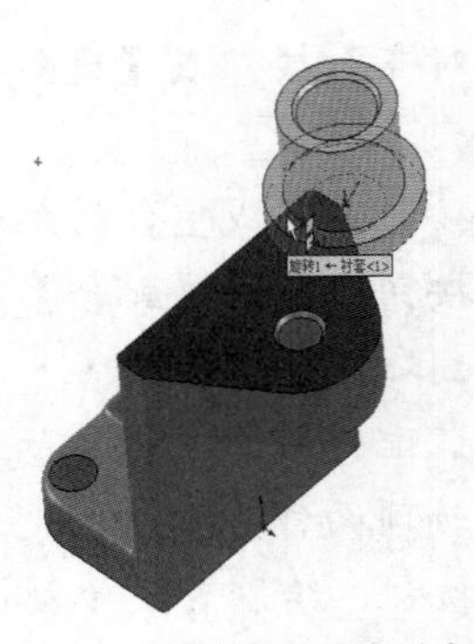

图 6-25　按住 Alt 键并拖曳鼠标光标至重合

重复步骤（1）～（3）完成衬套内圆柱面与拖架上部孔的同轴心配合，如图 6-26 和图 6-27 所示。

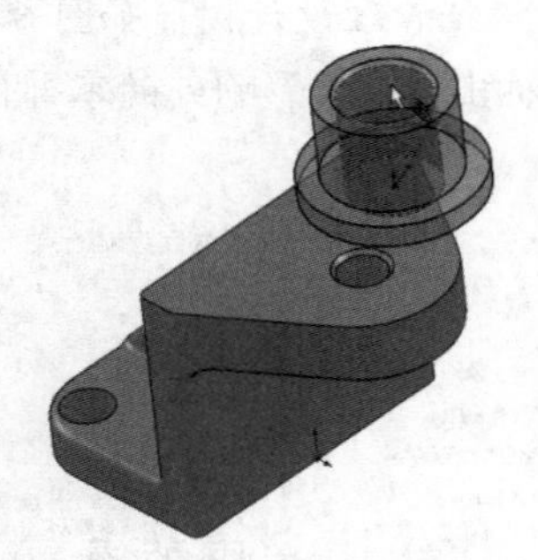

图 6-26　选中要配合的面

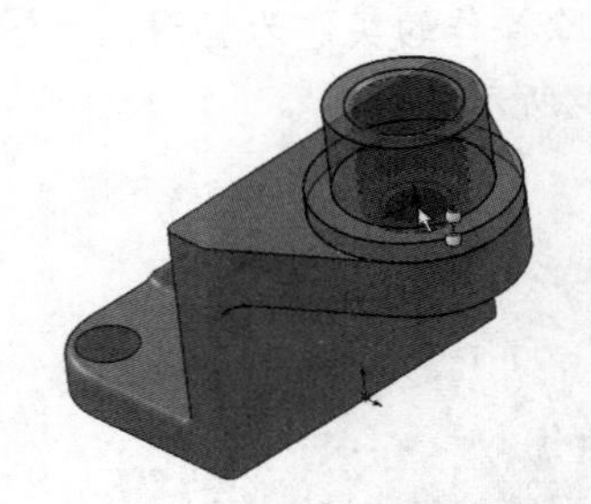

图 6-27　按住 Alt 键并拖曳鼠标光标至同轴心

二、将零件拖曳到装配体中完成配合

（1）将装配体文件与零件文件同时打开，如图 6-28 所示，选择菜单命令【窗口】/【纵向平铺】。

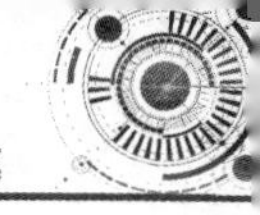

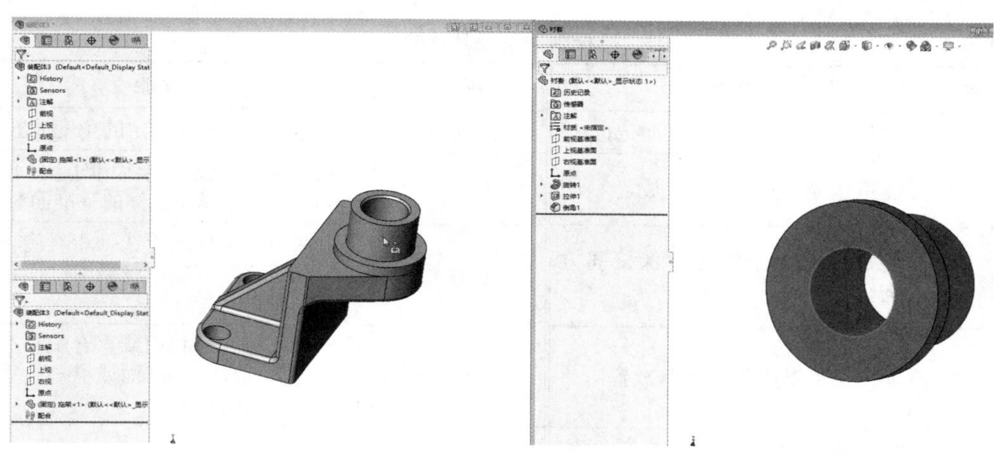

图 6-28　智能配合方式

（2）选中衬套的内孔圆形边线，按住鼠标左键不放，然后拖曳至装配体图形窗口中，当鼠标光标位于拖架上部圆柱孔的圆形边线时，鼠标光标变为形状，表明应用了两个配合，即两圆柱面的同心及与圆柱相邻表面之间的重合。

（3）释放鼠标左键，弹出【配合】工具栏，单击✓按钮，完成智能配合。

手工配合与智能配合工具之间的区别在于，智能配合能进行系统默认的快速配合。

通过拖曳可以建立以下类型的智能配合。

① 两个线性边线的重合配合，鼠标光标为。

② 两个平面的重合配合，鼠标光标为，如图 6-26 所示。

③ 两个顶点的重合配合，鼠标光标为。

④ 两个回转面或两个临时轴的同心配合，鼠标光标为，如图 6-27 所示。

⑤ 两个圆形边线的同轴心和重合配合，鼠标光标为，如图 6-28 所示。

在使用中灵活运用以上类型，可最大限度地提高装配速度。

6.3　装配配合类型

在配合 Property Manager 中，有很多高级配合和机械配合类型，可以用来完成标准配合类型无法做到的配合关系、配合类型，如图 6-29 所示，分为标准配合、高级配合、机械配合。

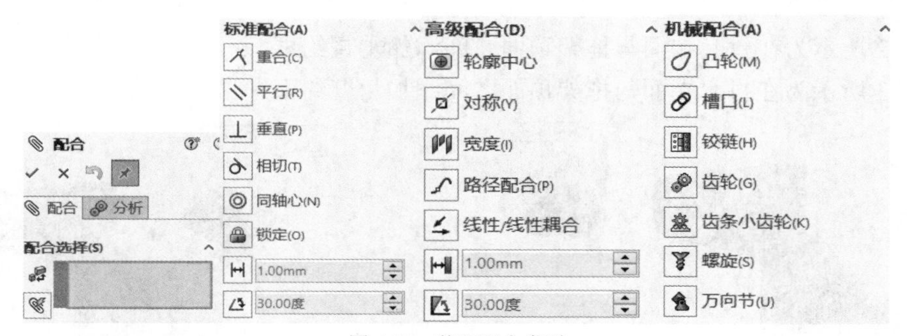

图 6-29　装配配合类型

表 6-1 列出了各种配合类型及其功能。

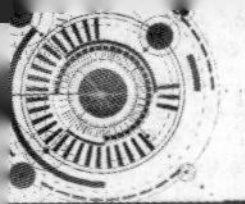

表 6-1　配合类型及其功能

配合	功能	配合	功能
重合	将所选面、边线及基准面定位	角度	将所选项以彼此间指定的角度放置
同轴心	将所选项于同一中心线放置	对称	强制使两个相似的实体相对于零部件的基准面、平面或装配体的基准面对称
平行	将所选的两个零部件保持同方向、等间距	齿轮	强迫两个零部件绕所选轴相对旋转。齿轮配合的有效旋转轴包括圆柱面、圆锥面、轴和线性边线
垂直⊥	将所选项以彼此间 90° 放置	凸轮	凸轮推杆配合为相切或重合配合类型。它允许将圆柱、基准面或点与一系列相切的拉伸曲面相配合
距离	将所选项以彼此间指定的距离放置	宽度	使目标零部件位于凹槽宽度内的中心
相切	将所选项以彼此间相切放置（至少有一选择项必须为圆柱面、圆锥面或球面）	螺旋	将两个零部件约束为同心，还在一个零部件的旋转和另一个零部件的平移之间添加纵倾几何关系。一零部件沿轴方向的平移会根据纵倾几何关系引起另一个零部件的旋转。同样，一个零部件的旋转可引起另一个零部件的平移
锁定	保持两个零部件之间的相对位置和方向	铰链	所选实体的移动限制在一定的旋转范围内

在添加配合之前首先要将零件经过移动或旋转操作，调整到适于装配的位置，再添加配合。

图 6-30 所示为在衬套端面与拖架顶面之间添加平行约束。

图 6-31 所示为在衬套端面与拖架顶面之间添加距离约束。

图 6-30　添加平行约束

图 6-31　添加距离约束

图 6-32 所示为在衬套端面与拖架顶面之间添加垂直约束。

图 6-33 所示为在衬套端面与拖架顶面之间添加角度约束。

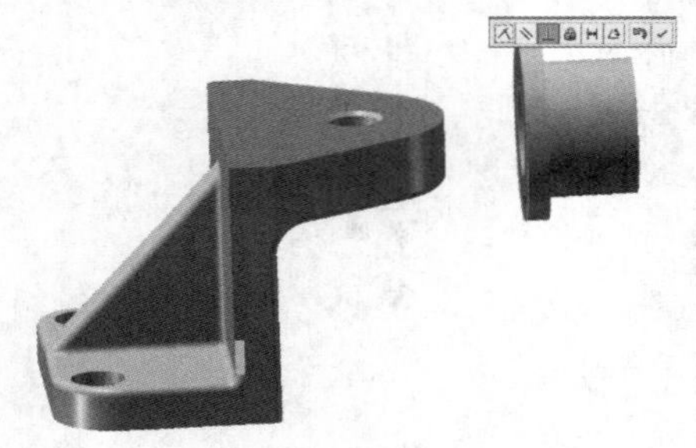

图 6-32　添加垂直约束

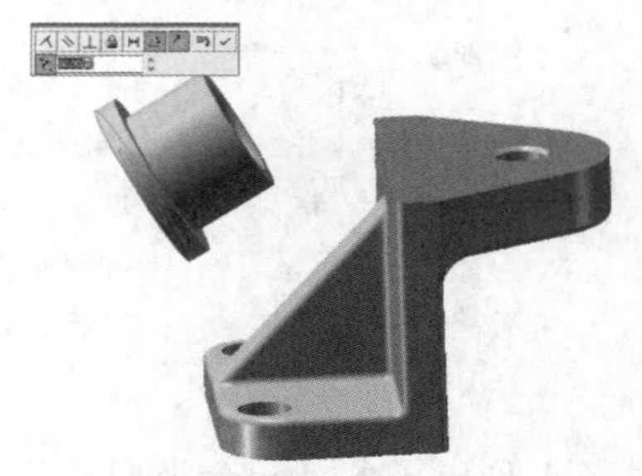

图 6-33　添加角度约束

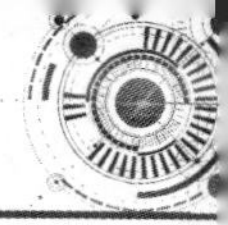

6.4　装配中的零部件操作——卡爪

在装配体中可以对零部件进行阵列和镜像操作。

6.4.1　零部件的复制与镜像

在装配体中经常出现两个部件关于某一平面对称的情况，此时将原有部件进行对称复制即可。

【镜像零部件】命令的启动方式如下。

- 单击【装配体】工具栏中的 按钮，或者选择菜单命令【插入】/【镜像零部件】。

镜像操作步骤如下。

1. 打开素材文件“素材\第 6 章\卡爪\卡爪镜像.sldasm”。
2. 启动【镜像零部件】命令后，弹出【镜像零部件】属性管理器。
3. 选择“前视基准面”作为镜像基准面。
4. 选择“螺钉”作为要镜像的零部件，如图 6-34 所示。
5. 单击✓按钮，完成零部件镜像，结果如图 6-35 所示。

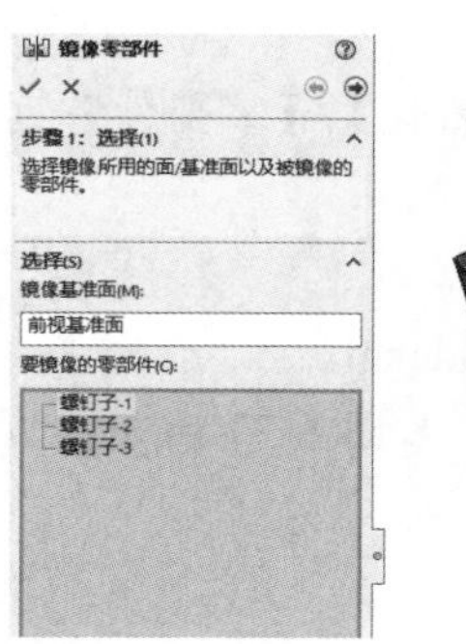

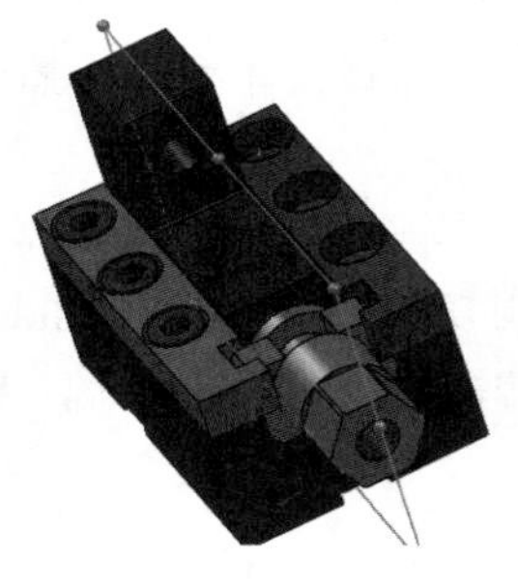

图 6-34　选择镜像面及镜像零部件

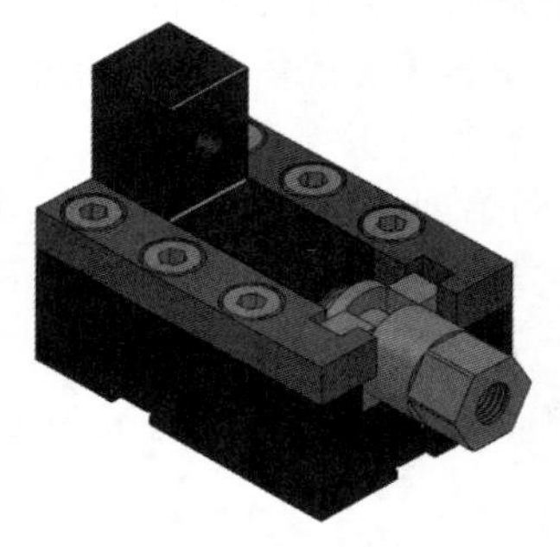

图 6-35　镜像结果

6.4.2　零部件阵列

与特征阵列相似，装配体也可对零部件进行阵列。阵列类型包括线性阵列、圆周阵列和阵列驱动。

一、线性阵列——卡爪

【线性阵列】命令的启动方式如下。

- 单击【装配体】工具栏中的 按钮，或者选择菜单命令【插入】/【零部件阵列】/【线性阵列】。

线性阵列的操作步骤如下。

1. 打开素材文件“素材\第 6 章\卡爪\卡爪线性阵列.sldasm”，如图 6-36 右图所示。
2. 启动【线性阵列】命令，打开【线性阵列】属性管理器。
3. 选择两边线为阵列方向，选择螺钉作为要阵列的零部件，输入参数：【方向 1(1)】间距为“25.00mm”、个数为“3”；【方向 2(2)】间距为“44.00mm”、个数为“2”，预览如图 6-36 所示。

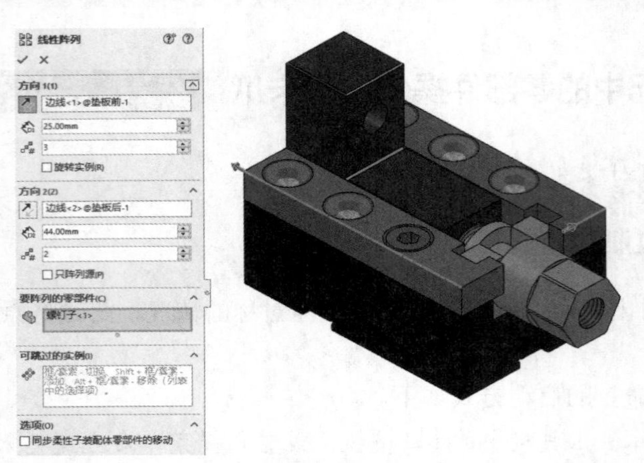

图 6-36　螺钉线性阵列

要点提示

若方向不正确可单击【反向】按钮。

4. 单击 ✓ 按钮，完成零部件线性阵列。

二、圆周阵列——铣刀头底座

【圆周阵列】命令的启动方式如下。

- 单击【装配体】工具栏中的按钮，或者选择菜单命令【插入】/【零部件阵列】/【圆周阵列】。

圆周阵列的操作步骤如下。

1. 打开素材文件“素材\第 6 章\零部件圆周阵列\圆周阵列.sldasm”。
2. 启动【圆周阵列】命令，打开【圆周阵列】属性管理器，如图 6-37 所示。
3. 参数输入后预览结果如图 6-37 所示。

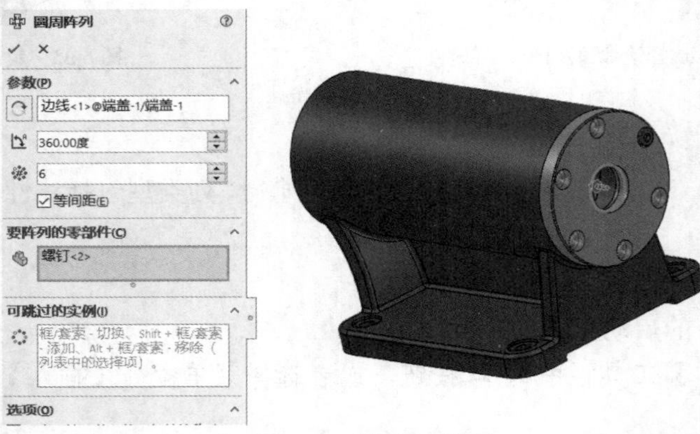

图 6-37　螺钉圆周阵列

4. 单击✓按钮，完成零部件圆周阵列。

5. 单击按钮，选择右视基准面作为镜像面，端盖和螺钉作为要镜像的零部件，如图 6-38 所示。单击✓按钮，结果如图 6-39 所示。

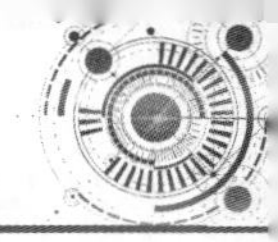

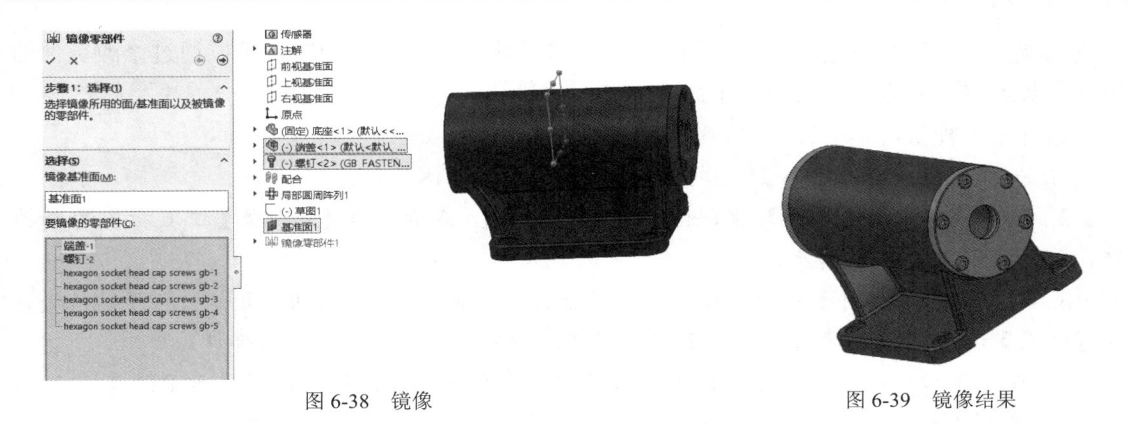

图 6-38　镜像　　图 6-39　镜像结果

三、阵列驱动——铣刀头底座

【阵列驱动】命令的启动方式如下。

- 单击【装配体】工具栏中的按钮，或者选择菜单命令【插入】/【零部件阵列】/【图案驱动】。

阵列驱动是以某一零部件的阵列特征为参照进行零部件的复制。

使用阵列驱动的前提是某一零件上要有阵列特征。

阵列驱动的操作步骤如下。

1. 打开素材文件“素材\第 6 章\零部件圆周阵列\特征驱动阵列.sldasm”。

2. 启动【阵列驱动】命令，打开【阵列驱动】属性管理器，输入参数及预览结果如图 6-40 所示。

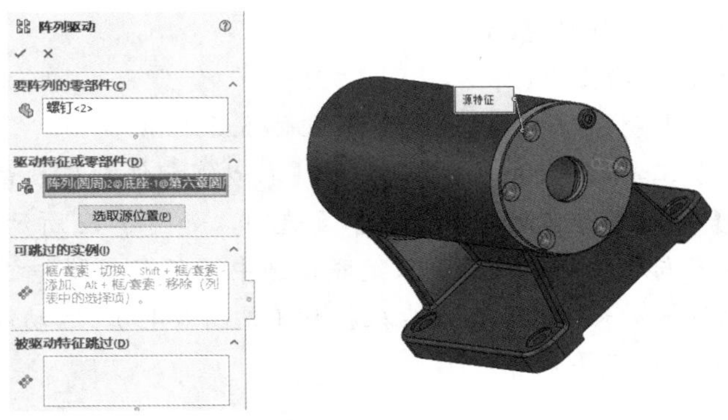

图 6-40　特征驱动的阵列

3. 单击✓按钮，完成零部件阵列驱动，结果如图 6-39 所示。

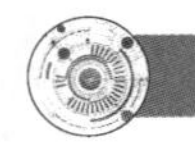

6.5　装配体检查

在装配设计中，干涉检查的任务是发现装配体中静态零部件之间的干涉，在装配体运动时，需要用到碰撞检查。

6.5.1　体积干涉检查——低速滑轮机构

通常用视觉来检查零部件之间是否有干涉是非常困难的。SOLIDWORKS 系统具有干涉

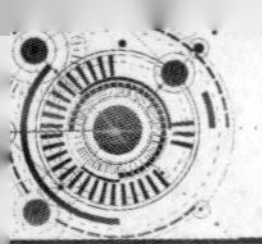

检查功能，可自动检查出发生干涉的部位，并计算出干涉体积。同时，可以通过修改零件的设计参数或修改配合关系来消除干涉。

进行干涉检查可遵循以下步骤。

1. 选择菜单命令【文件】/【打开】，打开一个装配体文件。

2. 选择菜单命令【工具】/【评估】/【干涉检查】，或者单击【装配体】工具栏中的按钮，打开【干涉检查】属性管理器。

3. 在【所选零部件】栏中默认为整个装配体，单击 计算(C) 按钮，开始进行干涉检查，在【结果】栏中列出干涉信息。根据需要，可以指定检查干涉的相关零部件。

4. 展开干涉中的项目，显示发生干涉的相关零部件，在图形区高亮显示干涉范围。

5. 单击✓按钮，结束干涉检查。

打开素材文件“素材\第 6 章\低速滑轮机构\低速滑轮机构.sldasm”，单击按钮，在【干涉检查】属性管理器中单击 计算(C) 按钮，在【结果】栏中出现“干涉 1”及干涉体积报告，单击“干涉 1”前的▷按钮，展开干涉树，显示发生干涉的零件为心轴和螺母，如图 6-41 所示。

干涉原因是心轴上的装饰螺纹与螺母装饰螺纹之间产生体积干涉，单击 忽略(I) 按钮，系统显示无干涉。

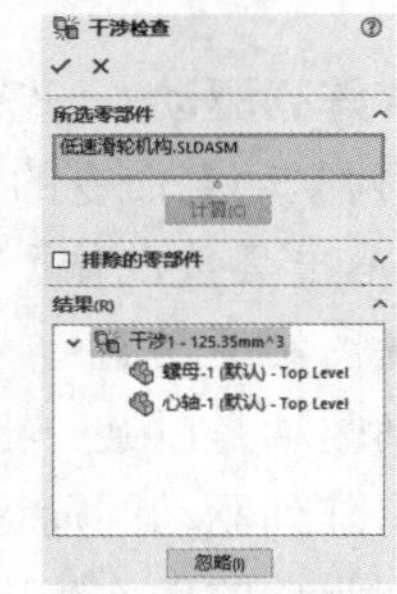

图 6-41 【干涉检查】属性管理器

6.5.2 碰撞检查

可以在移动或旋转零部件时，检查该零部件与其他零部件之间是否冲突。通过碰撞检查，可以发现零部件在运动过程中的碰撞情况。

进行碰撞检查的操作步骤如下。

1. 打开素材文件“素材\第 6 章\碰撞检查\装配体 5.sldasm”。

2. 单击【装配体】工具栏中的按钮，打开【移动零部件】属性管理器，在【选项】栏中选中【碰撞检查】单选项和【碰撞时停止】复选项，如图 6-42 所示。

3. 根据需要指定参与碰撞的零部件。系统默认选中【所有零部件之间】单选项。

4. 用鼠标光标向下拖动长方体，当发生碰撞时（见图 6-43），运动停止，发生碰撞的零件表面变为深蓝色，同时有报警声音。

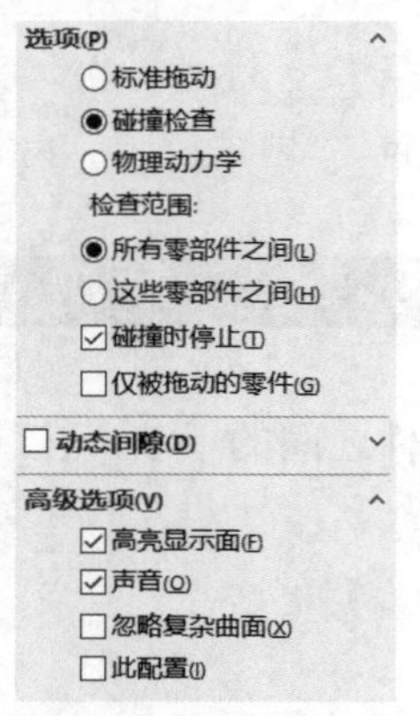

图 6-42 碰撞检查选项

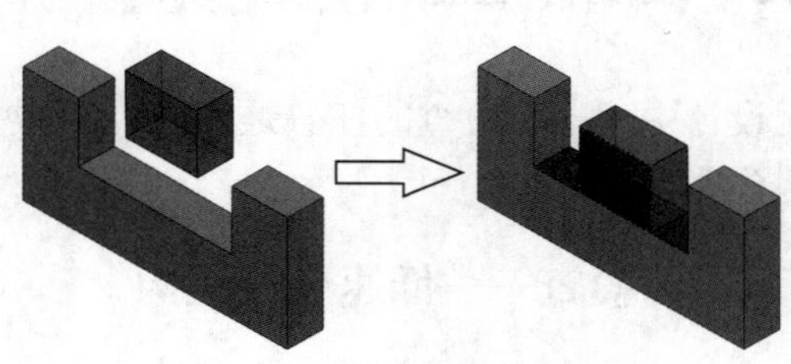

图 6-43 碰撞检查

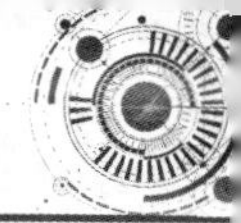

5. 单击✔按钮，碰撞检查结束。

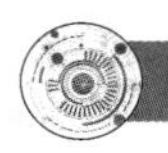

6.6 爆炸视图——低速滑轮机构

装配体的爆炸视图可让设计者分离其中的零部件，以便于查看和分析此装配体。装配体爆炸后，不能再给装配体添加配合。

一个爆炸视图中包含一个或多个爆炸步骤。可以将直线添加到爆炸视图中，以表示零部件之间的关系，生成爆炸路线图。装配体中的零部件必须完全是非轻化状态，才可生成爆炸视图。

6.6.1 创建爆炸视图

启动爆炸视图的方式如下。

- 单击【装配体】工具栏中的【新爆炸视图】按钮，如图 6-44 所示，打开【爆炸】属性管理器，在此可定义爆炸步骤。

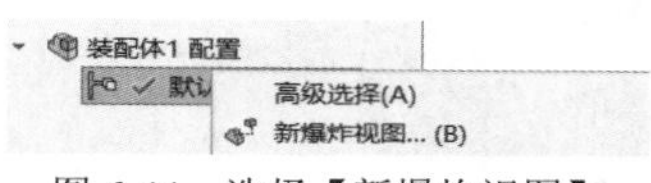

图 6-44　选择【新爆炸视图】

- 选择菜单命令【插入】/【爆炸视图】，也可打开【爆炸】属性管理器，如图 6-45 左图所示。

图 6-45　【爆炸】属性管理器

创建爆炸视图的操作步骤如下。

（1）打开素材文件“素材\第 6 章\低速滑轮机构\低速滑轮机构.sldasm”。

（2）选择心轴，在出现的三重轴上单击 y 向箭头，此时在【设定】栏中显示刚选中的零件，然后指定距离为“120.00mm”，单击 应用(P) 按钮，再单击 完成(D) 按钮，则心轴移动 120mm，预览结果如图 6-46 所示。

（3）为每一个零件重复上述步骤，即可完成整个装配体的爆炸图。图 6-47 所示的定义产生了图 6-48 所示的爆炸结果。

其余零部件的定义和结果分别如图 6-49 和图 6-50、图 6-51 和图 6-52、图 6-53 和图 6-54 所示。

图 6-46　爆炸步骤 1 预览

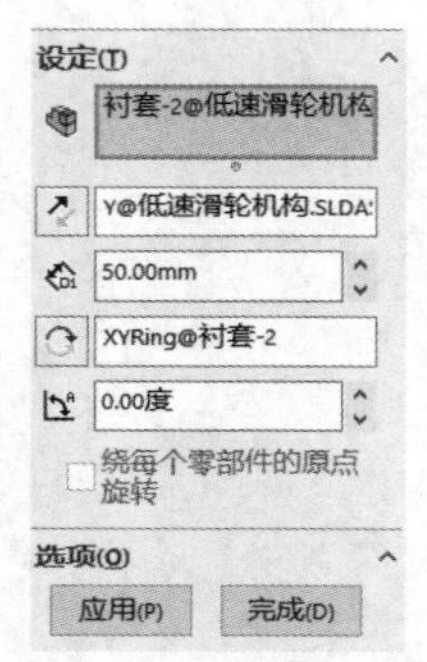

图 6-47　爆炸步骤 2 定义

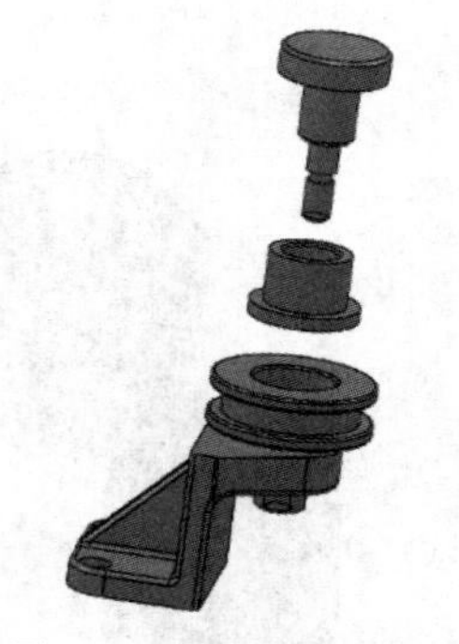

图 6-48　爆炸步骤 2 结果

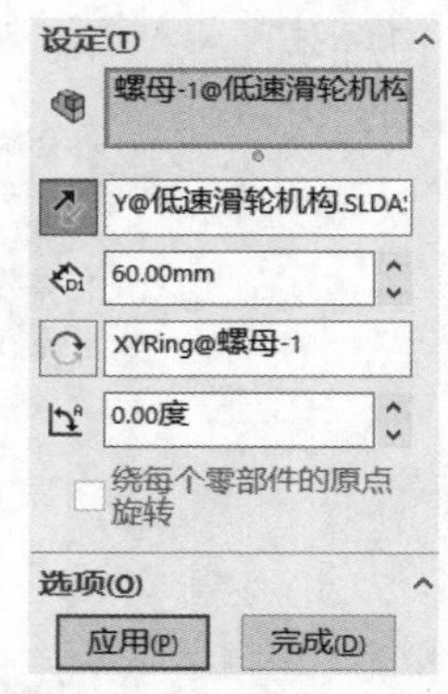

图 6-49　爆炸步骤 3 定义

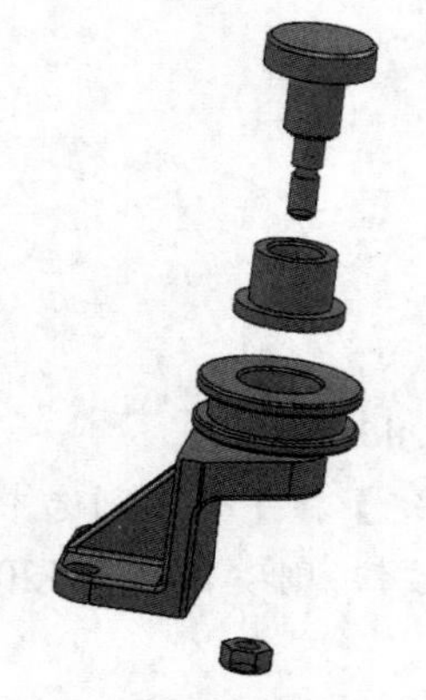

图 6-50　爆炸步骤 3 结果

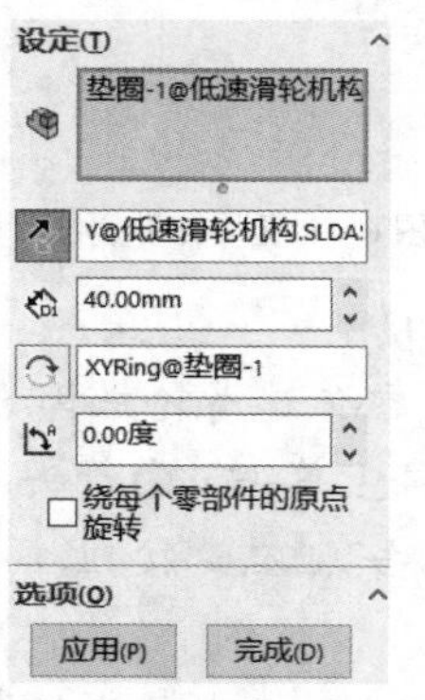

图 6-51　爆炸步骤 4 定义

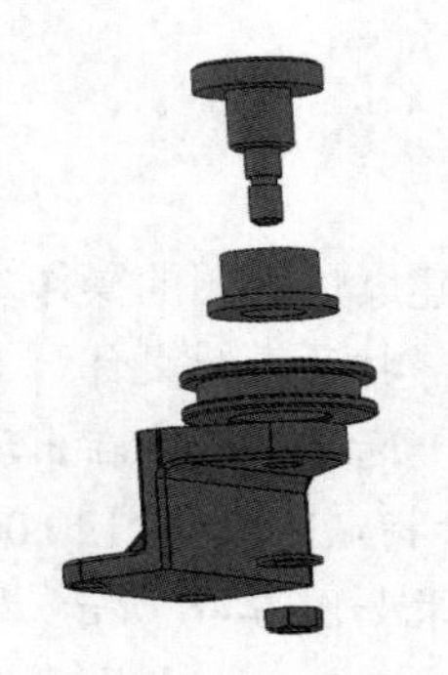

图 6-52　爆炸步骤 4 结果

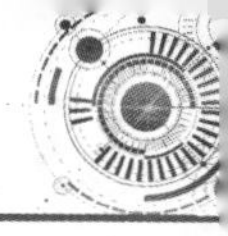

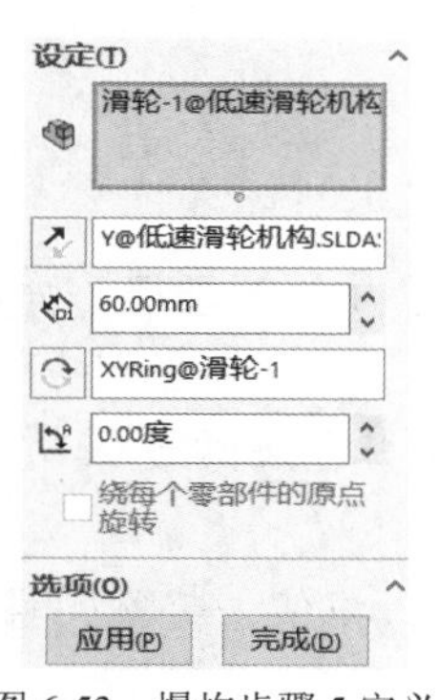

图 6-53　爆炸步骤 5 定义

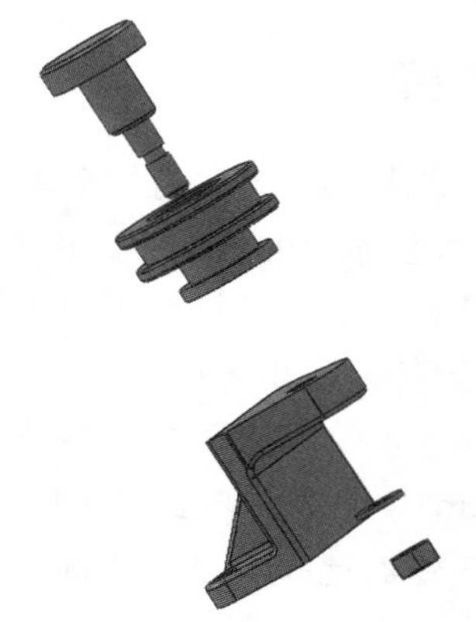

图 6-54　爆炸步骤 5 结果

6.6.2 编辑爆炸视图

1. 编辑爆炸的操作步骤

（1）单击按钮，再单击【默认】前面的按钮。

（2）单击“爆炸视图 1”前面的按钮，选择要编辑的爆炸步骤，如“爆炸步骤 2”，单击鼠标右键，在弹出的图 6-55 所示的快捷菜单中选择【编辑爆炸步骤】命令，弹出【爆炸】属性管理器，同时视图显示如图 6-56 所示，要爆炸的零件以深绿色显示，爆炸方向及控标也以深绿色显示。

（3）在【设定】栏中可修改移动距离，输入新的距离值，或者拖动控标改变距离直到满意为止。

2. 改变爆炸方向的操作步骤

单击按钮，可以改变爆炸方向。

3. 更改要爆炸的零部件的操作步骤

（1）在【爆炸步骤零部件】栏（）中取消当前选择，再重新选择要爆炸的零部件。修改完毕后，单击应用(P)按钮，再单击完成(D)按钮。

（2）在图形区在要进行爆炸步骤编辑的零部件上单击鼠标右键，在弹出的快捷菜单中选择【取消】命令，如图 6-57 所示，则取消对该爆炸步骤的编辑。若选择【确定】命令，则完成爆炸步骤的编辑，爆炸图更新。

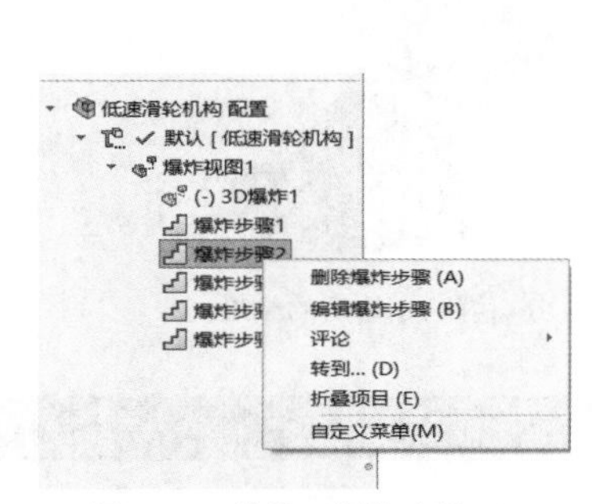

图 6-55　编辑“爆炸步骤 2”

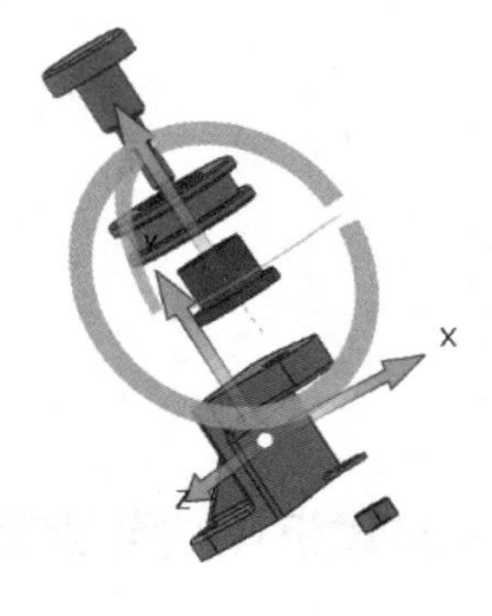

图 6-56　编辑爆炸步骤

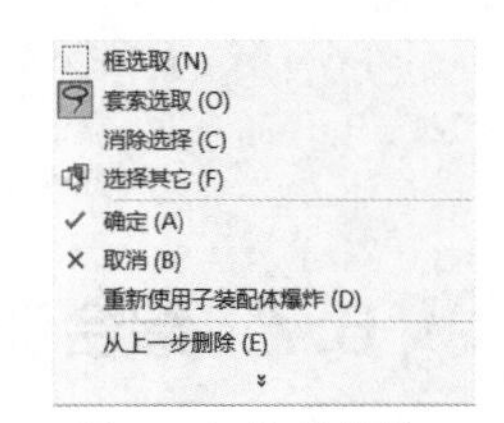

图 6-57　快捷菜单

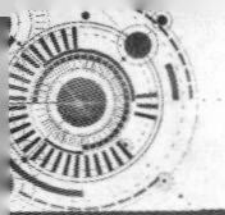

6.6.3 爆炸直线草图

【爆炸直线草图】工具自动为每个零部件生成爆炸直线。

爆炸【步路线】命令的启动方式如下。

- 单击【装配体】工具栏中的按钮，出现【步路线】属性管理器，如图 6-58 所示。

生成爆炸线路的操作步骤如下。

1. 编辑"爆炸步骤 1"，修改距离值为"140.00mm"，创建新爆炸步骤 6，使滑轮向 x 方向移动"60.00mm"，完成后单击按钮。

2. 从上往下依次选择心轴下端圆形边线及滑轮、衬套、拖架、垫圈、螺母的孔边线，最后单击 ✓ 按钮，结果如图 6-59 所示。

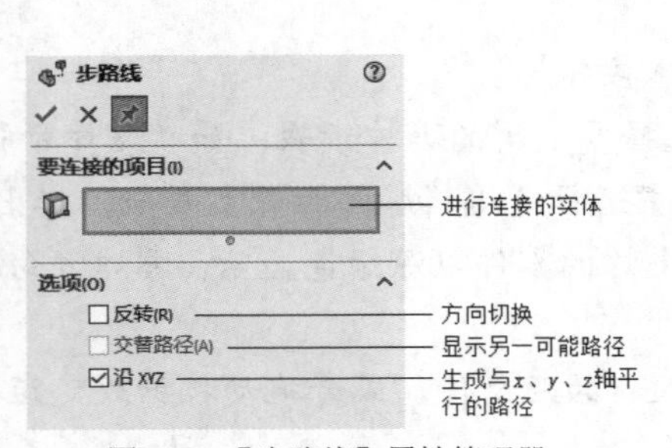

图 6-58 【步路线】属性管理器

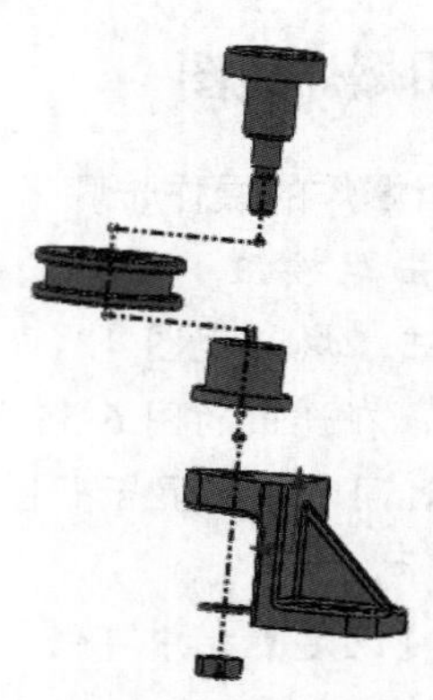

图 6-59 爆炸步路线图

6.6.4 解除爆炸

解除爆炸的方式如下。

- 单击按钮，在"爆炸视图 1"上单击鼠标右键，在弹出的快捷菜单中选择【解除爆炸】命令，如图 6-60 所示。
- 在绘图区任何地方单击鼠标右键，在弹出的快捷菜单中选择【解除爆炸】命令，解除爆炸后的结果如图 6-61 所示。

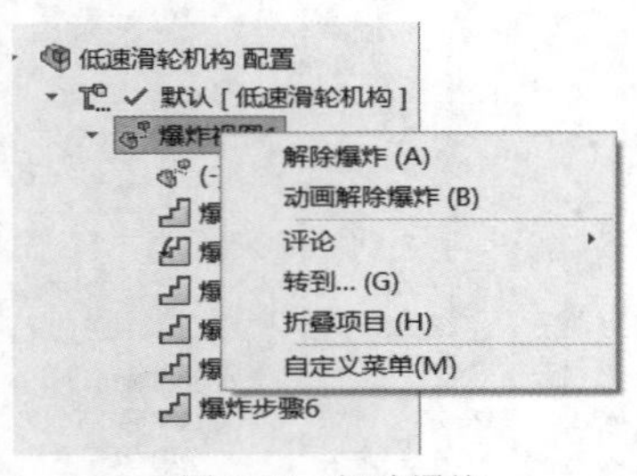

图 6-60 解除爆炸

图 6-61 解除爆炸后的结果

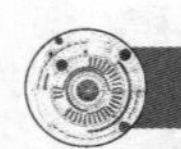

6.7 综合训练——创建机用虎钳装配体

绘图思路如下。

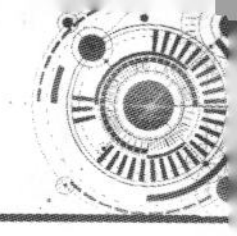

- 装配体现工作原理。机用虎钳是用来夹持工件进行加工的部件，它主要由固定钳身、活动钳身、钳口板、丝杠及方块螺母等组成。
- 丝杠固定在固定钳身上，转动丝杠可带动方块螺母做直线移动，因此丝杠建立螺旋装配。
- 方块螺母与活动钳身用螺钉连成整体。
- 当丝杠转动时，活动钳身就会沿固定钳身移动，这样钳口就会闭合或开放用以夹紧或松开工件。

机用虎钳的轴测剖视图和装配轴测图如图6-62和图6-63所示。

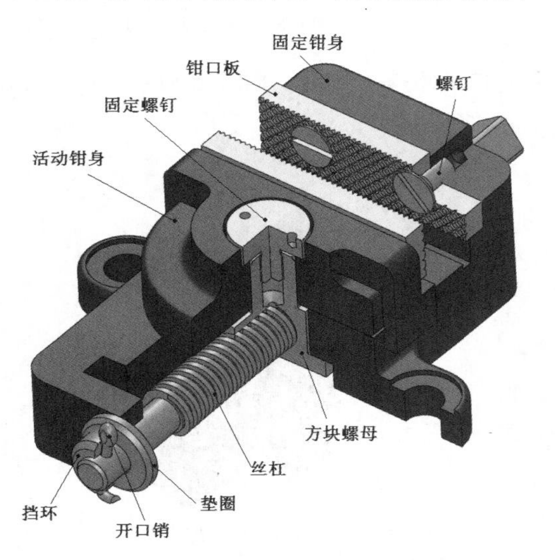

图6-62　机用虎钳轴测剖视图

图6-63　机用虎钳装配轴测图

创建机用虎钳装配体的操作步骤如下。

1. 新建装配体文件。

2. 选择菜单命令【插入】/【零部件】/【现有零件/装配体】，插入固定钳身，使其固定，如图6-64所示。

3. 选择菜单命令【插入】/【零部件】/【现有零件/装配体】，插入方块螺母，如图6-65所示。

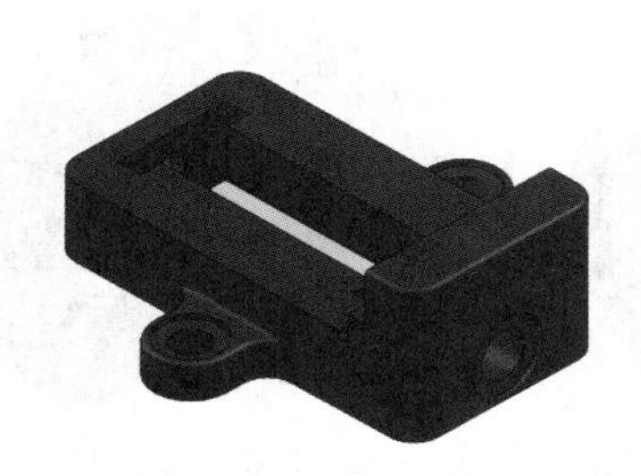

图6-64　插入固定钳身

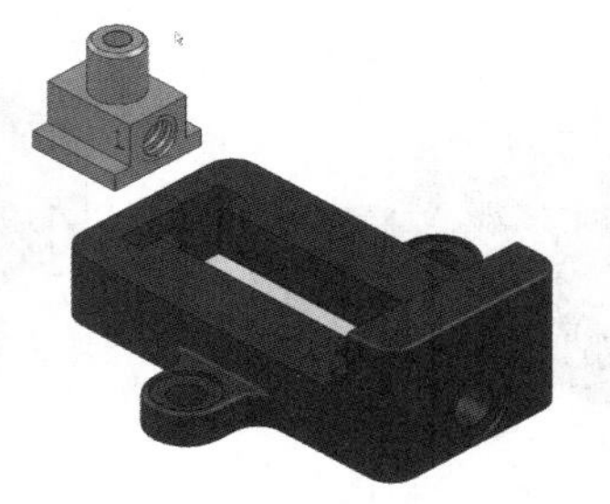

图6-65　插入方块螺母

4. 添加方块螺母螺孔轴线与固定钳身孔轴线的同轴心配合，添加方块螺母两侧面与固定钳身相应表面的平行配合，单击✓按钮，过程如图6-66所示，结果如图6-67所示。

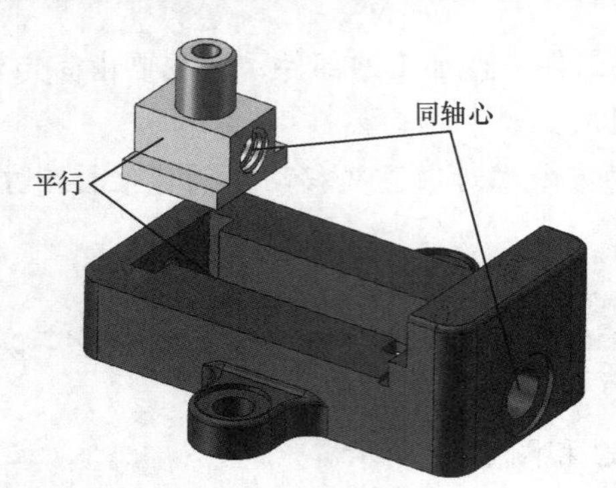

图 6-66　添加配合

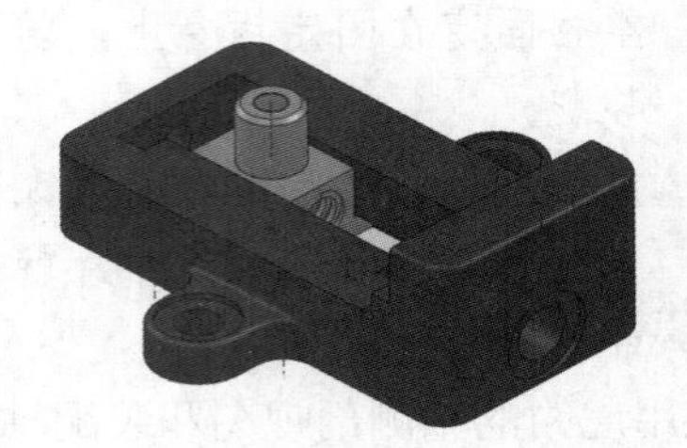

图 6-67　配合结果（1）

5. 选择菜单命令【插入】/【零部件】/【现有零件/装配体】，插入活动钳身，并添加同心配合，过程如图 6-68 所示，配合结果如图 6-69 所示。

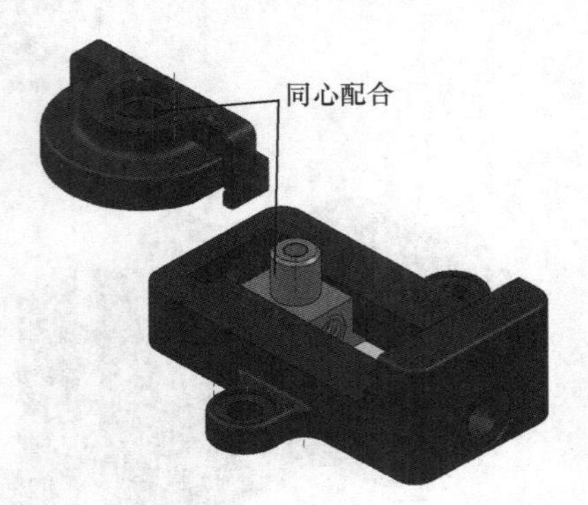

图 6-68　插入活动钳身并添加同心配合

图 6-69　同心配合结果

6. 调整位置，添加活动钳身底面与固定钳身顶面的面重合配合，并使活动钳身与固定钳身放置钳口板的面平行配合，结果如图 6-70 所示。

7. 插入固定螺钉，添加固定螺钉大圆柱面与活动钳身内孔的同心配合，添加固定螺钉的螺钉头底面与活动钳身的沉孔底面的重合配合，过程如图 6-71 所示，配合结果如图 6-72 所示。

图 6-70　配合结果（2）

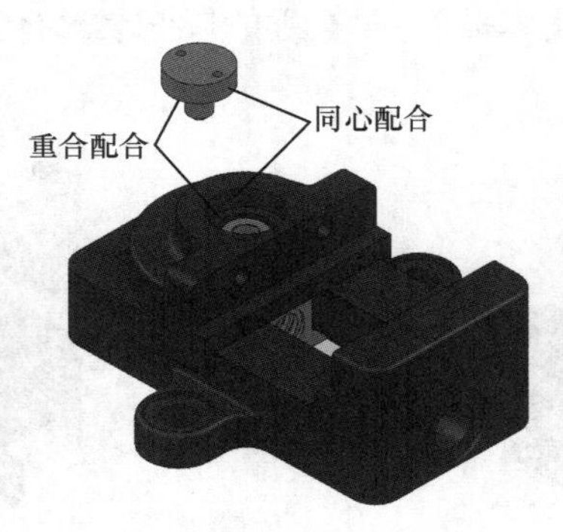

图 6-71　插入固定螺钉并添加配合

图 6-72　配合结果（3）

8. 选择菜单命令【插入】/【零部件】/【现有零件/装配体】，插入钳口板，如图 6-73 所示。

在设计树上选中“钳口板”，按住 Ctrl 键的同时拖曳鼠标指针到绘图区，松开鼠标左键，生成钳口板的复制，设计树上出现“钳口板<2>”。

9. 添加配合。将钳口板分别与固定钳身和活动钳身的端面重合，并且孔要同轴心，结果如图 6-74 所示。

图 6-73　插入钳口板并生成其复制

图 6-74　配合结果（4）

10. 选择菜单命令【插入】/【零部件】，插入沉头螺钉，并且在特征管理设计树上选中“沉头螺钉”，按住 Ctrl 键的同时拖曳鼠标指针到绘图区，松开鼠标左键，生成沉头螺钉的复制，如图 6-75 所示，设计树上出现“沉头螺钉<2>”“沉头螺钉<3>”“沉头螺钉<4>”。添加螺钉与螺钉孔的同轴心配合，以及螺钉头部锥面与沉孔锥面的重合配合，结果如图 6-76 所示。

图 6-75　插入沉头螺钉并生成其复制

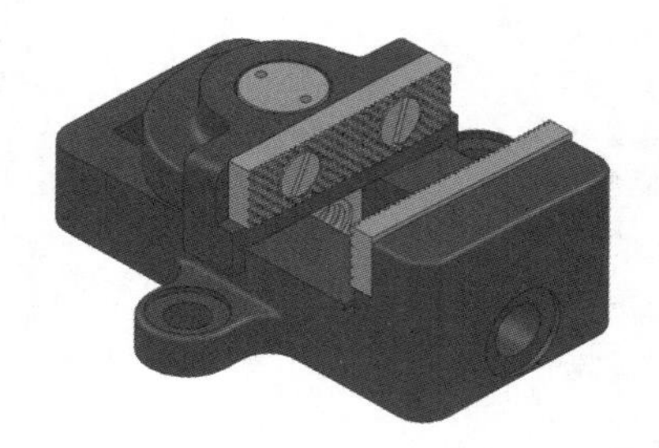

图 6-76　配合结果（5）

11. 插入“垫圈 18”，如图 6-77 所示。通过添加同轴心和面的重合配合，将“垫圈 18”安装到固定钳身的沉孔内，结果如图 6-78 所示。

图 6-77　插入“垫圈 18”

图 6-78　安装“垫圈 18”

12. 在特征管理设计树中选中零件，单击鼠标右键，在弹出的快捷菜单中单击按钮，压缩一组零件（活动钳身及与之配合的固定螺钉、钳口板和沉头螺钉），露出方块螺母，插入丝杠，如图 6-79 所示。显示临时轴，添加丝杠圆柱面与方块螺母的圆柱孔的螺旋配合，如图 6-80 所示。添加丝杠的轴肩与垫圈的端面重合，结果如图 6-81 所示。

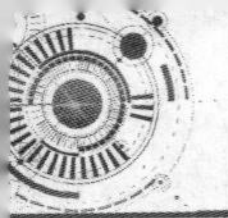

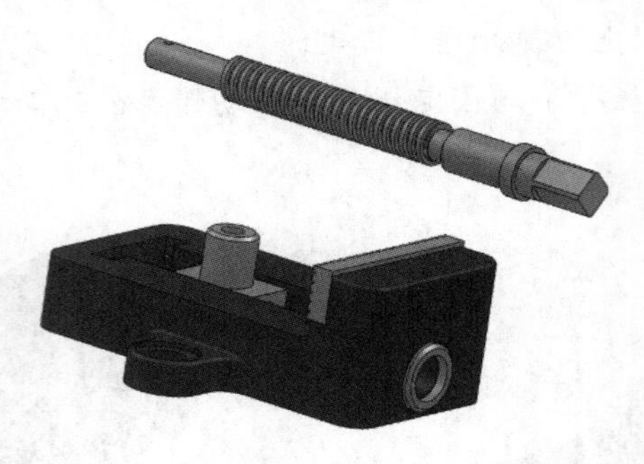

图 6-79　压缩零件并插入丝杠

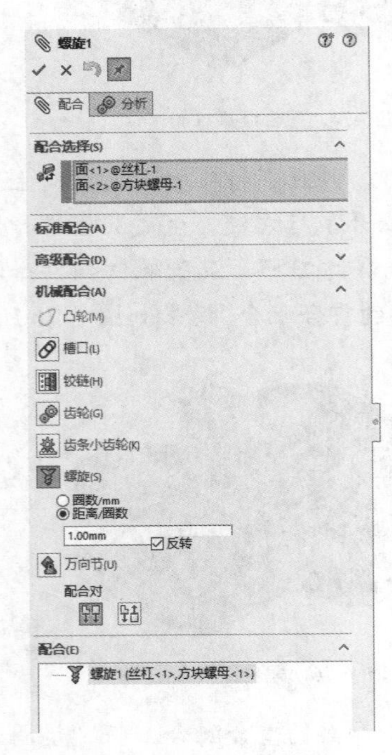

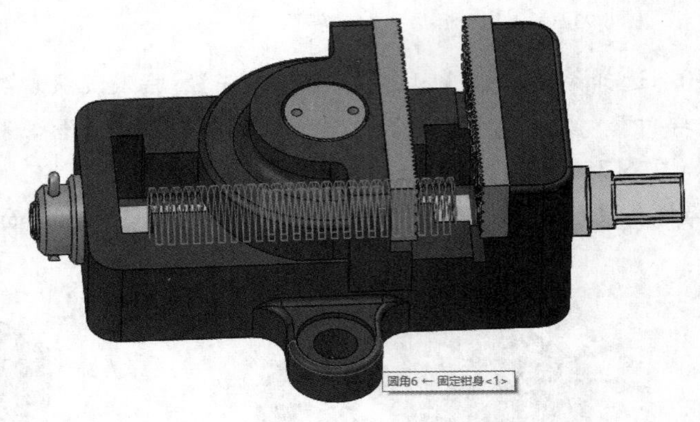

图 6-80　添加螺旋配合

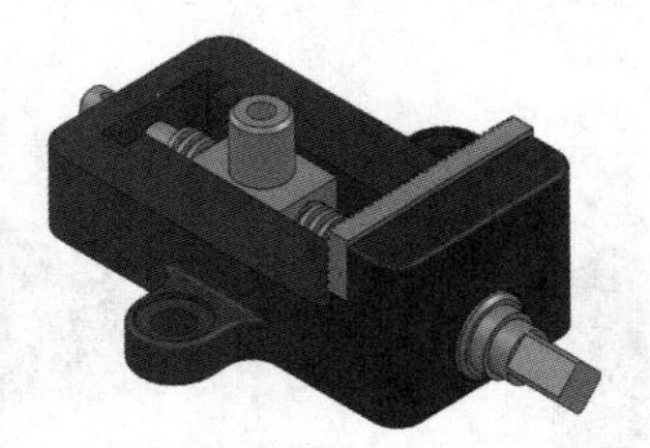

图 6-81　轴肩与垫圈重合配合

13. 插入“垫圈 12”，如图 6-82 所示，添加“垫圈 12”与丝杠的同心配合及其与固定钳身的面重合配合，结果如图 6-83 所示。

14. 插入挡环，如图 6-84（a）所示。添加挡环上销孔与丝杠上的销孔同轴心配合，如图 6-84（b）所示。添加挡环与垫圈的面重合配合，添加挡环与丝杠的同轴心配合，结果如图 6-84（c）所示。

图 6-82　插入“垫圈 12”

图 6-83　安装“垫圈 12”

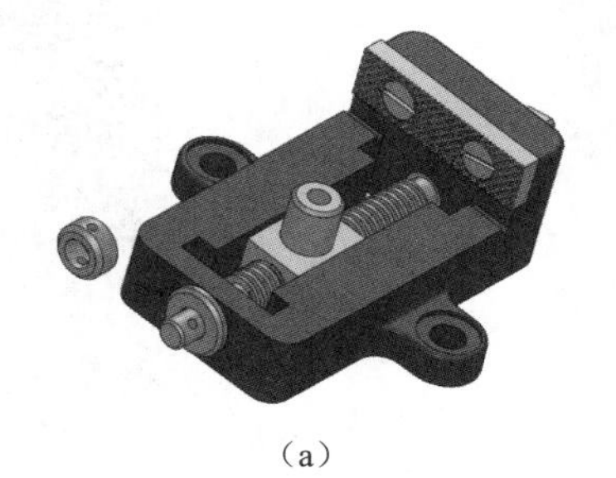

（a）

（b）

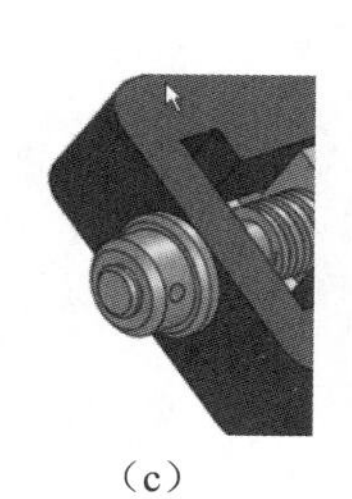

（c）

图 6-84　安装挡环

15. 插入开口销，如图 6-85（a）所示，显示临时轴，添加销轴线与销孔轴线的重合配合，如图 6-85（b）所示，添加开口销与挡环的相切配合，结果如图 6-85（c）所示。

（a）

（b）

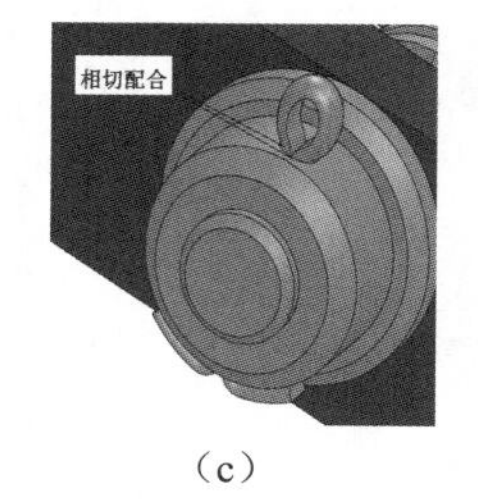

（c）

图 6-85　安装开口销

 6.8　小结

本章介绍了自底向上的装配体建模。

【本章重点】

1．创建装配体并用多种方式向装配体中添加零件。

2．读懂装配体的特征管理设计树，了解符号、前缀、后缀代表的含义。

3．零部件之间的配合关系限制了零件的自由度。配合可分为标准配合、高级配合和机械配合。

4．通过选择部件指定方向和移动距离，创建装配体爆炸视图。

【本章难点】

1．高级配合和机械配合的使用。

2．使用步路线生成零部件爆炸路径直线。

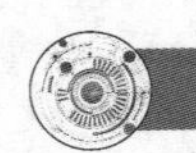

6.9 习题

1．打开素材文件夹“素材\第 6 章\五爪机器人抓手”下的文件，完成五爪机器人抓手的装配，结果如图 6-86 所示。

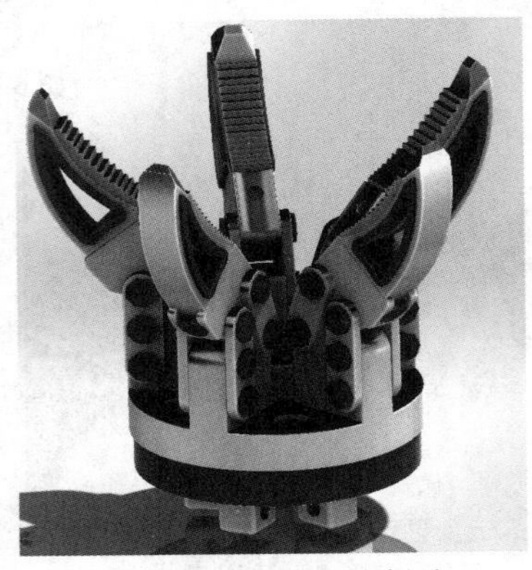

图 6-86　五爪机器人抓手

2．打开素材文件夹“素材\第 6 章\万向节”下的文件，完成万向节的装配，结果如图 6-87 所示。

图 6-87　万向节

3．打开素材文件夹“素材\第 6 章\千斤顶”下的文件，完成千斤顶的装配，结果如图 6-88 所示。

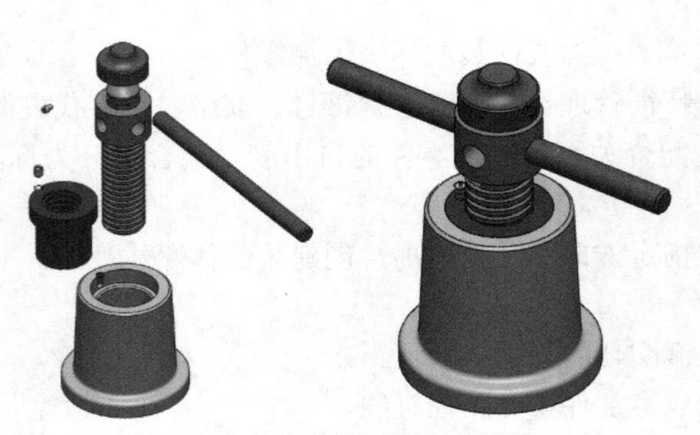

图 6-88　千斤顶及其分解轴测图

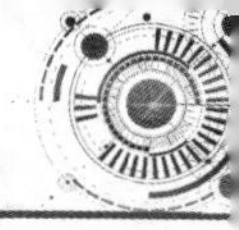

4．打开素材文件夹“素材\第 6 章\滑动轴承”下的文件，完成滑动轴承的装配，结果如图 6-89 所示。

图 6-89　滑动轴承

5．打开素材文件夹“素材\第 6 章\减速器”下的文件，完成减速器的装配，结果如图 6-90 所示。

图 6-90　减速器

第 7 章

自顶向下的装配体建模

知识目标： 了解关联和外部参考的概念；
在装配体环境下编辑零件；
能够使用自顶向下的装配体建模技术在装配体的关联环境中建立虚拟零部件；
通过参考配合零件的集合体在装配体关联环境中建立特征。
能力目标： 能够从产品设计意图出发，在关联中编辑装配体和零件。
素质目标： 自顶向下装配，培养“从全局出发，先整体后局部”的设计思路。

在自顶向下装配体设计中，一些关系和尺寸是和装配体中其他部件关联的。这些关系通过装配体中的模型特征和选中的外部参考实体完成。这些外部关联是由装配体的特征和“关联”零件组成，因此称为“自顶向下”。本章通过鼠标底座和泵体泵盖来讲解自顶向下的装配。

7.1 关联特征——在鼠标底座上添加凸台

本节通过在鼠标底座零件上添加与鼠标上盖配合的圆柱形凸台（见图 7-1）来讲解关联特征。

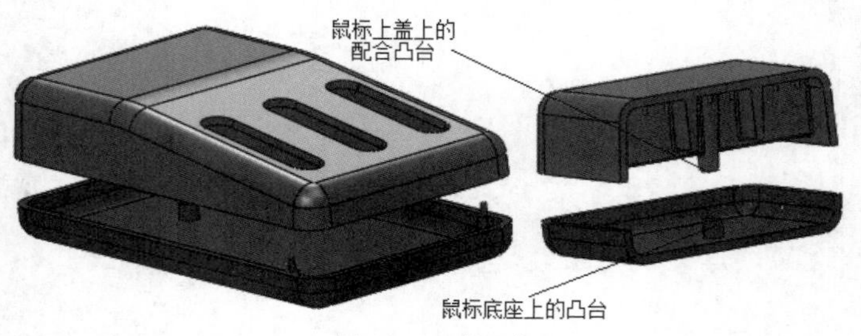

图 7-1 配合凸台

关联特征的设计方法是指在当前零件中，利用其他零件的几何体绘制草图，通过投影、等距或标注尺寸来建立几何体，这种方法建立的特征就叫关联特征，也可以认为是有外部参考的特征。

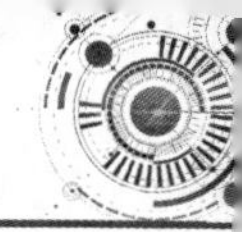

如果建立一个特征需要参考其他零件中的几何体，这个特征就是关联特征。例如，可以参考另外零件中的轴来建立零件中的配合孔，在轴和孔之间建立关联关系，当轴的直径变化时，孔的直径也会进行相应的变化。

要点提示

关联特征只有在装配体打开的状态下才可以更新，但一个零部件的更新会导致另外一个零部件也被更新。

7.1.1　编辑零件

一、关联中编辑

在装配体中编辑零件，也称为关联中编辑，因为是在关联装配体中生成或编辑特征，而不是单独生成零件。“关联中编辑”可在生成新特征时在装配体中看到零件，也可使用周围零件的几何体来定义新特征的大小或形状。

二、编辑模式切换

在装配体中，可以在“编辑装配体”和“编辑零部件”两种模式下进行切换。

（1）在“编辑装配体”模式下，可以进行加入配合关系、添加零部件等操作。

（2）在“编辑零部件”模式下，可以编辑特定的零件，如编辑特征或草图。当处于编辑零件模式时，可以使用 SOLIDWORKS 零件建模所有的命令及功能，也可以利用装配体中的其他几何体。

两种方式的切换方式如下。

- “编辑零部件”模式：单击【装配体】工具栏中的按钮，或者选择菜单命令【编辑】/【零件】。
- “编辑装配体”模式：“编辑零部件”模式下，在绘图区单击鼠标右键，在弹出的快捷菜单中选择【编辑装配体：装配体名称】命令；在特征管理设计树中的装配体设计树顶端处单击鼠标右键，在弹出的快捷菜单中选择【编辑装配体】命令，或再次单击【装配体】工具栏中的按钮。

7.1.2　编辑零部件时装配体显示

在关联装配体中编辑零部件（零件或子装配体）时，正在编辑的零部件会有颜色变化。在特征管理设计树中，与编辑零部件相关的文本会变成蓝色。在绘图区中，零部件则变成不透明的蓝色，而装配体的其余部分变成透明的灰色。

可以更改“编辑零部件”模式中使用的颜色，也可以将颜色关闭。

更改颜色的方法如下。

- 单击【标准】工具栏中的按钮，或者选择菜单命令【工具】/【选项】，打开【系统选项(s)-普通】对话框，进入【系统选项】选项卡，选择【颜色】选项。
- 在【颜色方案设置】列表框中选择【装配体，编辑零件】选项，可更改颜色；选中【当在装配体中编辑零件时使用指定的颜色】复选项（见图 7-2），在编辑零件时使用指定的颜色显示；如果不选中该复选项，则使用零件的颜色关闭。

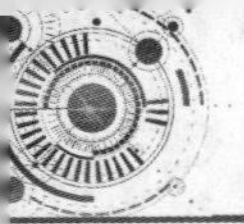

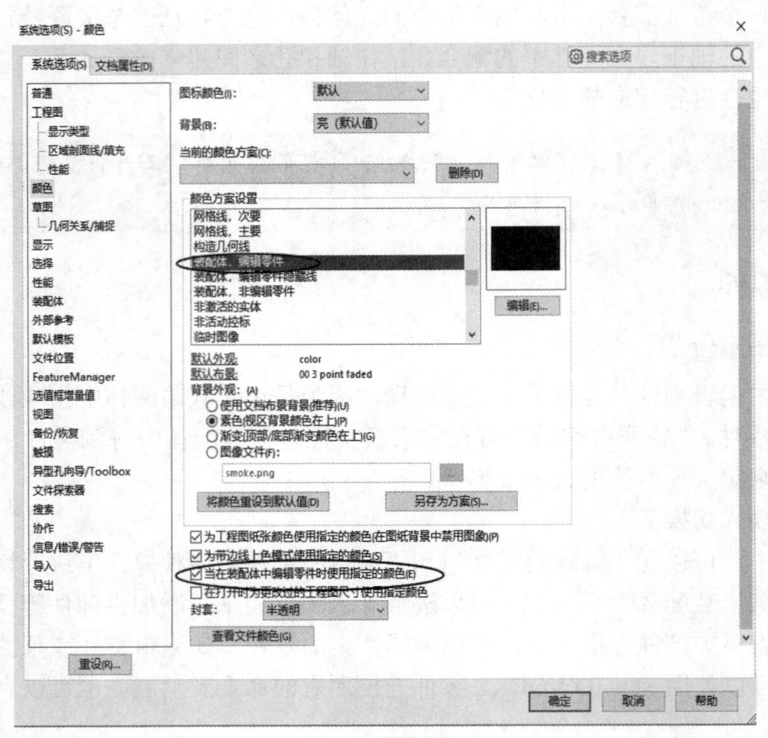

图 7-2　颜色设置

7.1.3　装配体透明度设置

一、透明度设置选项

装配体中其他未编辑的零件的透明度可以设置为以下 3 个选项中的一个。

【不透明装配体】：除了正在编辑的零部件以外，所有部件变成不透明的灰色。

【保持装配体透明度】：除了正在编辑的零部件以外，所有部件保持其单独透明度设定。

【强制装配体透明度】：除了正在编辑的零部件以外，所有部件变得透明，透明度可以设置。

设置强制透明度的方法如下。

- 单击【标准】工具栏中的按钮，或者选择菜单命令【工具】/【选项】，打开【系统选项(s)-普通】对话框，进入【系统选项】选项卡，选择【显示】选项，在【关联编辑中的装配体透明度】栏中设置装配体透明度，如图 7-3 所示。
- 在“编辑零部件”模式下，单击【装配体】工具栏中的按钮，可修改装配体的透明度，如图 7-4 所示。

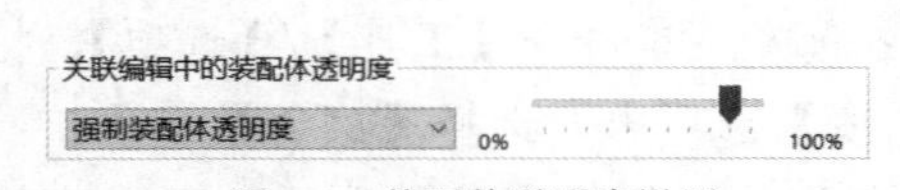

图 7-3　装配体透明度设置

图 7-4　修改装配体透明度

二、装配体透明度对选择几何体的影响

在绘图区中移动鼠标光标经过某个零件时，某些几何体会高亮显示，如面和边，单击鼠标左键即可选择高亮显示的几何体。一般说来，鼠标光标会选择任何位于前面的几何体，然

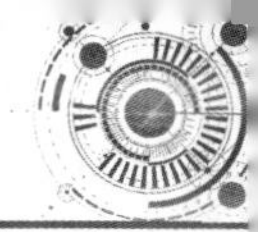

而如果装配体中有透明零部件，不管透明的零件是否在前面，鼠标光标首先选择不透明的几何体。

可以通过以下方法来控制选择几何体。

- 编辑零件状态下，单击【装配体】工具栏中的按钮，设定装配体为不透明，这样可以同样对待所有几何体，鼠标光标选择任何前面的面。
- 如果一个透明零件后面有不透明的零件，按住 Shift 键可以选择不透明零件的几何体。
- 如果当前编辑零件前有一个不透明的零件，按住 Tab 键可以通过不透明的零件选择被建立零件的几何体。
- 使用【选择其他】选项，选择被其他面挡住的面。

7.1.4　工程实例——鼠标底座凸台

鼠标底座凸台

作图步骤如下。

1. 打开素材文件"素材\第 7 章\鼠标\鼠标.sldasm"，如图 7-5 所示。

2. 剖面视图。单击【视图(前导)】工具栏中的按钮，启动【剖面视图】命令。使用"前视基准面"作为剖切平面，查看装配体的剖面视图，并向凸台方向移动剖切位置，如图 7-6 所示。

图 7-5　鼠标

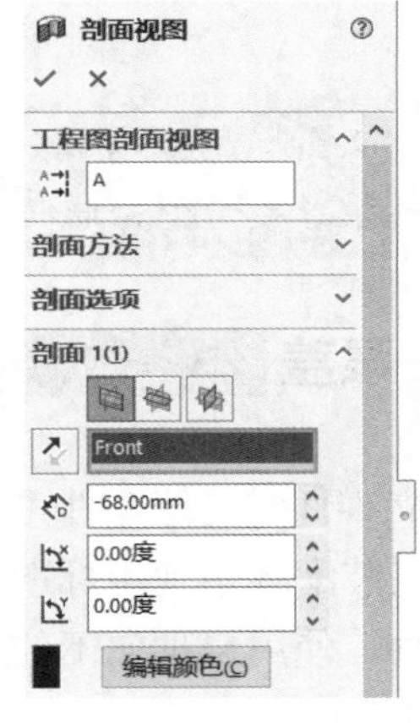

图 7-6　剖面视图

3. 编辑零件。选择"鼠标底座"零件，单击按钮，进入编辑零件状态，底座颜色发生变化，变成选项中指定的颜色。

4. 建立草图。鼠标底座中凸台的草图平面应该选择与之相对应的鼠标上盖凸台的底面。选择此平面，在该平面上新建草图。选中圆柱凸台的外圆，单击【草图】工具栏中的按钮，复制该轮廓，这样当鼠标上盖凸台的直径变化时，会传递到此草图中。

5. 成形到一面。草图平面位于零件本身的上方，因此拉伸草图时必须向零件内部拉伸。单击【特征】工具栏中的按钮，启动【拉伸】命令，设置终止条件为【成形到下一面】，给定一个向外拔模为"3.00 度"的拔模角，选中【合并结果】复选项，如图 7-7 所示，单击✓按钮，完成拉伸。

6. 打开零件。在特征管理设计树中的"鼠标底座"零件处单击鼠标右键，从弹出的快捷菜单中单击按钮，如图 7-8 所示，可以看到完整的鼠标底座零件，如图 7-9 所示。

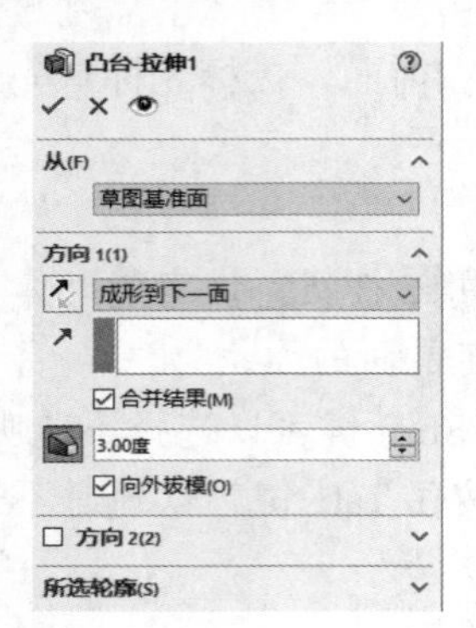

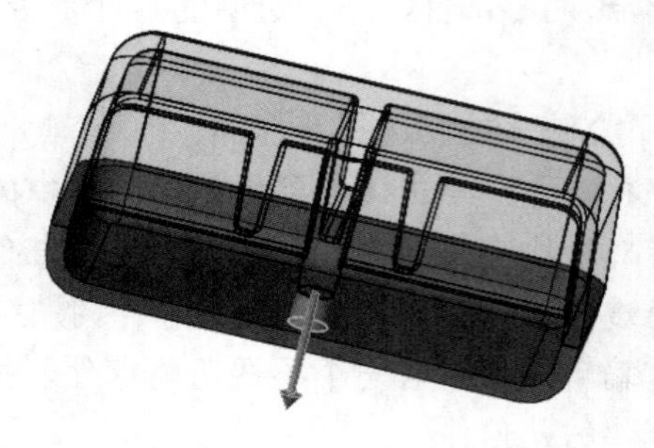

图 7-7　拉伸凸台

图 7-8　打开零件

图 7-9　鼠标底座零件

要点提示

特征管理设计树中新建特征“凸台-拉伸 1->”后面跟随的“->”符号表明该特征具有一个或多个外部参考，是一个关联特征。

 7.2　建立关联零件——泵盖

在装配体内部可以直接生成和建立零件，这些零件可以作为新零件被插入到装配体中，并在装配体中使用标准建模技术建立零件。本节利用泵体零件，使用自顶向下的设计方法建立关联零件泵盖，如图 7-10 所示。

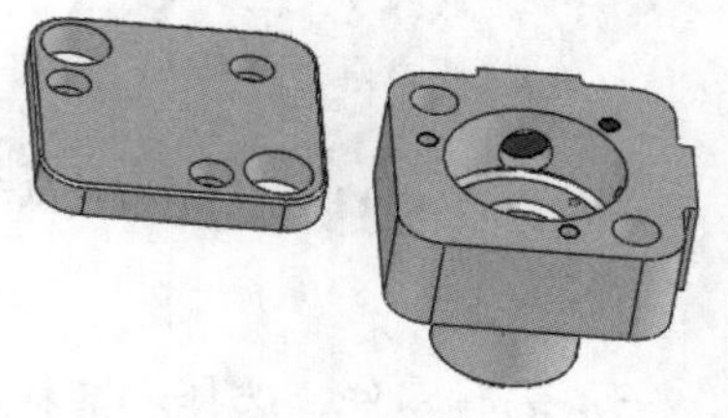

图 7-10　泵盖

7.2.1　在装配体中建立新零件

在关联装配体中生成一个新零件，设计零件时就可以使用装配体其他零部件的几何特征。新零件在装配体文件中内部保存为虚拟零部件，作为装配体的一个零部件显示在特征管理设计树中，并包含完整的特征清单，可在以后将零件保存到其自身的零件文件中。

要点提示

在装配体关联环境中插入新零件，软件会自动在零部件名字外面加上括号。如装配体中看到“【零件 1 装配体 1】”的名称，说明这是虚拟的零件。

新零件与装配体中现有零件的基准面或平的模型表面，或者装配体文件的基准面相配合。新零件启动方式如下。

- 在【装配体】工具栏中单击按钮，或者选择菜单命令【插入】/【零部件】/【新零件】。

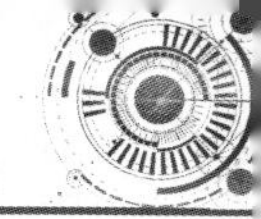

在装配体中插入新零件后，会发生许多变化，包括以下方面。

（1）建立了一个新零件。

（2）新零件作为装配体的一个部件显示在特征管理设计树中。

（3）新零件的前视基准面与所选择的面或基准面重合。

（4）系统切换到了编辑零件模式。

（5）在所选择的面上新建了一幅草图，并处于草图绘制状态下。

（6）在特征管理设计树中添加了一个名为“在位 1”的配合来在装配体中完全定义零件的位置。

要点提示

插入的新零件是空的，唯一可见的是所选面上的原点符号。

7.2.2 工程实例——泵盖

1. 新建装配体，打开素材文件“素材\第 7 章\泵体.sldprt”，插入泵体零件，如图 7-11 所示。

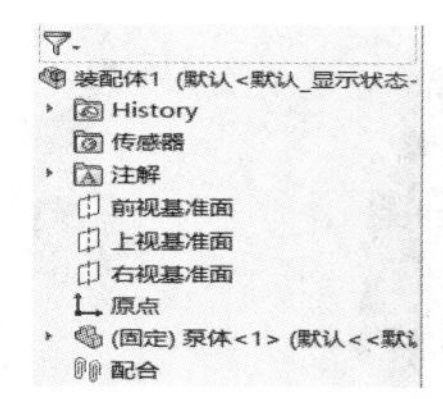

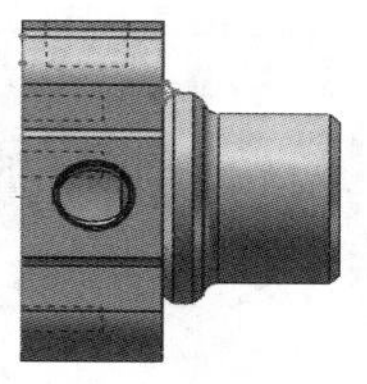

图 7-11　新建装配体

2. 在装配体中新建零件。单击【装配体】工具栏中的按钮，单击泵体底面，在左侧的特征管理设计树中出现新零件，并进入草图编辑状态，如图 7-12 所示。

要点提示

新零件的名称在特征管理设计树中显示为蓝色。

3. 转换实体引用。如图 7-13 所示，选择泵体底面上的边线，单击【草图】工具栏中的按钮，复制边线。

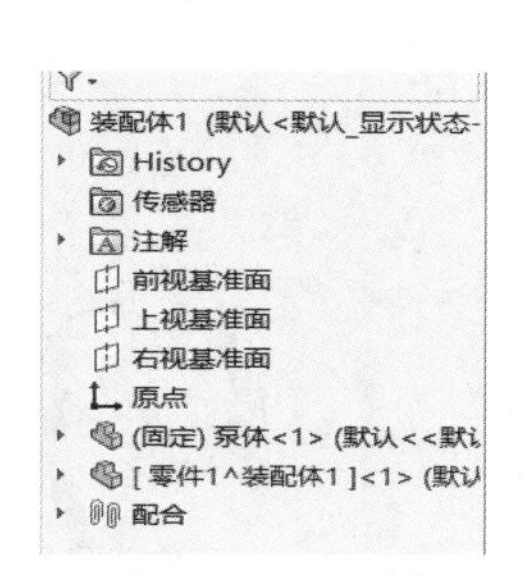

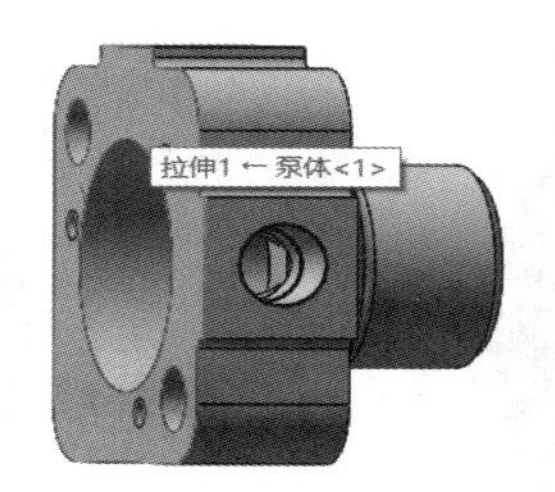

图 7-12　插入新零件

图 7-13　选择边线

4. 等距实体。选择泵体底面大圆，单击【草图】工具栏中的按钮，在草图上建立等距为 3mm 的圆，如图 7-14 所示。

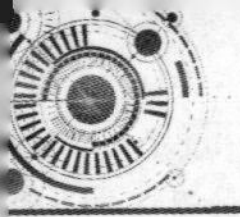

同理，在草图上绘制与 3 个小圆等距为 0.5mm 的圆，完成草图，如图 7-15 所示。

图 7-14　等距实体

图 7-15　绘制草图 1

5．拉伸实体。使用【拉伸实体】命令，拉伸长度为 10mm 的凸台，如图 7-16 所示。

6．阶梯孔。在生成的泵盖基体底面建立“草图 2”，利用圆、圆周阵列命令绘制草图，如图 7-17 所示。

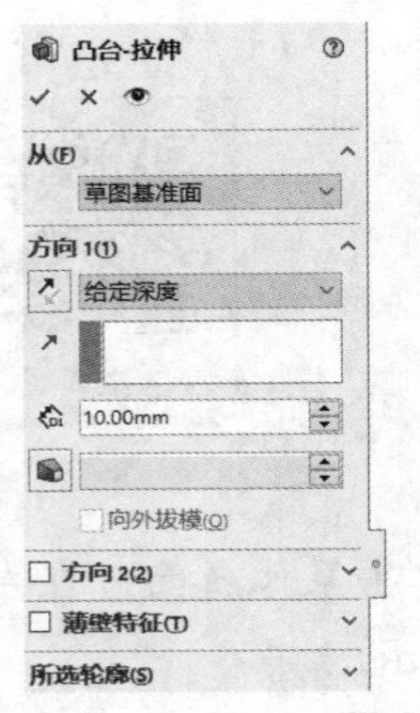

图 7-16　拉伸实体效果

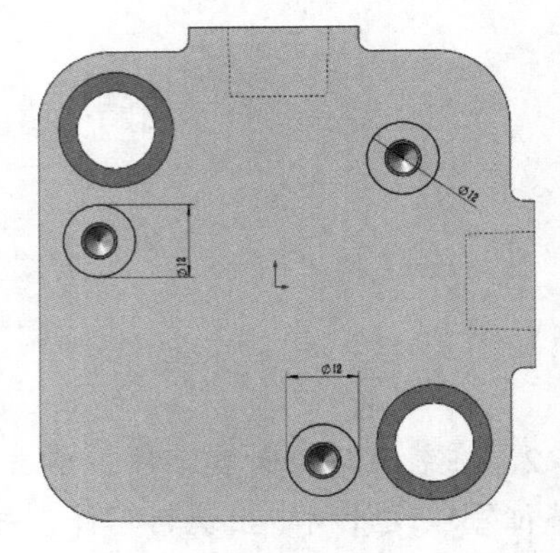

图 7-17　绘制“草图 2”

单击【特征】工具栏中的按钮，以“草图 2”为基准，拉伸切除深度为 6mm 的孔，如图 7-18 所示。

7．添加圆角。在特征管理设计树中选中新零件，单击鼠标右键打开该零件，如图 7-19 所示。

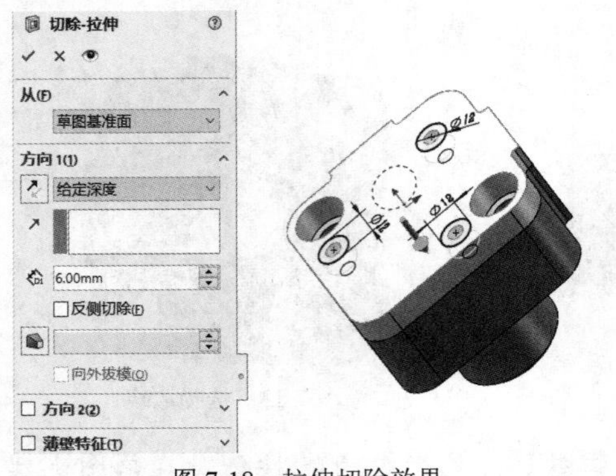

图 7-18　拉伸切除效果

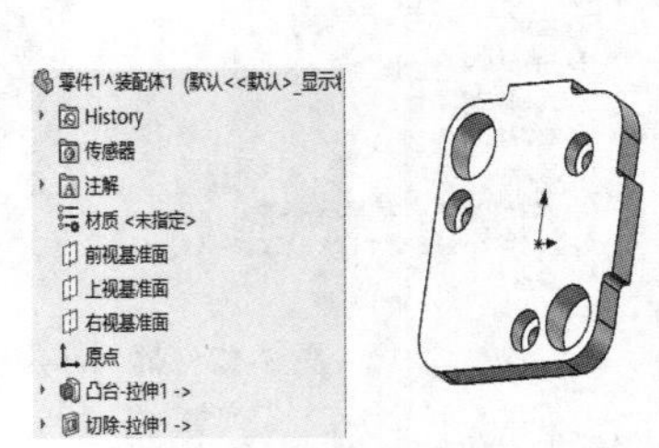

图 7-19　打开零件

选中边线，为其添加圆角，如图 7-20 所示，单击✓按钮完成添加。

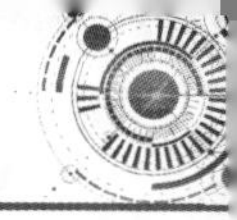

8. 更改名称。打开装配体，保存为“叶片泵”，单击鼠标右键，在弹出的快捷菜单中选择【重新命名零件】命令，将新零件名称更改为“泵盖”，如图 7-21 所示。

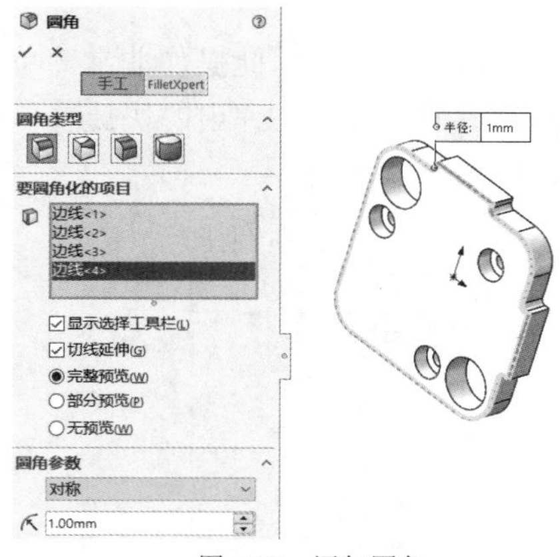

图 7-20　添加圆角

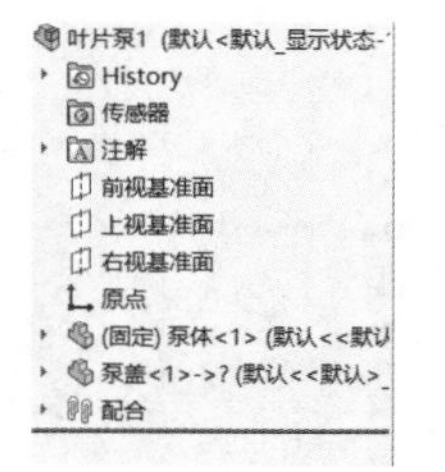

图 7-21　更改名称

关闭装配体时可选择是否保存虚拟零件到外部路径，在弹出的快捷菜单中选择【外部保存（指定路径）】命令来保存文件，对话框如图 7-22 所示。

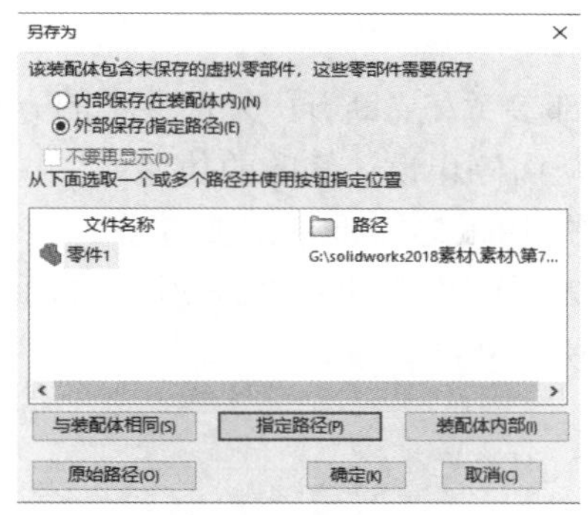

图 7-22 【另存为】对话框

7.3　编辑外部参考

在关联中建立零件和特征而产生的外部参考会保留在零件中，对零件的改变会影响到所有用到此零件的地方。同样，当修改了零件所参考对象时，零件也同样会进行修改。通过外部参考，不仅可以利用装配体中的几何体很方便地设计零件，而且可以最大限度地保证设计的准确性。

但关联零件很可能被使用在另外一个装配体之中，这种情况下，就应该删除零件的外部参考。在 SOLIDWORKS 系统中，用户可以通过复制并编辑关联零件建立一个不再与装配体相关联的零件。

7.3.1　脱离和恢复关联

1. 脱离关联

当装配体没有打开时，零件的任何修改都不会传递到另一个零件之中，零件脱离关联关

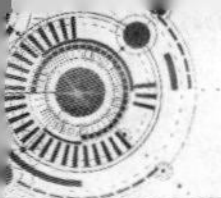

系。例如，当单独打开泵盖零件时，特征和草图后面出现了“->?”符号，如图 7-23 所示，表明特征的外部参考目前脱离了关联，这时如果修改泵体的尺寸，泵盖不会随之改变。

2. 恢复关联

将一个脱离关联的零件恢复关联，只要将其参考的文档打开即可，此操作非常简单。

也可在特征管理设计树中用鼠标右键单击带有外部参考的特征，在弹出的快捷菜单中选择【关联中编辑】命令即可打开特征参考的外部文件，如图 7-24 所示。

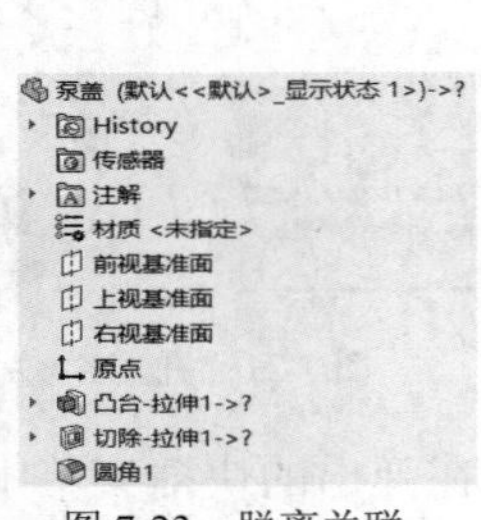

图 7-23　脱离关联

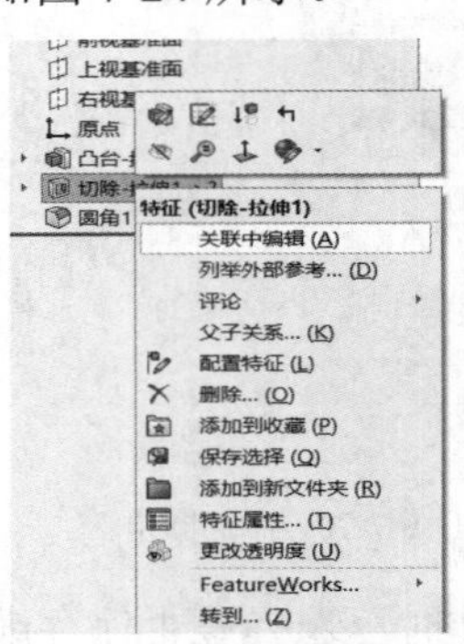

图 7-24　关联中编辑

7.3.2　断开和锁定外部参考

可以利用“锁定/解除”外部参考和“断开”外部参考的方法来临时或永久性地切断关联零件与外部参考之间的关系，从而停止设计修改的传递。

在装配体特征管理设计树中用鼠标右键单击要查看的零件，在弹出的快捷菜单中选择【列举外部参考】命令，如图 7-25 所示，弹出图 7-26 所示的【此项的外部参考:泵盖】对话框，该对话框列出了零件中包含的所有外部参考。

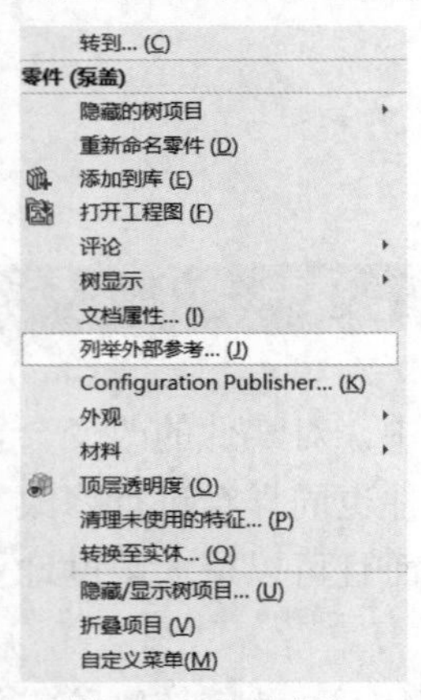

图 7-25　快捷菜单

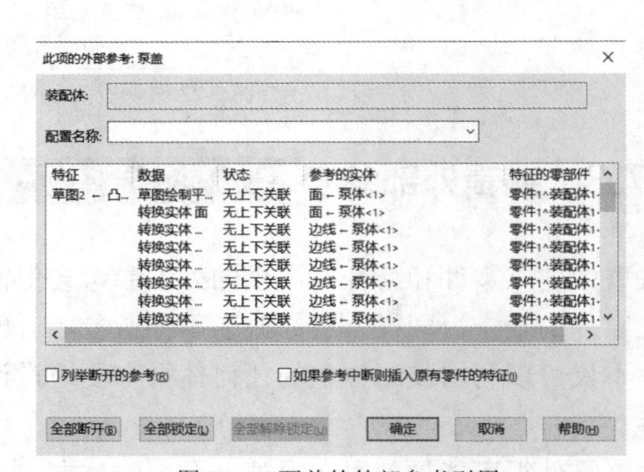

图 7-26　泵盖的外部参考引用

（1）全部断开(B)按钮用于永久性切断与外部控制文件的关系，存在不可逆性。单击确定按钮之后，所有修改将永远不再传递到关联零件中。被断开参考的符号为“->X”。

（2）全部锁定(L)按钮用于锁定或冻结外部参考，直到使用【全部解除锁定】命令解除锁定。与全部断开外部参考不同，全部锁定操作是可逆的，在用户解除锁定外部参考之前，所有修改不会传递到关联零件中。

（3）被锁定符号为“->*”。当零件被锁定参考后，无法再添加新的外部参考。

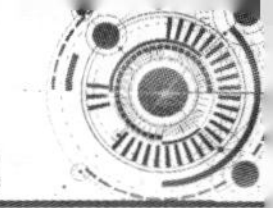

要点提示

全部断开操作不会删除外部参考，只是简单地断开了外部参考，而且这种断开永远不可能再恢复，因此最好在所有情况下都使用全部锁定操作。

7.3.3　删除外部参考

如果要永久终止修改传递，最好的方法是先使用【另存为】命令将关联零件另存副本，然后在复制的零件中删除外部参考关系。

7.4　综合训练——鼠标按键

鼠标按键及配合如图 7-27 所示，其设计意图如下。

（1）按键的边与鼠标上盖的按键孔等距。

（2）零件壁厚相同。

（3）按键凸出鼠标上盖的上表面距离为 2mm。

（4）零件挡边与鼠标上盖抽壳的内壁重合。

（5）按键上的两个孔与鼠标上盖中的圆柱销相对应。

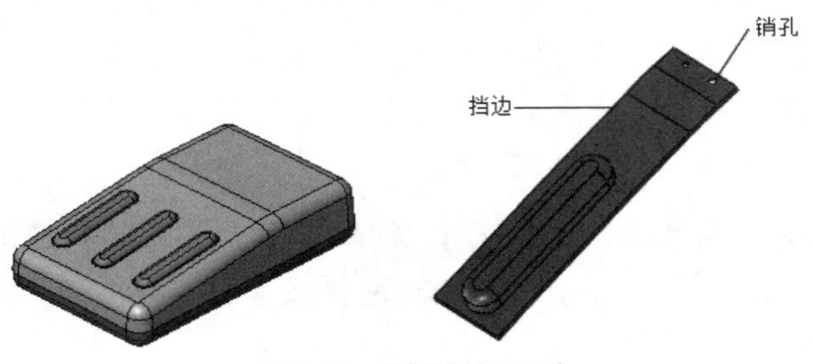

图 7-27　鼠标按键及配合

操作步骤如下。

1. 打开鼠标装配体，隐藏鼠标底座。在设计鼠标按键时，底座没有参考作用，可以暂时隐藏。

2. 插入新零件。在【装配体】工具栏中单击按钮，选择鼠标按键孔要穿过的内平面，如图 7-28 所示。

3. 草图等距实体。选中鼠标上盖按键孔的边，向内等距 0.5mm，如图 7-29 所示。

图 7-28　选择表面

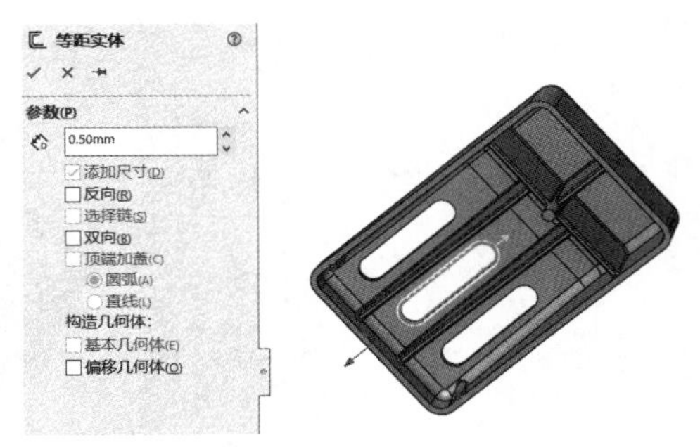

图 7-29　等距实体

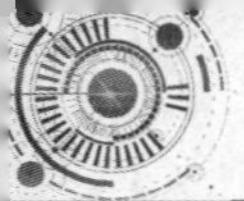

要点提示

可以通过“选择环”来选择边线。

4. 拉伸草图。单击【特征】工具栏中的按钮，打开【凸台-拉伸】属性管理器，如图 7-30 所示，选择【到离指定面指定的距离】作为拉伸终止条件，并选择鼠标上盖的上表面。【等距距离】栏中输入“2.00mm”，单击按钮使拉伸方向朝向鼠标上盖的外部，选中【反向等距】复选项，使拉伸终止到所选面的外部，给定拔模角度为“3.00 度”，最后单击按钮完成拉伸特征，如图 7-31 所示。

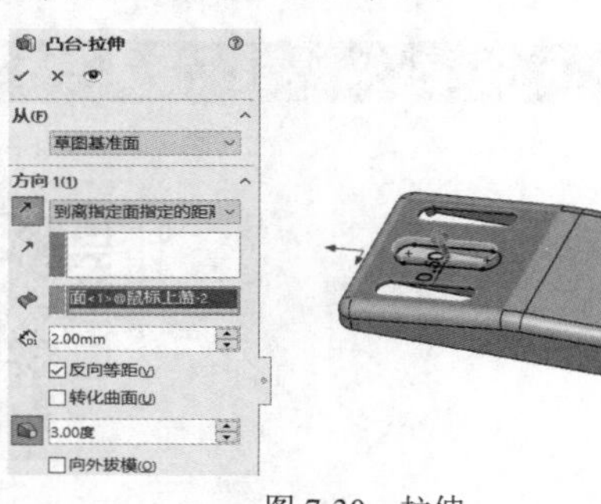

图 7-30　拉伸

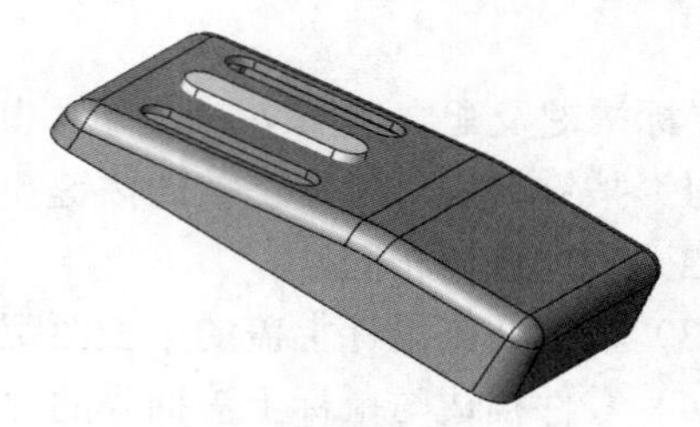

图 7-31　鼠标按键的第一个特征

5. 绘制新草图。可以发现鼠标按键的右视基准面是中心面，在右视基准面上建立新草图。单击【视图(前导)】工具栏中的按钮，将视图切换到“隐藏线可见”显示模式，选择图 7-32 所示的 3 条边线，利用【转换实体引用】命令复制到草图中。

6. 对草图进行尺寸标注，如图 7-33 所示。

要点提示

首先需要选择菜单命令【视图】/【隐藏/显示】/【临时轴】，调出临时轴。
由于所标注尺寸的两条直线是通过转换实体引用得来的，因此要先拖曳端点离开原来的位置再进行标注。

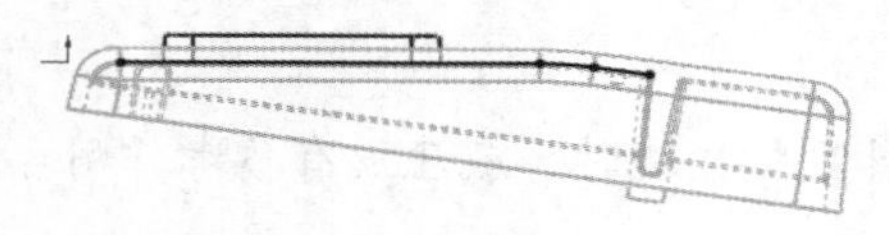

图 7-32　转换实体引用

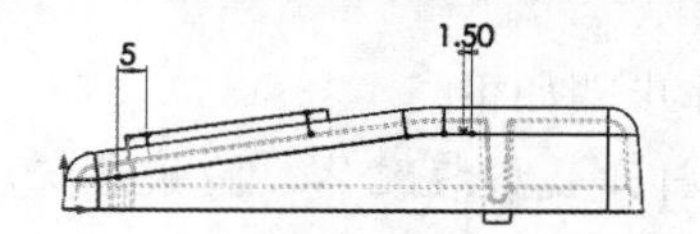

图 7-33　标注尺寸效果

7. 建立薄壁特征。拉伸草图形成薄壁特征，如图 7-34 所示，使用【两侧对称】为终止条件，输入拉伸深度为“14.00mm”、薄壁厚度为“1.00mm”，壁厚为单一方向，并朝向鼠标上盖的内部。

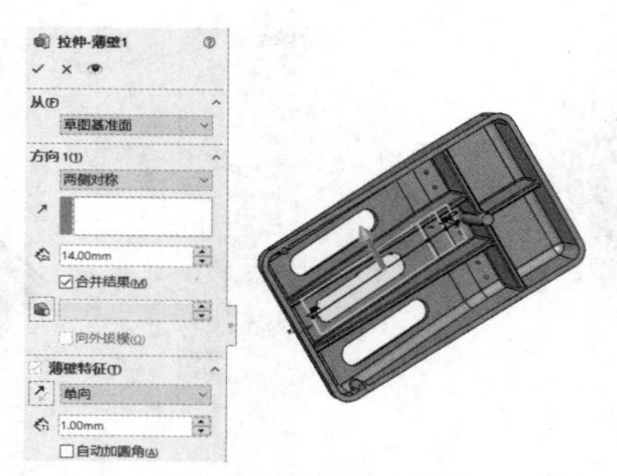

图 7-34　拉伸薄壁效果

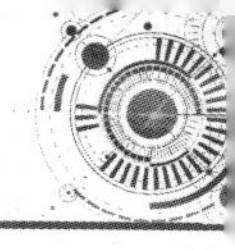

8. 建立圆角和抽壳特征。切换到零件窗口建立不需要参考装配体的特征。建立圆角特征，如图 7-35 所示，并添加壁厚为 0.5mm 的抽壳，删除零件底表面，如图 7-36 所示。完成后关闭零件，自动切换到装配体文件窗口。

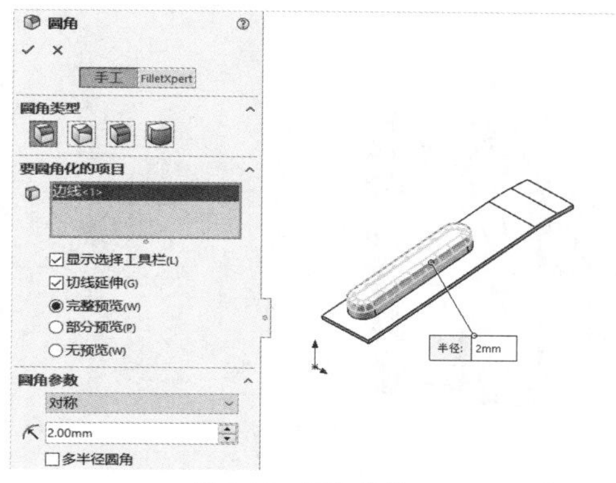

图 7-35　圆角效果

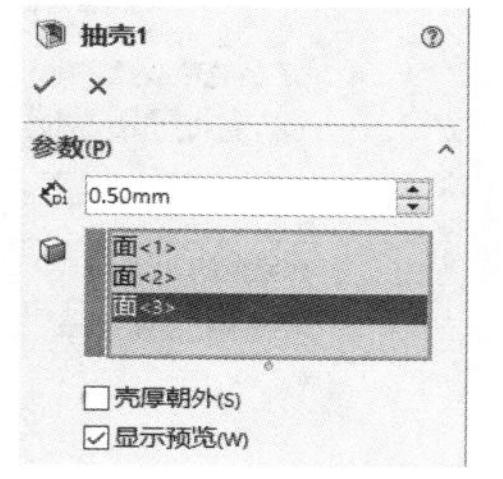

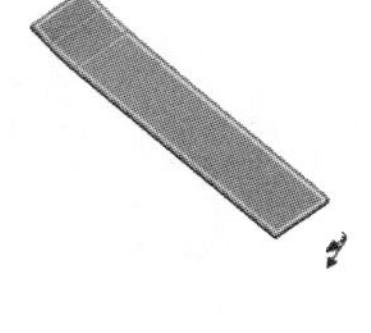

图 7-36　抽壳效果

9. 使用等距实体生成圆柱销。继续编辑按键零件，选择鼠标按键抽壳的内壁作为草图平面，建立新草图，如图 7-37 所示，使用【等距实体】命令建立两个比鼠标上盖圆柱销大 0.1mm 的圆。

要点提示

有可能出现选不中的情况，此时可以更改鼠标上盖零件为不透明。

10. 利用草图建立一个“完全贯穿”的拉伸切除，完成按键造型，如图 7-38 所示。单击【装配体】工具栏中的按钮，切换回“编辑装配体”模式。

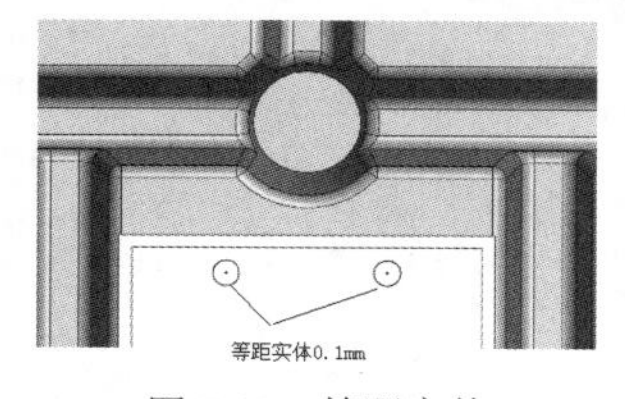

图 7-37　等距实体

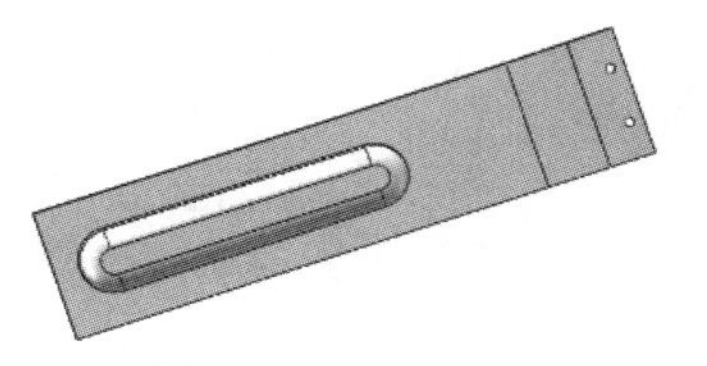

图 7-38　切除特征

11. 重新命名文件为“鼠标按键”并保存，如图 7-39 所示。

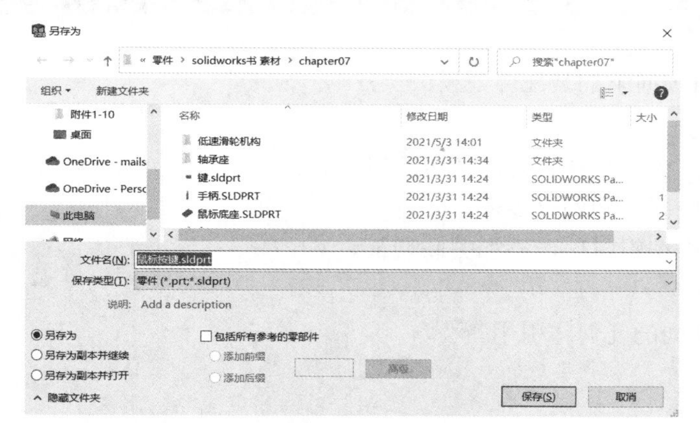

图 7-39　保存文件

12. 装配体阵列。选择菜单命令【插入】/【零部件阵列】/【图案驱动】，弹出【阵列驱动】属性管理器，在【要阵列的零部件】栏中选择“鼠标按键<1>”，在【驱动特征或零部件】栏中选择鼠标上盖孔，如图 7-40 所示，单击 ✓ 按钮完成阵列。

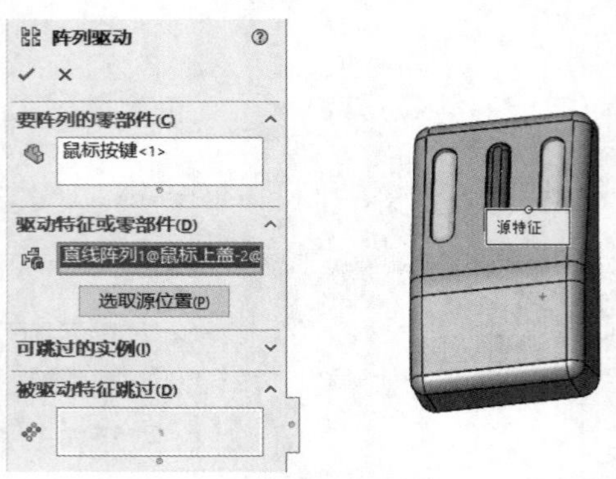

图 7-40　特征驱动阵列

13. 显示“鼠标底座”零件完成装配体。此时的特征管理设计树如图 7-41 所示。

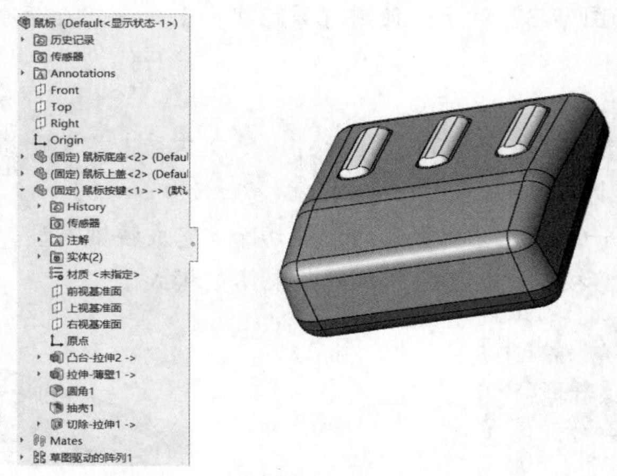

图 7-41　特征管理设计树

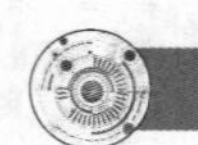

7.5　小结

本章介绍了自顶向下的装配体建模。

【本章重点】

1. 关联特征、关联零件、外部参考的概念。
2. 在装配体中新建和保存零件。
3. 在装配体中编辑零件，添加关联特征。

【本章难点】

装配体中部件间的几何体引用。

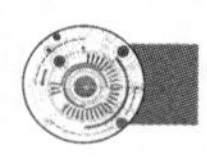

7.6　习题

1．打开素材文件“素材\第 7 章\手柄轴装配\手柄轴装配.sldasm”，利用自顶向下装配建立手柄轴上的键零件，结果如图 7-42 所示。

（1）键槽与键的侧边间隙为 0.5mm，键槽大小改变时，键的大小随之改变。

（2）键的底面与键槽底面重合，深度变化时，键的高度随之变化。

（3）键高为 8mm。

第 7 章习题 1

图 7-42　手柄轴装配图

2．打开素材文件“素材\第 7 章\轴承座\轴承座.sldasm”，按照自顶向下的方法来创建下底板，上轴承座和下底板上的孔内径相同，如图 7-43 所示。

第 7 章习题 2

图 7-43　轴承座

3．打开素材文件“素材\第 7 章\低速滑轮机构\低速滑轮.sldasm”，按照自顶向下的方法，以拖架和心轴为基准，创建垫圈、衬套、滑轮，保持所有内径同心配合关系，如图 7-44 所示。

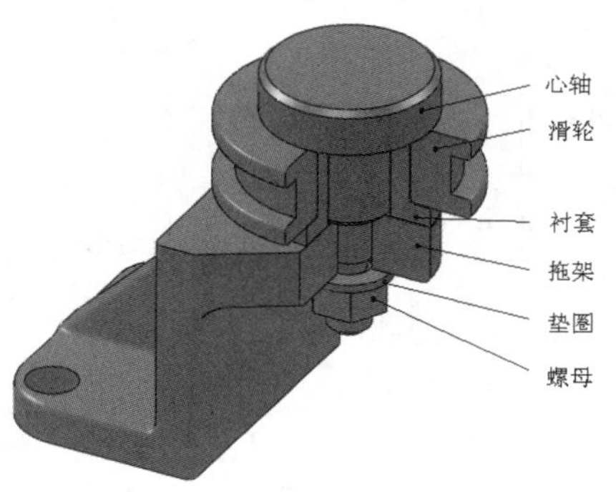

图 7-44　低速滑轮机构装配图

第 8 章

生成二维工程图

知识目标： 能够创建工程图文件，可以创建图纸格式和模板；
能够为零件添加多种类型的工程视图，如标准三视图、投影视图、剖面视图及断裂视图等；
为工程视图添加尺寸和注解，掌握修改尺寸和注解的方式；
创建和管理装配体工程图的零件序号及材料明细表。

能力目标： 运用工程图的基本命令和技巧生成零件和装配体的工程图。

素质目标： 培养标准化意识和执行国家标准的能力。

工程图是重要的技术交流文件，尽管三维技术已经有了很大的进步，但是三维模型并不能将所有的工程信息表达清楚，如加工要求的尺寸精度、形位公差和表面粗糙度等技术要求信息，仍需要借助二维的工程图才能表达清楚，如图 8-1 所示。本章将介绍工程图的基本命令和技巧。

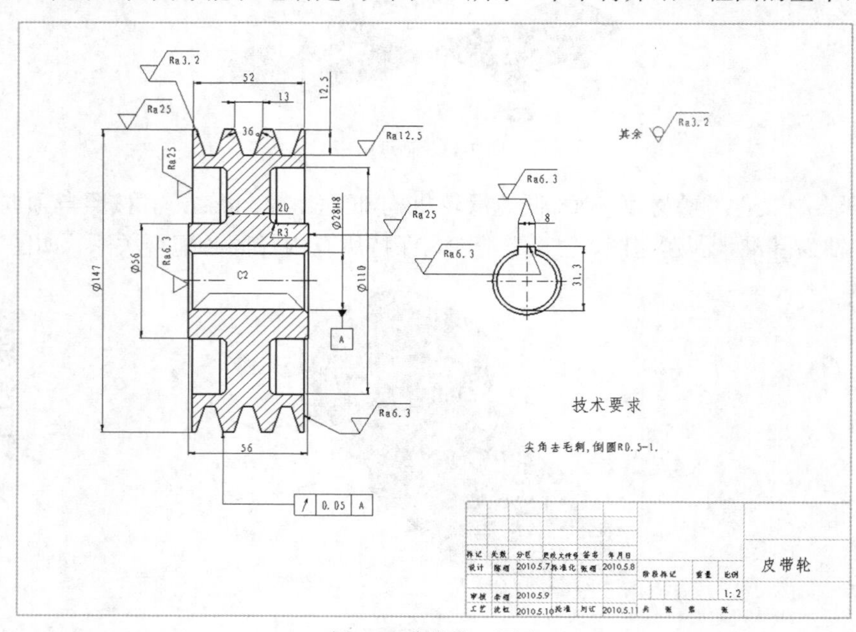

图 8-1　皮带轮工程图

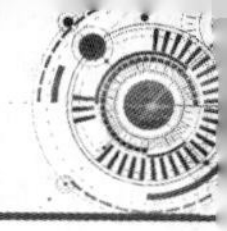

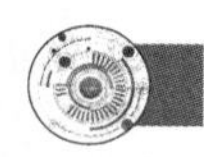

8.1 工程图概述

一个 SOLIDWORKS 工程图文件中可以包含一张或多张图纸，在每张图纸中可以包含多个工程视图。用户可以利用同一个文件建立零件的多张图纸或多个零件的工程图。每一张单独的图纸，都包含两个独立的部分：图纸和图纸格式。图纸用于建立视图和注解；图纸格式的内容相对保持不变，如图框和标题栏等，如图 8-2 所示。

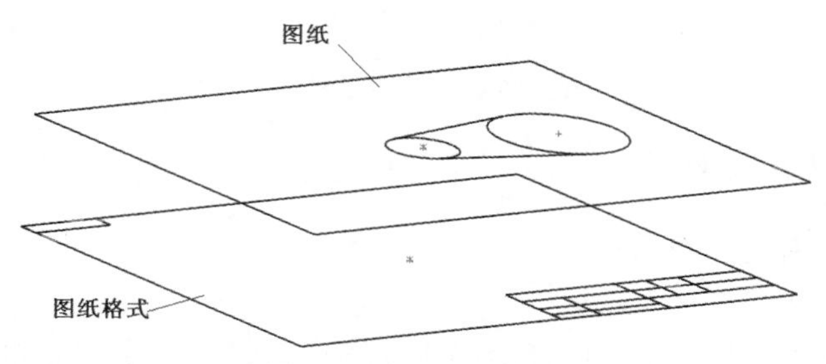

图 8-2 图纸和图纸格式

在建立工程图文件时，首先要指定图纸格式，工程图的内容可通过以下方法获得。

- 视图可由 SOLIDWORKS 设计的实体模型直接生成，也可基于现有视图建立新的视图。
- 尺寸可以在生成工程图时直接插入，也可以由尺寸标注工具标注生成。
- 技术要求包括尺寸公差、形位公差、表面粗糙度和文本等，可由模型给定，也可在工程图中生成。

在工程图文件中可以链接模型的参数，如零件的材料、重量等，链接到格式文件后，在建立工程图时这些参数会自动更新。

零件、装配体和工程图是相互关联的，对零件和装配体进行的修改会导致工程图文件相应的变更，反之亦然。

8.1.1 建立工程图文件

工程图包含一个或多个由零件或装配体生成的视图。在能够生成工程图之前，必须保存与其相关的零件或装配体，三维模型的任何修改都可同时反映到由其生成的工程图上。

建立工程图文件的操作步骤如下。

单击【标准】工具栏中的按钮，或者选择菜单命令【文件】/【新建】，弹出【新建 SOLIDWORKS 文件】对话框，如图 8-3 所示，选择系统默认定义的工程图模板【工程图】选项，单击 确定 按钮，完成工程图的创建。图 8-4 所示为【高级】用户时系统给出的默认模板。

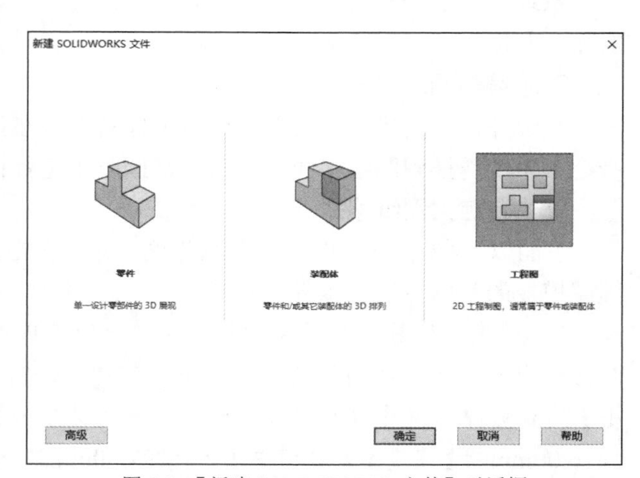

图 8-3 【新建 SOLIDWORKS 文件】对话框

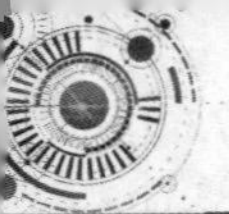

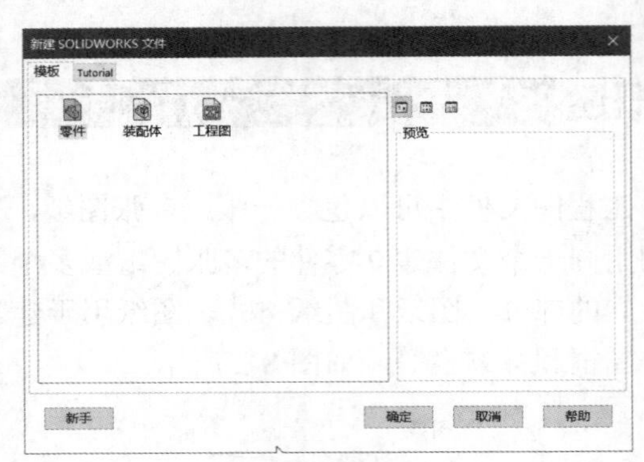

图 8-4　系统默认模板

8.1.2　图纸文件的格式编辑

一、使用系统已有的图纸格式

1.【图纸格式/大小】

新工程图文件建立以后，系统随即会弹出【图纸格式/大小】对话框，如图 8-5 所示。

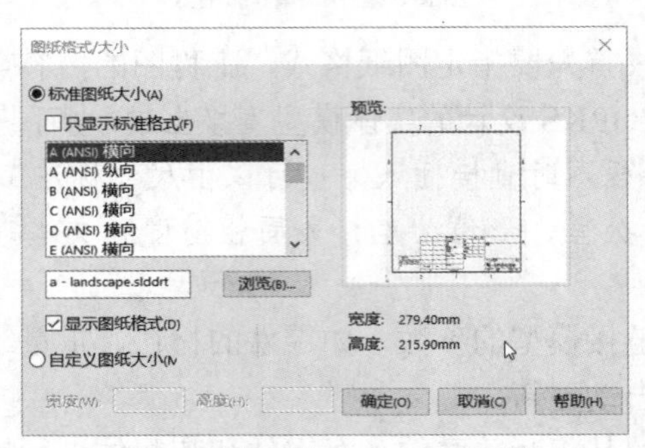

图 8-5　【图纸格式/大小】对话框

选中【标准图纸大小】单选项，在其列表框中选择一个标准图纸格式，如“A3（GB）”，单击 确定(O) 按钮，屏幕显示为一标准工作底稿。

系统给出了一些常用的图纸格式，包括支持国家标准的 A0～A4，用户还可以依照自己的需要制定。

2.【编辑图纸格式】

在设计树中的“图纸 1”上单击鼠标右键，在弹出的快捷菜单中选择【编辑图纸格式】命令，系统切换到图纸格式编辑状态，此时可进行标题栏的修改。

二、自定义图纸格式

下面以“A3-横向”图幅的图纸为例，介绍自定义图纸格式、标题栏和工程图模板的基本方法与步骤。

1．新建工程图。单击 按钮，在弹出的【新建 SOLIDWORKS 文件】对话框中选择【工程图】选项，单击 确定 按钮，在弹出的【图纸格式/大小】对话框中，选中【自定义图纸大小】单选项，在【宽度】文本框中输入“420.00mm”、【高度】文本框中输入“297.00mm”，单击 确定(O) 按钮，在【模型视图】属性管理器中单击 × 按钮，取消模型视图的插入。

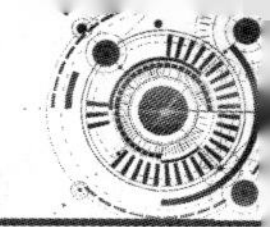

2. 定义图纸属性。选中“图纸 1”，单击鼠标右键，在弹出的快捷菜单中选择【属性】命令，弹出图 8-6 所示的【图纸属性】对话框。在该对话框中可修改图纸的名称、投影方式、图纸比例和图纸大小等，修改完后单击 应用更改 按钮。系统默认投影类型为第一视角投影。

3. 编辑图纸格式。在绘图区单击鼠标右键，弹出快捷菜单，如图 8-7 所示，选择【编辑图纸格式】命令，系统从“编辑图纸”状态切换到“编辑图纸格式”状态。

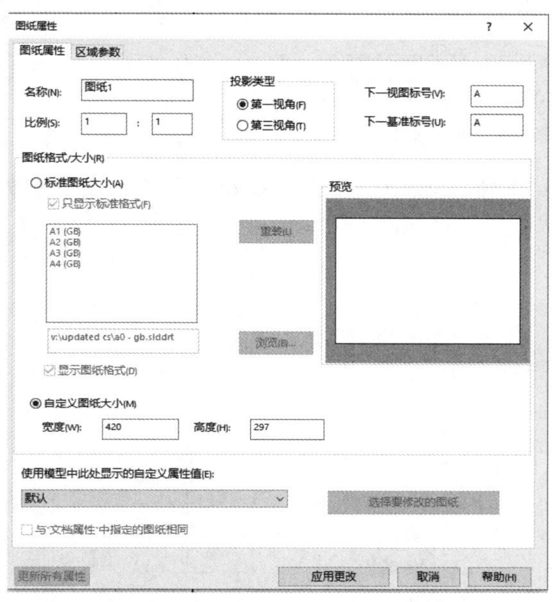

图 8-6 【图纸属性】对话框

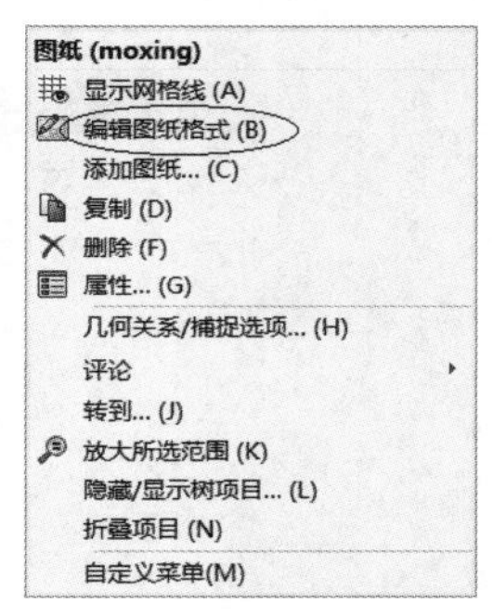

图 8-7　快捷菜单

4. 绘制边框、图框。

（1）绘制两个矩形。

（2）添加约束。设置边框矩形左下角点坐标为（0,0），并添加固定约束，如图 8-8 所示。

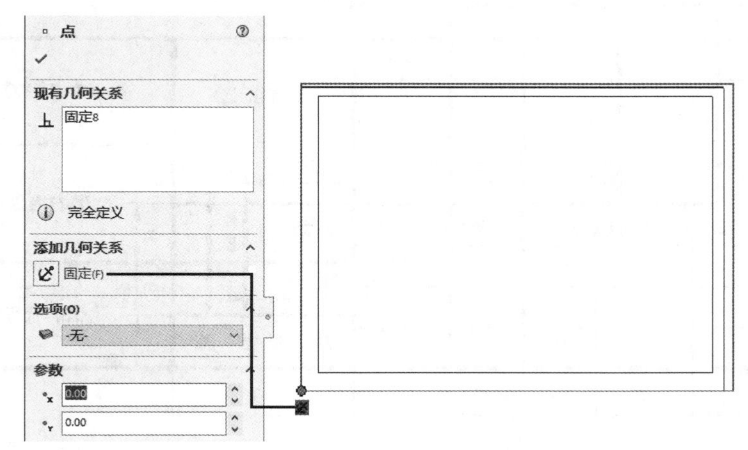

图 8-8　绘制矩形框并添加固定约束

（3）标注尺寸。结果如图 8-9 所示。

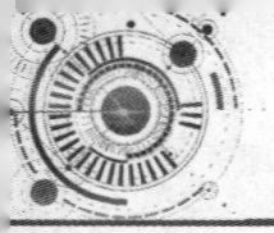

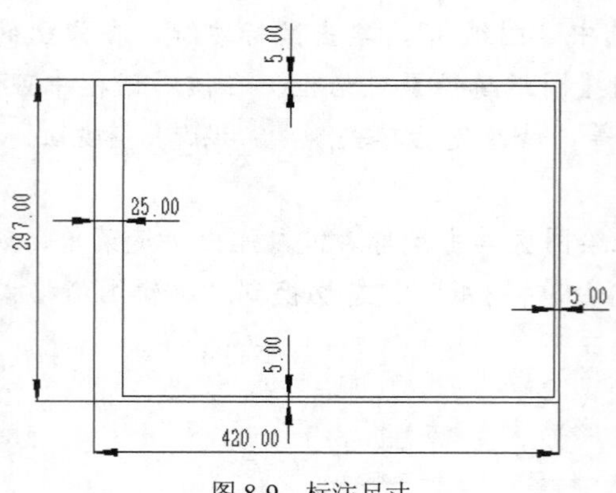

图 8-9　标注尺寸

（4）设置线宽。单击【线型】工具栏中的按钮，弹出【线粗】菜单，设置图框线的线粗，并进行修改，结果如图 8-10 所示。

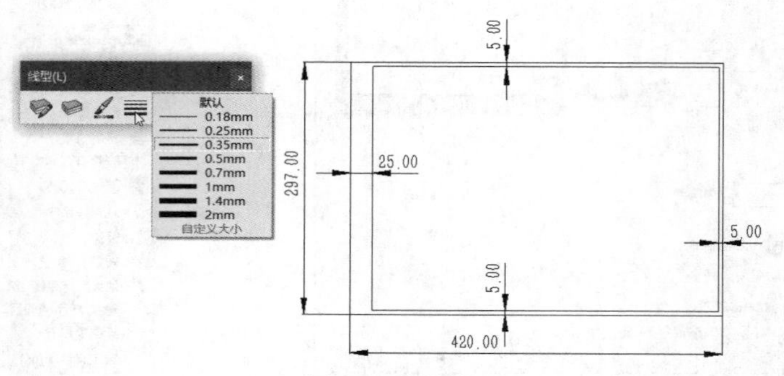

图 8-10　图框效果

5. 绘制标题栏。GB/T 10609.1—2008 给出了标题栏参考样式及尺寸，如图 8-11 所示。

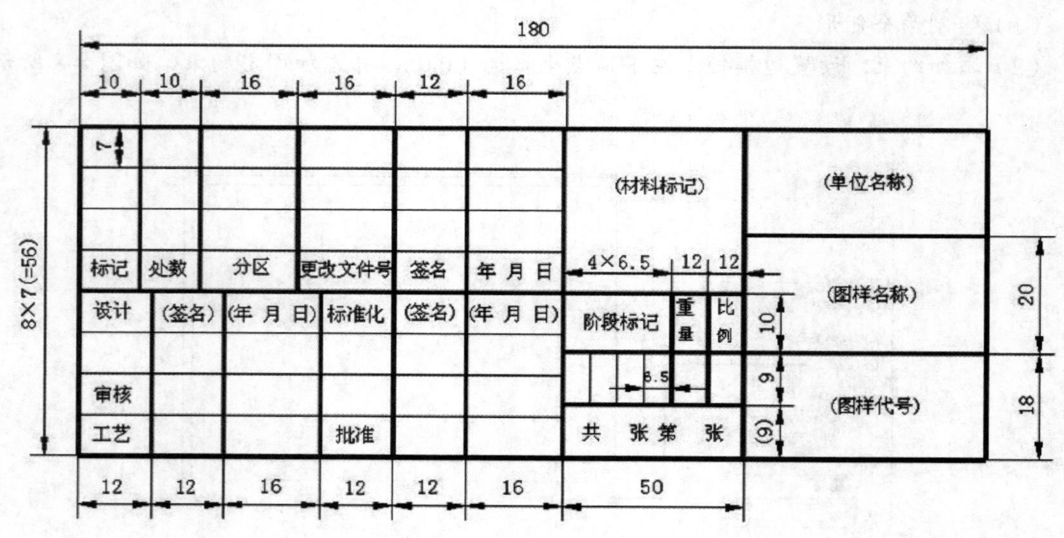

图 8-11　标题栏（GB/T 10609.1—2008）

6. 隐藏尺寸。在要隐藏的尺寸上单击鼠标右键，在弹出的快捷菜单中选择【隐藏】命令，隐藏尺寸后的图框和标题栏如图 8-12 所示。

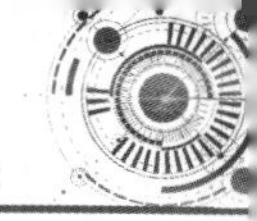

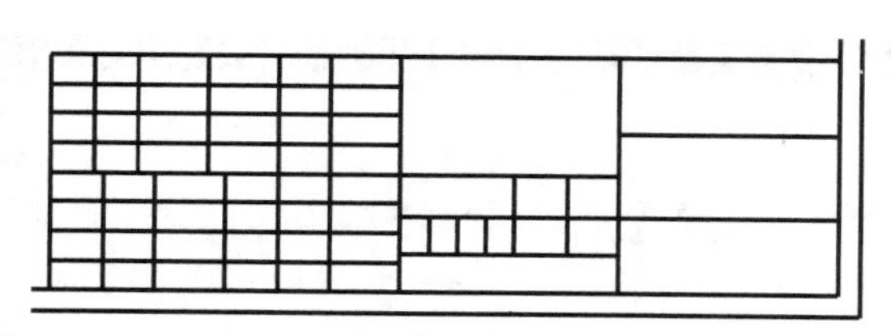

图 8-12 隐藏尺寸的图框和标题栏

7. 添加注释。单击【注解】工具栏中的A按钮或选择菜单命令【插入】/【注解】/【注释】，在【注释】属性管理器中单击按钮，设置为无引线模式，取消选中【使用文档字体】复选项，单击字体(N)...按钮，弹出【选择字体】对话框，如图 8-13 所示，设置当前字体和字高。这里设置字体为“仿宋”，字高“7.00mm”用于“图样名称”和“单位名称”，字高“3.50mm”用于“设计”“审核”等其他文本。选择一组字体，单击【对齐】工具栏中的按钮，如图 8-14 所示，用【对齐】命令将文字对齐。填写后的标题栏如图 8-15 所示。

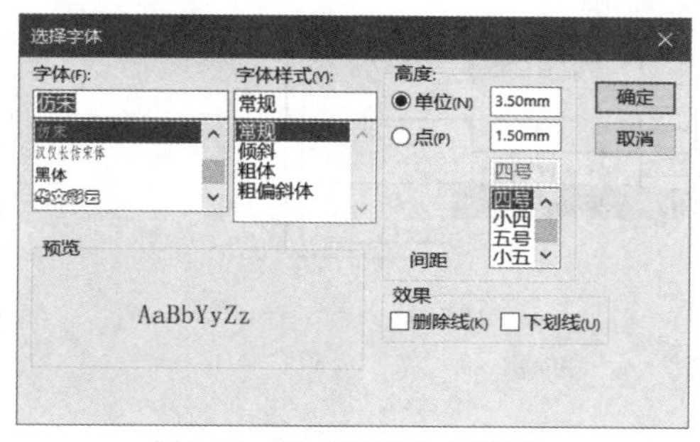

图 8-13 【选择字体】对话框

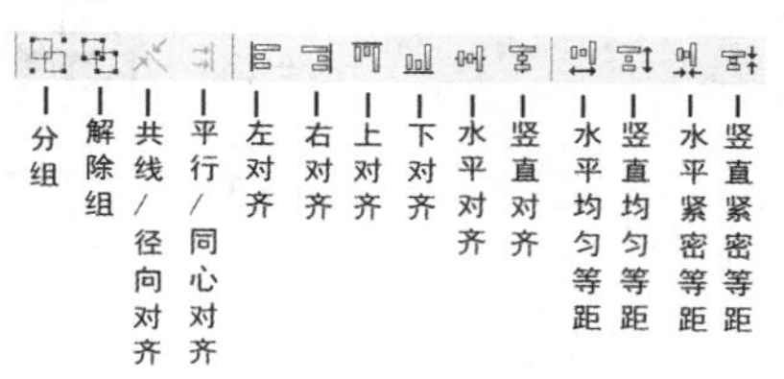

图 8-14 【对齐】工具栏

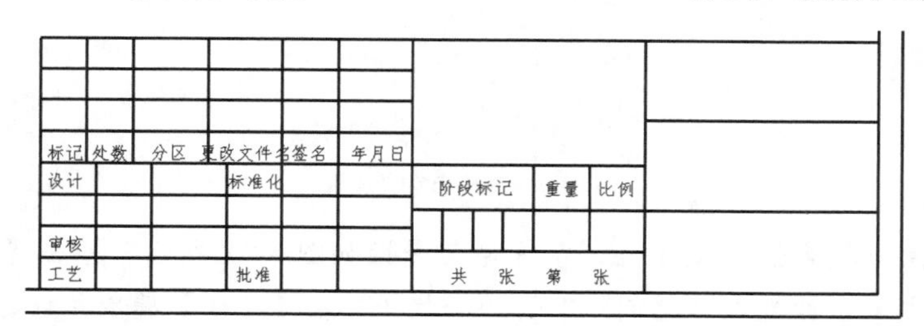

图 8-15 填写后的标题栏

8. 建立属性链接。当需要在工程图中插入根据模型或文件变化的文字注释时，需要建立链接属性的注释。链接属性的注释可以根据工程图所参考的模型文件或当前的工程图文件自动更新，当链接于模型或图纸的属性发生变化时，其相应的注释会随之变化，如图纸比例、图样名称等。链接属性的注释，会依据模型自动填充。

（1）选择菜单命令【文件】/【属性】，添加自定义属性，如图 8-16 所示。

（2）建立属性链接。

① 链接当前的工程图文件。单击【注释】按钮A，在【注释】属性管理器【文字格式】栏中单击按钮，打开【链接到属性】对话框。选中【当前文件】单选项，在【属性名称】下拉列表中选择【设计】选项，单击确定按钮，在“设计”右侧的单元格中单击鼠标左键，放置注释文字。单击✓按钮，属性值出现在该位置，如图 8-17 所示。用同样的方法链接图 8-18 中其他的自定义属性。

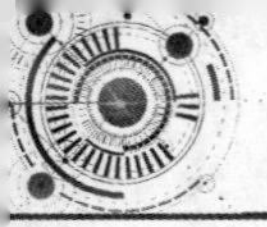

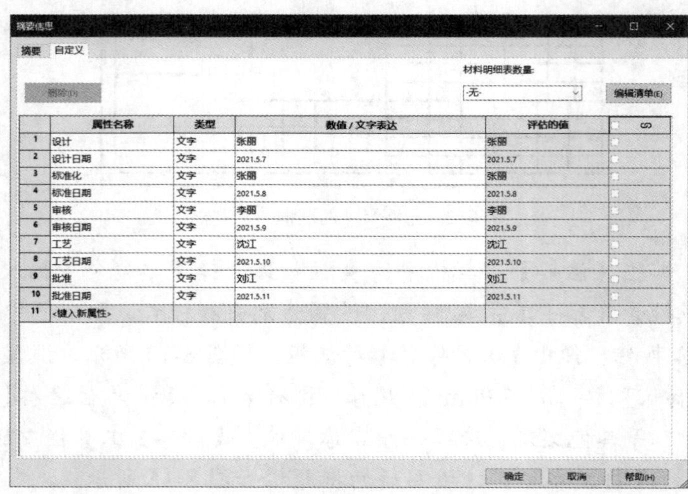

图 8-16　自定义属性

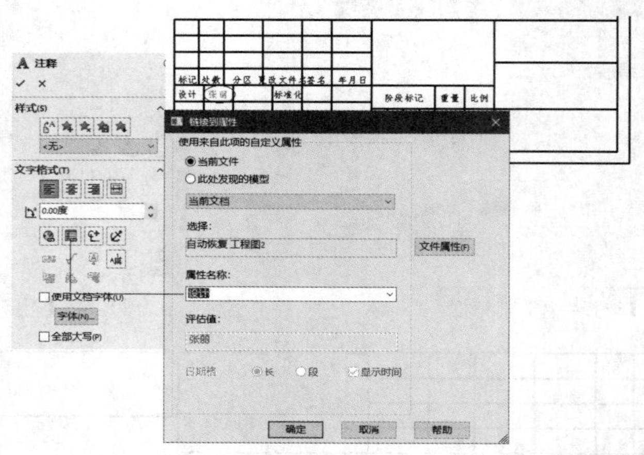

图 8-17　链接自定义属性

用同样的方法链接系统定义属性，系统定义属性如图 8-18 所示。单击【注释】按钮，拖动鼠标指针将文本框放置在“比例”下面的一栏中，在【注释】属性管理器的【文字格式】栏中单击按钮，打开【链接到属性】对话框。保持选中【当前文件】单选项，在【属性名称】下拉列表中选择【SW-图纸比例】选项，单击✓按钮。用相同的方法链接系统定义属性【SW-文件名称（File Name）】，链接结果如图 8-19 所示。

图 8-18　系统定义属性

图 8-19　链接结果

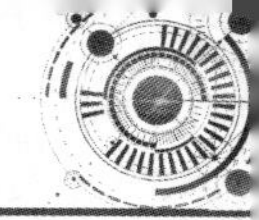

② 链接模型文件。此类注释链接视图中的零件或装配体属性。打开轴承座，选择菜单命令【文件】/【属性】，添加自定义属性如图 8-20 所示，生成轴承座三视图，单击按钮，单击按钮，弹出【链接到属性】对话框，选中【此处发现的模型】单选项，在下拉列表中选择【“图纸属性”中指定的工程图视图】选项，在【属性名称】下拉列表中选择所要链接的属性，如“公司名称”，在标题栏相应的位置处放置属性，单击按钮，则属性值出现在指定框中，结果如图 8-21 所示。

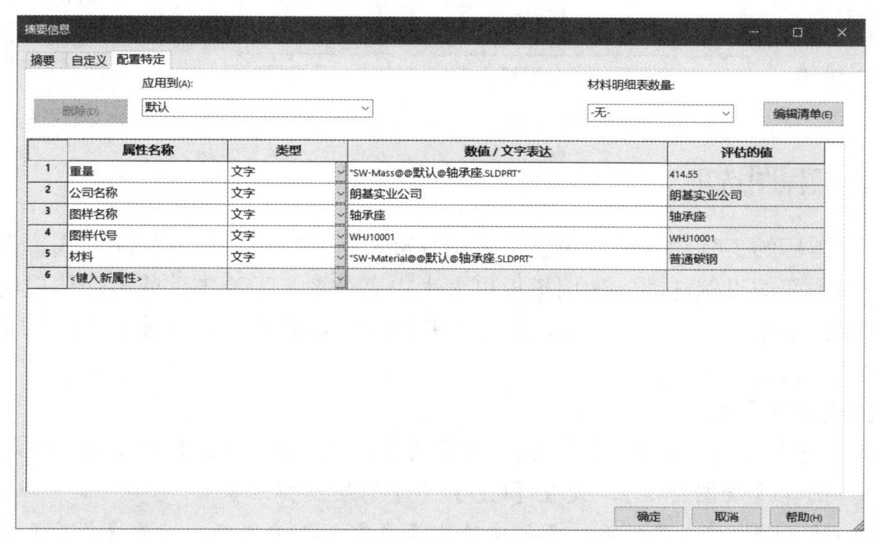

	属性名称	类型	数值 / 文字表达	评估的值
1	重量	文字	"SW-Mass@@默认@轴承座.SLDPRT"	414.55
2	公司名称	文字	朗基实业公司	朗基实业公司
3	图样名称	文字	轴承座	轴承座
4	图样代号	文字	WHJ10001	WHJ10001
5	材料	文字	"SW-Material@@默认@轴承座.SLDPRT"	普通碳钢
6	<键入新属性>			

图 8-20 轴承座自定义属性

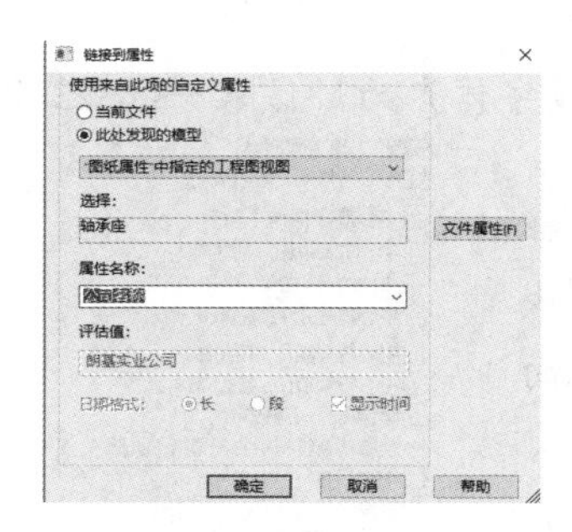

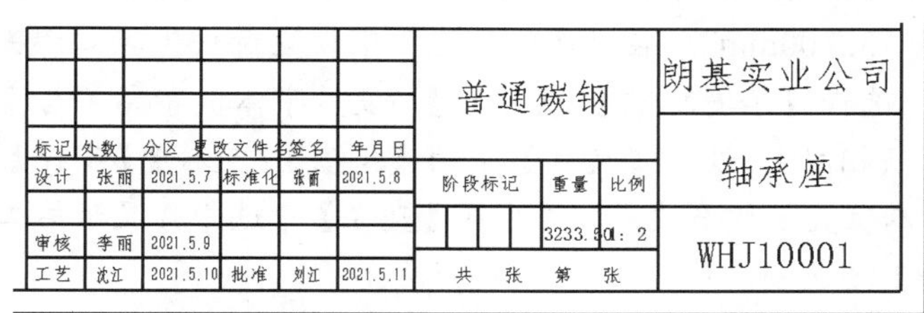

图 8-21 链接轴承座属性后的标题栏

9. 图纸保存。在绘图窗口中单击鼠标右键，在弹出的快捷菜单中选择【编辑图纸】命令，工程图回到图纸编辑状态，图框线变为灰色。选择菜单命令【文件】/【保存图纸格式】，输入文件名为“A3_自定义”，系统将自动使文件的后缀成为“.slddrt”，单击 保存(S) 按钮保存文件。保存的图纸格式文件可以在以后的操作中进行调用。

要点提示

图纸和图纸格式是两种不同的信息状态。编辑图纸状态下才能进行视图操作，而编辑图纸格式状态下只能修改编辑图框和标题栏，通过快捷菜单可以进行两种状态的切换。

10. 定义标题栏图块。切换到编辑图纸格式状态，利用窗口选择方法选择标题栏中的所有内容，如图 8-22 所示。定义块插入点在标题栏右下角。单击按钮，完成块定义。展开块文件夹，用鼠标右键单击块，从弹出的快捷菜单中选择【保存块...】命令，如图 8-23 所示，

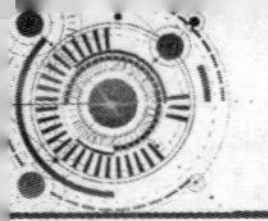

将块保存为一个单独的文件，路径读者自己指定，这里将块保存在“D:\2018\第 8 章\图纸格式”文件夹中，块名为“标题栏”。

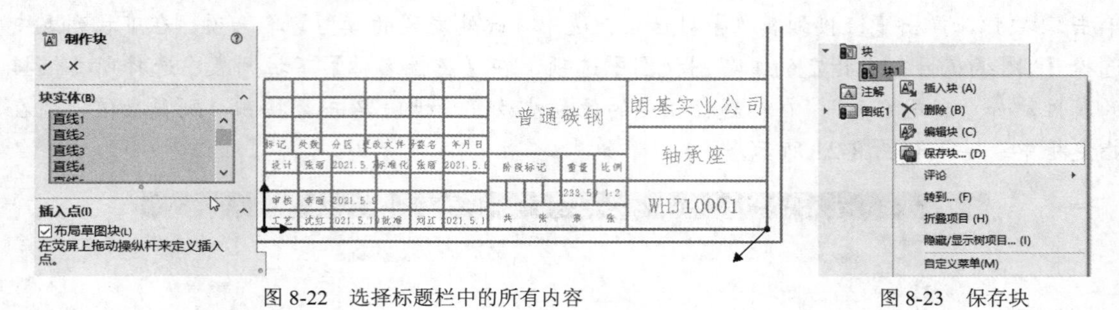

图 8-22　选择标题栏中的所有内容　　　　图 8-23　保存块

8.1.3　设置工程图选项

一个符合国标的工程图模板，包含了绘图标准、尺寸单位、尺寸标注样式、箭头类型及文字样式等多方面的设置选项，使用模板可大大提高效率。无论零件或装配体采用的绘图标准如何，利用模型生成工程图时系统将使用工程图的绘图标准，因此建立工程图文件模板比建立零件文件模板更重要。

一、【文档属性】设置

1. 选择菜单命令【工具】/【选项】，打开【系统选项(S)-普通】对话框，进入【文档属性】选项卡，选择【绘图标准】，设置【GB】为【总绘图标准】。

2. 选择【单位】，在【单位系统】栏中选中【自定义】单选项，设置【长度】单位为【毫米】、【质量】单位为【公斤】、【体积】单位为【米^3】。

3. 选择【绘图标准】/【注解】，单击字体(F)...按钮，设置【字体】为“仿宋—GB2312”，字高为“3.5.00mm”。在“依附位置”下设置箭头为实心箭头。

4. 选择【绘图标准】/【尺寸】，设置字体、字高（与【注解】选项相同）。设置【尺寸】下的【角度】【直径】【半径】中的【文本位置】水平放置，并且在【直径】中选中【显示第二向外箭头】复选项。

5. 设置自动插入选项。选择【出详图】，在【视图生成时自动插入】栏中对当前工程图进行图 8-24 所示的设置。

视图生成时自动插入
☐中心符号-孔 - 零件
☐中心符号-圆角 - 零件
☐中心符号-槽口 - 零件
☑暗销符号 - 零件
☐中心符号孔 - 装配体
☐中心符号圆角 - 装配体
☐中心符号槽口 - 装配体
☐暗销符号 - 装配体
☑连接线至具有中心符号线的孔阵
☐中心线(E)
☐零件序号(A)
☐为工程图标注的尺寸

图 8-24　自动插入选项设置

二、【系统选项】的设置

1. 设置工程图选项

选择菜单命令【工具】/【选项】，打开【系统选项(S)-普通】对话框，进入【系统选项】选项卡，选择【工程图】，对所有的工程图进行图 8-25 所示的设置。

2. 设置视图显示选项

选择菜单命令【工具】/【选项】，打开【系统选项(S)-普通】对话框，进入【系统选项】选项卡，选择【工程图】/【显示类型】，对所有的工程图进行图 8-26 所示的设置。

3. 设置颜色选项

选择菜单命令【工具】/【选项】，打开【系统选项(S)-普通】对话框，进入【系统选项】选项卡，选择【颜色】，对所有的工程图设置如下。

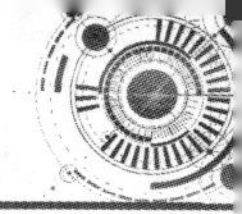

☑在插入时消除复制模型尺寸(E)
☑在插入时消除重复模型注释(E)
☑默认标注所有零件/装配体尺寸以输入到工程图中(M)
☑自动缩放新工程视图比例(A)
☑添加新修订时激活符号(E)
☐显示新的局部视图图标为圆(D)
☐选取隐藏的实体(N)
☐禁用注释/尺寸推理
☑在拖动时禁用注释合并
☑打印不同步水印(O)
☐在工程图中显示参考几何体名称(G)
☐生成视图时自动隐藏零部件(H)
☐显示草图圆弧中心点(P)
☐显示草图实体点(S)
☐在几何体后面显示草图剖面线
☐在图纸上几何体后面显示草图图片
☑在断裂视图中打印折断线(B)
☑折断线与投影视图的父视图对齐
☑自动以视图增殖视图调色板(I)
☐在添加新图纸时显示图纸格式对话(F)
☑在尺寸被删除或编辑(添加或更改公差、文本等...)时减少间距
☐重新使用所删除的辅助、局部、及剖面视图中的视图字母
☑启用段落自动编号
☐不允许创建镜向视图
☐在材料明细表中覆盖数量列名称
要使用的名称:
局部视图比例: 2 X
用作修订版的自定义属 修订
键盘移动增量: 10.00mm

图 8-25 【工程图】选项

显示样式
○线架图(W)
○隐藏线可见(H)
◉消除隐藏线(D)
○带边线上色(E)
○上色(S)
相切边线
◉可见(V)
○使用线型(U)
☐隐藏端点(E)
○移除(M)
线框和隐藏视图的边线品质
◉高品质(L)
○草稿品质(A)
上色边线视图的边线品质
◉高品质(T)
○草稿品质(Y)

图 8-26 【显示类型】选项

在【颜色方案设置】栏中设置【工程图，纸张颜色】为“白色”、【工程图，背景】颜色为“白色”。选中【为工程图纸张颜色使用指定的颜色（在图纸背景中禁用图像）】和【为带边线上色模式使用指定的颜色】复选项。

8.1.4 保存工程图模板

系统选项的设置影响当前和未来的文件，而文档属性只对当前文件有影响，因此最好制作适合用户需要的模板文件，在模板中完成各项设置。

选择菜单命令【文件】/【另存为】，在打开的【另存为】对话框中选择保存文件类型为【工程图模板（*.drwdot）】，在【文件名】文本框中输入“A3-自定义.drwdot”，单击 保存(S) 按钮，弹出图 8-27 所示的提示对话框，单击 确定 按钮。

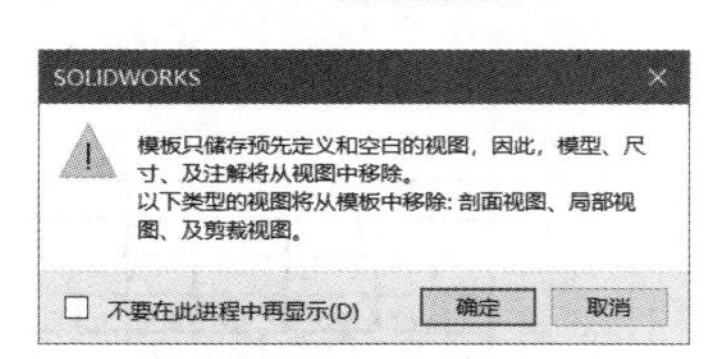

图 8-27　模板保存提示对话框

8.1.5 工程实例——图纸格式及模板创建

创建图 8-28 所示的图纸格式文件，具体操作步骤如下所述。

1. 选择菜单命令【文件】/【新建】，在弹出的【新建 SOLIDWORKS 文件】对话框中选择【工程图】选项，单击 确定(O) 按钮。

2. 在【图纸格式/大小】对话框中选中【自定义图纸大小】单选项，在【宽度】【高度】文本框中分别输入数值“210.00mm”“297.00mm”，单击 确定(O) 按钮。在【模型视图】属性管理器中单击 × 按钮，取消模型视图的插入。

3. 在绘图区单击鼠标右键，在弹出的快捷菜单中选择【编辑图纸格式】命令，进入图纸格式编辑状态。

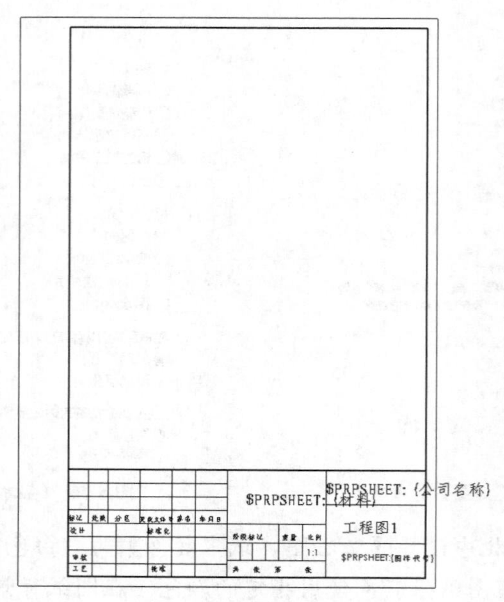

图 8-28　自定义图纸格式

4. 绘制边框、图框，固定边框的左下角点，修改图框线型并标注尺寸（说明：图中字体为放大显示效果），如图 8-29 所示。

5. 隐藏尺寸，并插入前面定义的“标题栏”块。

6. 选中块，选择菜单命令【工具】/【块】/【爆炸】。

7. 选择菜单命令【文件】/【属性】，添加自定义属性，如图 8-16 所示。这些属性自动填写到标题栏相应的单元格中，如图 8-30 所示。

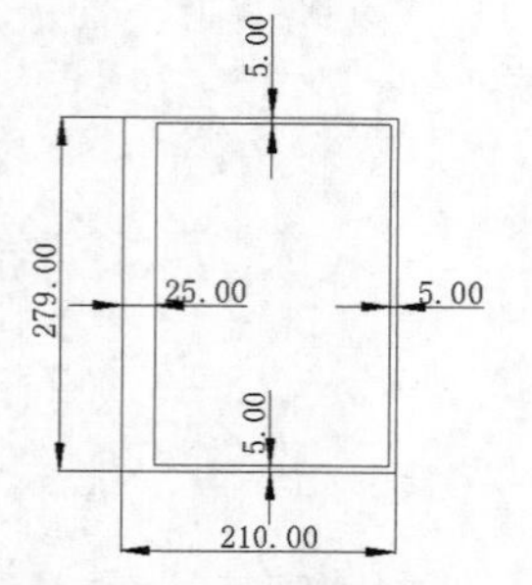

图 8-29　绘制边框、图框并标注尺寸

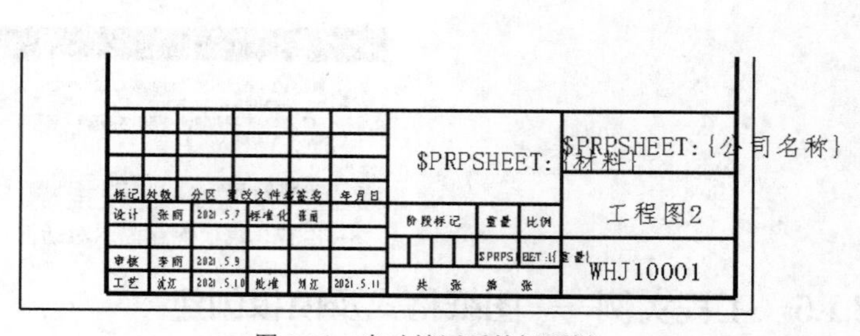

图 8-30　自动填写后的标题栏

8. 选择菜单命令【文件】/【保存图纸格式】，输入文件名“A4_自定义.slddrt”。

9. 在绘图区单击鼠标右键，在弹出的快捷菜单中选择【编辑图纸】命令，进入图纸编辑状态。

10. 设置系统选项和文档属性。

11. 选择菜单命令【文件】/【另存为】，在【另存为】对话框中选择保存文件类型为【工程图模板（*.drwdot）】，在【文件名】文本框中输入“A4-自定义.drwdot”，单击 保存(S) 按

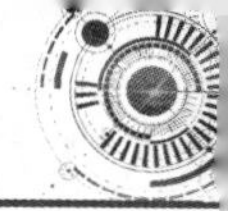

钮，完成模板定制。

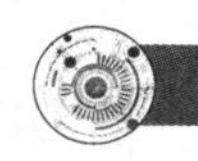

8.2　建立工程视图——箱体零件

本节通过图 8-31 所示的箱体零件来介绍各种工程视图的应用。

图 8-31　箱体轴测剖视图

SOLIDWORKS 支持的工程图视图类型包括模型视图、标准三视图、投影视图、辅助视图、剖面视图、断开的剖视图、局部视图、断裂视图及裁剪视图。对应的命令图标按钮如图 8-32（a）所示，单击【视图布局】工具栏中的按钮即可选择各种视图；也可以通过选择菜单命令【插入】/【工程图视图】，在其下拉菜单中选择各种命令，如图 8-32（b）所示。

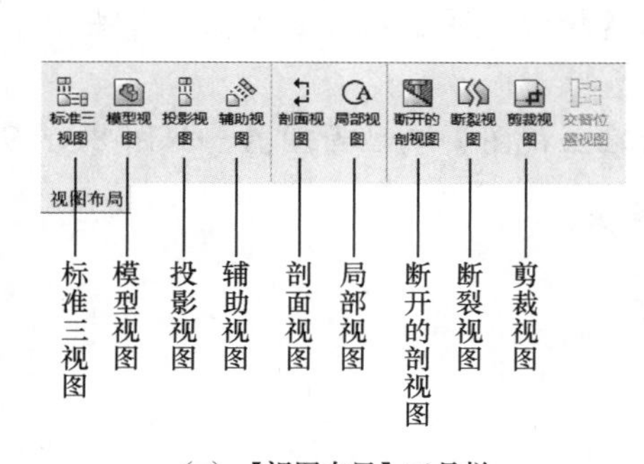

（a）【视图布局】工具栏

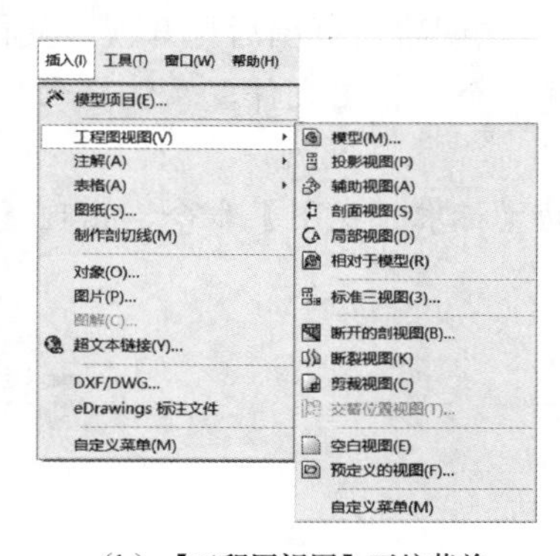

（b）【工程图视图】下拉菜单

图 8-32　命令启动方式

8.2.1　标准三视图

启动方式为单击【视图布局】工具栏中的按钮或选择菜单命令【插入】/【工程图视图】/【标准三视图】。

创建标准三视图的步骤如下。

方法一：先打开模型文件后生成工程图。

1. 打开零件或装配体文件，选择菜单命令【文件】/【从零件制作工程图】或者打开包含所需模型视图的工程图文件，如素材文件“素材\第 8 章\箱体.sldprt”，如图 8-31 所示。

2. 启动【标准三视图】命令，打开【标准三视图】属性管理器，选项如图 8-33 所示，可以看到

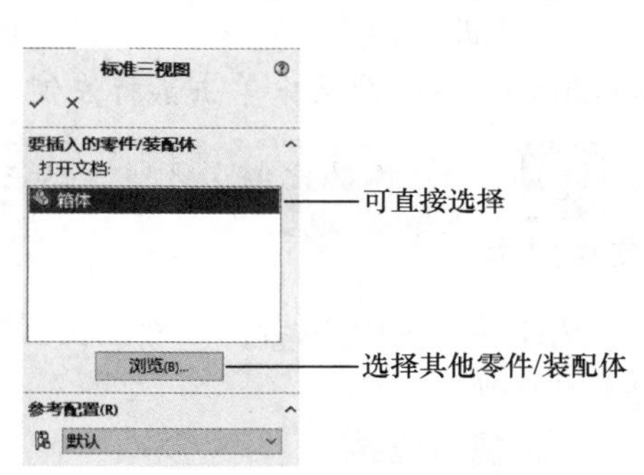

图 8-33　【标准三视图】属性管理器

文件名已经列在对话框中。

3. 双击文件名，在绘图区中单击鼠标左键，生成标准三视图，如图 8-34 所示。

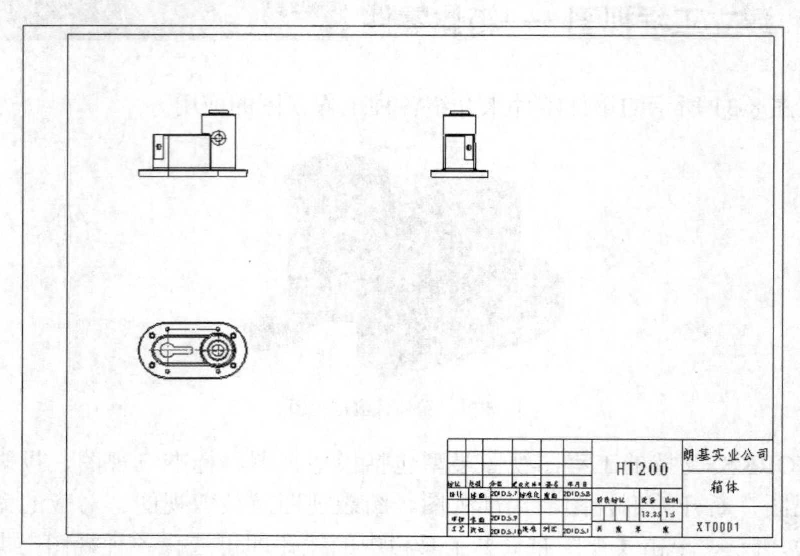

图 8-34　箱体标准三视图

方法二：先创建工程图后打开模型文件。

1. 新建一个工程图文件，系统自动弹出【模型视图】属性管理器，单击 × 按钮，关闭该窗口。

2. 启动【标准三视图】命令，出现【标准三视图】属性管理器，如图 8-35 所示。

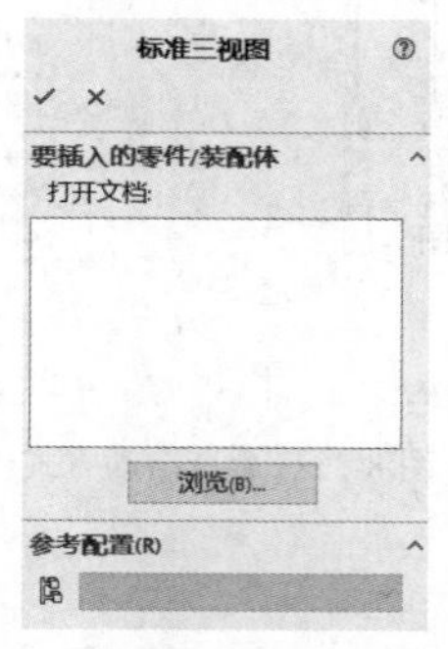

图 8-35 【标准三视图】属性管理器

3. 单击 浏览(B)... 按钮，在弹出的【打开】对话框中打开素材文件“素材\第 8 章\箱体.sldprt”，在绘图区中单击鼠标左键，生成标准三视图，如图 8-34 所示。

要点提示

视图的比例由系统自动产生，选中视图，在打开的【工程图视图】属性管理器中可进行修改。

从图 8-34 中可以看出三视图位置需要调整，下面以箱体的标准三视图为例介绍有关视图的术语及操作。

一、视图边界

视图边界是包围工程视图的边框，其大小是由系统根据模型大小、形状和方向自动计算

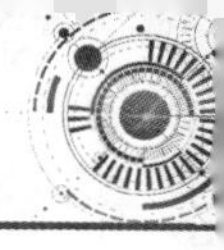

出来的，边界默认紧密套合在视图周围，不能手工调整其大小。如果添加草图实体到工程图视图，边界将自动调整大小以包围这些项目。边界不会调整大小以包围尺寸或注解，视图边界和所包含的视图可以重叠。

二、视图选择

移动鼠标光标到视图边界内的空白区域，鼠标光标变为形状，单击鼠标左键，则选中视图，被选中的视图被黄色虚线框包围，如图 8-36 所示。如果选中俯视图或左视图，选中的视图被蓝色虚线框包围的同时，主视图周围会出现红色虚线框，表明两者之间存在父子关系，如图 8-37 所示。

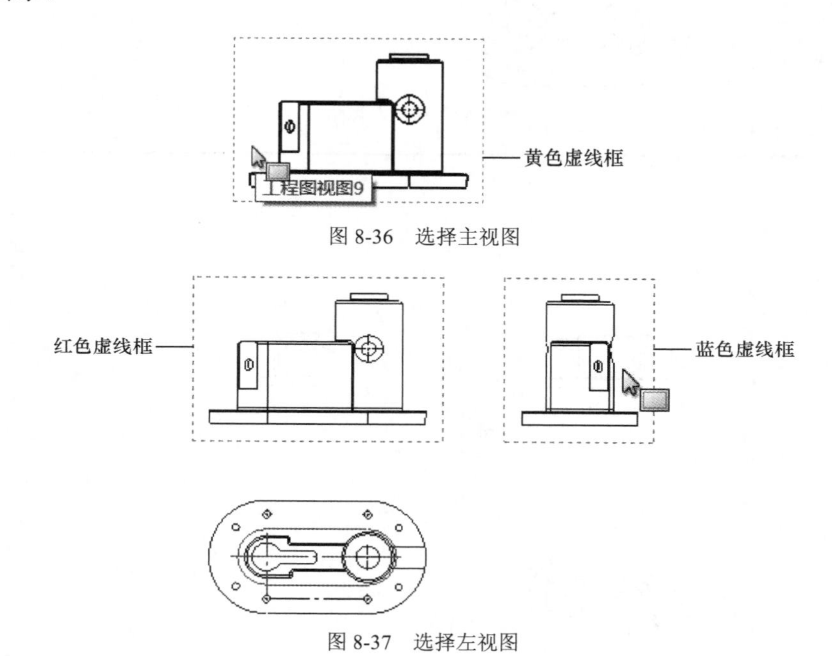

图 8-36　选择主视图

图 8-37　选择左视图

三、视图移动

移动鼠标光标到视图边界，当鼠标光标变为形状时，拖曳边界可移动视图。移动主视图时，另两个视图会一起移动，如图 8-38 所示；而移动俯视图或左视图时，主视图位置不动。移动俯视图，该视图沿竖直方向移动，如图 8-39 所示；移动左视图，该视图沿水平方向移动，如图 8-40 所示，移动结果如图 8-41 所示。

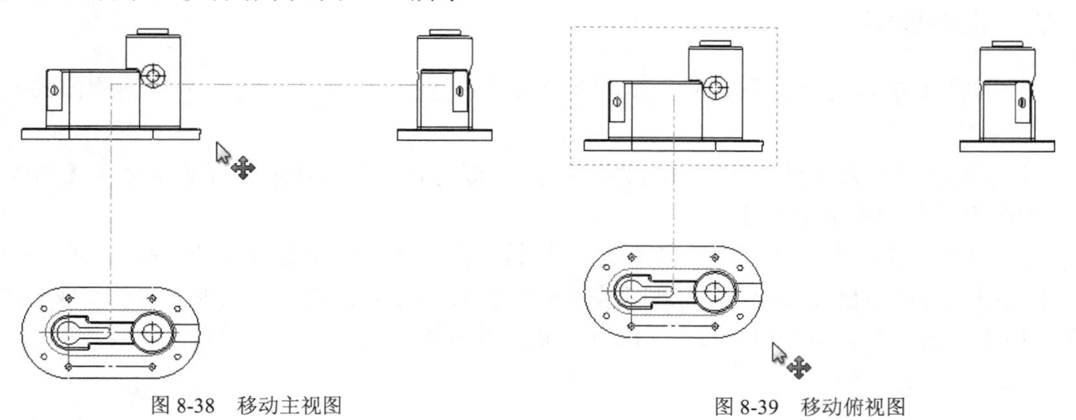

图 8-38　移动主视图　　图 8-39　移动俯视图

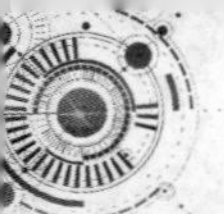

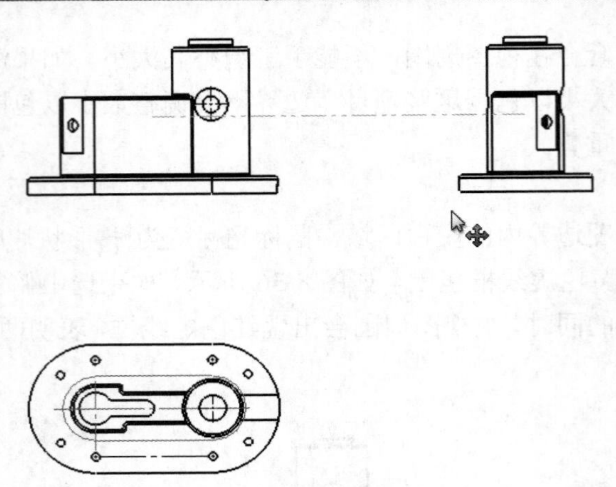

图 8-40　移动左视图

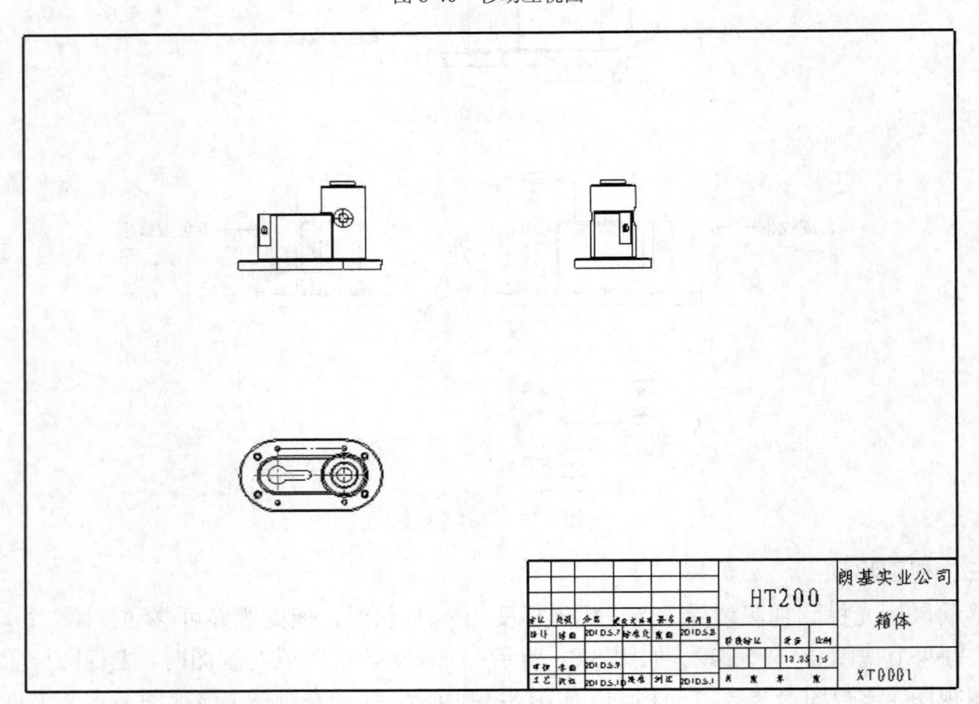

图 8-41　移动视图结果

8.2.2　投影视图

投影视图是将已有视图进行直线投影形成的视图，它可以反映基本视图侧面的几何信息。

投影视图的启动方式为单击【视图布局】工具栏中的 按钮或选择菜单命令【插入】/【工程图视图】/【投影视图】。

【投影视图】命令启动后，弹出【投影视图】属性管理器，如图 8-42 所示。选择主视图，在主视图上方单击鼠标左键，生成仰视图，如图 8-43 所示，仰视图与主视图自动生成对齐关系。如果移动鼠标光标的同时按住 Ctrl 键，则投影视图的位置可随意放置。

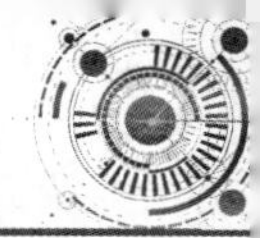

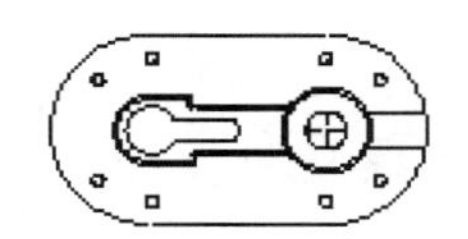

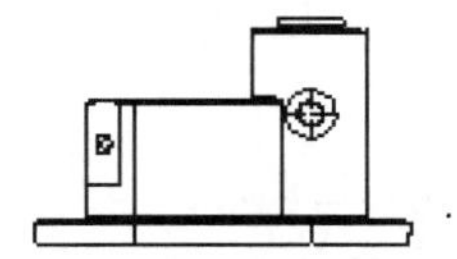

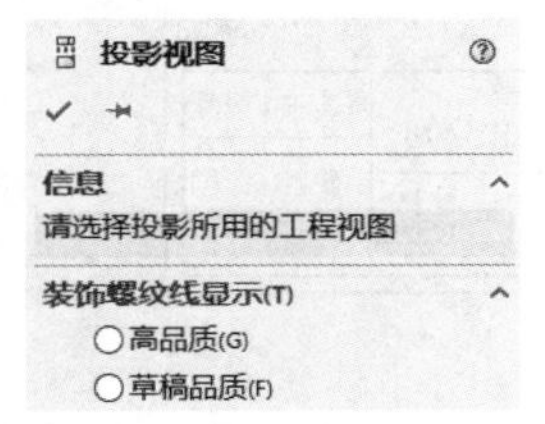

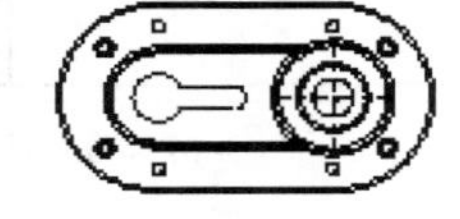

图 8-42 【投影视图】属性管理器

图 8-43　生成仰视图

8.2.3　模型视图

【模型视图】命令的启动方式如下。

- 单击【视图布局】工具栏中的按钮或选择菜单命令【插入】/【工程图视图】/【模型】。

启动【模型视图】命令后，打开【模型视图】属性管理器，如图 8-44 所示。

- 在【要插入的零件/装配体】栏下选择并双击要插入的零件“箱体”，在新打开的图 8-45 所示的【模型视图】属性管理器中的【方向】栏下选择一视图名称作为工程视图，这里选择轴测图，在图纸的右下方单击一点，完成轴测图的插入，如图 8-46 所示。

如没有选择视图名称，系统自动生成主视图。默认情况下，模型视图不与任何其他视图对齐，可以在工程图纸上随意移动。

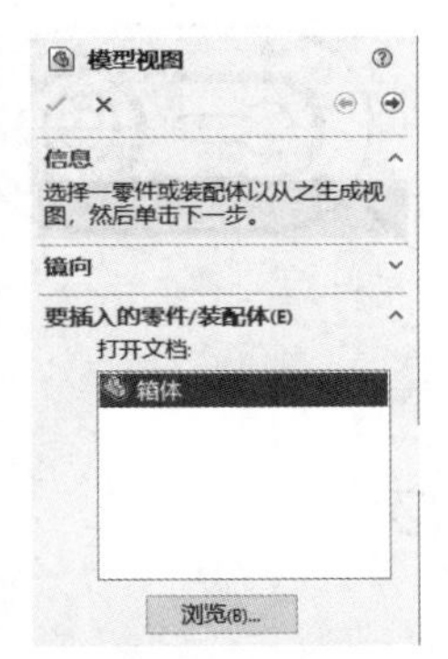

图 8-44 【模型视图】属性管理器（1）

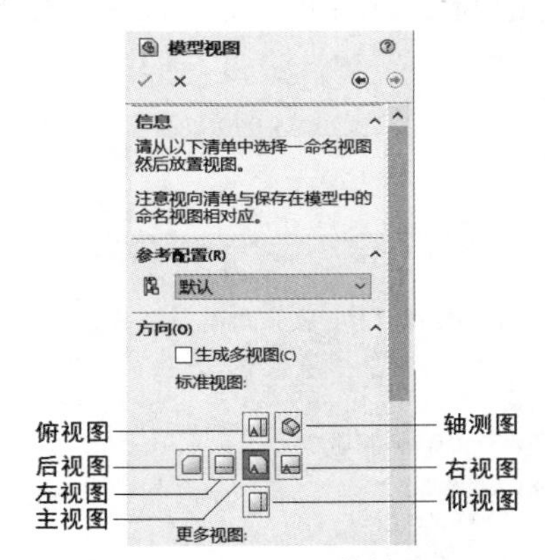

图 8-45 【模型视图】属性管理器（2）

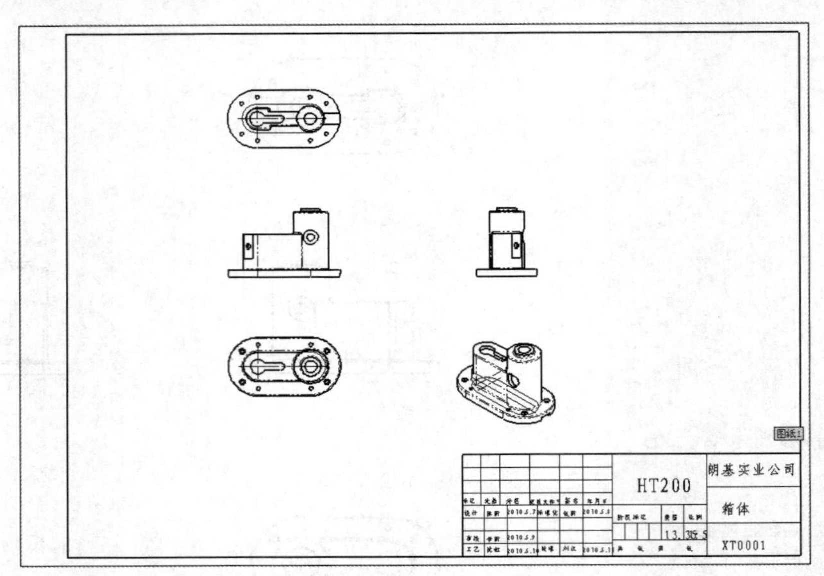

图 8-46 插入轴测图

8.2.4 辅助视图

如果模型中存在着与视图方向非正交的几何元素，就需要采用与之正视的方向绘制视图，以反映这些几何实体元素的信息，这种视图被称为辅助视图，在国标中称为斜视图。

【辅助视图】命令的启动方式如下。

- 单击【视图布局】工具栏中的按钮或选择菜单命令【插入】/【工程图视图】/【辅助视图】。

生成辅助视图的操作步骤如下。

1.【辅助视图】命令启动后，打开图 8-47 所示的【辅助视图】属性管理器，此时鼠标光标变为形状。

2. 选择模型俯视图倾斜结构的边线，出现辅助视图预览。

3. 在属性管理器中设置辅助视图的显示样式和比例。

4. 在俯视图斜下方单击鼠标左键，生成图 8-48 所示的辅助视图，如果移动鼠标光标的同时按住 Ctrl 键，则辅助视图的位置可任意放置。完成后保存工程图文件。

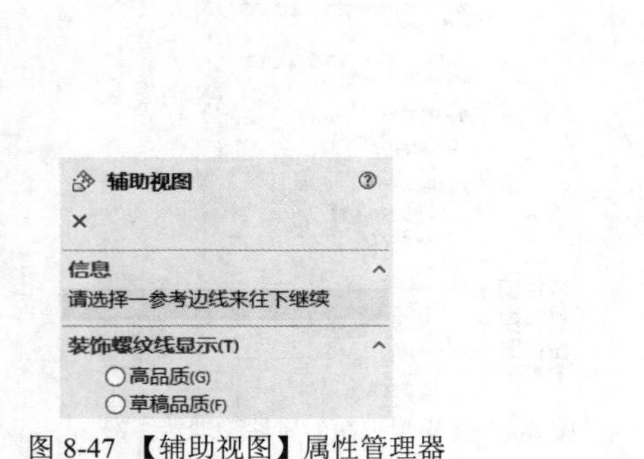

图 8-47 【辅助视图】属性管理器

图 8-48 俯视图的辅助视图

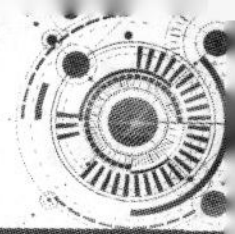

8.2.5 剪裁视图

剪裁视图是在现有视图中剪去不必要的部分，以使视图表达的内容更加简练突出。

【剪裁视图】命令的启动方式如下。

- 单击【视图布局】工具栏中的按钮或选择菜单命令【插入】/【工程图视图】/【剪裁视图】。

生成剪裁视图的操作步骤如下。

1. 在视图边界内空白处双击鼠标左键，激活要剪裁的视图。
2. 绘制一封闭轮廓，如圆、封闭的样条曲线等，如图 8-49 所示。
3. 启动【剪裁视图】命令，封闭轮廓以外的视图消失，剪裁视图生成。图 8-50 所示为辅助视图进行剪裁后的结果。

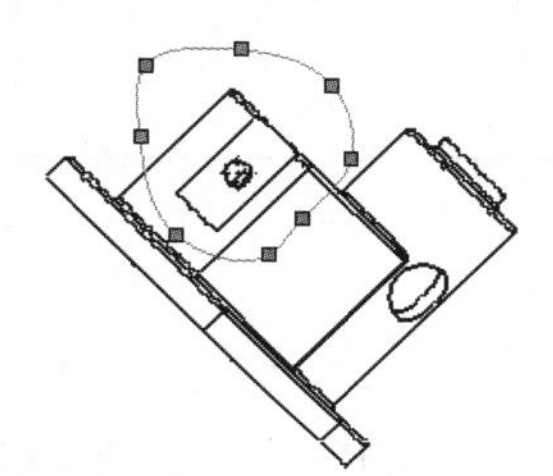
图 8-49 封闭曲线绘制效果

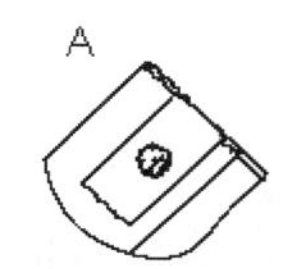

图 8-50 剪裁辅助视图效果

图 8-51 所示为仰视图进行剪裁后的结果。激活该剪裁视图的操作步骤如下。

在【工程图视图】属性管理器中选中【箭头】复选项，给定名称“B”，则该局部视图变成了 B 向视图，如图 8-52 所示。单击鼠标右键，在弹出的图 8-53 所示的快捷菜单中选择【解除对齐关系】命令，然后按住 Ctrl 键并拖曳该局部视图到合适的位置后单击鼠标左键，如图 8-54 所示，生成自由放置的局部仰视图。

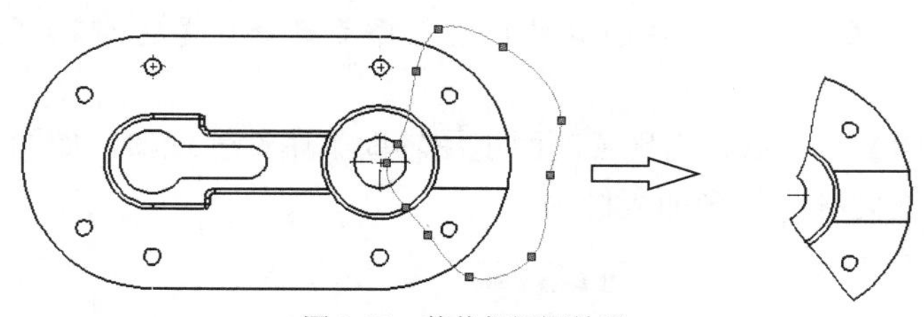
图 8-51 剪裁仰视图效果

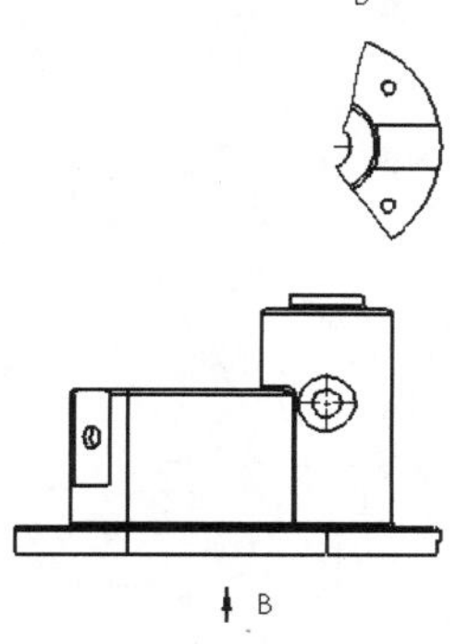

图 8-52 添加箭头和名称

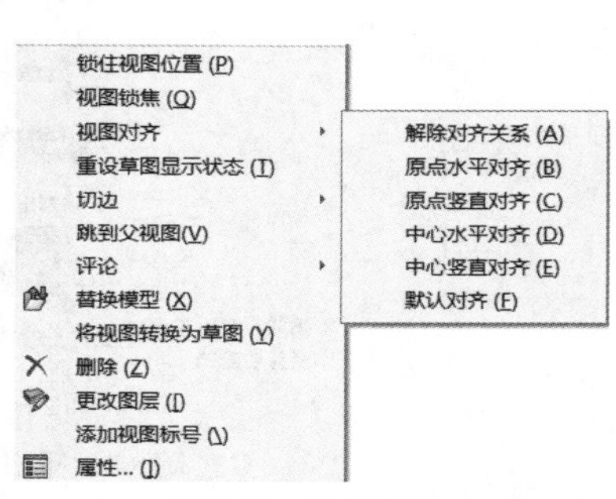

图 8-53 快捷菜单

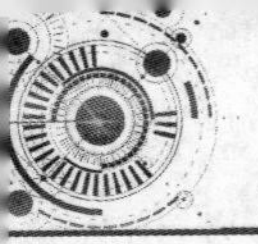

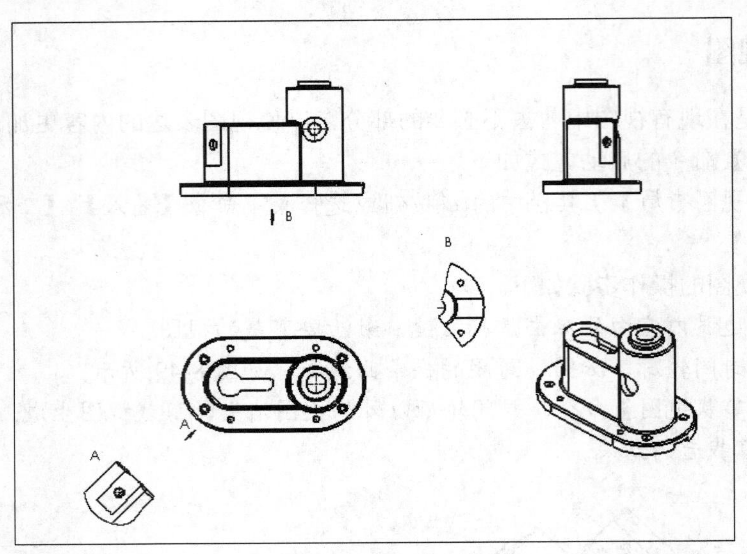

图 8-54　生成 B 向视图

8.2.6　剖面视图

剖面视图用来表达机件的内部结构。在旧版 SOLIDWORKS 中，生成剖面视图前，必须先在工程图中绘出适当的路径。SOLIDWORKS 2018 中有两种方法可在工程图中创建剖面视图。

- 使用剖面视图工具界面插入普通剖面视图（水平、垂直、辅助及对齐）和可选的等距（圆弧、单一和凹口）。
- 使用剖面视图工具手动创建草图实体以自定义剖面线。

【剖面视图】命令的启动方式如下。

- 单击【视图布局】工具栏中的按钮或选择菜单命令【插入】/【工程图视图】/【剖面视图】。

启动【剖面视图】命令后，出现【剖面视图辅助】属性管理器，如图 8-55 所示。选取切割线种类，可生成不同种类的剖面视图。

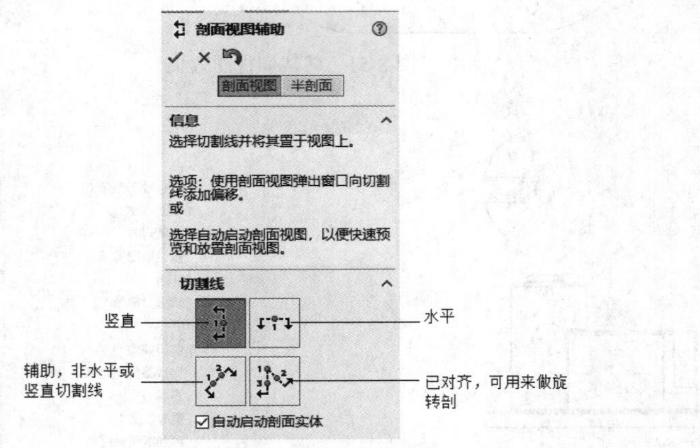

图 8-55　【剖面视图辅助】属性管理器

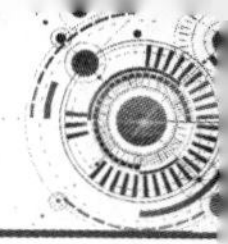

一、全剖视图

在【剖面视图辅助】属性管理器中选择【水平】切割线，选择适当位置放置剖面视图，此时的属性管理器如图 8-56 所示。

生成的 C-C 剖视图如图 8-57 所示。

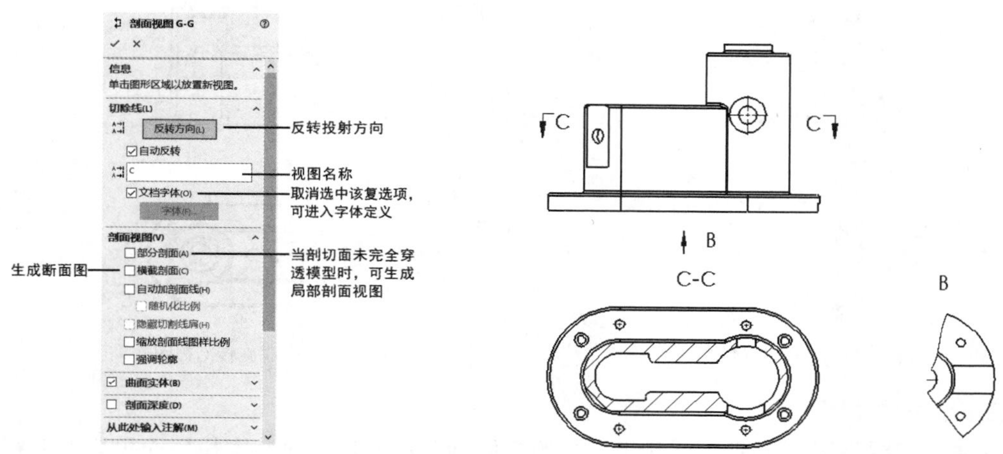

图 8-56 【剖面视图】属性管理器　　　　图 8-57　生成俯视全剖视图效果

【剖面视图】属性管理器中的选项说明如下。

（1）【部分剖面】：选中此复选项时，可拖动剖切线长度，显示部分结构。

（2）【横截剖面】：只显示剖切平面剖切到的部分，此选项用于生成断面图，图 8-58 所示的 D-D 断面图为选中该选项后生成的图形。

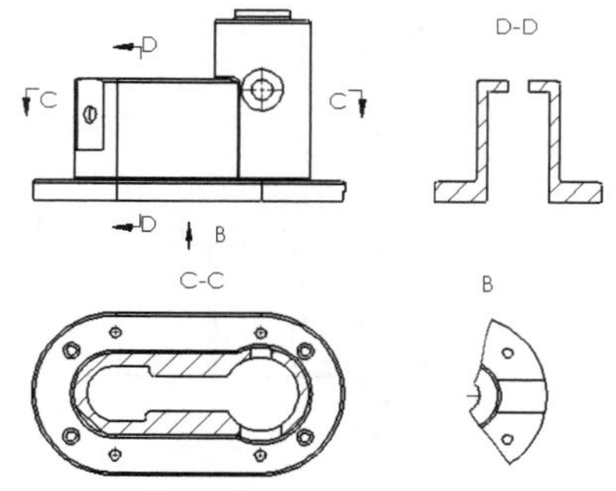

图 8-58　选中【横截剖面】复选项后生成的 D-D 断面图效果

二、旋转剖视图

旋转剖视图用来表达具有回转轴的机件内部形状，其剖切线为两相交直线。

启动【剖面视图】命令后，打开【剖面视图辅助】对话框，选择【对齐】切割线，按照 1、2、3 顺序绘制两条相交直线。

【剖面视图辅助】属性管理器中的【半剖面】也可以用来做角度为 90° 的旋转剖，如图 8-59 所示。

SOLIDWORKS 提供了多张图纸功能，即同一图纸文件中可包含多张图纸，图纸之间可以共享信息。这里为表达得更清楚，使用多张图纸功能。

在“图纸 1”上单击鼠标右键，在弹出的快捷菜单中选择【添加图纸】命令，设计树中

出现“图纸 2”，使“图纸 2”为当前图纸，启动【模型视图】命令，插入箱体俯视图，启动【剖面视图】命令，选择【对齐】切割线，按顺序选择点 1、2、3，单击鼠标左键生成旋转剖视图，如图 8-60 所示。

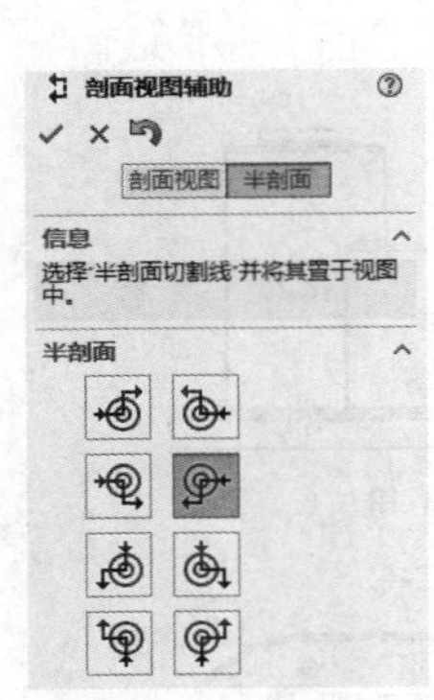

图 8-59 【半剖面】选项

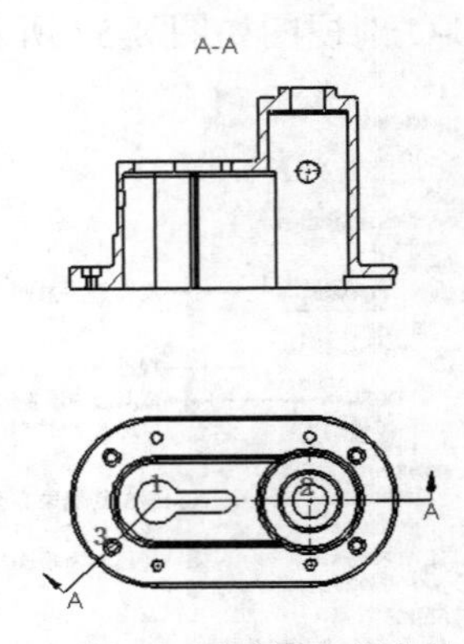

图 8-60 生成旋转剖视图效果

三、阶梯剖视图

阶梯剖视图是用两个或多个互相平行的平面剖开机件后，向基本投影面投影所获得的视图。阶梯剖视图需要用互相平行的直线表示剖切位置。完成此步骤需要绘制剖切线。

生成阶梯剖视图的操作步骤如下。

1. 绘制剖切线。在俯视图上绘制阶梯形剖切线，如图 8-61（a）所示。
2. 选中两剖切直线之一，启动【剖面视图】命令。
3. 移动鼠标光标，显示预览，在适当位置单击鼠标左键放置视图，生成阶梯剖视图，如图 8-61（b）所示。

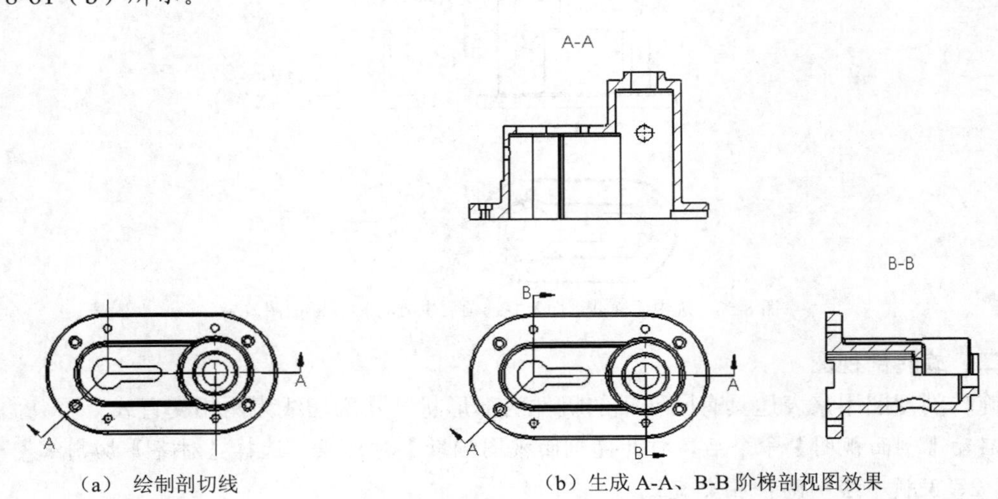

（a） 绘制剖切线　　（b）生成 A-A、B-B 阶梯剖视图效果

图 8-61 阶梯剖视图绘制

本例生成的阶梯剖视图与俯视图保持对齐关系，要使主视图与左视图高平齐，必须先解除其与俯视图的对齐关系，然后将其旋转 90°，再添加与主视图的对齐关系。

使主视图与左视图高平齐的操作过程如下。

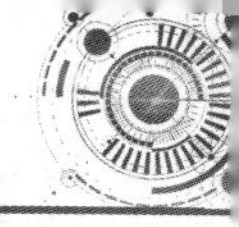

1. 视图旋转。选中阶梯剖视图 B-B，单击鼠标右键，在弹出的快捷菜单中选择【视图对齐】/【解除对齐关系】命令，再次单击鼠标右键，在弹出的图 8-62 所示的快捷菜单中选择【缩放/平移/旋转】/【旋转视图】命令，打开【旋转工程视图】对话框，如图 8-63 所示，输入旋转角度“90 度”，单击 应用 按钮，视图旋转 90°，单击 关闭 按钮，结束旋转。旋转结果如图 8-64 所示。

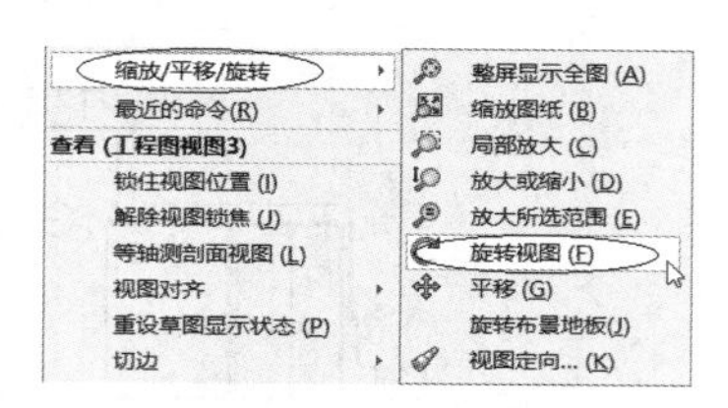

图 8-62 快捷菜单

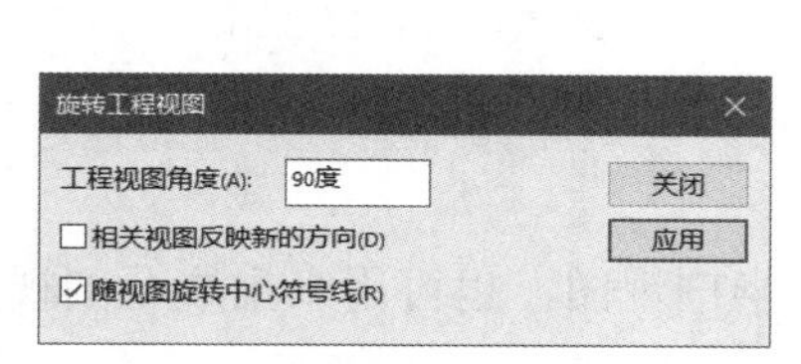

图 8-63 【旋转工程视图】对话框

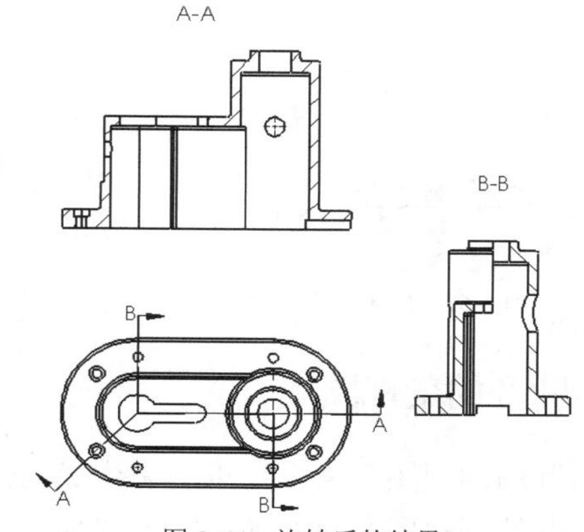

图 8-64 旋转后的结果

2. 视图对齐。建立该阶梯剖视图与主视图的对齐关系。

（1）先将 B-B 剖视图移动到与主视图大致平齐的位置，然后再进行对齐操作。

（2）选中主视图，单击鼠标右键，在弹出的快捷菜单中选择【视图对齐】/【原点水平对齐】命令，如图 8-65 所示，此时鼠标光标变为形状。

（3）在主视图上单击鼠标左键，完成对齐操作，结果如图 8-66 所示。

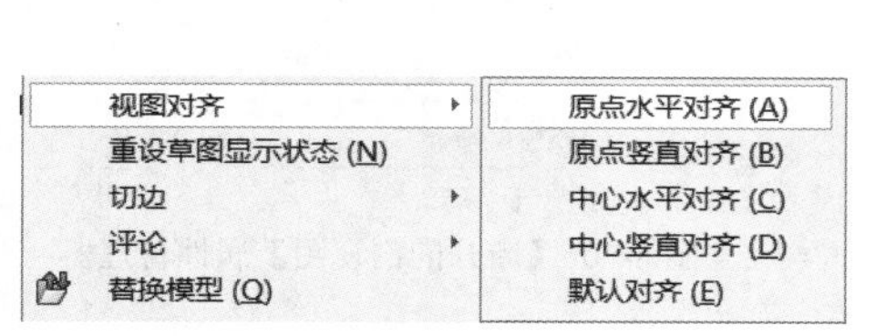

图 8-65 快捷菜单

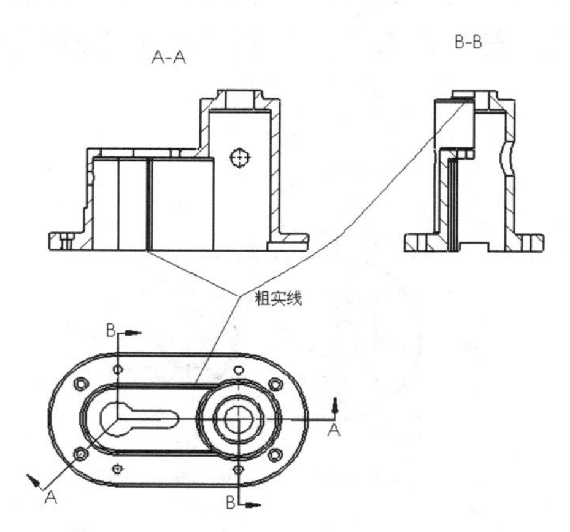

图 8-66 原点水平对齐效果

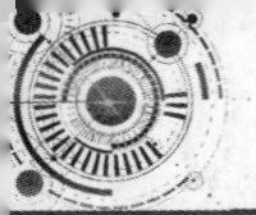

3. 隐藏边线。选中图 8-66 中分界面上的粗实线，单击鼠标左键，在弹出的菜单中单击按钮，将粗实线隐藏，如图 8-67 所示。

4. 添加中心线。单击【注解】工具栏中的按钮，添加回转轴线，然后单击按钮，添加圆的中心线，结果如图 8-68 所示。

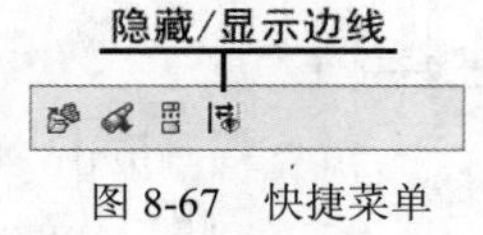

图 8-67　快捷菜单

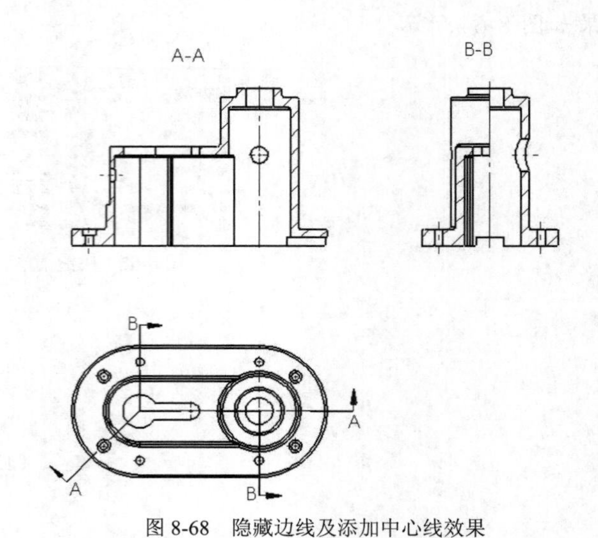

图 8-68　隐藏边线及添加中心线效果

8.2.7　断开的剖视图

【断开的剖视图】命令可以用来生成局部剖视图、半剖视图，也可用来生成全剖视图。

【断开的剖视图】命令的启动方式如下。

- 单击【视图布局】工具栏中的按钮或选择菜单命令【插入】/【工程图视图】/【断开的剖视图】。

一、局部剖视图

绘制局部剖视图的操作步骤如下。

1. 启动命令。将鼠标光标放置在绘图区，光标显示为形状，单击鼠标左键，绘制一条封闭的样条曲线作为剖切线，如图 8-69 所示。

2. 绘图结束后，打开【断开的剖视图】属性管理器，如图 8-70 所示。

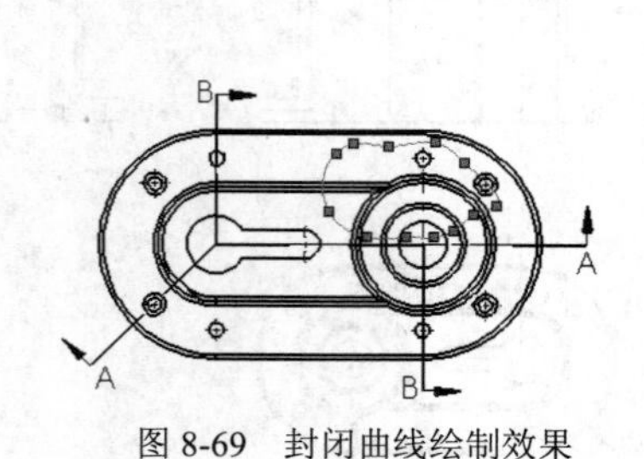

图 8-69　封闭曲线绘制效果

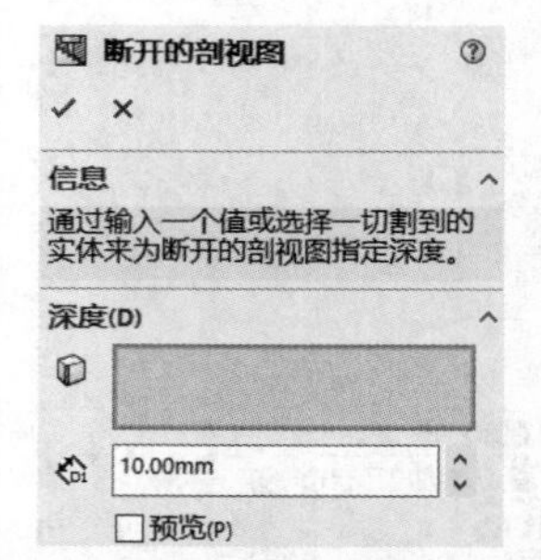

图 8-70　【断开的剖视图】属性管理器

3. 输入剖切深度。在【断开的剖视图】属性管理器中的【深度】栏下输入数值“80”，

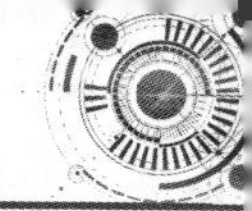

如图 8-71 所示，即从顶面到孔中心线的距离，选中【预览】复选项。

4. 单击 ✓ 按钮，完成局部剖视图的生成，结果如图 8-72 所示，保存工程图文件。

给定剖切深度的另一方法是选择一切割到的实体作为断开的剖视图的指定深度。

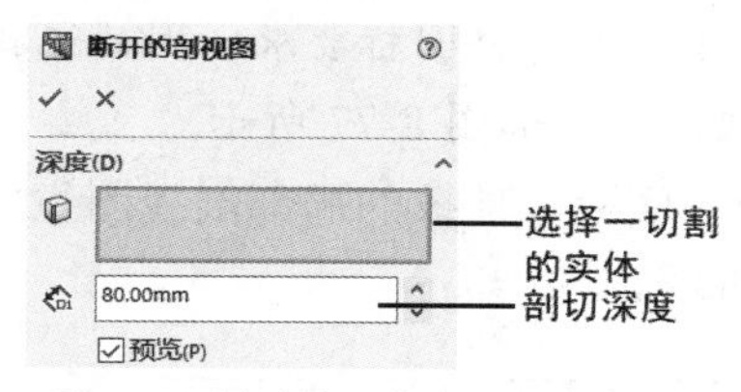

图 8-71 通过输入数值指定剖切深度

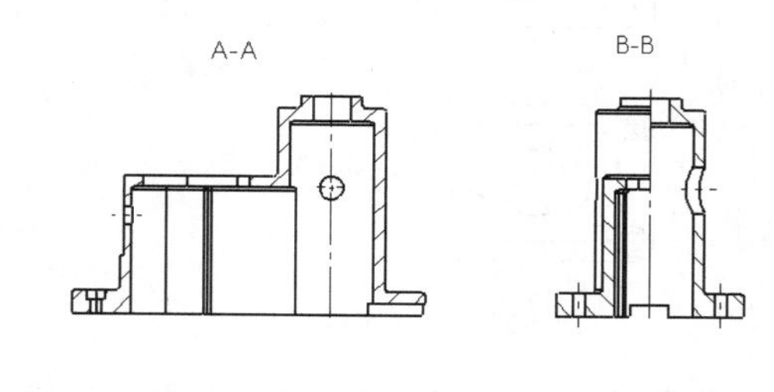

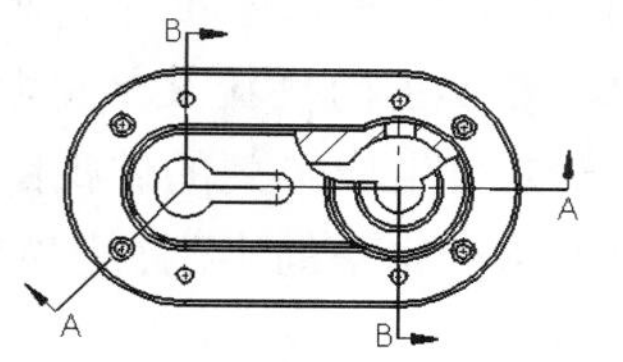

图 8-72 生成的局部剖视图效果

二、半剖视图

半剖视图经常用于表达对称的零件模型。

绘制半剖视图的操作步骤如下。

1. 打开素材文件“素材\第 8 章\支架.slddrw”。

2. 激活主视图，绘制一个覆盖主视图右半边的矩形，且矩形左边边线通过视图左右对称面，保持矩形为选中状态，如图 8-73 所示。

3. 启动【断开的剖视图】命令，打开【断开的剖视图】属性管理器，如图 8-74 所示，激活【深度（D）】框，在俯视图中选择内孔边线，如图 8-75 所示，【深度（D）】框中自动出现“边线<1>”。

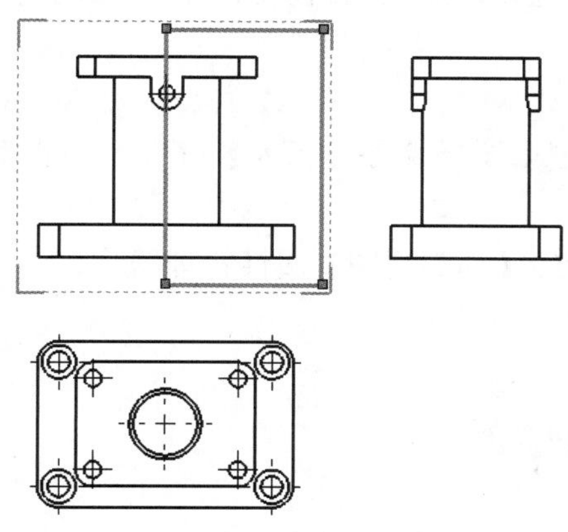

图 8-73 绘制矩形

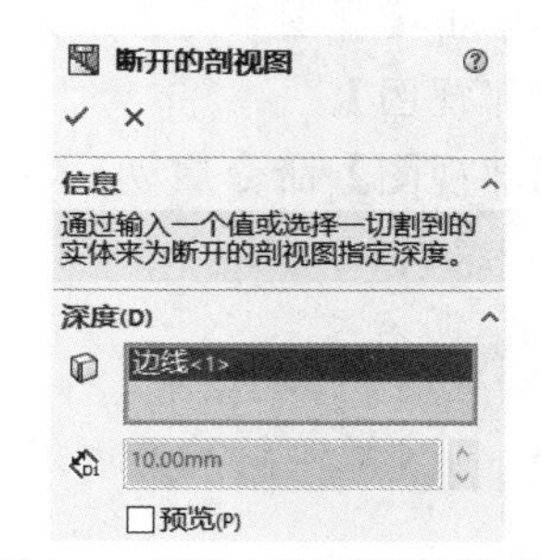

图 8-74 通过实体控制剖切深度

4. 单击 ✓ 按钮，结束命令。生成的半剖视图如图 8-76 所示。

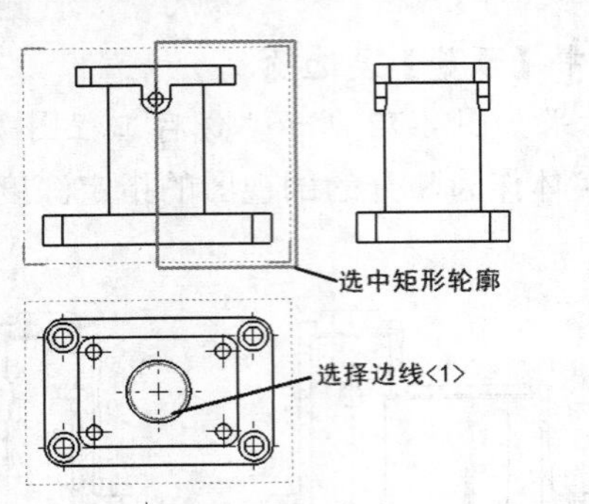

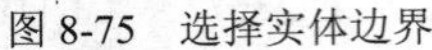

图 8-75 选择实体边界

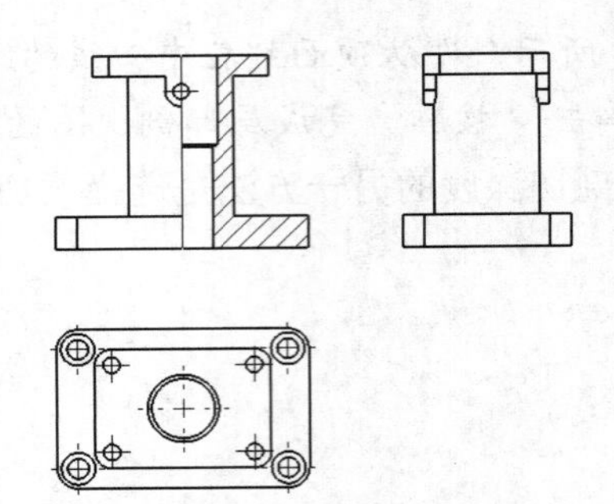

图 8-76 生成的半剖视图效果

5. 隐藏边线。由图 8-76 可以看出分界面处是粗实线，不符合国标要求，因此选择该粗实线，单击鼠标右键，在弹出的快捷菜单中单击按钮，结果如图 8-77 所示。

重复上述步骤 2～5 可生成半剖的俯视图、左视图。底板、顶板的局部剖视图生成过程同上例箱体的局部剖视图，完整的半剖视图如图 8-78 所示。

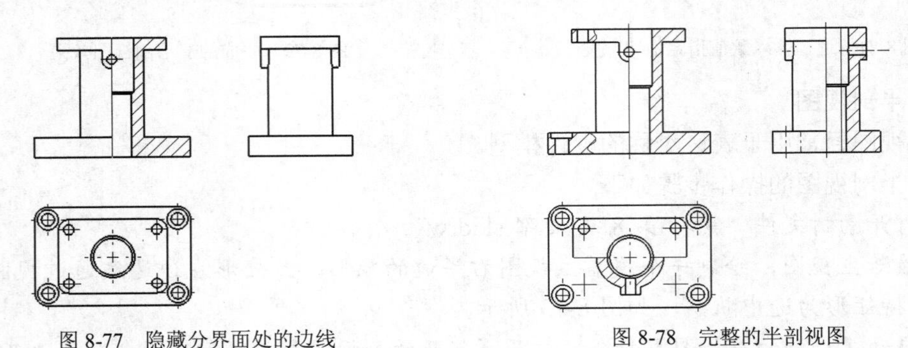

图 8-77 隐藏分界面处的边线

图 8-78 完整的半剖视图

8.2.8 局部视图

局部视图用于表达视图上的某些复杂结构，通常以放大比例显示，在机械制图中称为局部放大图。

【局部视图】命令的启动方式如下。

- 单击【视图布局】工具栏中的按钮或选择菜单命令【插入】/【工程图视图】/【局部视图】。

【局部视图】命令启动后，打开图 8-79 所示的【局部视图】属性管理器。

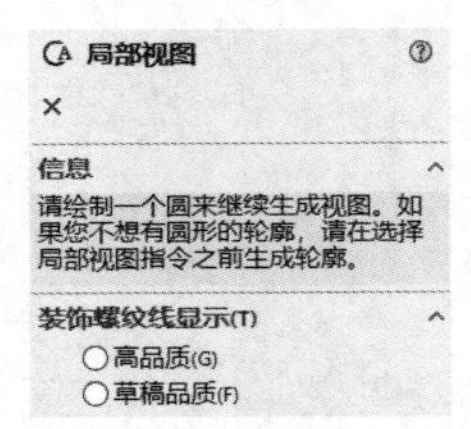

图 8-79 【局部视图】属性管理器

绘制局部视图的操作步骤如下。

1. 在箱体主视图上绘制一个圆并选中该圆，如图 8-80 所示。
2. 启动【局部视图】命令，单击绘图区的适当位置，生成局部放大图，如图 8-81 所示。

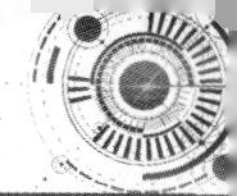

3. 选择局部视图，通过【局部视图】属性管理器可以改变局部视图的显示样式、比例、标示字母等属性。

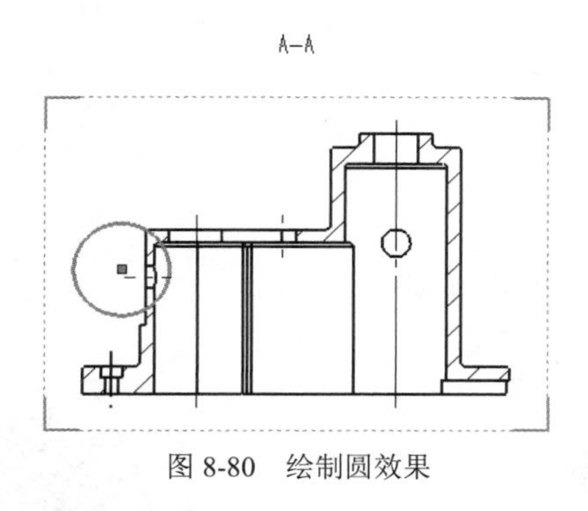

图 8-80 绘制圆效果

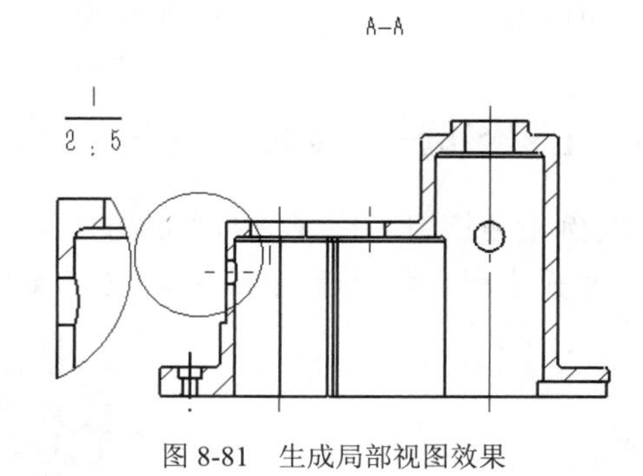

图 8-81 生成局部视图效果

8.2.9 断裂视图

断裂视图用于表达较长机件，如轴、杆、型材及连杆等。当较长机件沿长度方向的形状一致或按一定的规律变化时，可断开后缩短绘制，而尺寸按实际长度标注。

【断裂视图】命令的启动方式如下。

- 单击【视图布局】工具栏中的按钮或选择菜单命令【插入】/【工程图视图】/【断裂视图】。

启动该命令后，打开【断裂视图】属性管理器，如图 8-82（a）所示。

生成断裂视图的操作步骤如下。

1. 打开素材文件“素材\第 8 章\定位轴.slddrw”。

2. 选中视图，启动【断裂视图】命令，打开【断裂视图】属性管理器，输入缝隙大小“3mm”，在【折断线样式】栏中单击【锯齿线切断】按钮。

3. 在绘图区移动断裂线到指定位置。在合适位置单击鼠标左键，放置第一线段，按提示放置第二线段，系统按给定的缝隙大小，绘出折断符号。

4. 单击✓按钮，完成操作，结果如图 8-82（b）所示。

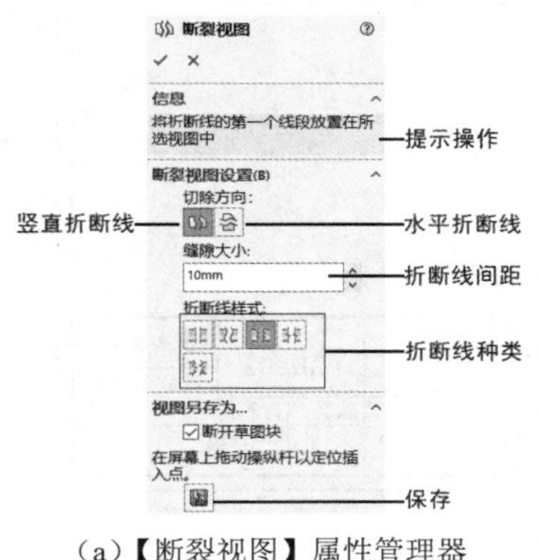

（a）【断裂视图】属性管理器

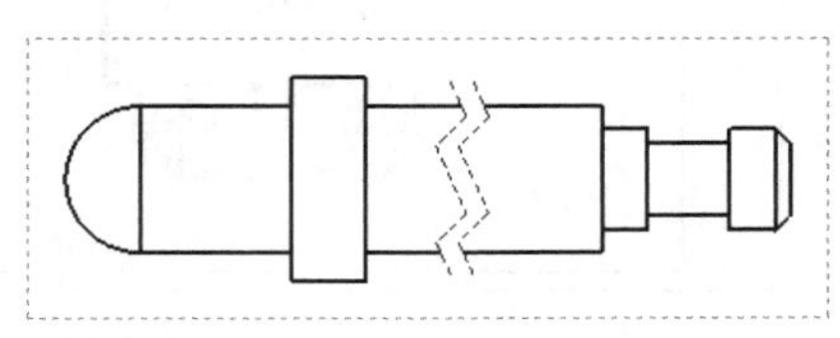

（b）锯齿线切断

图 8-82 断裂视图效果

用鼠标右键单击折断线，从弹出的快捷菜单中选择一种样式，可更改折断线形状，图 8-83 所示为采用另外 4 种折断线生成的断裂视图。

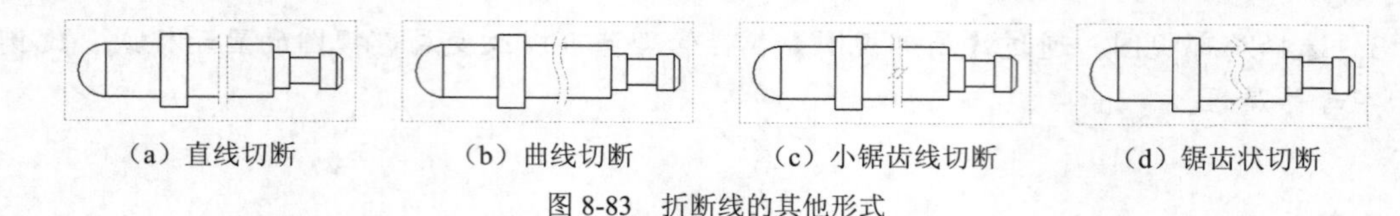

（a）直线切断　（b）曲线切断　（c）小锯齿线切断　（d）锯齿状切断

图 8-83　折断线的其他形式

8.2.10　工程实例——支座工程图

本实例主要练习工程视图的生成方法。

1. 打开素材文件“素材\第 8 章\支座.sldprt”，如图 8-84 所示。

图 8-84　支座

2. 选择菜单命令【文件】/【从零件制作工程图】，系统弹出【新建 SOLIDWORKS 文件】对话框，选择工程图模板【A3-自定义】选项，然后单击 确定(O) 按钮。

3. 选择菜单命令【插入】/【工程图视图】/【标准三视图】，插入支座的三视图，结果如图 8-85 所示。

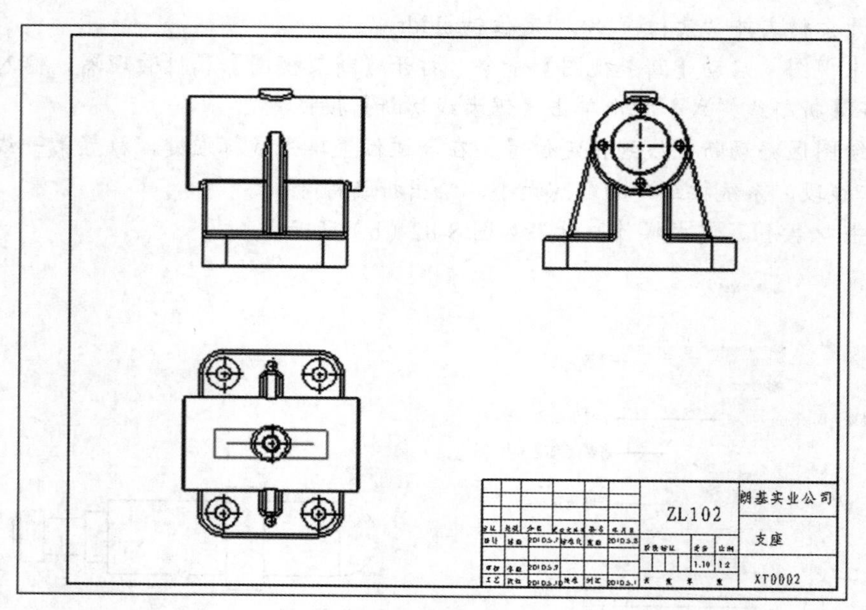

图 8-85　支座标准三视图

4. 创建剖视图。在主视图上绘制矩形并保持选中状态，单击【视图布局】工具栏中的 按钮，在【断开的剖视图】属性管理器的【深度】栏中输入数值“60mm”，生成半剖视图，隐藏分界面处的粗实线，并添加中心线，结果如图 8-86 所示。

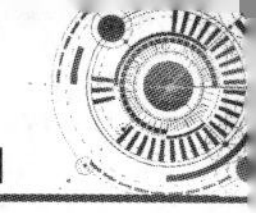

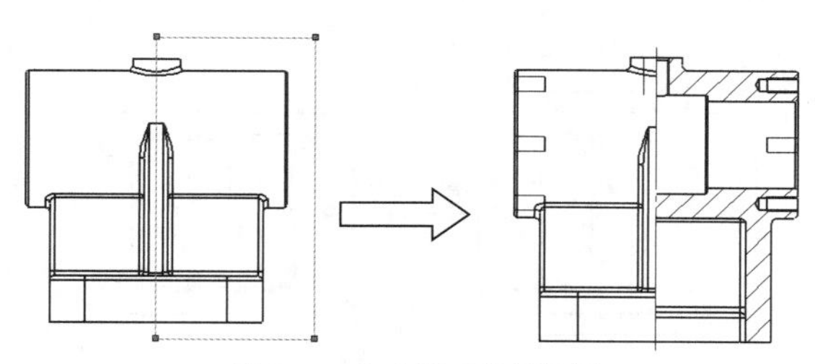

图 8-86　生成断开的剖视图

用同样的方法生成左视图半剖视图，在【深度】栏中输入数值“55mm”，结果如图 8-87 所示。此处遇到肋板剖切问题，在机械制图国家标准中规定，当剖切面过肋板对称面时，肋板按不剖绘制。

处理肋板剖切线的方法有好几种，这里仅介绍区域剖面线法。

第一步：将需处理区域的剖面线设置为“无”。选中剖面，在【断开的剖视图】属性管理器中取消选中【材质剖面线】复选项，然后选中【无】单选项，如图 8-88 所示。

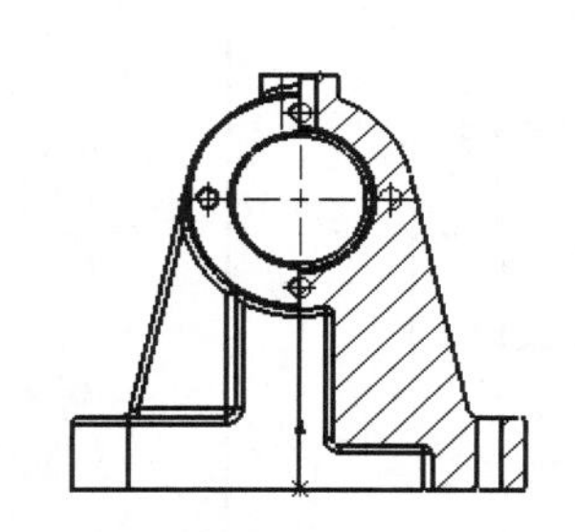

图 8-87　生成左视图断开的剖视图

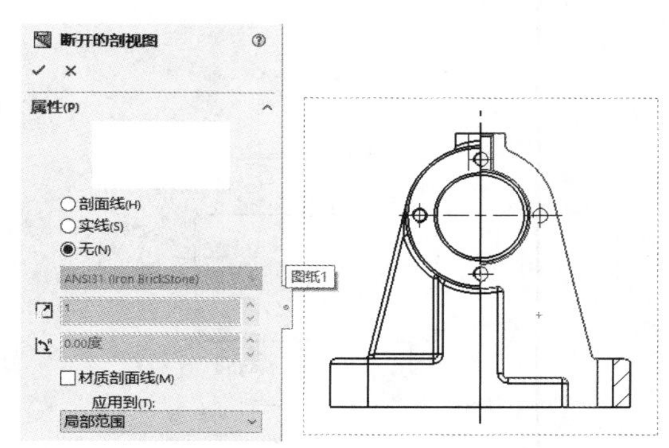

图 8-88　设置区域剖面线为“无”

然后绘制出需要添加剖面线的区域草图，这里使用【转换实体引用】命令来简化草图绘制，区域草图必须是封闭的，如图 8-89 所示。

第二步：用鼠标选中封闭区域中的一点，单击【注解】工具栏中的【区域剖面线/填充】按钮，生成所需的剖面线，必要时可调整剖面线的方向和比例，结果如图 8-90 所示。

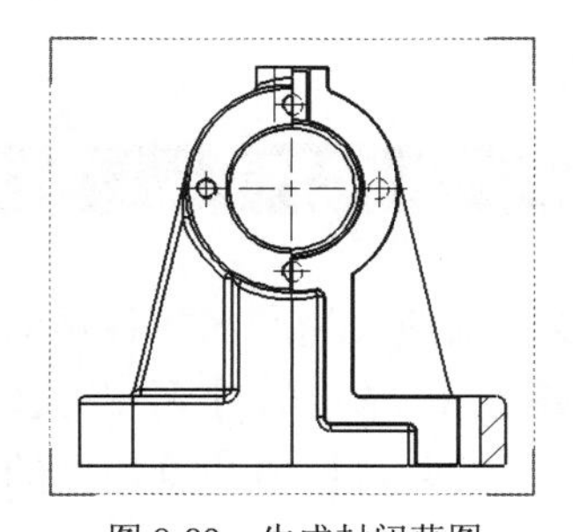

图 8-89　生成封闭草图

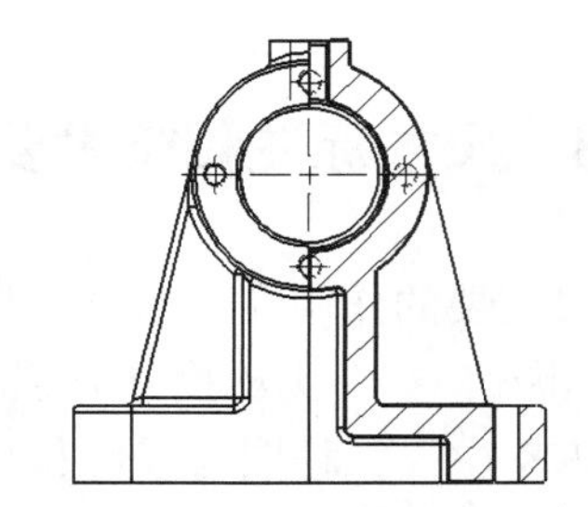

图 8-90　为封闭区域添加剖面线

5. 生成 A 向视图。单击【视图布局】工具栏中的按钮，选中左视图，在其上方生成投影视图，添加箭头，移动该视图至左视图下方，选中底面，单击【草图】工具栏中的【转换实体引用】按钮，将底面边线转换为封闭草图，单击【视图布局】工具栏中的【剪裁视图】按钮，结果如图 8-91 所示。完成后的支座工程视图如图 8-92 所示。

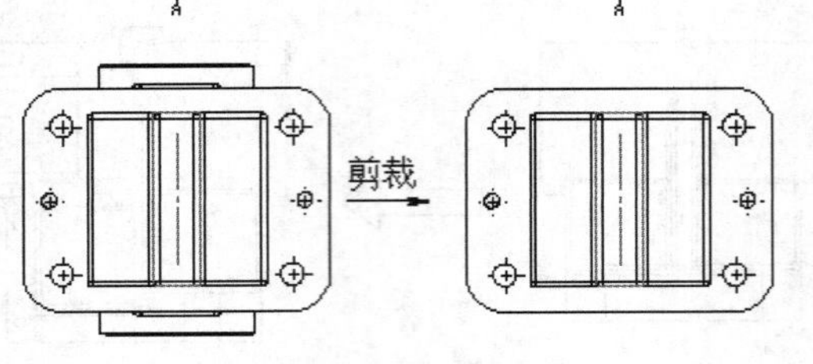

图 8-91　生成 A 向视图

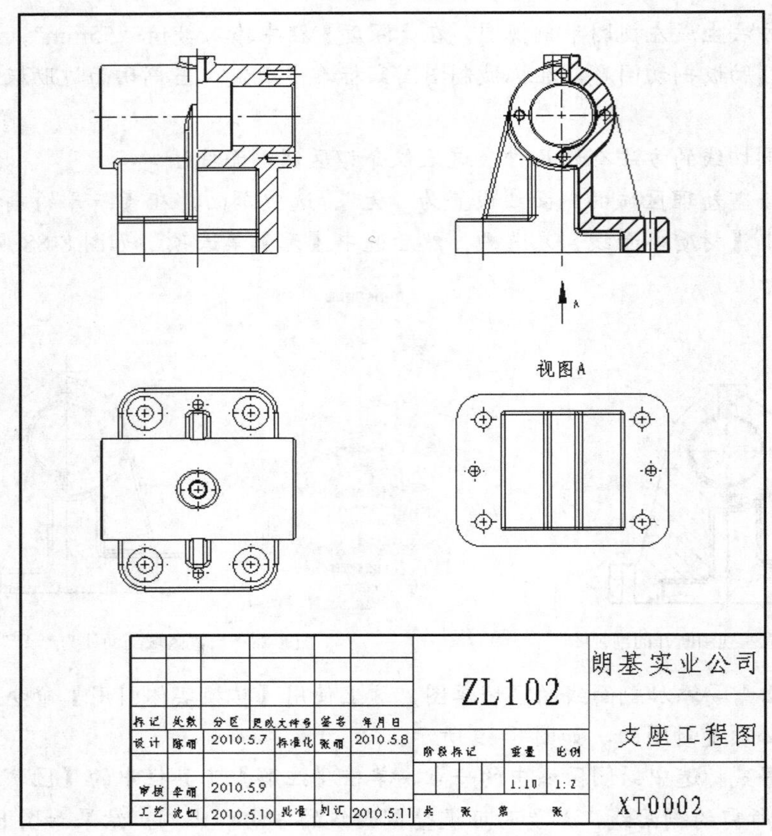

图 8-92　支座工程图

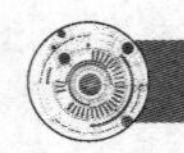

8.3　尺寸标注和技术要求

工程图最主要的作用在于指导产品的制造，因此要详细地表达产品的各种信息，包括产品的几何形状信息，以及描述产品材料、公差、螺纹和焊接等工程语义的信息。在 SOLIDWORKS 中，工程图与零件和装配体的信息是共享的，可以将三维模型的尺寸和工程语义信息调入工程图中。

8.3.1　标注尺寸

一、从模型中调入尺寸

每个零件生成特征时所产生的尺寸，可插入到各个工程视图中。更改模型中的尺寸会更

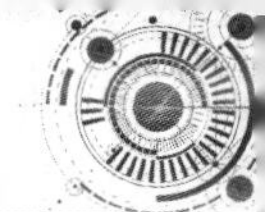

新工程图，更改工程图中插入的尺寸同样会更改模型。工程视图中可以插入整个模型的尺寸，也可有选择地插入特征的尺寸。

下面以支架工程图尺寸标注为例介绍将模型尺寸插入到工程图的步骤。

1. 单击【注解】工具栏中的按钮或选择菜单命令【插入】/【模型项目】，打开【模型项目】属性管理器，如图 8-93 所示。

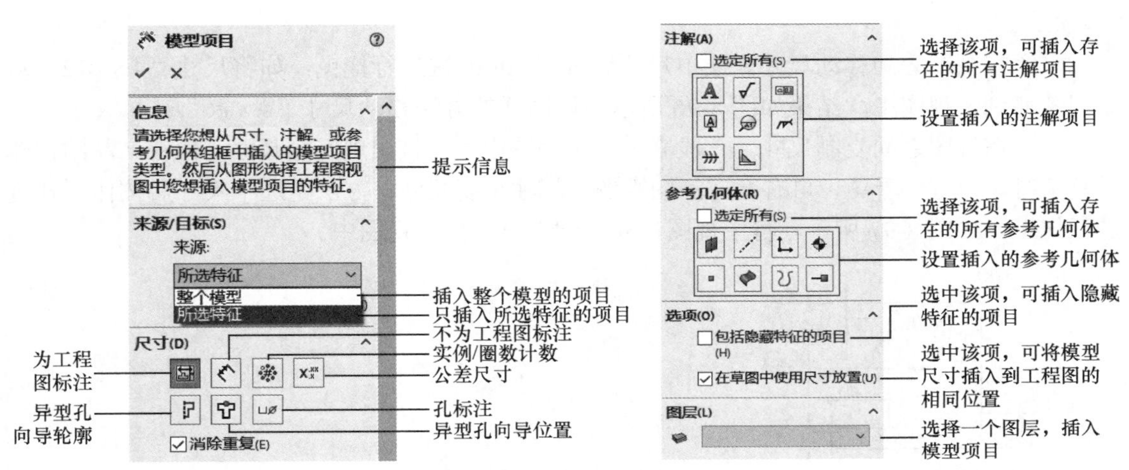

图 8-93 【模型项目】属性管理器

2. 在【来源】下拉列表中选择【整个模型】选项。

3. 单击✓按钮，自动生成尺寸，如图 8-94（a）所示。由此图可看出，尺寸分布混乱，需要进行编辑整理才能满足要求。调整后的尺寸分布如图 8-94（b）所示。

从图 8-94 可以看出图中有重复尺寸 70，沉孔尺寸不符合国标要求。

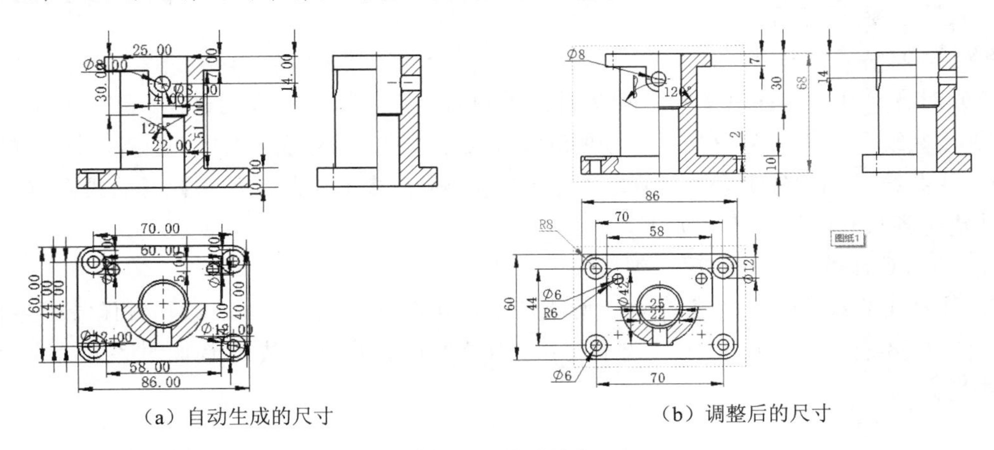

（a）自动生成的尺寸　　（b）调整后的尺寸

图 8-94　生成尺寸

二、调整尺寸布局和对齐尺寸

工程图尺寸标注要符合正确、完整、清晰、合理的要求。清晰是指尺寸布局合适、美观，方便看图。

1. 均匀分布尺寸

首先在视图中通过拖曳鼠标光标来移动尺寸，使尺寸均匀分布。

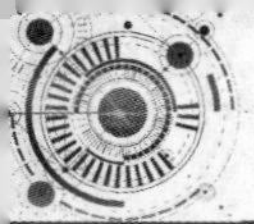

2. 修改文本

规范图中孔的标注，要符合国标要求，如“ϕ6”，应标注为“4×ϕ6”。

修改方法为选中该尺寸，打开【尺寸】属性管理器，在“<MOD-DIAM><DIM>”前添加文字“4×”，如图 8-95 所示，用同样的方法修改尺寸“ϕ12”为“4×ϕ12”。

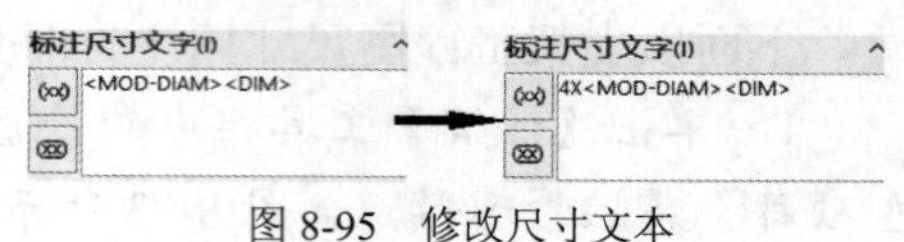

图 8-95 修改尺寸文本

（1）在视图之间移动尺寸。选中尺寸后按住 Shift 键进行拖曳，如将尺寸“4 × ϕ12”从俯视图移到主视图中，结果如图 8-96 所示。以同样的方法移动尺寸“4 × ϕ6”。

（2）在视图之间复制尺寸。一般来讲，工程图中不允许出现冗余尺寸，但在产品结构非常复杂时，为方便看图，可有意在不同视图间标注重复尺寸。方法是选中尺寸后按住 Ctrl 键进行拖曳。如图 8-97 所示，将主视图尺寸“68”复制到左视图中。

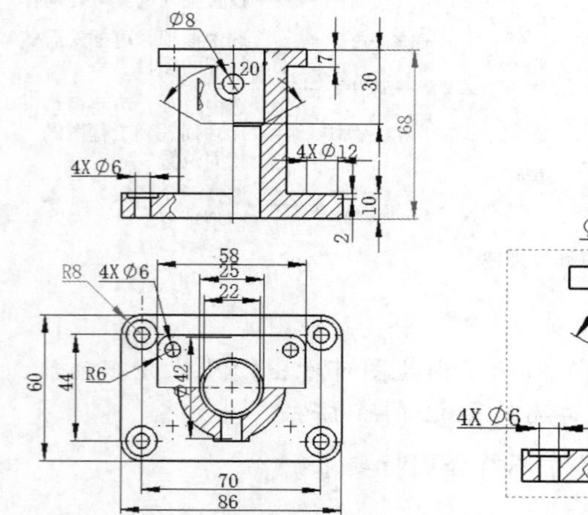

图 8-96 在视图之间移动尺寸

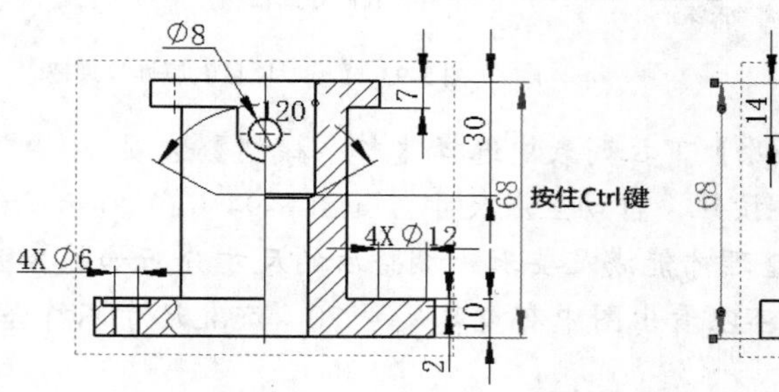

图 8-97 在视图之间复制尺寸

（3）对齐尺寸。当图纸上尺寸较多时，需用对齐工具将尺寸排列整齐。

① 【共线/径向对齐】命令：使所选线性尺寸、径向尺寸或角度尺寸对齐，且合并成组。

- 【共线/径向对齐】命令启动方式为选择菜单命令【工具】/【尺寸】/【共线/径向对齐】。

创建对齐尺寸的操作步骤如下。

1. 按住 Ctrl 键选择一组同类型尺寸。
2. 启动【共线/径向对齐】命令，所选尺寸排列在一条线上，并在移动时保持对齐状态。

如图 8-98 所示，按住 Ctrl 键选中尺寸“10”“30”，启动【共线/径向对齐】命令后，两尺寸共线。

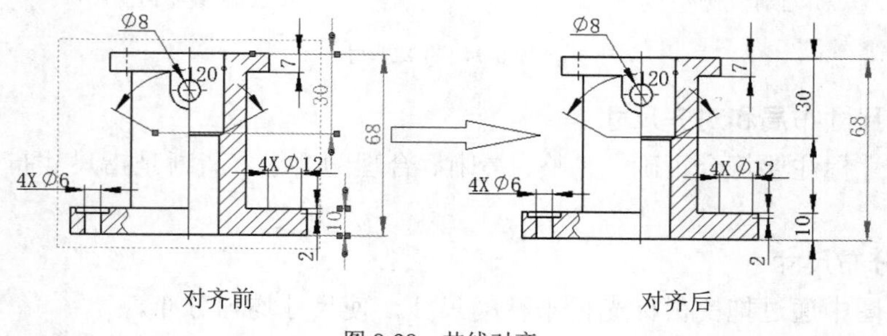

图 8-98 共线对齐

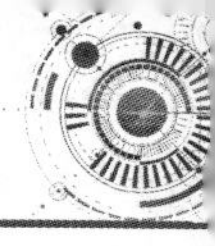

图 8-99 所示为一组角度尺寸径向对齐的示例。

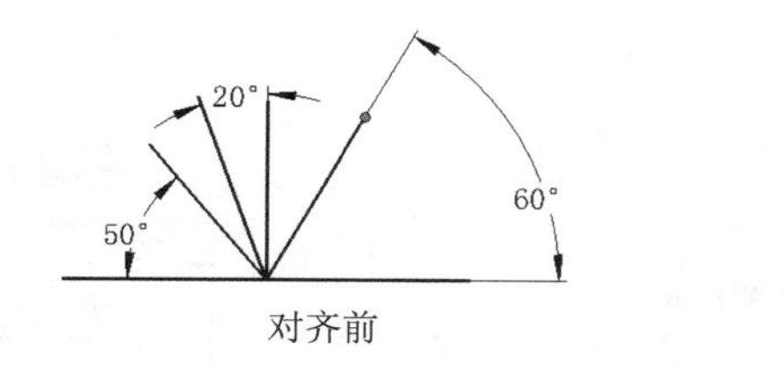

对齐前

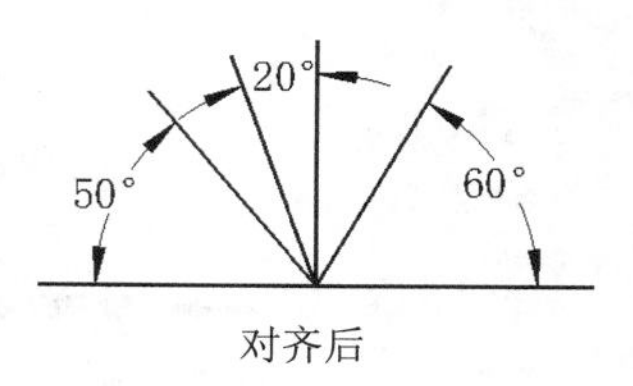

对齐后

图 8-99　径向对齐

② 【平行/同心对齐】命令：以相同的间距将所选直线尺寸、半径尺寸或角度尺寸对齐，且合并成组。

- 【平行/同心对齐】命令启动方式为选择菜单命令【工具】/【尺寸】/【平行/同心对齐】。

创建平行/同心对齐的操作步骤如下。

1. 按住 Ctrl 键在工程视图中选择一组同类型的尺寸。
2. 启动【平行/同心对齐】命令。

图 8-100 所示为对支架俯视图中的一组尺寸进行平行/同心对齐操作前后的效果。

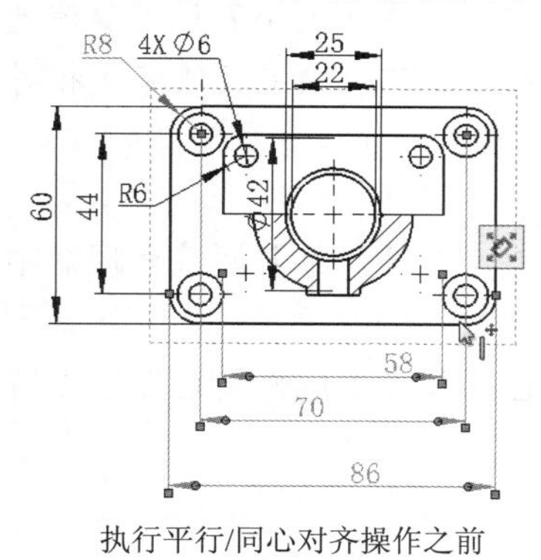

执行平行/同心对齐操作之前

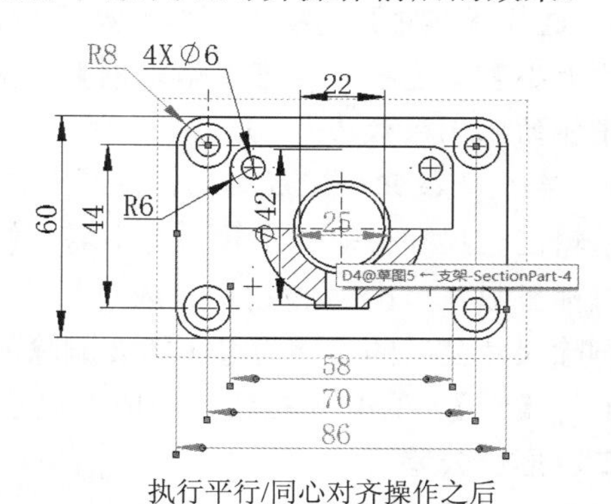

执行平行/同心对齐操作之后

图 8-100　平行/同心对齐尺寸

（4）隐藏/显示尺寸。

隐藏：选中要隐藏的尺寸并单击鼠标右键，在弹出的快捷菜单中选择【隐藏】命令。

显示：选择菜单命令【视图】/【隐藏/显示】/【注解】，此时被隐藏的尺寸呈灰色，鼠标光标变为形状，用鼠标左键单击要显示的尺寸即可将其显示。再次选择菜单命令【视图】/【隐藏/显示】/【注解】，鼠标光标恢复原状。此处隐藏“30°”“70”等尺寸。

8.3.2　标准公差

标准公差包括尺寸公差和形位公差。

一、尺寸公差

尺寸公差的添加与编辑在【尺寸】属性管理器中，如图 8-101 所示。对于尺寸公差，用户可在进行尺寸标注的同时设置，也可以在完成所有的尺寸标注以后再标注。对于后者，用户只需选择要添加公差的尺寸，在其属性管理器中进行添加、修改或删除操作即可。

添加尺寸公差的操作步骤如下。

1. 选择要添加尺寸公差的尺寸，如图 8-102 中的尺寸“ϕ22”。

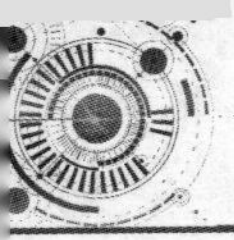

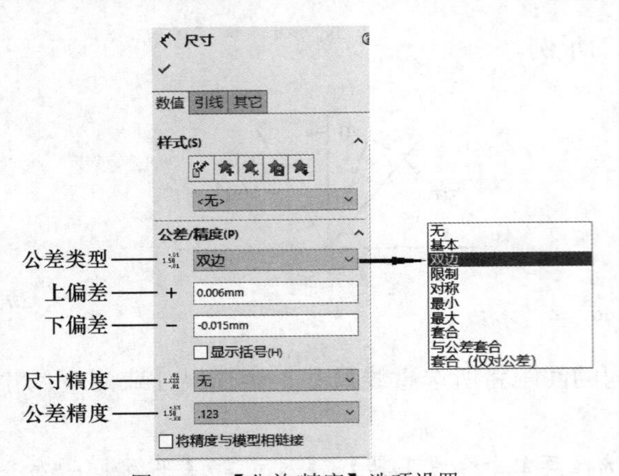

图 8-101 【公差/精度】选项设置

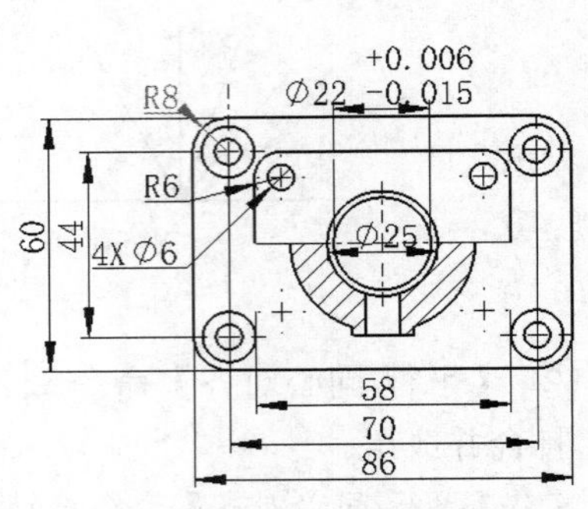

图 8-102 标注上、下偏差

2. 设置尺寸精度、公差精度，“.123”表示精确到小数点后 3 位。

3. 选择公差类型。在【公差类型】下拉列表中选择【双边】选项，系统自动激活上、下偏差输入框，分别输入数值“0.006mm”“-0.015mm”。

4. 选择【其它】选项卡，界面如图 8-103 所示，在【公差字体大小】栏下取消选中【使用尺寸大小】复选项，在【字体比例】文本框中输入数值“0.7”（偏差数值字体相对于基本尺寸字体的比例系数为 0.7）。

5. 单击 ✓ 按钮，完成标注，结果如图 8-102 所示。

编辑已有尺寸公差的步骤为选中需要修改的尺寸公差，在【尺寸】属性管理器中修改参数为目标参数，单击 ✓ 按钮，完成对尺寸公差的编辑。

删除尺寸公差的步骤为选中需要删除的尺寸公差，在【尺寸】属性管理器中设置【公差类型】为【无】，单击 ✓ 按钮，完成对尺寸公差的删除。

二、形位公差

【形位公差】命令的启动方式如下。

- 单击【注解】工具栏中的按钮或选择菜单命令【插入】/【注解】/【形位公差】，如图 8-104 所示。还可以用鼠标右键单击绘图区域，从弹出的快捷菜单中选择【注解】/【形位公差】命令。

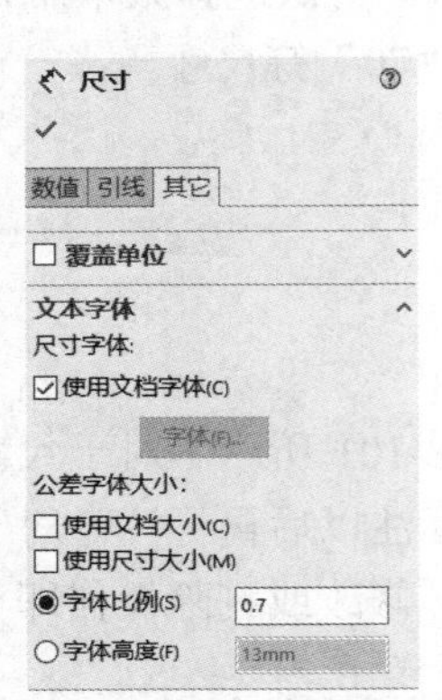

图 8-103 确定偏差数值字体高

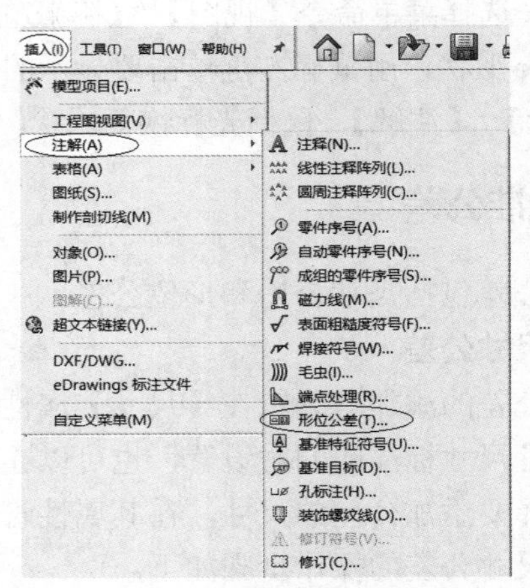

图 8-104 【注解】下拉菜单

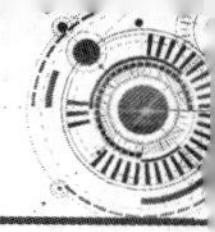

添加形位公差的操作步骤如下。

1. 启动【形位公差】命令后，打开【形位公差】属性管理器和【属性】对话框，如图 8-105 和图 8-106 所示。在【形位公差】属性管理器中设置引线、箭头、文字的样式，在【属性】对话框中选择形位公差的类型、输入公差数值、选择基准符号等。

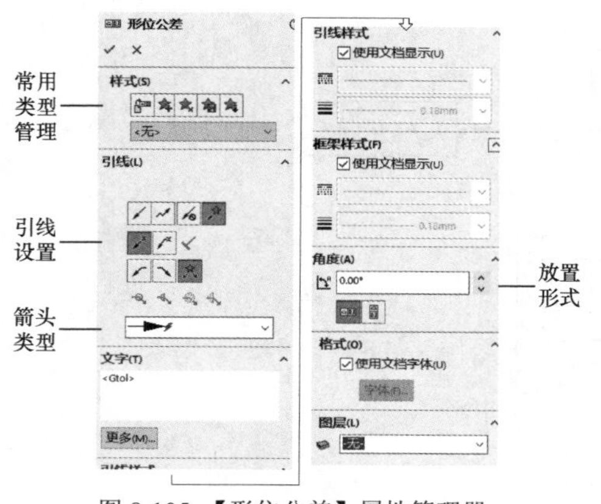

图 8-105 【形位公差】属性管理器

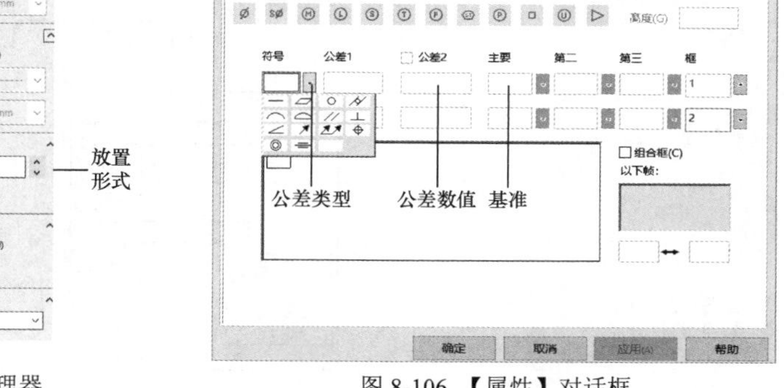

图 8-106 【属性】对话框

2. 在【属性】对话框的【形位公差】选项卡中单击【符号】选项右侧的按钮，在弹出的下拉列表中选择需要的形位公差符号。

3. 输入公差值。

4. 当预览处于被标注位置时，单击鼠标左键以放置符号。可根据需要单击鼠标左键多次以放置多个相同符号。

5. 单击 确定 按钮，关闭对话框，完成标注。

三、基准特征符号

【基准特征符号】命令的启动方式如下。

- 单击【注解】工具栏中的按钮或选择菜单命令【插入】/【注解】/【基准特征符号】。还可用鼠标右键单击绘图区，在弹出的快捷菜单中选择【注解】/【基准特征符号】命令。

添加基准特征符号的操作步骤如下。

1. 启动【基准特征符号】命令，打开【基准特征】属性管理器，如图 8-107 所示。

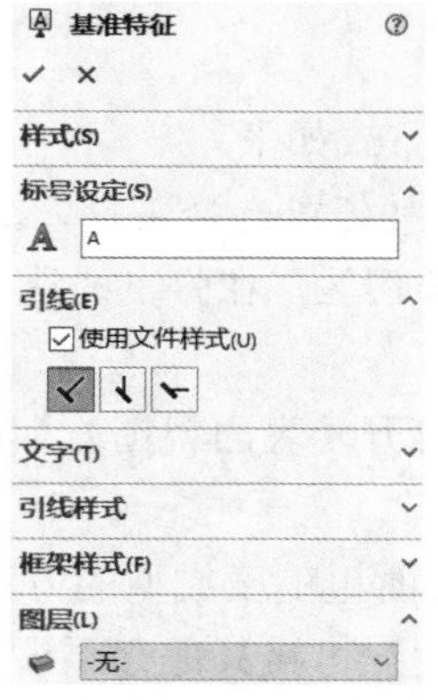

图 8-107 【基准特征】属性管理器

2. 输入参数。

3. 移动鼠标光标到适当位置后，单击鼠标左键以放置符号。

4. 单击✓按钮，完成基准特征符号的标注。

下面以图 8-108 所示的套筒工程图为例介绍形位公差和基准特征符号的标注。

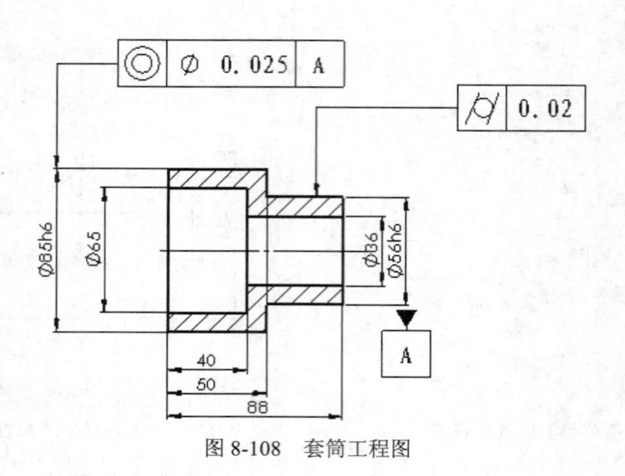

图 8-108　套筒工程图

1. 打开文件“素材/第 8 章/套筒.slddrw”，启动【形位公差】命令。

2. 在【属性】对话框的【符号】下拉列表中选择符号【◎】。

3. 激活【公差 1】文本框，单击Ø按钮，再输入公差数值“0.025”，在【主要】文本框中输入“A”。

4. 在【形位公差】属性管理器的【引线】栏中单击按钮，再单击按钮。

5. 将鼠标光标移动至与“ϕ85h6”尺寸线对齐的位置，单击鼠标左键，放置箭头。

6. 移动鼠标光标，当形位公差框格位于所需的位置时，再次单击鼠标左键以放置形位公差（依照需要，可单击鼠标左键多次，放置多个相同符号）。

7. 单击【属性】对话框中的 确定 按钮，结束形位公差的标注。

8. 单击【注解】工具栏中的按钮，根据需要输入选项参数。

9. 移动鼠标光标到与“ϕ56h6”尺寸线对齐的位置，单击鼠标左键放置符号。

10. 单击✓按钮，完成基准特征符号的标注。

8.3.3　表面粗糙度

【表面粗糙度符号】命令的启动方式如下。

- 单击【注解】工具栏中的√按钮或选择菜单命令【插入】/【注解】/【表面粗糙度符号】，还可用鼠标右键单击绘图区，在弹出的快捷菜单中选择【注解】/【表面粗糙度符号】命令。

启动【表面粗糙度】命令后，打开【表面粗糙度】属性管理器，如图 8-109 所示，各选项的说明如下。

（1）【样式】组：提供了管理表面粗糙度类型的方法，用户可添加、编辑和删除常用的表面粗糙度类型。对常用的类型，用户可将其保存至该组中，使用时直接调用，以避免重复多次设置。

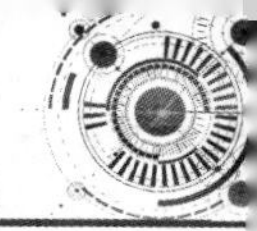

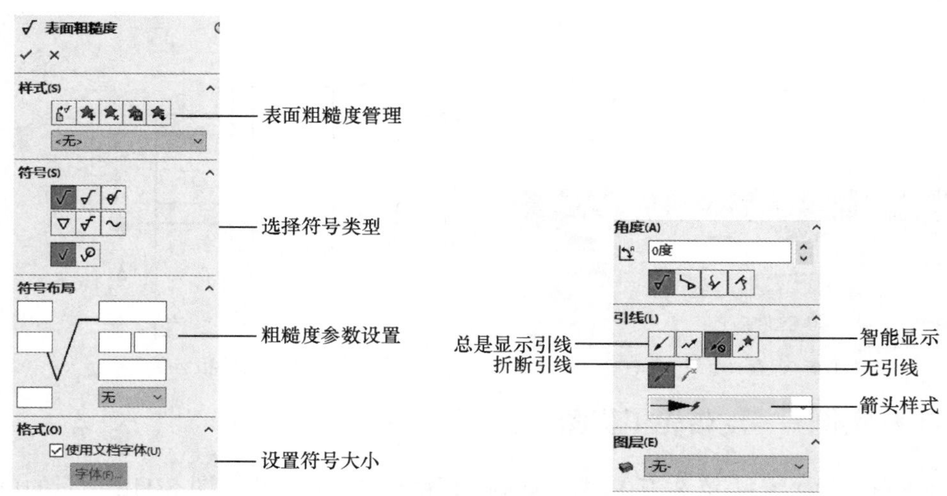

图 8-109 【表面粗糙度】属性管理器

(2)【符号】组：提供了选择表面粗糙度符号的方法，在【符号布局】组中用户可根据需要设置相应的参数。

(3)【格式】组：提供了设置字体大小的方法，而表面粗糙度符号的大小与字体直接相关。

在【表面粗糙度】属性管理器中还提供了【角度】【引线】和【图层】等选项。

标注表面粗糙度的操作步骤如下。

1. 单击【注解】工具栏中的√按钮，打开【表面粗糙度】属性管理器，同时鼠标光标变为表面粗糙度标注模式√。

2. 进行选项设置。在【样式】栏中选择已有的表面粗糙度符号。如果是第一次使用，则需先生成一个表面粗糙度符号，再进行保存。

3. 当符号预览在绘图区处于所需位置时，单击鼠标左键放置符号。根据需要一次可放置多个符号。

下面以图 8-108 所示的套筒工程图为例进行具体标注。

套筒工程图的粗糙度标注操作步骤如下。

1. 启动【表面粗糙度】命令。

2. 进行选项设置。在【符号】栏中单击√按钮，在【符号布局】栏中输入数值“1.6”。

3. 选择“ϕ85h6”上边线，单击鼠标左键完成标注。

4. 保存该标注。单击【格式】栏中的按钮，在弹出的【添加或更新样式】对话框中输入该粗糙度符号的名称“套筒”，如图 8-110 所示，单击 确定 按钮，保存文件。

5. 单击✓按钮，生成该表面粗糙度标注。后面的标注，只需调用“套筒”样式，修改一下粗糙度值即可。

6. 继续标注其他粗糙度符号，结果如图 8-111 所示。

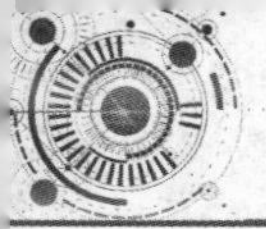

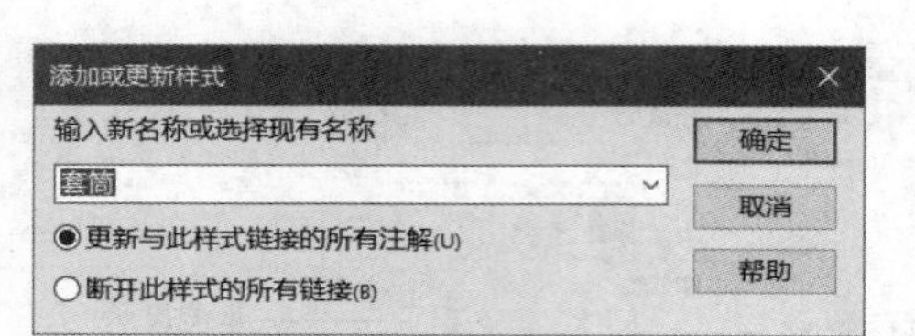

图 8-110　保存“套筒”标注

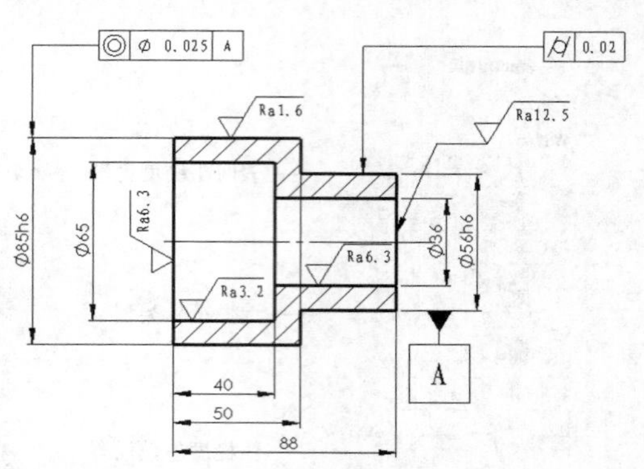

图 8-111　标注粗糙度符号

8.3.4　工程实例——皮带轮工程图

打开素材文件“素材\第 8 章\皮带轮.sldprt”，由皮带轮模型生成图 8-112 所示的皮带轮工程图。

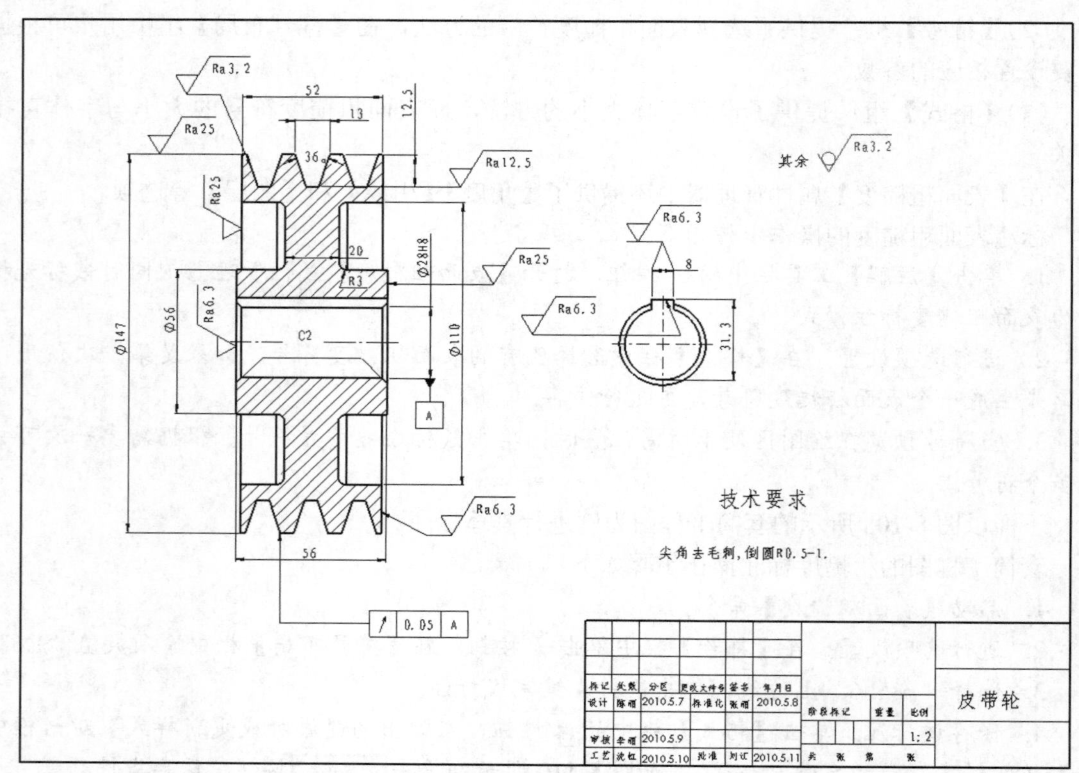

图 8-112　皮带轮工程图

1. 新建文件，选择【工程图】选项，在【图纸格式/大小】对话框中选择“A3-自定义”选项。

2. 选择菜单命令【插入】/【工程图视图】/【模型】，打开素材文件“素材\第 8 章\皮带轮.sldprt”，在【模型视图】属性管理器的【方向】栏中选中【生成多视图】复选项，选择“主视图、左视图”，单击 ✓ 按钮，结果如图 8-113 所示。

3. 在主视图上绘制矩形，选中矩形，单击 按钮，在左视图上选择外圆作为切割到的

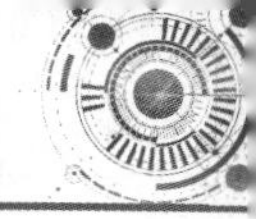

实体，单击✓按钮，生成全剖的主视图，如图 8-114 所示。

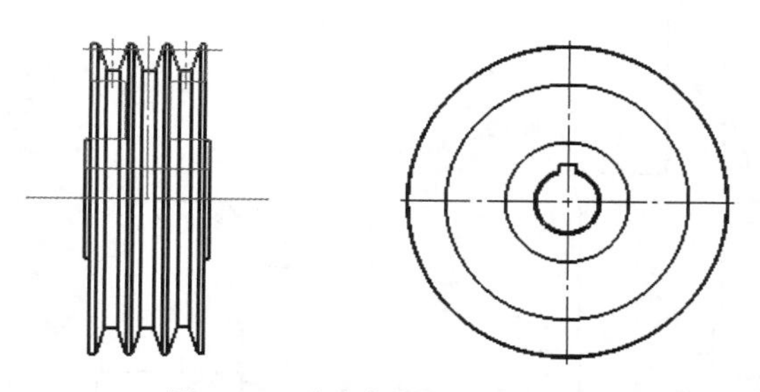

皮带轮工程图

图 8-113　生成主视图、左视图效果

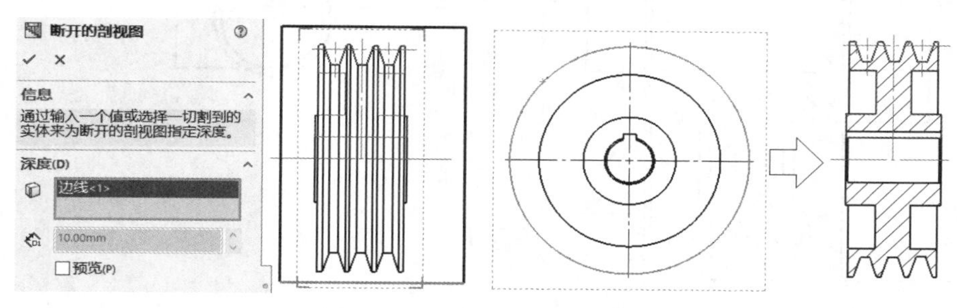

图 8-114　生成全剖的主视图效果

4. 单击按钮，在【模型项目】属性管理器的【来源/目标】栏的下拉列表中选择【整个模型】选项，单击✓按钮，插入尺寸，结果如图 8-115 所示。

5. 隐藏左视图中的图线，移动尺寸，调整尺寸布局，修改尺寸精度，隐藏倒角尺寸“1”“45°”，添加尺寸“C2”，结果如图 8-116 所示。

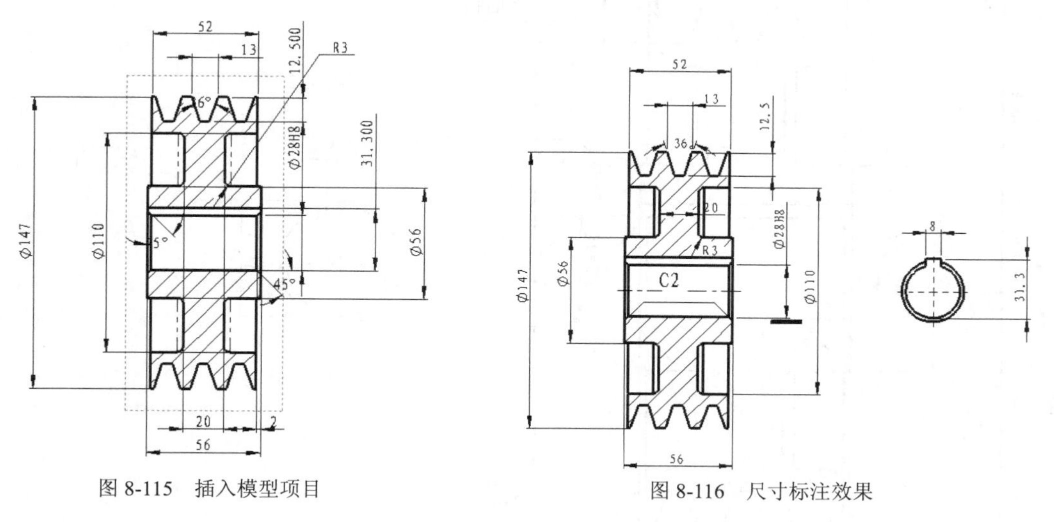

图 8-115　插入模型项目　　图 8-116　尺寸标注效果

6. 标注表面粗糙度及形位公差。

（1）标注表面粗糙度。单击√按钮，设置选项，标注结果如图 8-117 所示。

（2）标注形位公差。单击按钮，添加基准符号，单击按钮，设置选项，标注结果如图 8-118 所示。

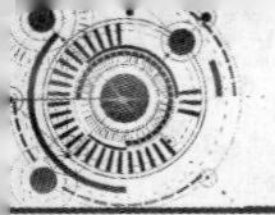

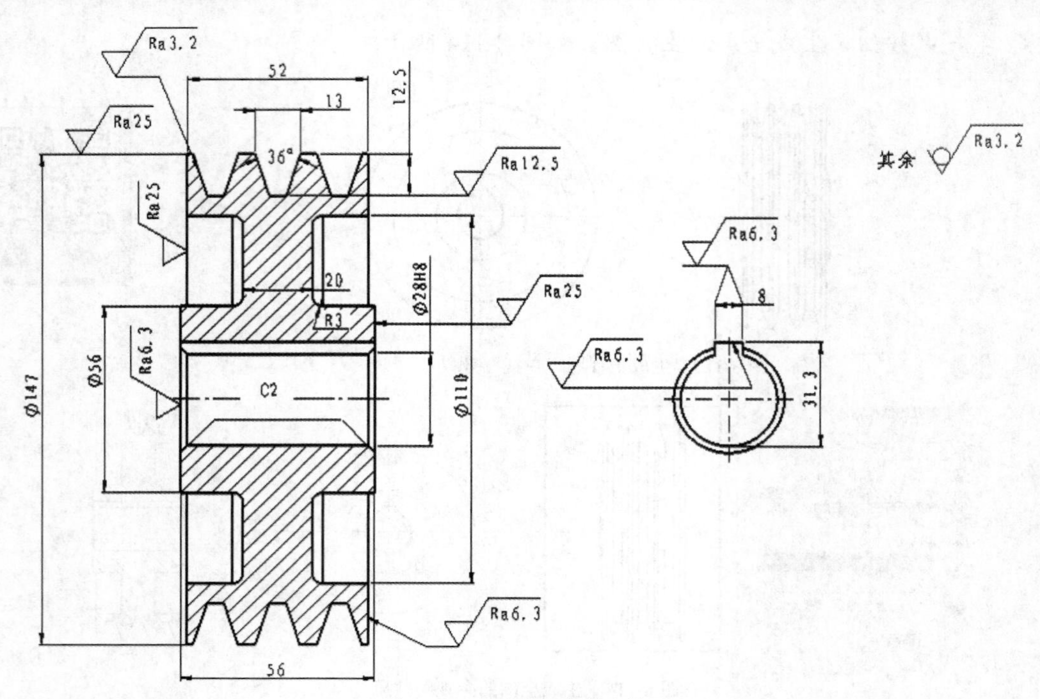

图 8-117　标注表面粗糙度效果

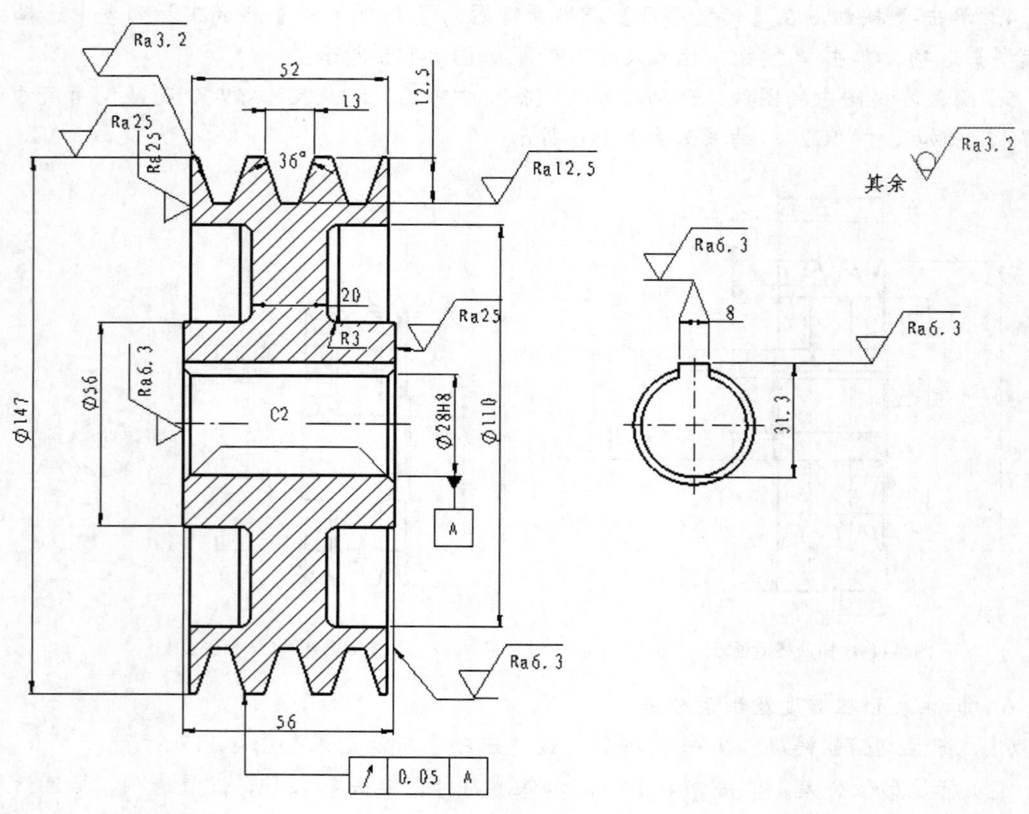

图 8-118　标注形位公差效果

7. 注写技术要求，最终结果如图 8-112 所示。

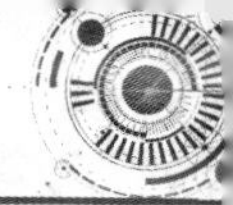

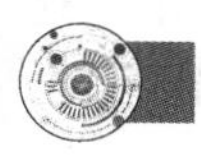

8.4　装配体工程图——低速滑轮机构

建立装配体工程图的方法与建立零件工程图的方法类似。由于装配体是由多个零件组成的，且各种装配体工程图的表达有明显的不同，因此建立装配体工程图是较复杂的问题。下面以低速滑轮装配体为例介绍建立装配体工程图的一般方法，如图 8-119 所示。

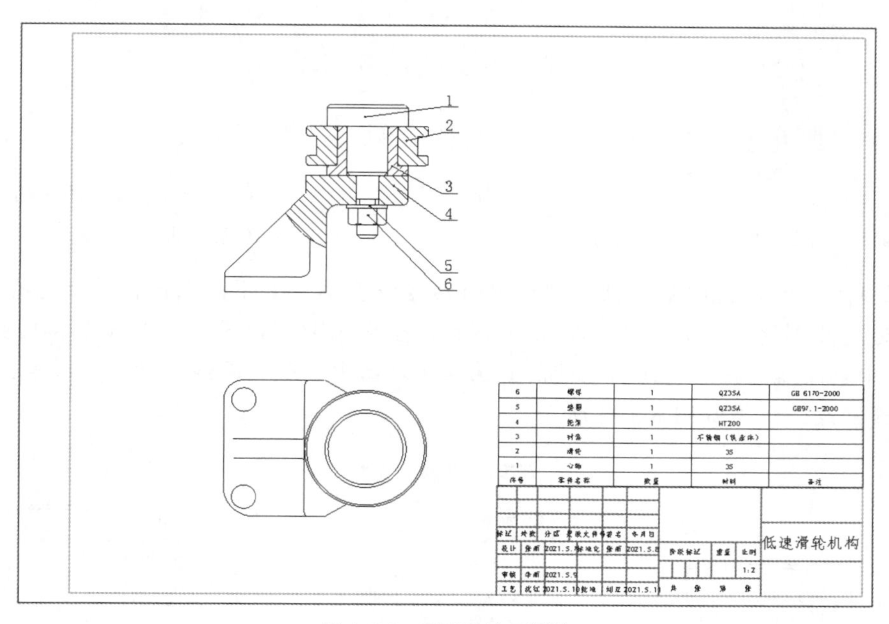

图 8-119　低速滑轮工程图

8.4.1　装配体视图

创建装配体视图的操作步骤如下。

1. 新建文件，选择自定义工程图模板“A3-自定义”。

2. 单击【视图布局】工具栏中的按钮，或者选择菜单命令【插入】/【工程图视图】/【模型】，打开【模型视图】属性管理器。

3. 单击 浏览(B)... 按钮，打开素材文件“素材\第 8 章\低速滑轮机构\低速滑轮机构.sldasm”。

4. 在【方向】栏下选择“下视”，比例为“1:1”，然后在图纸的合适位置单击鼠标左键，完成装配体俯视图的插入。

5. 单击【视图布局】工具栏中的按钮，或者选择菜单命令【插入】/【工程图视图】/【投影视图】，在绘图区将鼠标光标移动至俯视图上方单击，生成装配体的主视图。

6. 在主视图上绘制一封闭样条曲线，如图 8-120 所示。

7. 单击【视图布局】工具栏中的按钮，弹出【剖面视图】对话框。

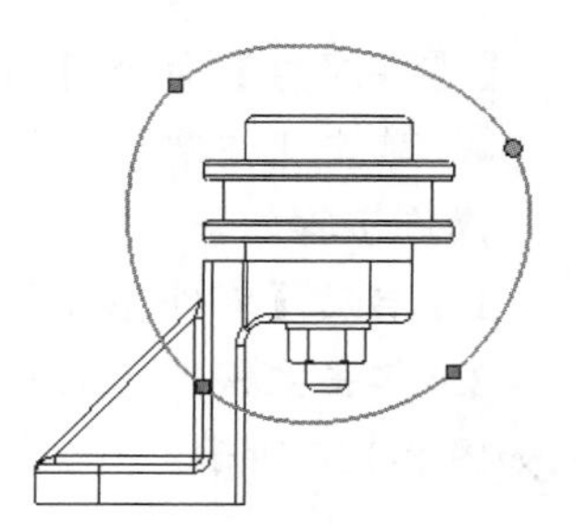

图 8-120　绘制封闭样条曲线

在特征管理设计树下单击不需要剖切的项目：心轴、垫圈和螺母，如图 8-121 所示。这些项目的名称出现在【剖面视图】对话框的【不包括零部件/筋特征】列表框中，如图 8-122 所示，单击 确定 按钮。

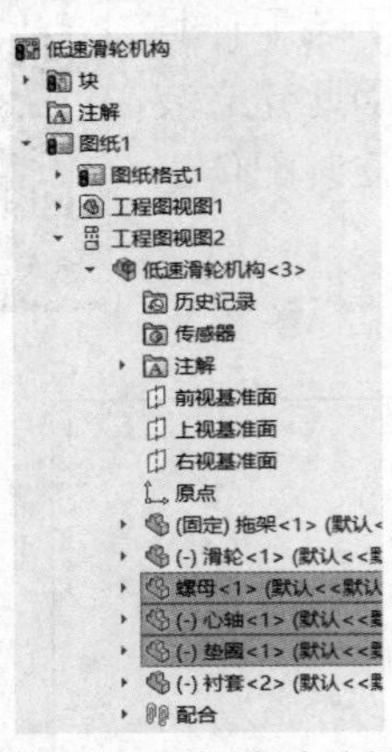

图 8-121　从特征管理设计树中选择不剖切的零件

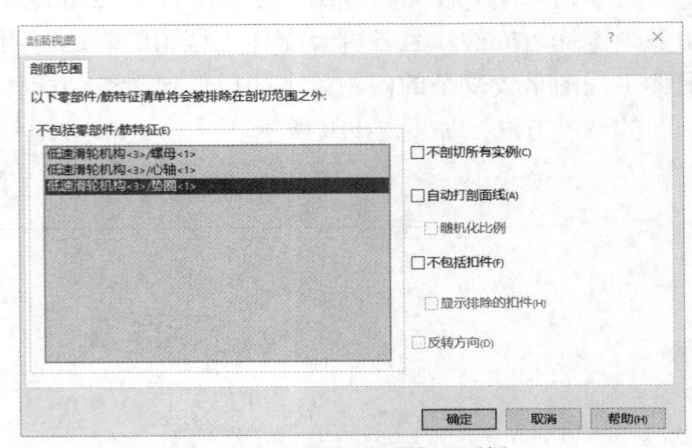

图 8-122　【剖面视图】对话框

8. 在【断开的剖视图】属性管理器中激活【深度参考】框，在俯视图上选择心轴的圆形边线作为定义剖切深度的实体，单击 ✓ 按钮，生成局部剖视图，结果如图 8-123 所示。

9. 选中剖面线，在【断开的剖视图】属性管理器中更改剖面线参数，然后单击 ✓ 按钮，完成剖面线修改，结果如图 8-124 所示。

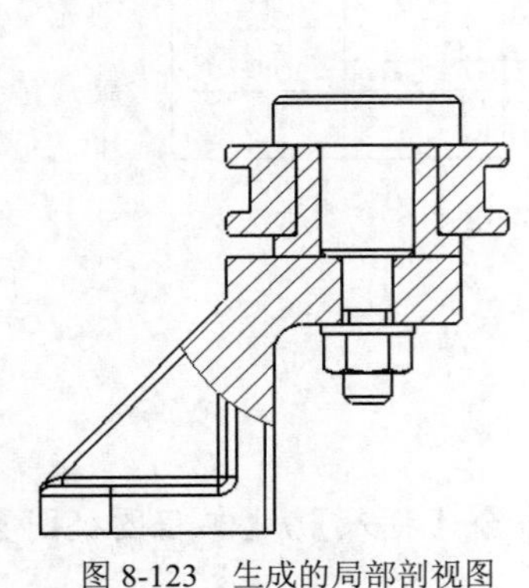

图 8-123　生成的局部剖视图

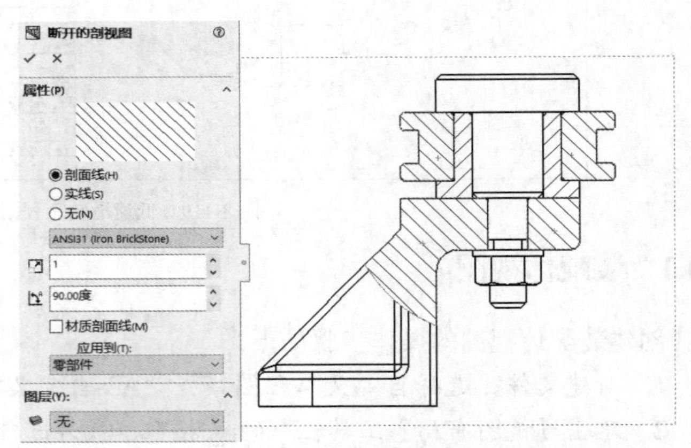

图 8-124　修改剖面线方向

8.4.2　零件序号

【零件序号】命令启动方式如下。

- 单击【注解】工具栏中的 ① 按钮或选择菜单命令【插入】/【注解】/【零件序号】。

操作步骤如下。

1. 启动【零件序号】命令后，打开【零件序号】属性管理器，如图 8-125 所示。

2. 单击主视图中的各个零件，将生成的序号放置于合适的位置，然后单击 ✓ 按钮，结果如图 8-126 所示。

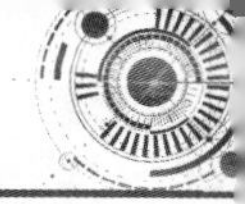

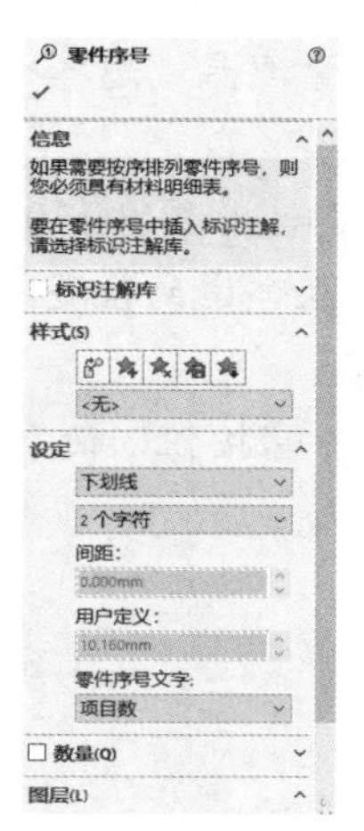

图 8-125 【零件序号】属性管理器

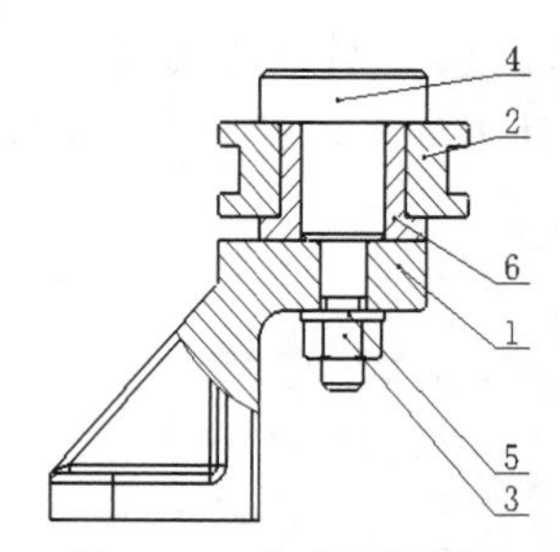

图 8-126　生成零件序号

3. 从图 8-126 中可以看出零件序号与装配顺序有关。

4. 双击某序号，弹出图 8-127 所示的警告对话框，说明序号受材料明细表驱动，但可通过修改零件序号的文字类型来更改零件序号字符。

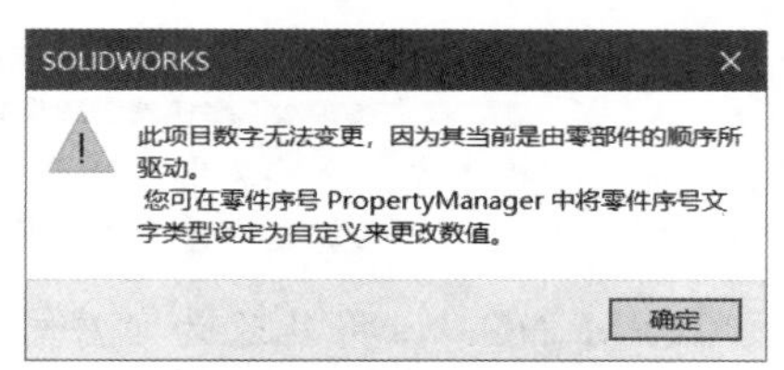

图 8-127　警告对话框

5. 单击序号 4，在【零件序号】属性管理器的【设定】栏的【零件序号文字】下拉列表中选择【文本】选项，出现文本输入框，将“4”改为“1”，单击 ✓ 按钮，如图 8-128 所示。用同样的方法将“6”改为“3”、“1”改为“4”、“3”改为“6”，使序号按顺时针排列，结果如图 8-129 所示。

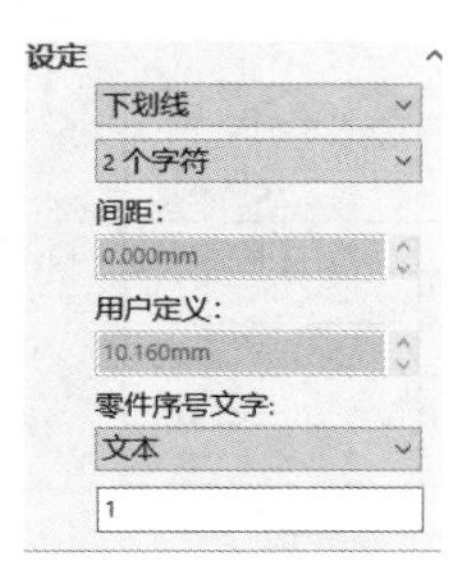

图 8-128　修改序号

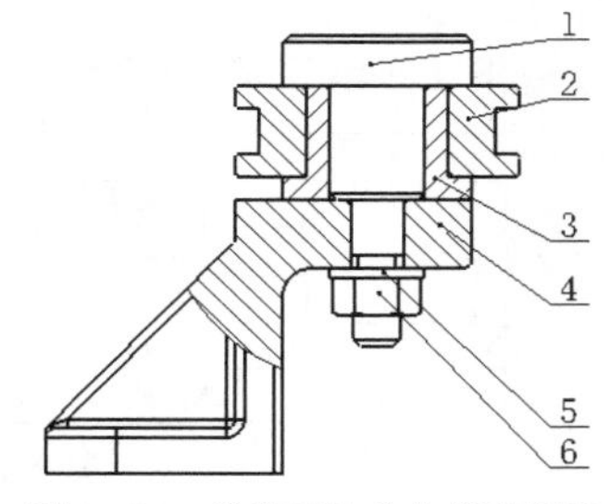

图 8-129　按顺时针方向排列序号

8.4.3　材料明细表

【材料明细表】命令的启动方式如下。

- 单击【注解】工具栏中按钮的下拉菜单中的按钮或选择菜单命令【插入】/【表格】/【材料明细表】。

添加材料明细表的操作步骤如下。

1. 启动【材料明细表】命令，打开【材料明细表】属性管理器，选择一个工程视图为材料明细表指定模型。

2. 选择主视图，打开新界面的【材料明细表】属性管理器，如图 8-130 所示。

3. 单击 ✓ 按钮，绘图区出现材料明细表，移动鼠标光标至合适的位置单击鼠标左键，放置材料明细表。调整明细表的大小，使之与标题栏上下对齐。

4. 单击材料明细表，弹出工具栏，如图 8-131 所示，单击▦按钮，使表格标题在下。

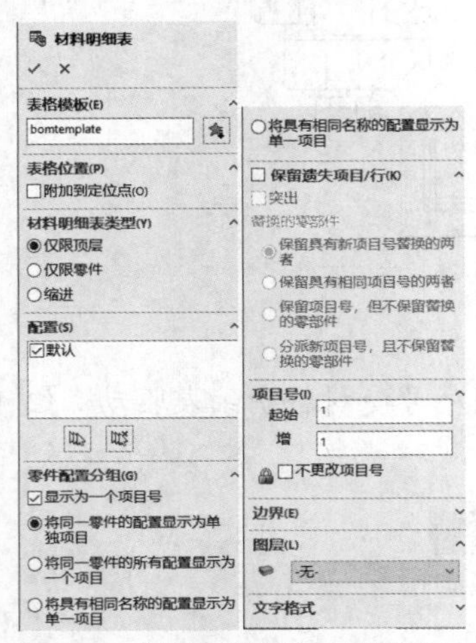

图 8-130 【材料明细表】属性管理器

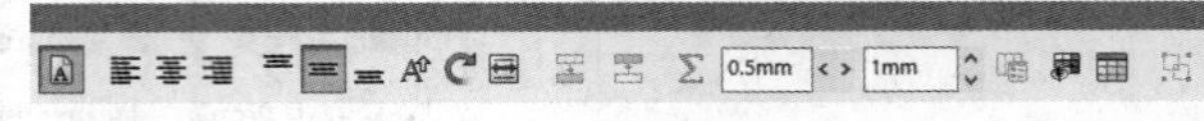

图 8-131 工具栏

5. 在材料明细表中双击“ITEM NO.”，将其改为“序号”；用同样的方法将“PART NUMBER”改为“零件名称”，将“PRICE”改为“价格”，将“COST”改为“成本”。

6. 调整材料明细表中零件的顺序，使之与图中的标注一致。

单击鼠标左键选中行号，拖曳可以进行行交换，选中列号拖曳可进行列交换。图 8-132 所示为行交换结果。选中第 C 列单击鼠标右键，在弹出的快捷菜单中选择【隐藏】/【列】命令，则将“价格”列隐藏，用同样的方法将“成本”列隐藏。插入新列“材料”“备注”，结果如图 8-133 所示。

	A	B	C	D	E
1	6	螺母		1	
2	5	垫圈		1	
3	4	托架		1	
4	3	衬套		1	
5	2	滑轮		1	
6	1	心轴		1	
7	序号	零件名称	价格	数量	成本

图 8-132 行交换结果

	A	B	D	E	F
1	6	螺母	1	Q235A	GB 6170-2000
2	5	垫圈	1	Q235A	GB97.1-2000
3	4	托架	1	HT200	
4	3	衬套	1	不锈钢（铁素体）	
5	2	滑轮	1	35	
6	1	心轴	1	35	
7	序号	零件名称	数量	材料	备注

图 8-133 列操作结果

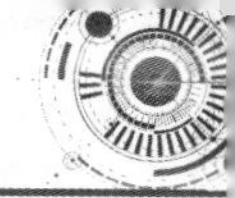

7. 用鼠标右键单击材料明细表，在弹出的快捷菜单中选择【另存为】命令，在【另存为】对话框中输入文件名“明细表用户格式”，单击保存(S)按钮，则生成“明细表用户格式.sldbomtbt”文件，保存的格式可以在以后调用。完成后的装配图如图 8-134 所示。

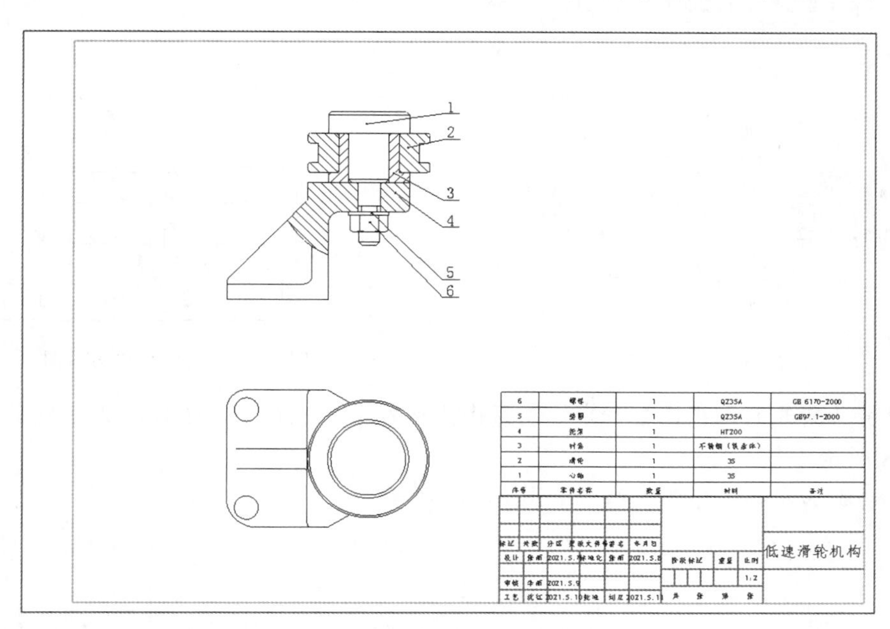

图 8-134　完成的装配图效果

8.4.4　工程实例——生成机用虎钳工程图

生成机用虎钳工程图的操作步骤如下。

1. 新建文件，选择自定义模板“A3-自定义”。

2. 选择菜单命令【插入】/【工程图视图】/【模型】，单击浏览(B)...按钮，打开素材文件“素材\第 8 章\机用虎钳\机用虎钳.sldasm”，在【方向】栏下选择“下视”选项，结果如图 8-135 所示。

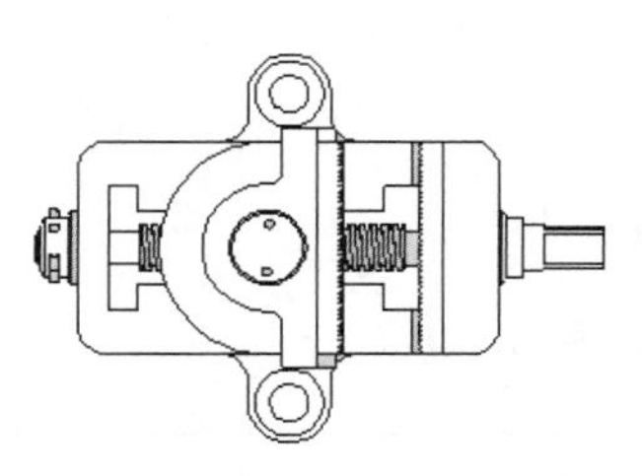

图 8-135　生成俯视图

3. 单击按钮，选择水平切割线，在俯视图上绘制剖面线，在俯视图上单击不需要剖切的零件（丝杠、开口销、垫圈）。这些零件的名称显示在【剖面视图】对话框的【不包括零部件/筋特性】列表框中，选中【自动打剖面线】复选项，单击确定按钮，关闭【剖面视图】对话框。然后添加中心线，结果如图 8-136 所示。

4. 使用【断开的剖视图】命令生成半剖的左视图，选择固定螺钉不剖，添加中心线，结果如图 8-137 所示。

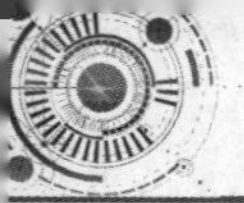

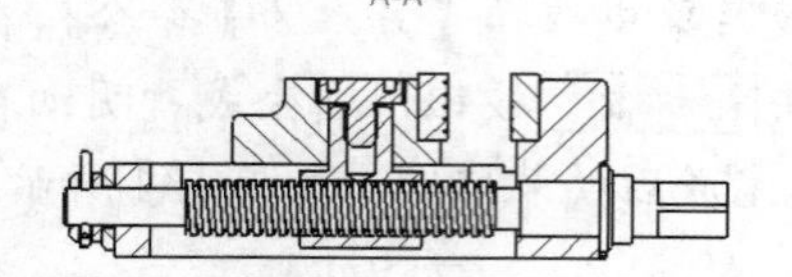

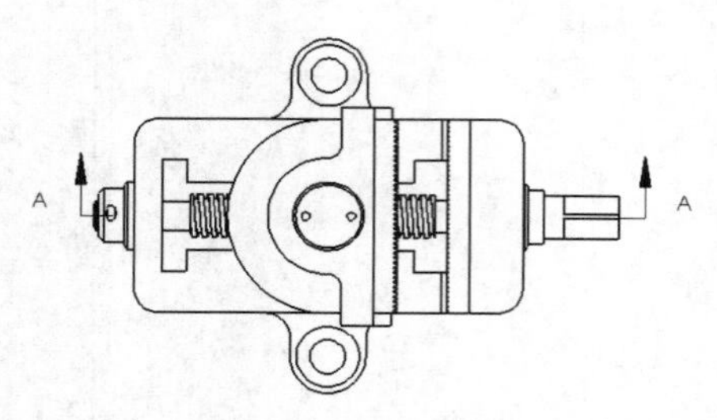

图 8-136　生成主视图

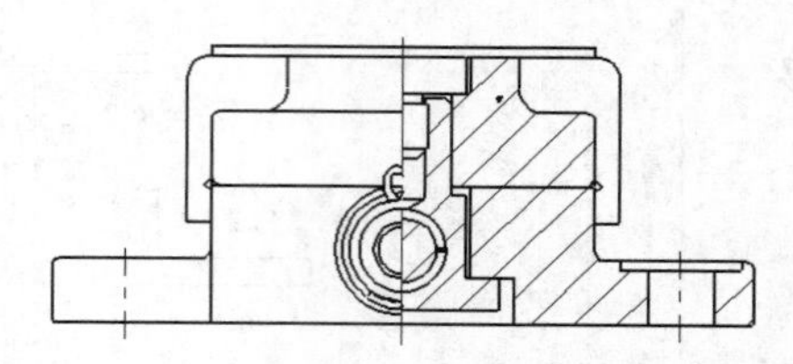

图 8-137　生成半剖的左视图

5. 使用【断开的剖视图】命令在俯视图上生成局部剖视图，选择沉头螺钉不剖，结果如图 8-138 所示。

6. 手动添加零部件序号，结果如图 8-139 所示。

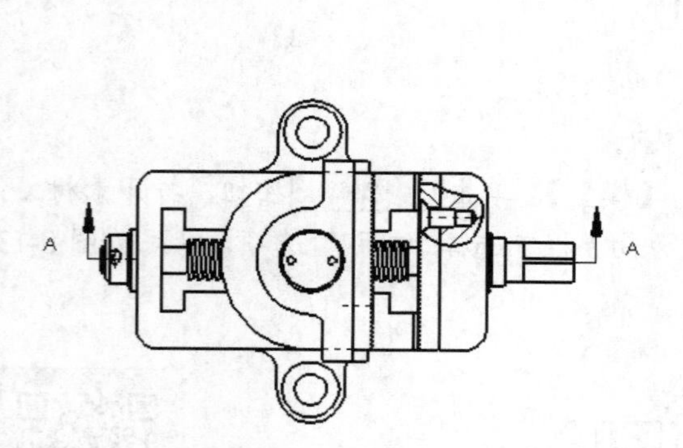

图 8-138　生成局部剖视图

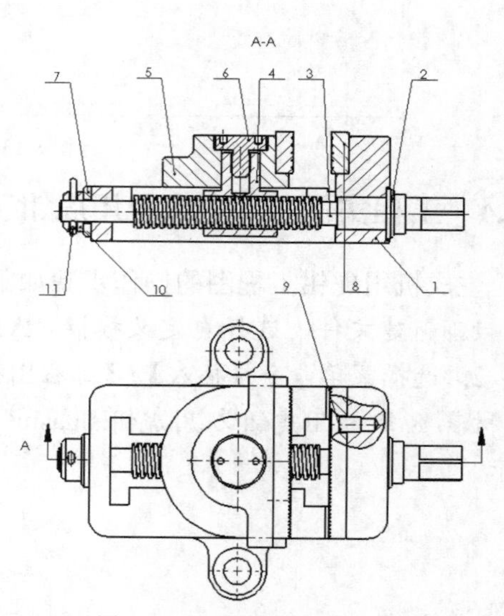

图 8-139　手动添加零件序号

7. 添加材料明细表，结果如图 8-140 所示。

11	开口销	1	35	GB/T 91-2000
10	挡环	1	Q235A	
9	沉头螺钉	4	Q235A	GB/T 68-2000
8	钳口板	2	40Cr	
7	垫圈12	1	Q235A	
6	固定螺钉	1	Q235A	
5	活动钳身	1	HT200	
4	方块螺母	1	45	
3	丝杠	1	45	
2	垫圈18	1	Q235A	
1	固定钳身	1	HT200	
序号	零件名称	数量	材料	备注

图 8-140　材料明细表

8. 修改零件序号，调整明细表，最终结果如图 8-141 所示。

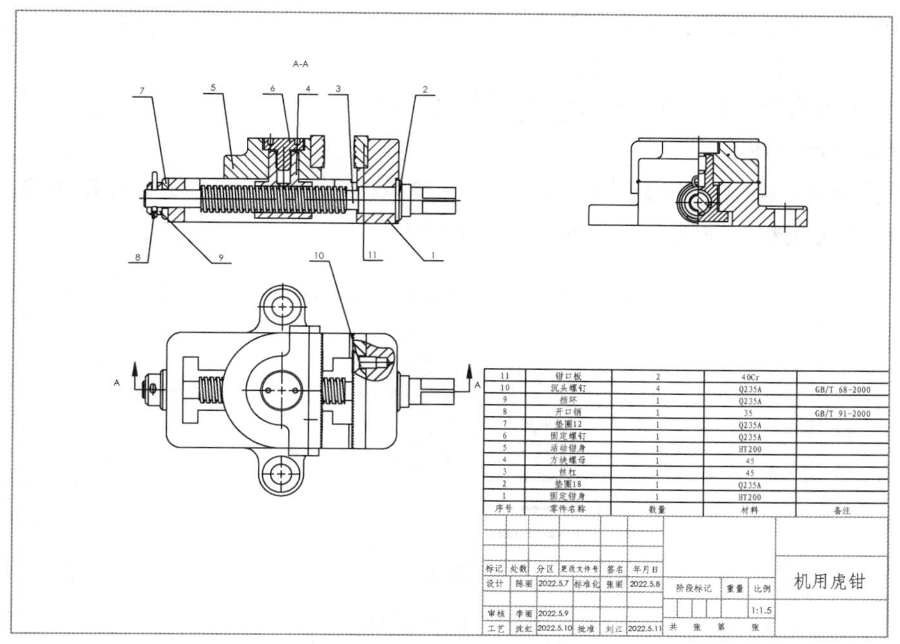

图 8-141　机用虎钳装配工程图

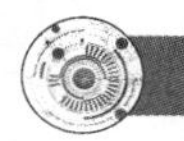

8.5　打印出图

打印出图是 CAD 工程设计中必不可少的一个环节，在 SOLIDWORKS 系统的工程图模块中选择菜单命令【文件】/【打印】就可进行打印出图。

打印出图的操作步骤如下。

1. 打开素材文件“素材\第 8 章\轴承座.slddrw”。
2. 选择菜单命令【文件】/【打印】，系统弹出图 8-142 所示的【打印】对话框。
3. 设置选项。在【名称】下拉列表中选择打印机型号，默认是当前已连接的打印机。
4. 单击 页面设置(S)... 按钮，打开【页面设置】对话框，如图 8-143 所示，设置以下选项。

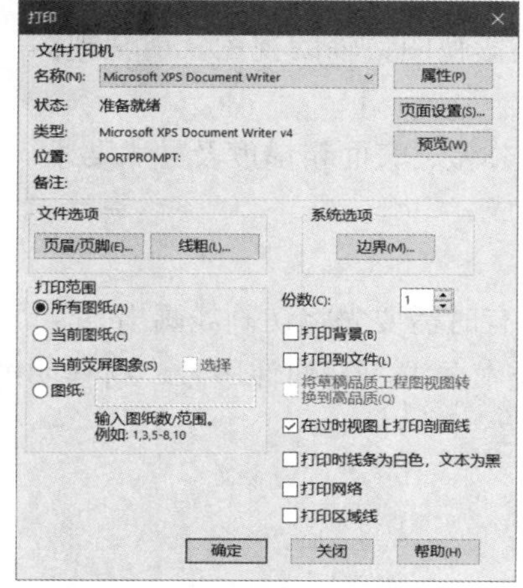

图 8-142 【打印】对话框

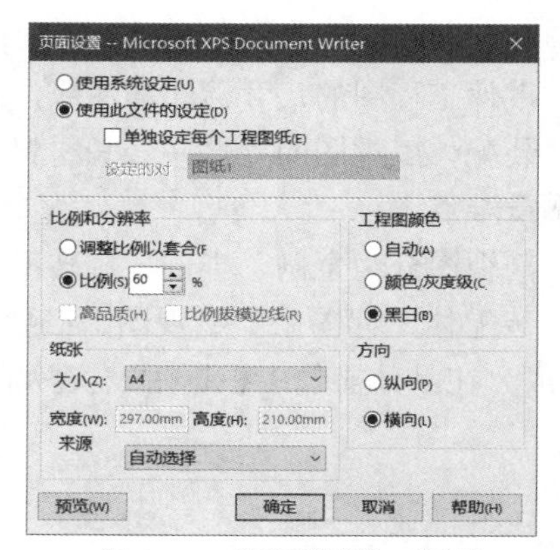

图 8-143 【页面设置】对话框

（1）输入比例为“60%”。

（2）选择打印纸张大小为【A4】。

（3）选择工程图颜色为【黑白】。

（4）选择方向为【横向】。单击 确定 按钮，结束页面设置。

5. 选择打印范围。

6. 设置线粗。在【打印】对话框中单击 线粗(L)... 按钮，打开【文档属性(D)-线粗】对话框，其中的【线粗打印设定】栏如图 8-144 所示。

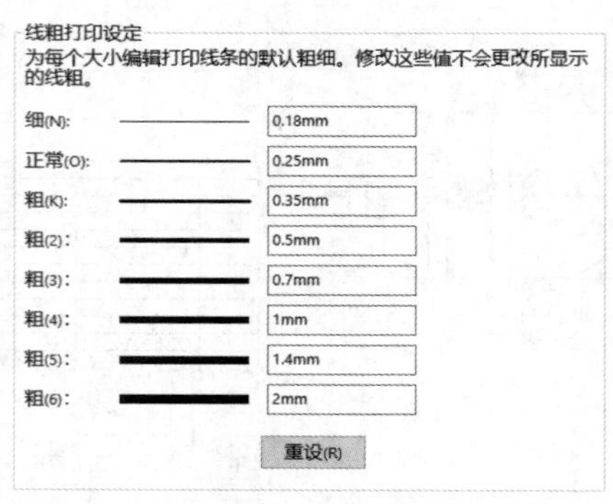

图 8-144　设置线粗

可以使用系统默认值，也可修改默认值，设置好后单击 确定 按钮。

7. 单击【打印】对话框中的 确定 按钮，再单击 关闭 按钮。

8. 打印预览。选择菜单命令【文件】/【打印预览】，可预览打印效果。

9. 在打印预览界面中单击 打印(P)... 按钮即可打印工程图。

8.6 小结

本章结合具体实例介绍了工程图的基本知识，包括环境设置，各种视图的生成，工程图的尺寸标注，尺寸公差、形位公差、粗糙度等技术要求的标注，以及工程图的打印输出等内容。

【本章重点】

1. 工程图图纸与工程视图的区别。

2. 常用的工程视图建立方法有标准三视图、投影视图、辅助视图、剪裁视图、剖面视图、断开的剖视图及断裂视图。

3. 零件工程图的尺寸标注和注释，包括尺寸、公差、表面粗糙度及技术要求。

4. 装配体工程图的零件序号和材料明细表的生成。

【本章难点】

1. 剖视图分为全剖、半剖、旋转剖、阶梯剖，有时需要先将切割线画出来。

2. 装配体工程图由一组视图、必要的尺寸、技术要求、零部件序号、材料明细表及标题栏组成。在具体操作中根据生产实际需要会有变动。

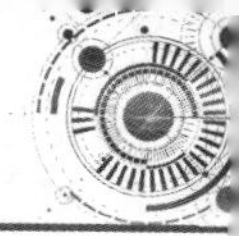

8.7　习题

1．创建图 8-145 所示的斜板与肋板工程图。

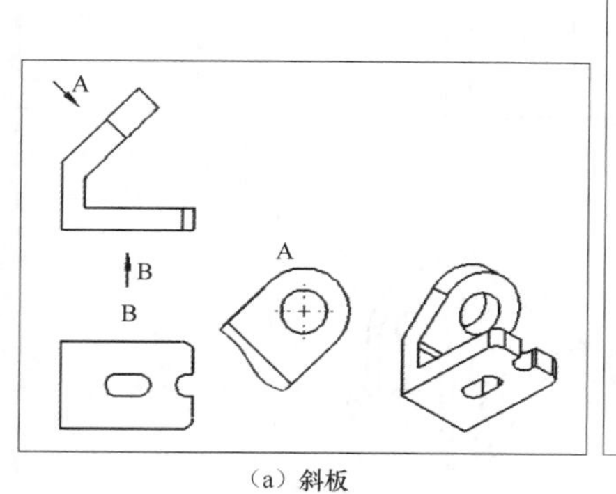

（a）斜板

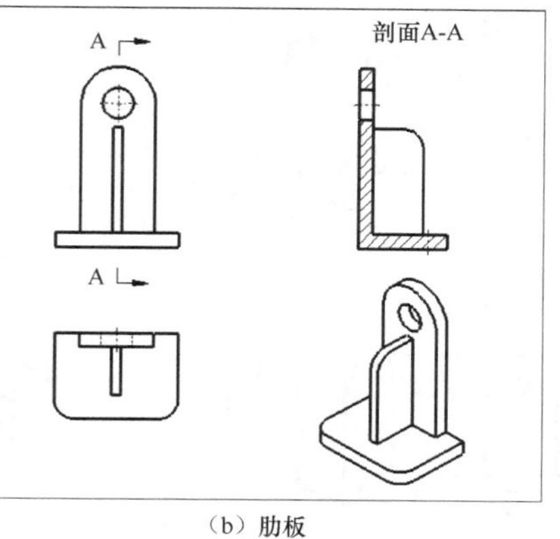

（b）肋板

图 8-145　创建斜板与肋板工程图

2．创建图 8-146 所示的弯管接头工程图。

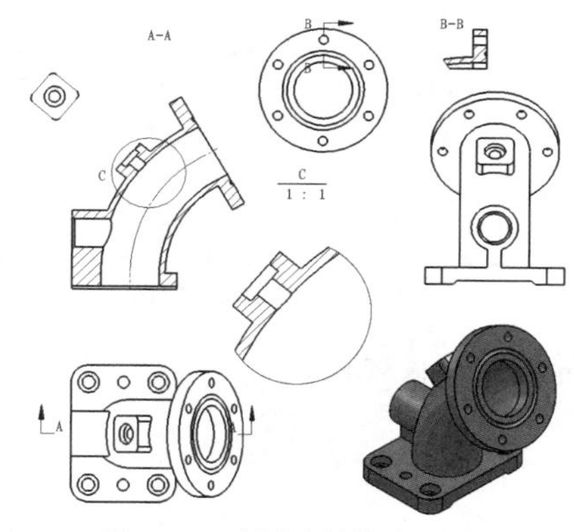

图 8-146　创建弯管接头工程图

3．创建图 8-147 所示的轴承座三视图。

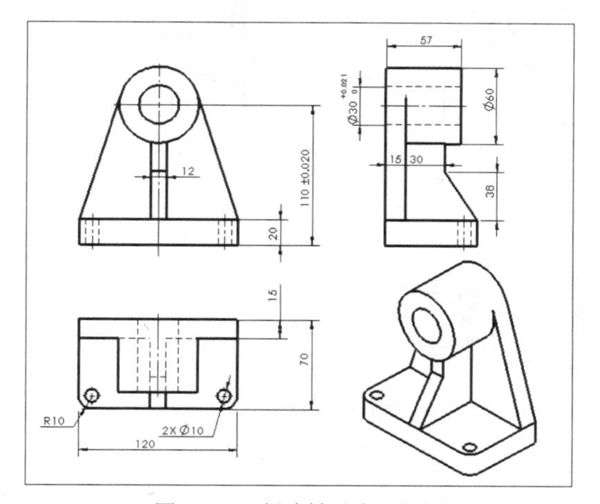

图 8-147　创建轴承座三视图

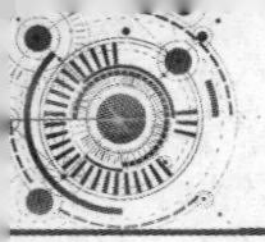

4. 创建图 8-148 所示的上盖工程图。

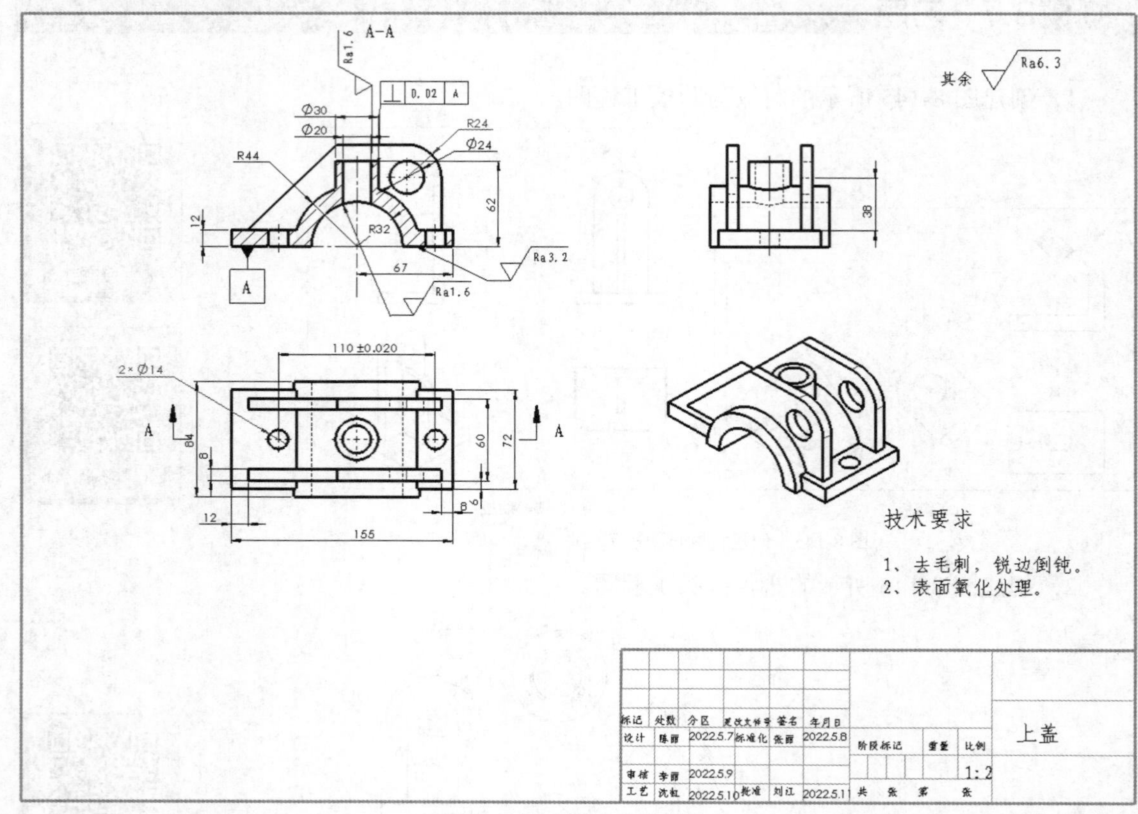

图 8-148　创建上盖工程图

5. 创建图 8-149 所示的滑动轴承装配图。

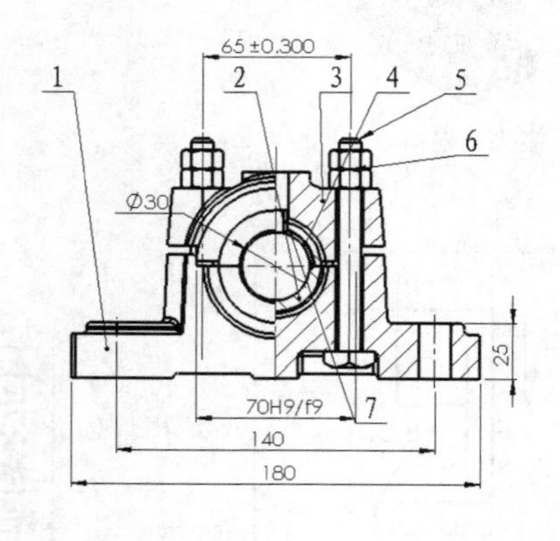

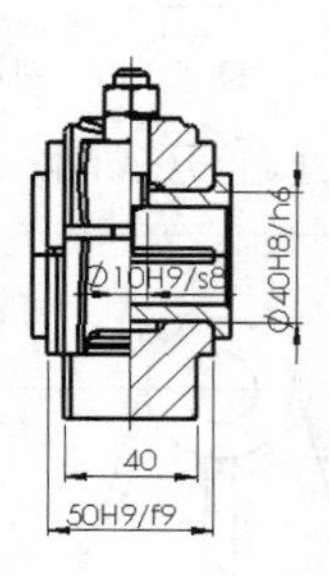

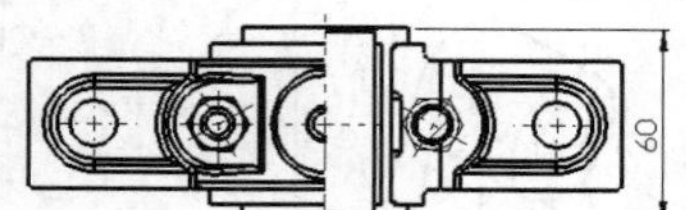

图 8-149　创建滑动轴承装配图

滑动轴承材料明细表如表 8-1 所示。

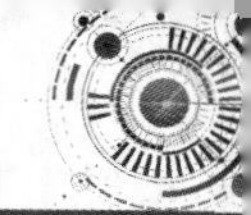

表 8-1　　滑动轴承材料明细表

序　　号	名　　称	数　　量	重量/kg	材　　料	备　　注
1	轴承座	1	1.78	HT200	
2	下轴衬	1	0.15	ZCuAl10Fe3	
3	轴承盖	1	0.78	HT200	
4	上轴衬	1	0.14	ZCuAl10Fe3	
5	方头螺栓 M10 × 90	2	0.07	Q235A	GB/T 8—1988
6	螺母 M10	4	0.01	Q235A	GB/T 6170—2015
7	轴衬固定套	1	0.01	Q235A	

第 9 章

综合工程实例

知识目标：熟悉零件建模、装配体、工程图重点操作。

能力目标：能够独立完成工件建模。

素质目标：培养从需求分析到完整设计的能力。

本章通过图 9-1 所示的铣刀头介绍从零件建模到装配体，然后生成工程图，来熟悉整个建模过程。

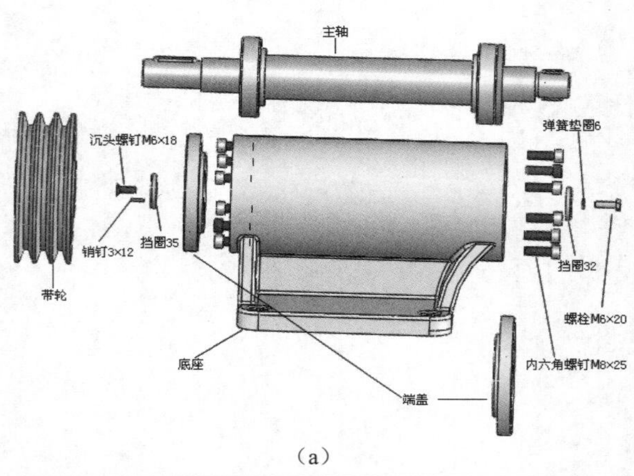

（a）

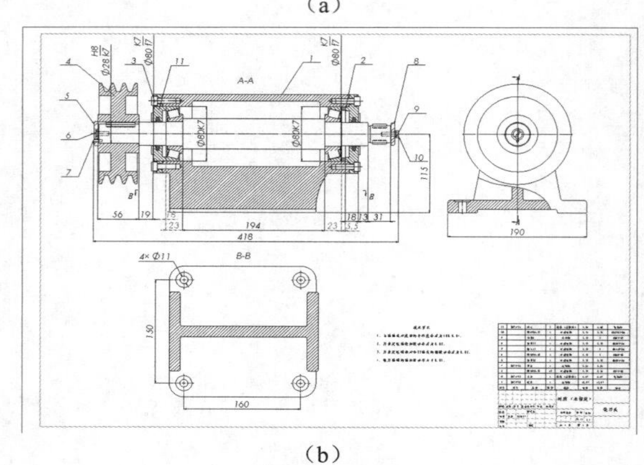

（b）

图 9-1　铣刀头

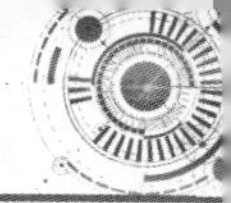

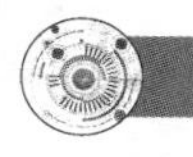

9.1　零件建模

图 9-1（a）所示为铣刀头的组成部分，其中带轮和铣刀头底座的建模已经在第 3 章和第 4 章中完成，下面给出其他零件的尺寸和建模方法。

9.1.1　端盖、毡圈

端盖和毡圈的建模放在一个零件中完成，如图 9-2 所示，在零件建模的最后使用了【分割】命令，这样更有利于零件的装配。

绘制端盖、毡圈的操作步骤如下。

1. 在前视基准面上绘制图 9-3 所示的草图，使用【旋转】命令生成基体，如图 9-4 所示。

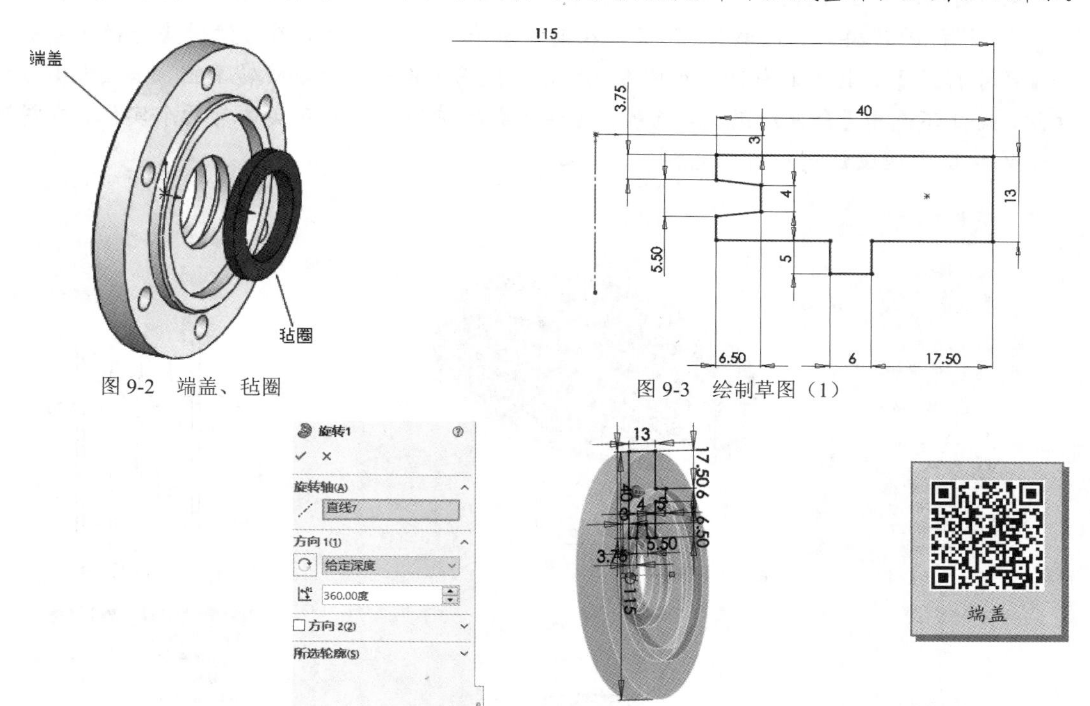

图 9-2　端盖、毡圈

图 9-3　绘制草图（1）

图 9-4　旋转实体

2. 切除孔。在前视基准面上绘制图 9-5 所示的草图，使用【旋转切除】命令切除孔，如图 9-6 所示。

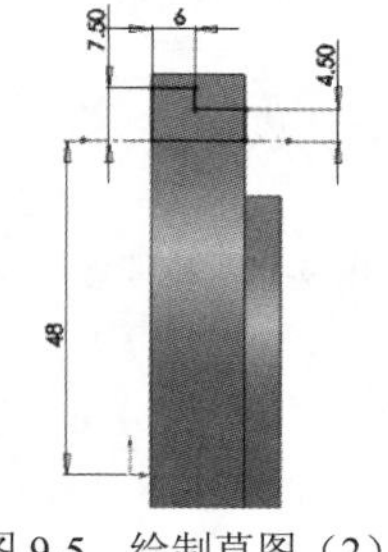

图 9-5　绘制草图（2）

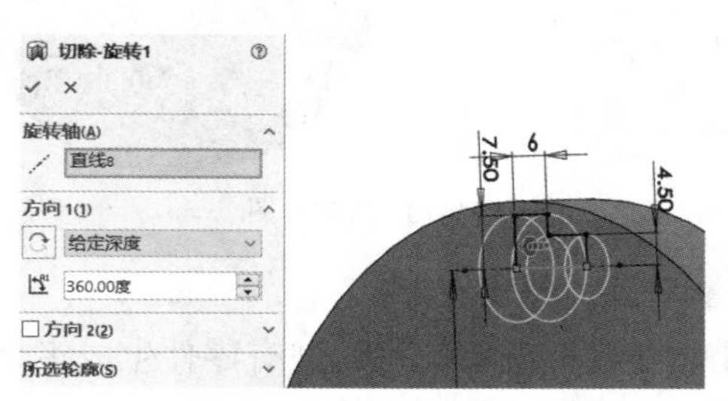

图 9-6　旋转切除实体

3. 圆周阵列实体，如图 9-7 所示。

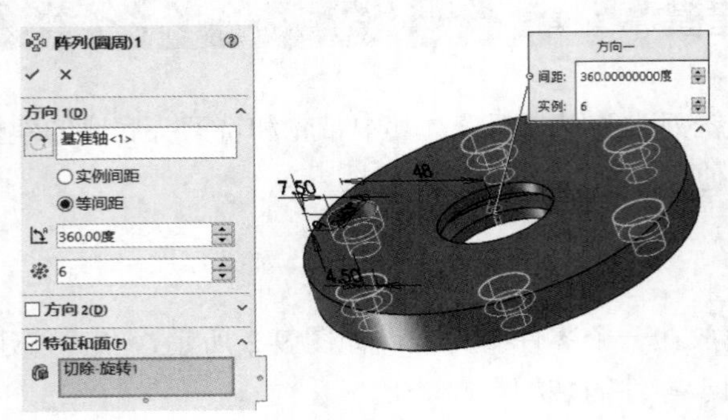

图 9-7　圆周阵列实体

4. 倒角，如图 9-8 所示。

5. 将视图转换为“隐藏线可见”，在前视基准面上建立新草图，使用【转换实体引用】和【尺寸标注】工具绘制草图，如图 9-9 所示。使用【旋转】命令旋转草图，如图 9-10 所示。注意，此处不选中【合并结果】复选项，这样生成的特征创建的新实体为两个实体，在图 9-11 所示的特征管理设计树中可以看到。

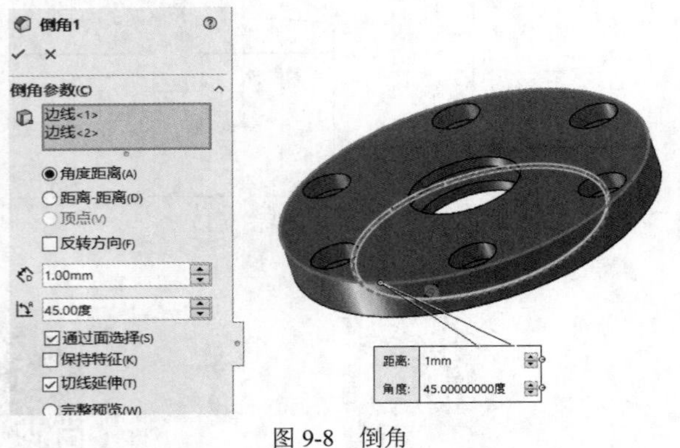

图 9-8　倒角

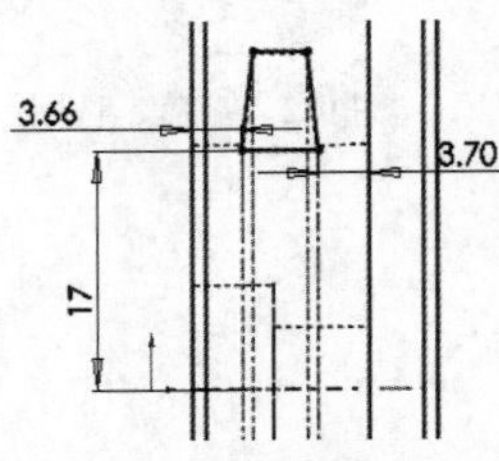

图 9-9　绘制草图（3）

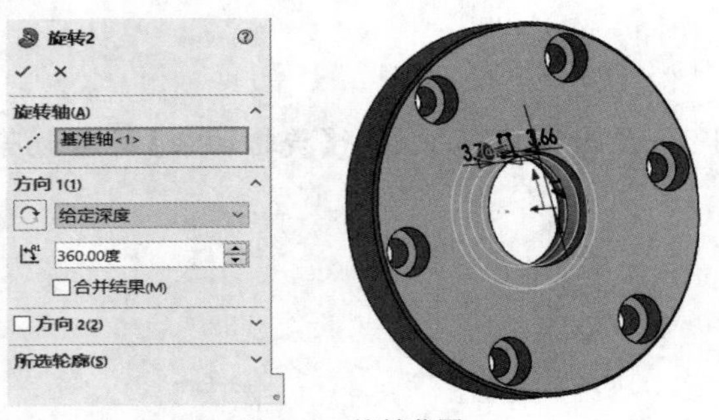

图 9-10　旋转草图

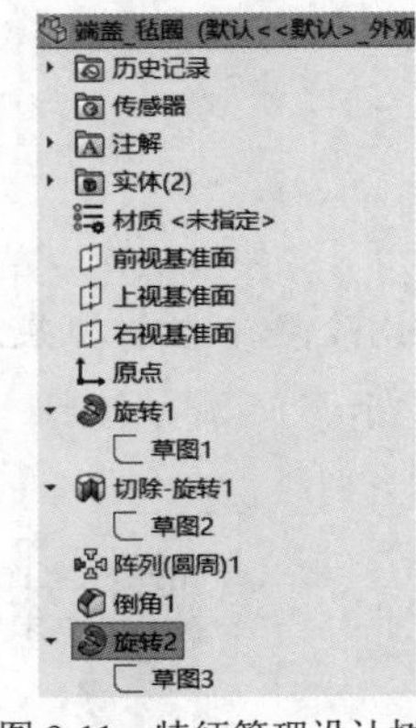

图 9-11　特征管理设计树

6. 分割零件。

分割是指使用分割特征可从现有零件生成多个零件。

【分割】命令的启动方式如下。

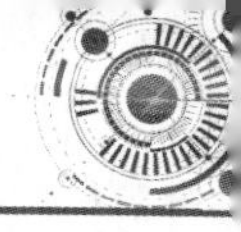

- 单击【特征】工具栏中的 按钮，或者选择菜单命令【插入】/【特征】/【分割】。

【分割】属性管理器中的选项介绍如下。

（1）【剪裁工具】：选择剪裁工具。选择面作为剪裁工具分割零件，但不一定非得选择剪裁工具，可以使用所产生的实体来分割零件，端盖零件就是使用后一种方法生成的。

（2）【所产生实体】：列出产生的实体。

如图 9-12 所示，选择 图标下要保存的实体，双击【文件】下面的实体名称，在弹出的【另存为】对话框中把新零件命名为“端盖”“毡圈”，然后单击 切割实体(C) 按钮。新零件名称将出现在【所产生实体】列表框中。

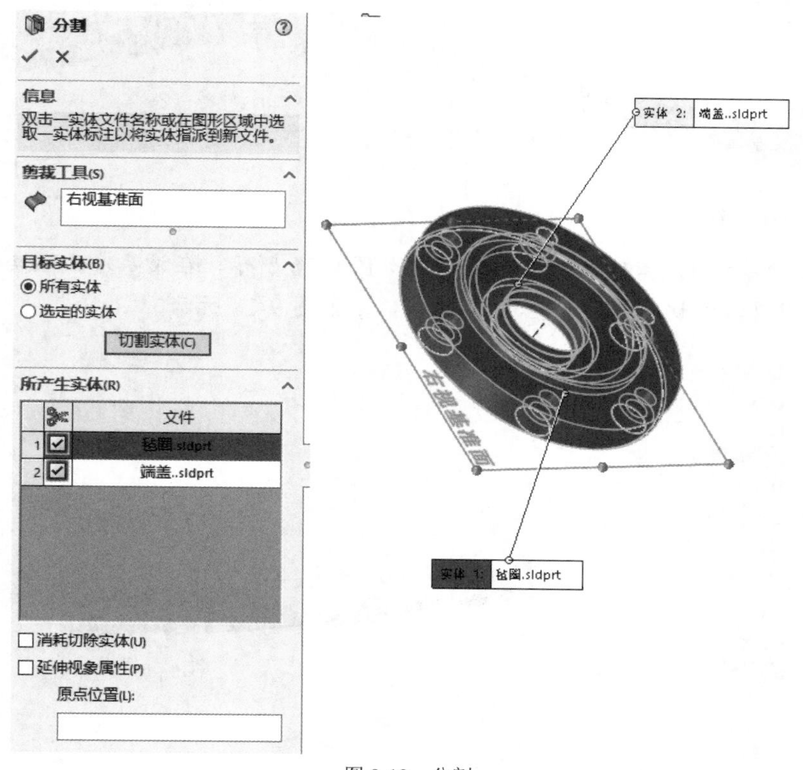

图 9-12　分割

新零件是派生的，包含对父零件的参考。每个新零件包含一个单一特征，命名为基体零件-<父零件名>-n->，如图 9-13 所示。

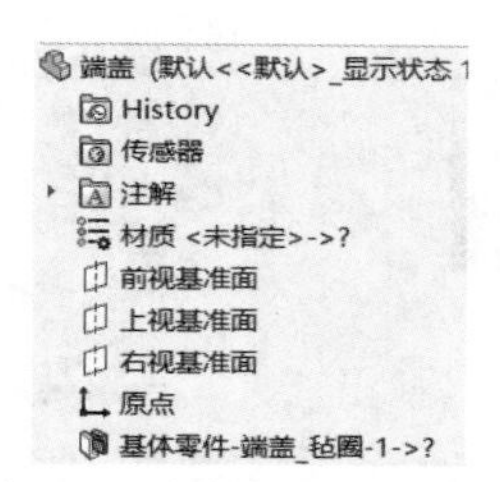

图 9-13　端盖特征管理设计树

原始零件包含所有其原始特征和分割的新特征。如果更改原始零件的几何体，新零件将更改。如果更改分割特征几何体，将不会创建新的派生零件，而是更新现有派生的零件，从

而保留父子关系。

9.1.2 轴

图 9-14 所示为轴零件，其建模步骤有旋转、切除键槽、钻孔和倒角等。

1. 旋转基体，如图 9-15 所示。

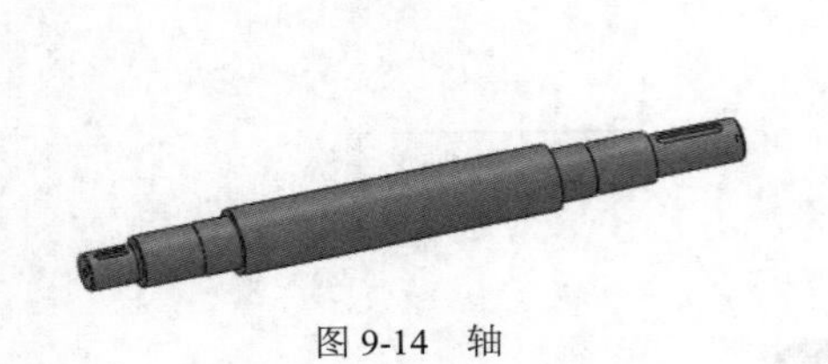

图 9-14 轴

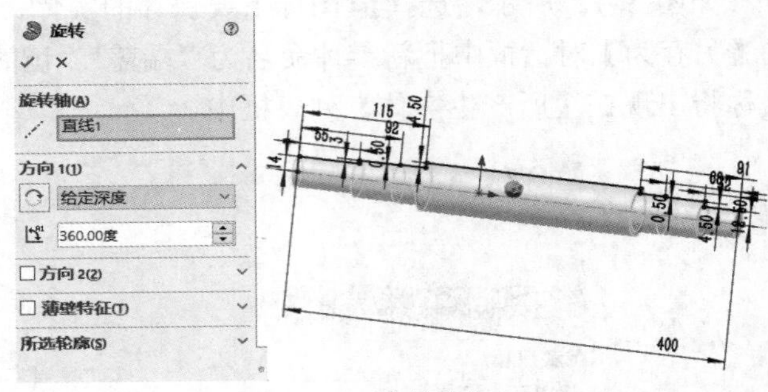

图 9-15 旋转基体

2. 切除拉伸键槽 1。需建立“基准面 1”，如图 9-16 所示，在该基准面上绘制图 9-17 所示的草图，使用【拉伸切除】命令生成“键槽 1”，如图 9-18 所示。

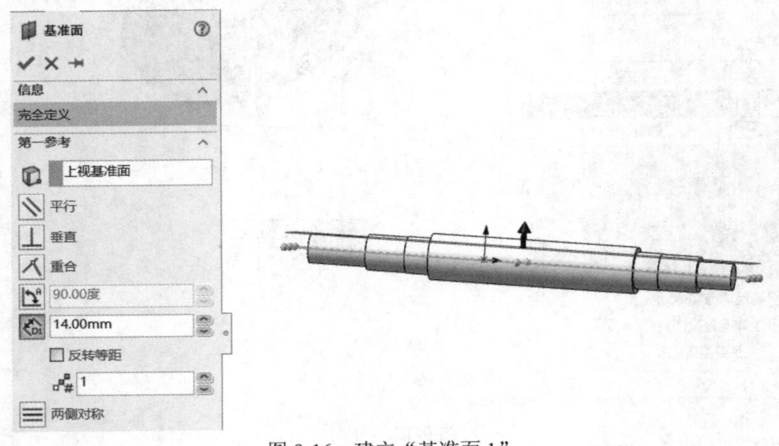

图 9-16 建立“基准面 1”

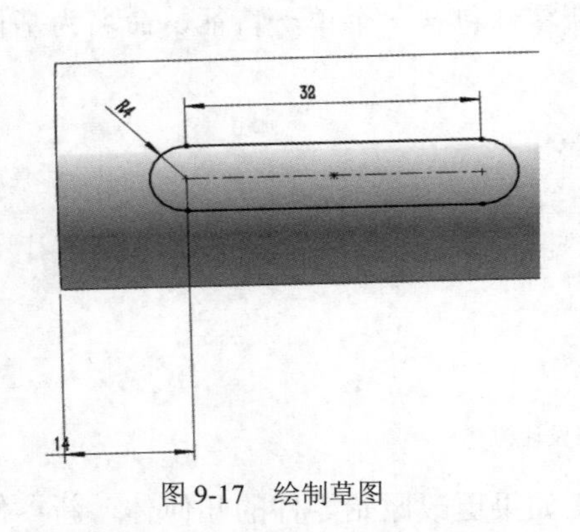

图 9-17 绘制草图

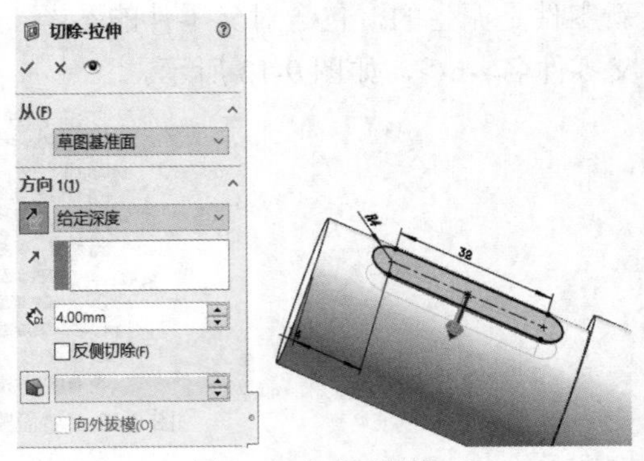

图 9-18 生成“键槽 1”

3. 用与步骤 2 相同的方法创建键槽 2。建立“基准面 2”，如图 9-19 所示，在该基准面

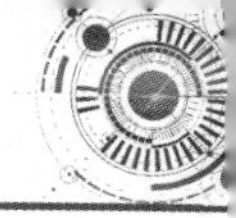

上绘制图 9-20 所示的草图，使用【拉伸切除】命令生成“键槽 2”，如图 9-21 所示。

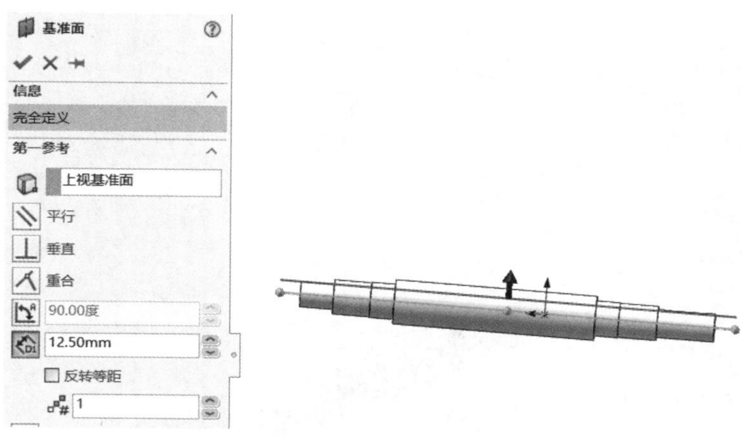

图 9-19 建立“基准面 2”

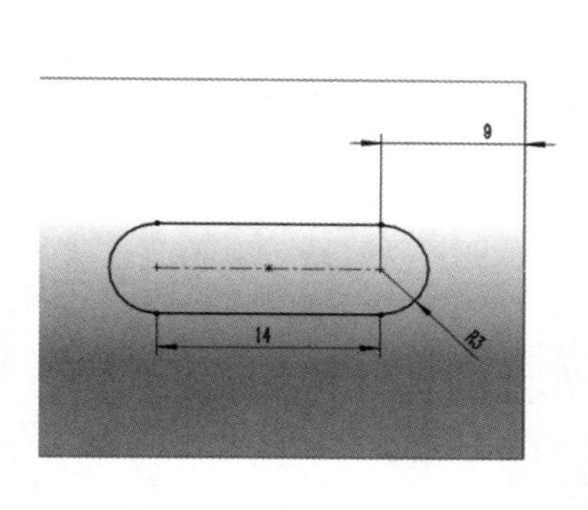

图 9-20 绘制键槽 2 草图

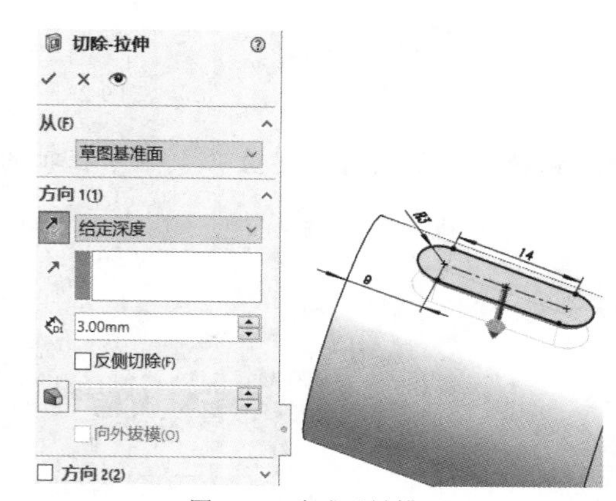

图 9-21 生成“键槽 2”

4. 使用【镜像】命令将键槽 2 对称绘制到轴的另一端，如图 9-22 所示。

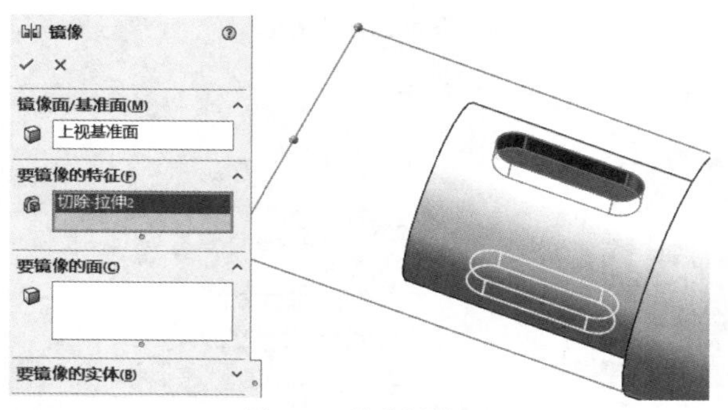

图 9-22 镜像键槽 2

5. 使用【异型孔向导】命令在轴的两端钻螺纹孔，参数设置与尺寸定位如图 9-23 所示。

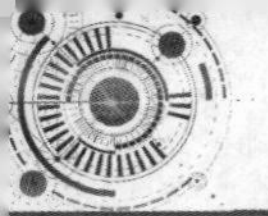

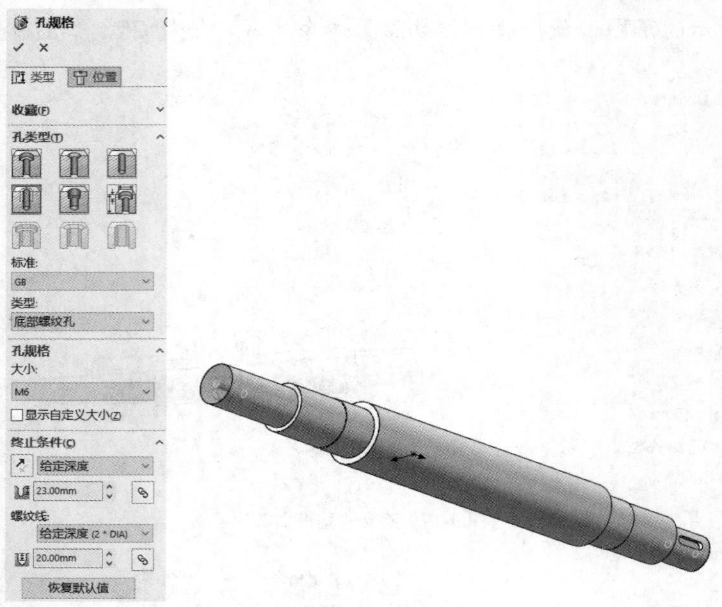

图 9-23　钻 M6 螺纹孔

6. 钻销孔。使用【简单直孔】命令在轴的大端钻销孔，如图 9-24 所示。

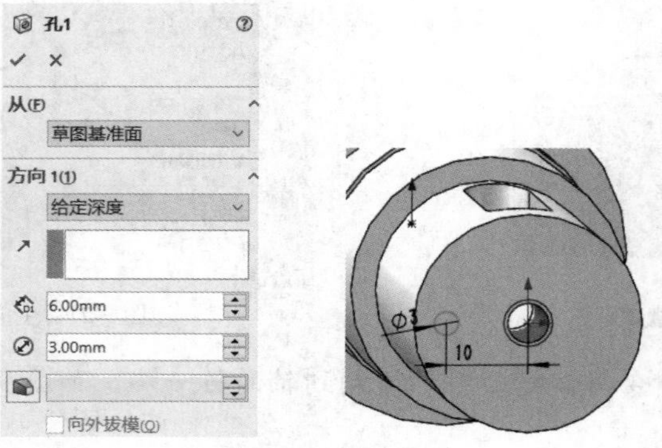

图 9-24　钻销孔

7. 为轴两端添加倒角，如图 9-25 所示。

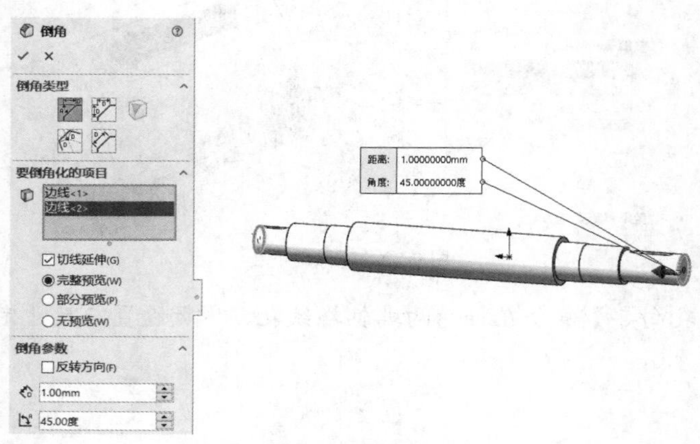

图 9-25　倒角

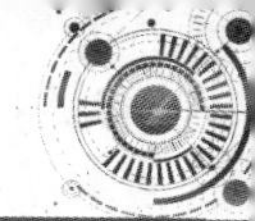

8. 切除拉伸。使用【等距实体】命令建立图 9-26 所示的草图，启动【拉伸切除】命令，在【切除-拉伸 3】属性管理器中选中【反侧切除】复选项，进行反向切除拉伸，如图 9-27 所示。

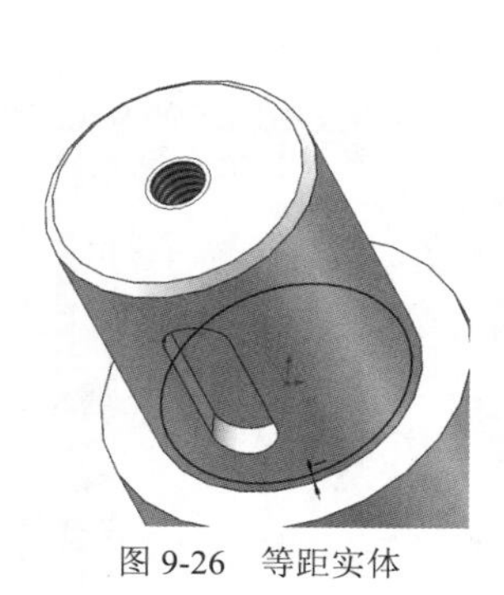

图 9-26　等距实体

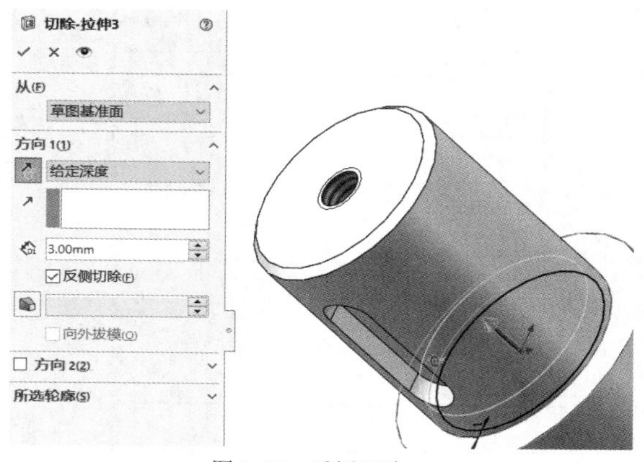

图 9-27　反侧切除

9.1.3　调整环

调整环（见图 9-28）建模比较简单，可以通过拉伸、旋转、扫描等多种方式完成。图 9-29 所示是拉伸建模的尺寸。

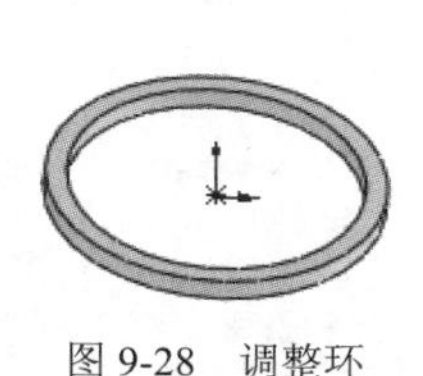

图 9-28　调整环

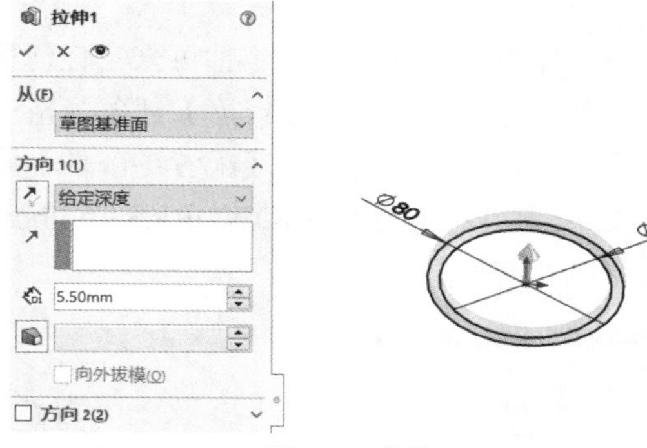

图 9-29　拉伸

9.2　Toolbox 标准件库

本例中用到了大量的轴承、螺钉、挡圈等，这些零部件都属于标准件，SOLIDWORKS 配置了 Toolbox 标准件库，在实际工程应用中没有必要重新绘制，可以直接调出使用。系统支持的国际标准包括 ANSI、BSI、CISC、DIN、GB、ISO 及 JIS，常用的是 GB 和 ISO 标准。

9.2.1　激活 Toolbox

激活 SOLIDWORKS Toolbox 的方式为选择菜单命令【工具】/【插件】，打开【插件】对话框，从已安装的兼容软件产品清单内选中【SOLIDWORKS Toolbox Library】和【SOLIDWORKS Toolbox Utilities】复选项，如图 9-30 所示。

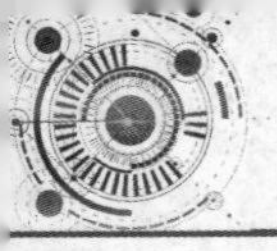

激活 Toolbox 之后，可以单击 按钮，显示【设计库】任务窗格，如图 9-31 所示，展开【Toolbox】下的【ISO】，可以找到所需的标准件。

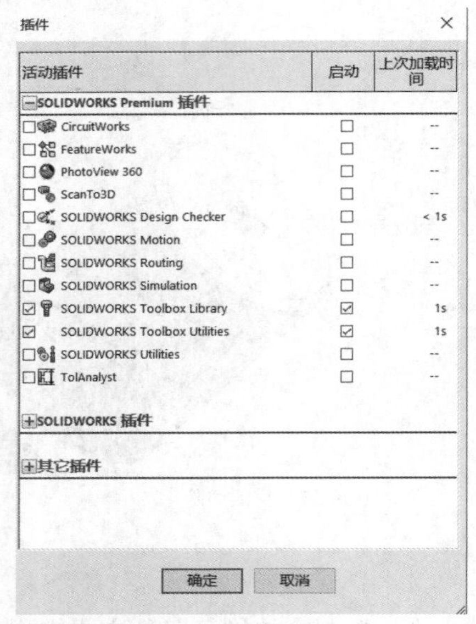

图 9-30 【插件】对话框

图 9-31 【设计库】任务窗格

9.2.2 生成新零件

可以从设计库中生成新零件。零件可来自任何标准、范畴及类型。

生成新零件的方法为：在【设计库】任务窗格中用鼠标右键单击零件，在弹出的快捷菜单中选择【生成零件】命令，打开【配置零部件】属性管理器，在【属性】栏下设置零件属性，如图 9-32 所示。对于随 SOLIDWORKS Toolbox 所附的零件，清单中的数值应是所选零件以标准为基础的有效数值。

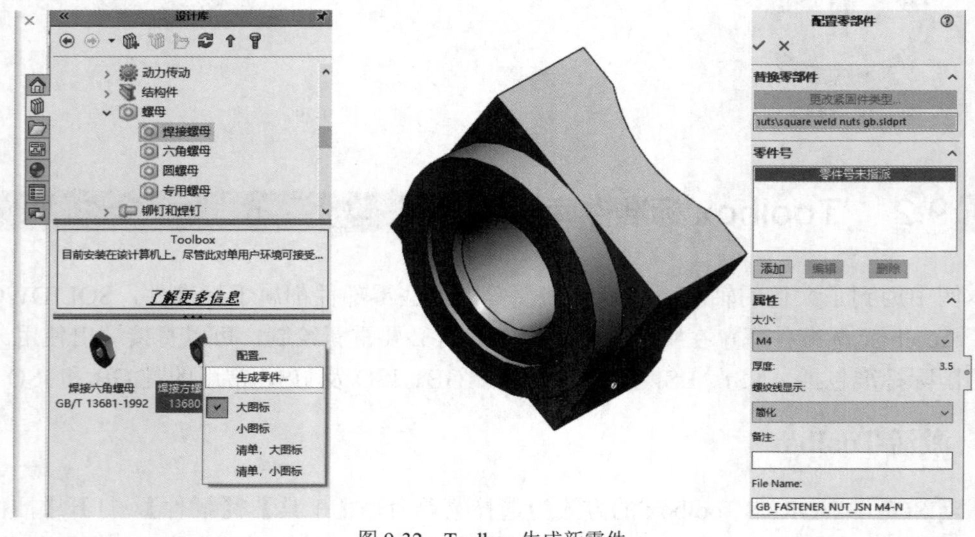

图 9-32 Toolbox 生成新零件

可以参考 Toolbox 中的零件建模进行学习。

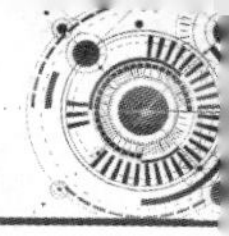

9.2.3　将零件添加到装配体

首先在【设计库】任务窗格中选取标准、范畴及类型，然后将零件添加到装配体中的一个或多个选中孔或其他位置。

从【设计库】任务窗格中将零件拖曳到装配体中后，打开【配置零部件】属性管理器，该属性管理器的标题根据所选零件的不同而变化。该属性管理器可以为在装配体中正生成的零件设定数值。

所选的 Toolbox 零部件具有自动调整大小的功能，通过该功能 Toolbox 零部件会自动适应它们被拖放到的几何体的大小。

9.3　装配

在装配环节要完成端盖子装配和主轴子装配，最后装配铣刀头。

9.3.1　端盖子装配

端盖和毡圈是由【分割】命令完成的，因此不用设置配合，直接插入就可以，端盖子装配如图 9-33 所示。

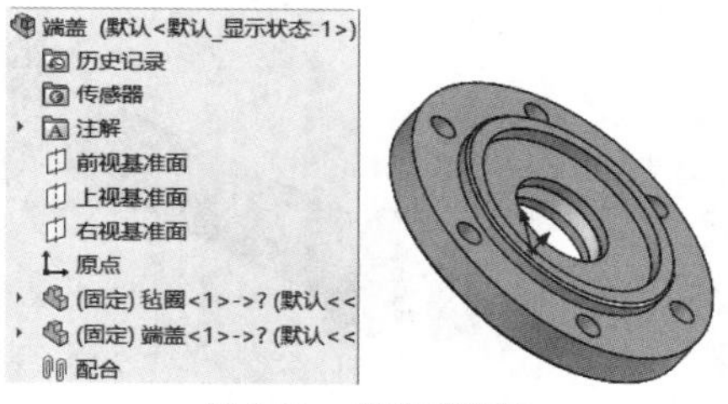

图 9-33　端盖子装配

9.3.2　主轴子装配

主轴由轴、轴承、平键及调整环组成，如图 9-34 所示。

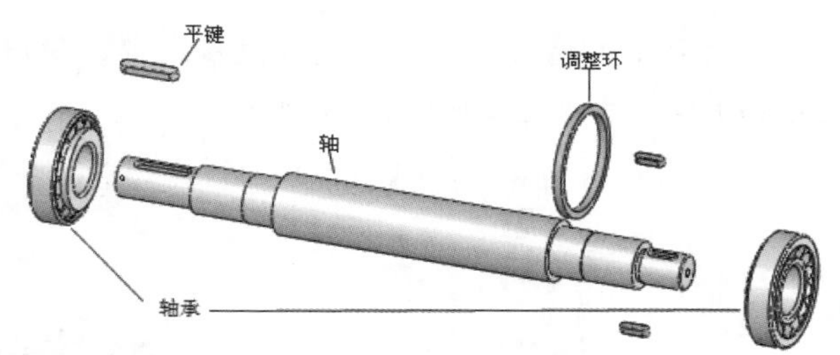

图 9-34　主轴子装配体组成部分

主轴子装配

主轴子装配的操作步骤如下。

1. 新建装配体，将轴插入，建立固定配合。

2. 插入轴承 30307。单击按钮，在【设计库】任务窗格中选择【Toolbox】/【GB】/【轴承】/【滚动轴承】/【圆锥滚子轴承】，将其拖曳到视图窗口之中，其属性设置如图 9-35

所示。为轴和轴承建立重合和同心配合，同理，拖曳同样的轴承与轴另一端配合，如图 9-36 所示。

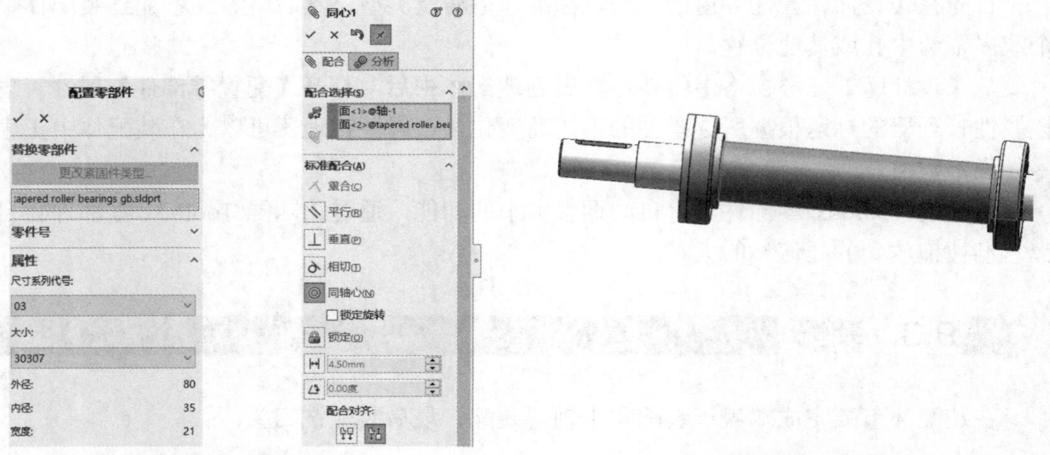

图 9-35　圆锥滚子轴承属性设置　　图 9-36　轴承与轴配合

3. 调整环配合。插入调整环，与轴建立同心配合，与轴承建立重合配合，如图 9-37 所示。

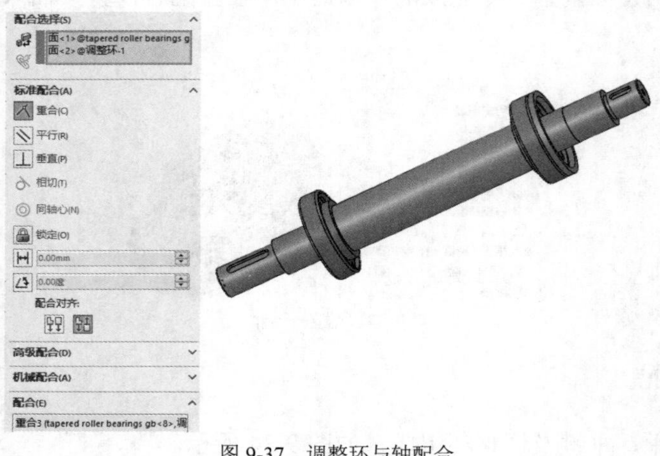

图 9-37　调整环与轴配合

4. 使用自顶向下的方法生成键。在装配体中插入新零件，选择键槽底部，使用【转换实体引用】命令绘制新草图，如图 9-38 所示。拉伸键，如图 9-39 所示。

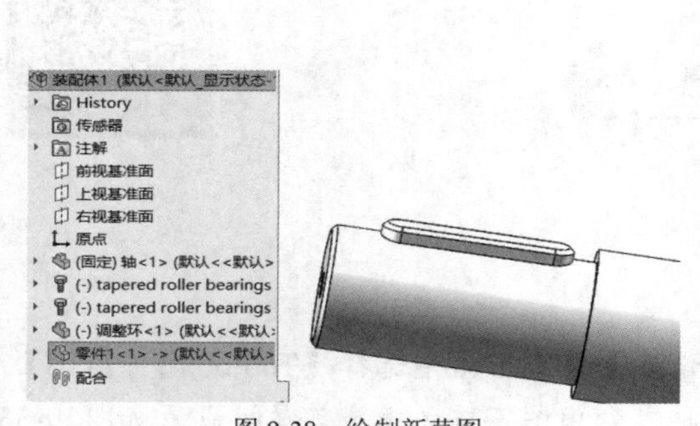

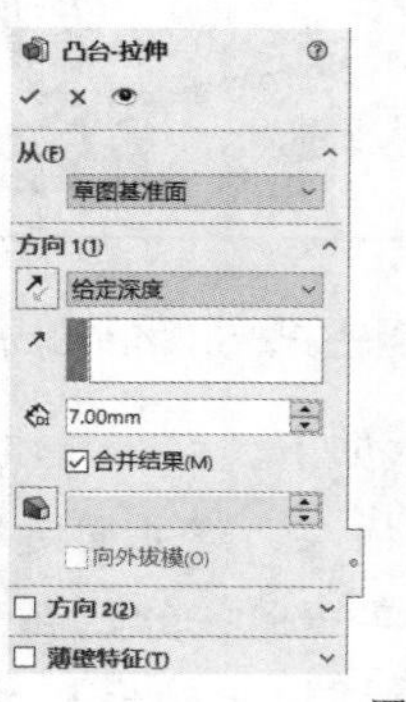

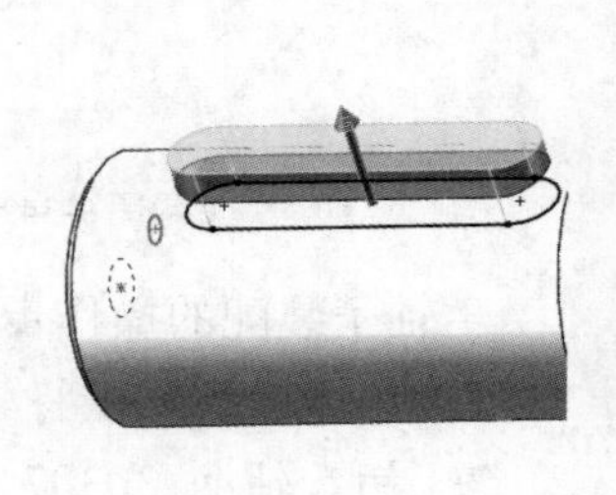

图 9-38　绘制新草图　　图 9-39　拉伸键

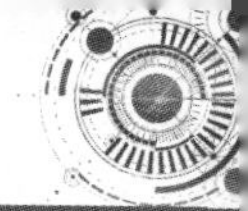

5. 打开新建的键，为其添加倒角，如图 9-40 所示，也可以直接调用【Toolbox】中的键。

6. 从【Toolbox】中拖入平键 6×20。单击按钮，在【设计库】任务窗格中选择【Toolbox】/【GB】/【销和键】/【楔键】/【普通楔键】，将其拖曳到视图窗口，其属性设置如图 9-41 所示，与轴小端键槽建立重合配合和同心配合，如图 9-42 所示。同理，拖曳同样的键与另一键槽配合，结果如图 9-43 所示。

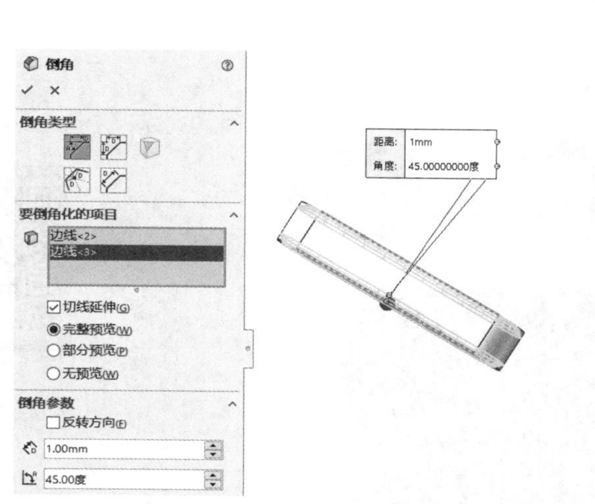

图 9-40　倒角效果

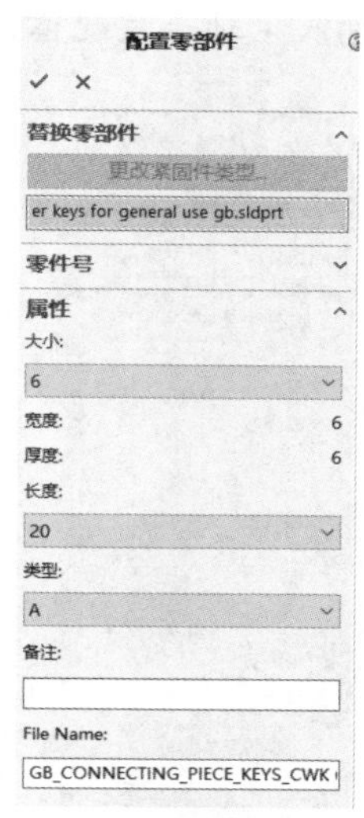

图 9-41　键属性设置

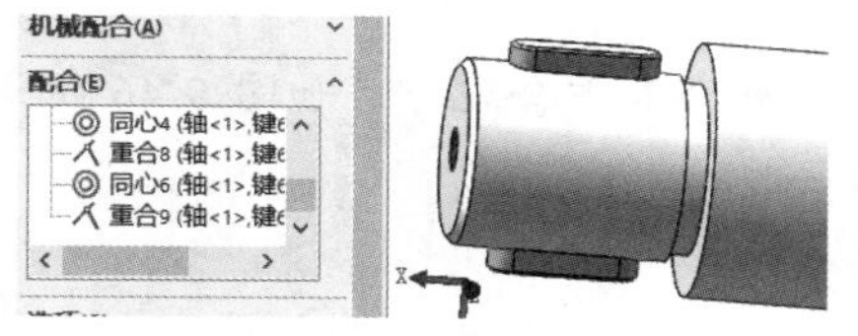

图 9-42　键配合效果

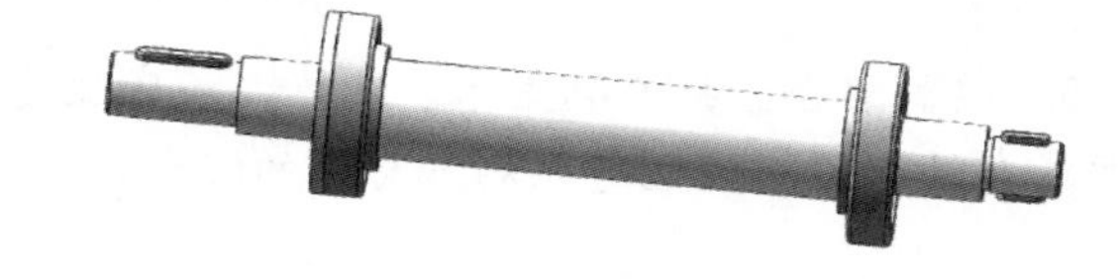

图 9-43　配合完成效果

7. 保存文件，如图 9-44 所示。

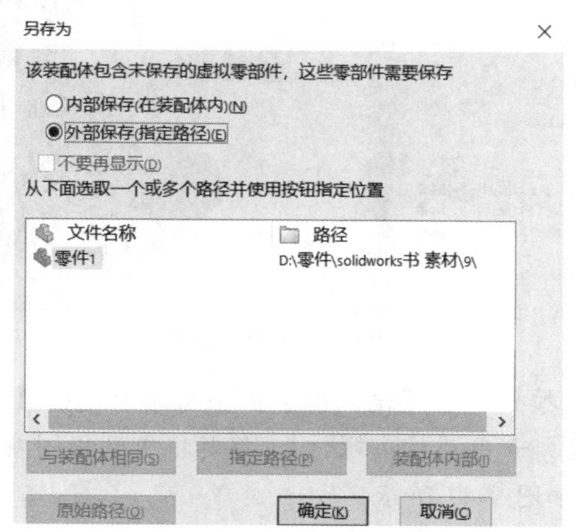

图 9-44　保存文件

9.3.3 铣刀头装配

铣刀头由底座、带轮、主轴、端盖、螺钉及销等配合而成。

铣刀头装配的操作步骤如下。

1. 新建装配体，插入底座零件，形成固定配合。
2. 插入主轴子装配体，与底座建立同轴心配合和距离配合，如图 9-45 所示。

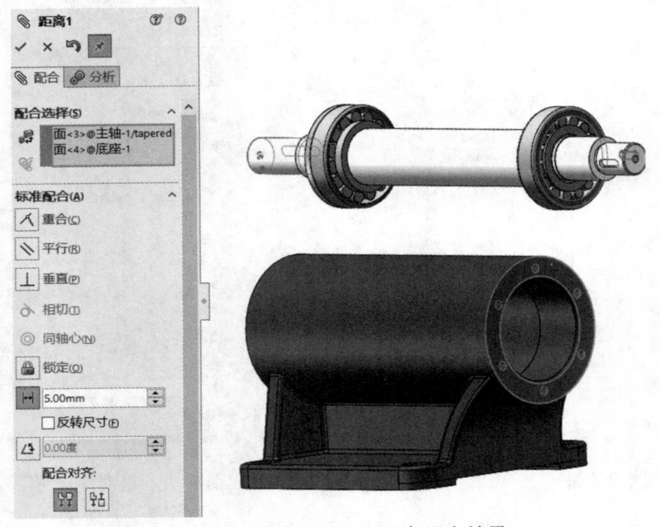

图 9-45　同轴心配合和距离配合效果

3. 端盖配合。插入端盖子装配体，与底座建立同心配合和重合配合，如图 9-46 所示。同理，在轴的另一端也建立端盖与轴的配合。

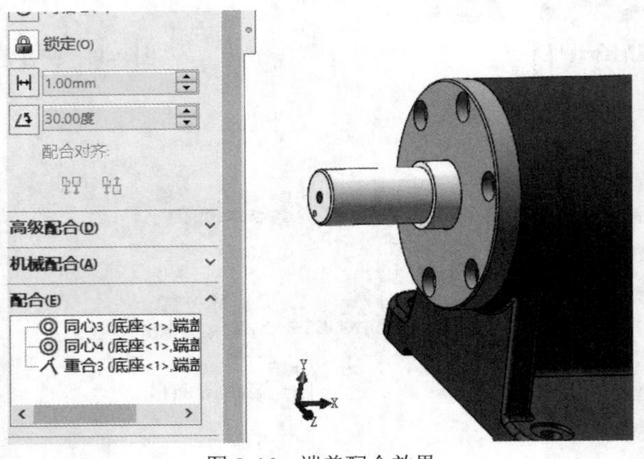

图 9-46　端盖配合效果

4. 螺钉配合。单击按钮，在【设计库】任务窗格中选择【Toolbox】/【GB】/【螺栓和螺钉】/【凹头螺钉】/【内六角圆柱头螺钉】，将其拖曳到视图窗口，并与端盖孔自动调整配合生成 M8 × 12 螺钉，如图 9-47 所示。

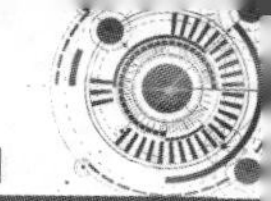

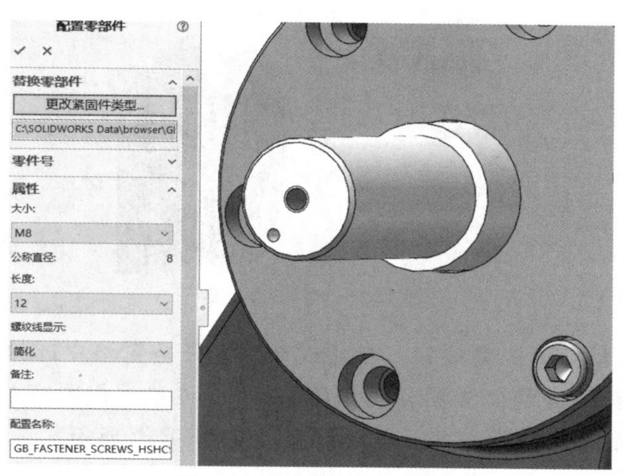

图 9-47　内六角圆柱头螺钉

5. 将螺钉圆周阵列，如图 9-48 所示。

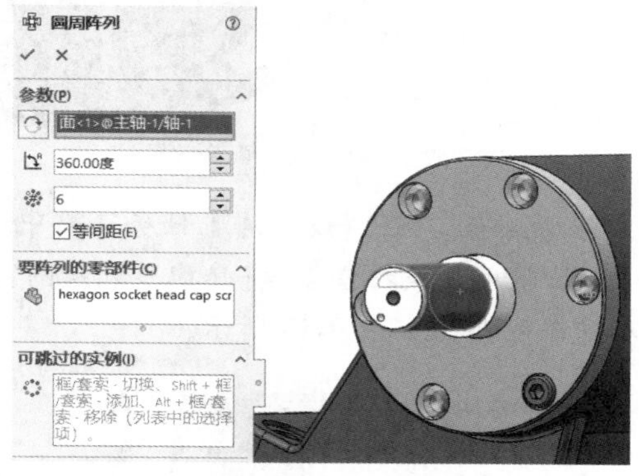

图 9-48　圆周阵列效果

6. 重复步骤 4、5，在轴的另一端插入螺钉，并进行圆周阵列。

7. 带轮装配。带轮与主轴建立重合配合和同心配合，与主轴上键建立平行配合，如图 9-49 ~ 图 9-51 所示。

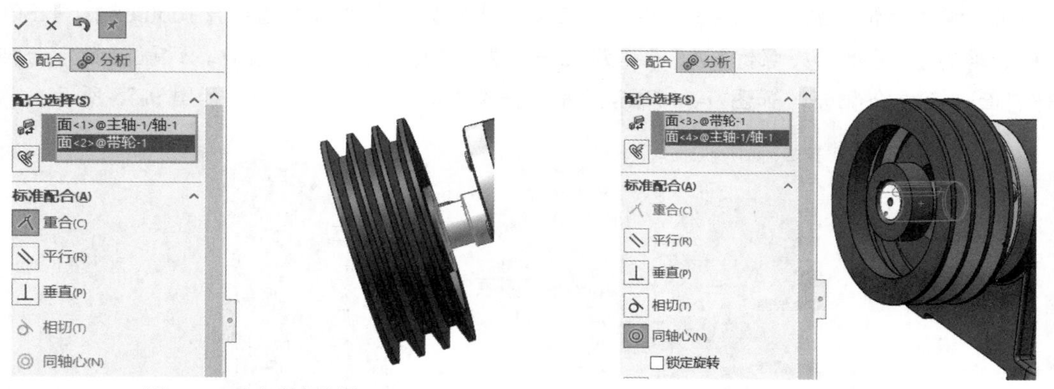

图 9-49　重合配合效果

图 9-50　同心配合效果

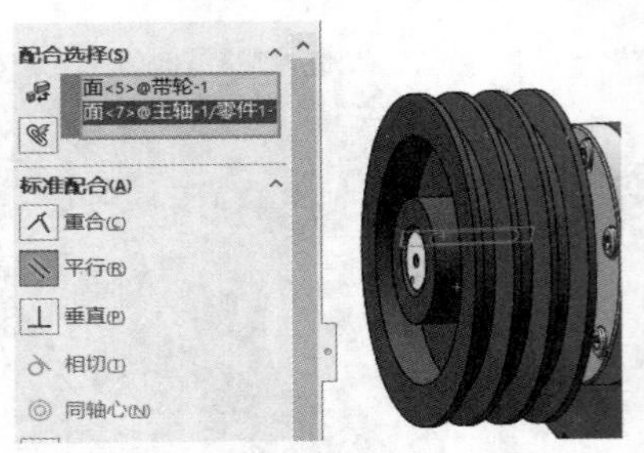

图 9-51　平行配合效果

8. “挡圈 35”配合。单击按钮，在【设计库】任务窗格中选择【Toolbox】/【GB】/【垫圈和挡圈】/【挡圈】/【螺钉紧固轴端挡圈】，将其拖曳到视图窗口，并与主轴大端和主轴上的销孔建立同心配合，与带轮建立重合配合，如图 9-52 所示。

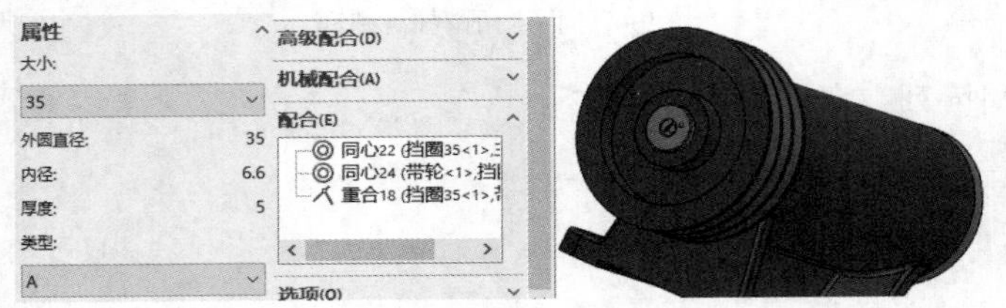

图 9-52　“挡圈 35”配合效果

9. “挡圈 32”配合。单击按钮，在【设计库】任务窗格中选择【Toolbox】/【GB】/【垫圈和挡圈】/【挡圈】/【螺栓紧固轴端挡圈】，将其拖曳到视图窗口，选择【B】类型，并与主轴小端建立同心配合和重合配合，如图 9-53 所示。

图 9-53　“挡圈 32”配合效果

10. “螺钉 M6”配合。单击按钮，在【设计库】任务窗格中选择【Toolbox】/【ISO】/【螺栓和螺钉】/【开槽头螺钉】/【开槽锥孔平头】，将其拖曳到视图窗口，设置属性，与挡圈内部斜面建立重合配合，如图 9-54 所示，并与挡圈内孔建立同心配合，如图 9-55 所示。

图 9-54　“螺钉 M6”配合效果

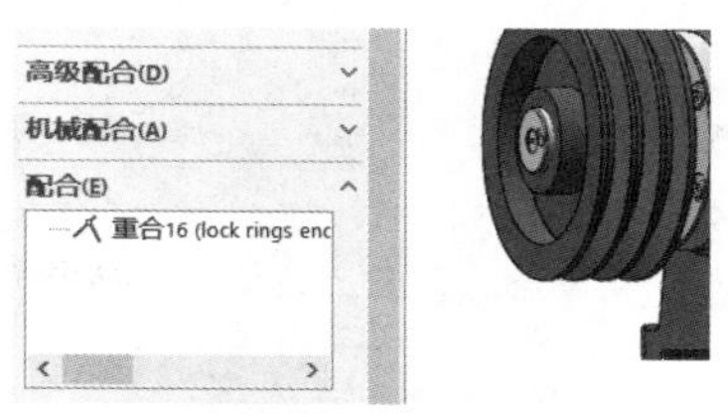

图 9-55　同心配合效果

11. “销 3×12”配合。单击按钮，在【设计库】任务窗格中选择【Toolbox】/【GB】/【销和键】/【圆柱销】/【圆柱销不淬硬钢和奥氏体不锈钢】，将其拖曳到视图窗口，设置属性，并与主轴大端挡圈销孔建立同心配合，与挡圈一端建立重合配合，如图 9-56 所示。

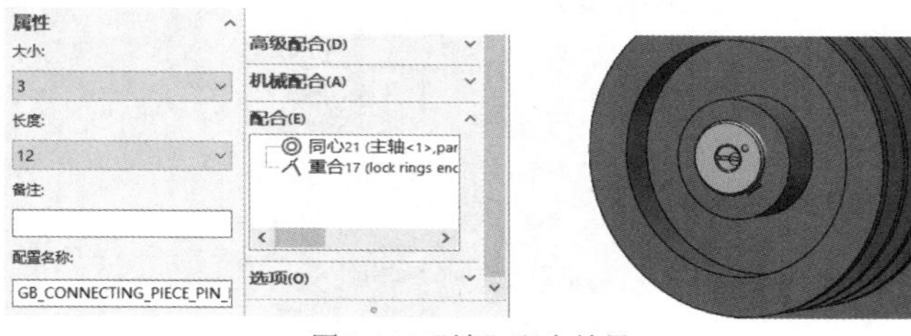

图 9-56　“销”配合效果

12. “弹簧垫圈 6”配合。单击按钮，在【设计库】任务窗格中选择【Toolbox】/【GB】/【垫圈和挡圈】/【弹簧垫圈】/【标准型弹簧垫圈】，将其拖曳到视图窗口，设置属性，并与主轴小端挡圈建立重合配合和同心配合，如图 9-57 所示。

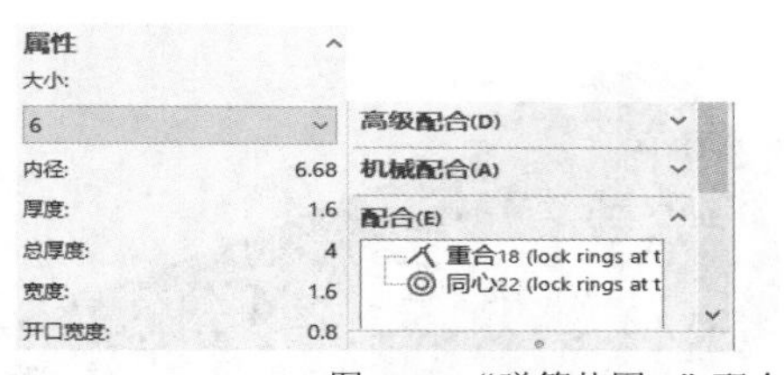

图 9-57　“弹簧垫圈 6”配合效果

13. “螺栓 M6”配合。单击按钮，在【设计库】任务窗格中选择【Toolbox】/【GB】/【螺栓和螺钉】/【六角头螺栓】/【六角头螺栓全螺纹】，将其拖曳到视图窗口，设置属性，并与弹簧垫圈建立同心配合和重合配合，如图 9-58 所示。

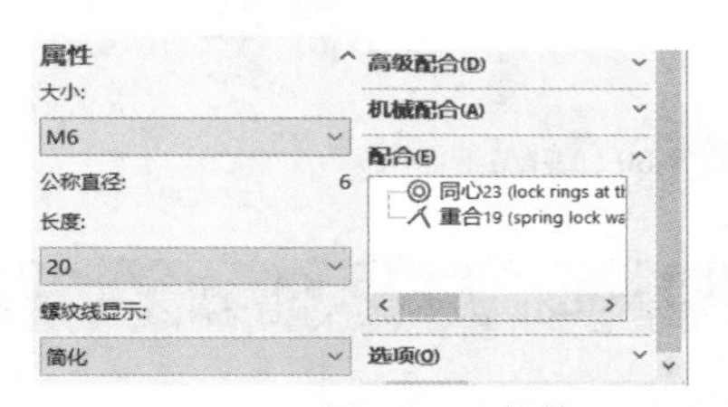

图 9-58　“螺栓 M6”配合效果

14. 更改零部件名称。从【Toolbox】中拖过来的零件显示为英文，可以在特征管理设计树中右击零件，在弹出的快捷菜单中单击按钮，打开【零部件属性】对话框进行修改，如图 9-59 所示。

零部件属性

一般属性

零部件名称(N): 弹簧垫圈　实例号(I): 1　全名(E): spring lock washer:

零部件参考(F):

短管参考(E):

零部件说明(D): spring lock washers--normal type gb

模型文件路径(D): c:\solidworks data\browser\gb\washers and rings\spring lock washer:

(请使用文件/替换指令来替换零部件的模型)

显示状态特定的属性

☐隐藏零部件(M)

参考的显示状态

显示状态-4

在此更改显示属性:

配置特定属性

所参考的配置

GB_FASTENER_WASHER_SW 6

Default

压缩状态

○压缩(S)

◉还原(R)

○轻化

求解为

刚性(R)

柔性(E)

☐封套

☐不包括在材料明细表中

在此更改属性:

确定(K)　取消(C)　帮助(H)

图 9-59 【零部件属性】对话框

15. 完成装配，结果如图 9-60 所示，最后保存装配文件。

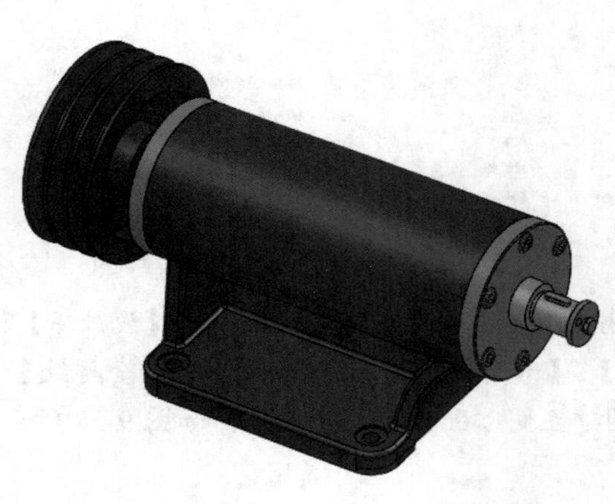

图 9-60　装配结果

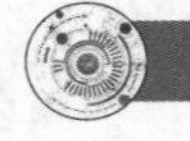 9.4 工程图

完成装配体之后，将其转换为二维工程图，并添加注解和材料明细表。其操作步骤如下。

1. 选择菜单命令【文件】/【从装配体制作工程图】，进入工程图编辑状态。

2. 选择生成左视图，绘制辅助中心线，如图 9-61 所示。

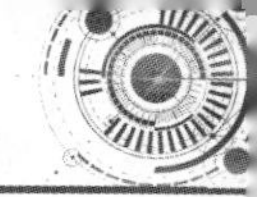

3. 在左视图中过中心线作剖面视图，属性默认，如图 9-62 所示。

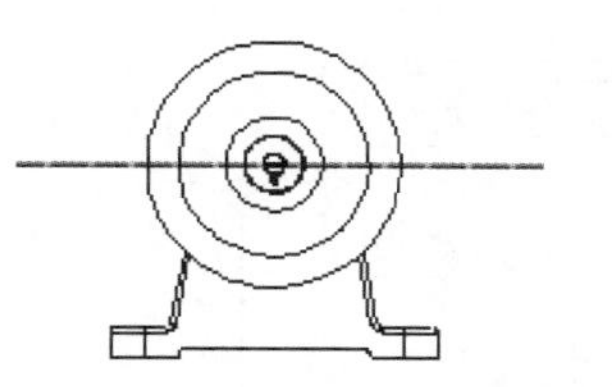

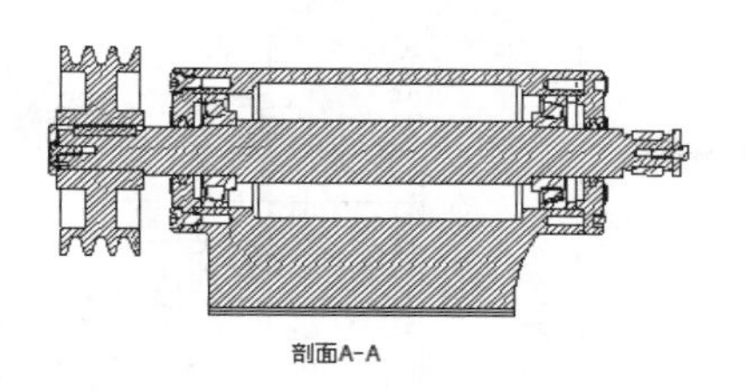

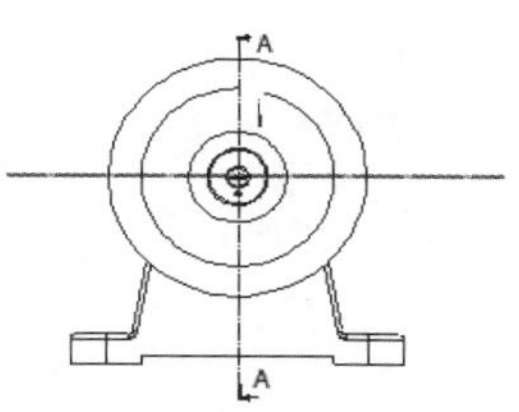

图 9-61　生成左视图效果　　　　图 9-62　剖面视图效果

4. 选中主轴区域，在【断开的剖视图】属性管理器中更改轴剖面线，如图 9-63 所示。

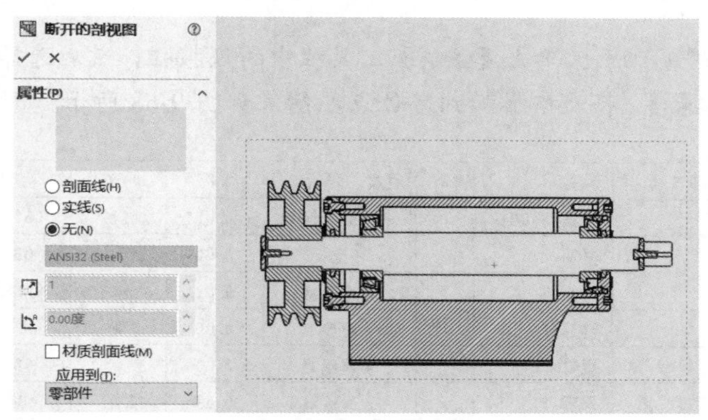

图 9-63　更改轴剖面线

5. 在剖面视图 A-A 中绘制水平直线，创建剖面视图 B-B，如图 9-64 所示。
6. 在左视图上创建断开的剖视图，如图 9-65 所示。

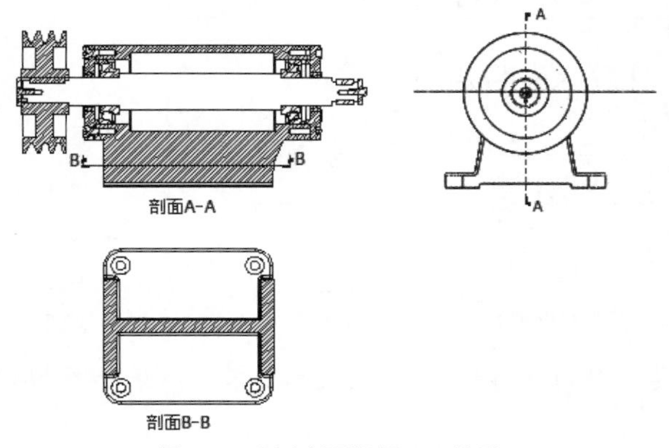

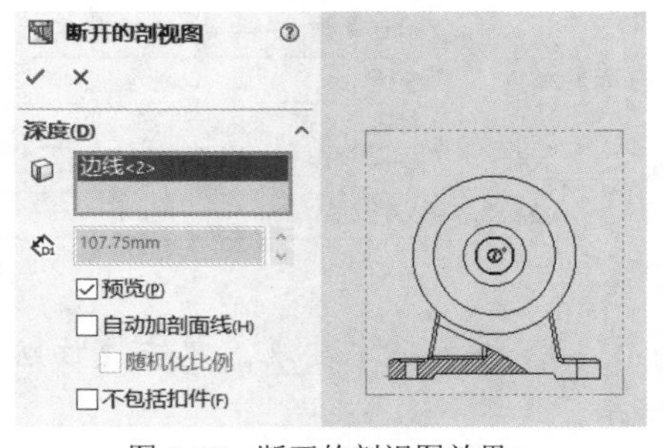

图 9-64　创建剖面视图 B-B 效果　　　　图 9-65　断开的剖视图效果

7. 标注尺寸及公差。

8. 标注序号。单击【注解】工具栏中的按钮，或者选择菜单命令【插入】/【注解】/【零件序号】，打开【零件序号】属性管理器，在【零件序号设定】栏下的【样式】下拉列表中选择【下划线】选项，如图 9-66 所示。在工程视图上标注序号，结果如图 9-67 所示。

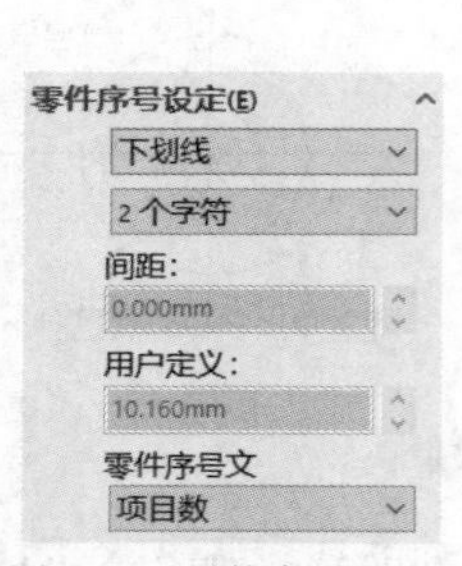

图 9-66　零件序号设定

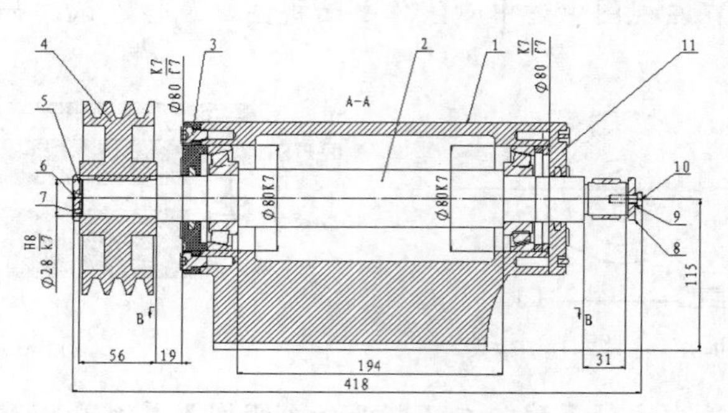

图 9-67　标注序号效果

9. 自动生成材料明细表。单击【注解】工具栏中的按钮，或者选择菜单命令【插入】/【表格】/【材料明细表】，将表格附加到定位点，结果如图 9-68 所示。

11	XDT1-01	端盖	2	材质 <未指定>	0.84	1.68	装配件
10		螺栓M6x20	1	普通碳钢	0.01	0.01	GB5783-86
9		垫圈6	1	合金钢	0.00	0	GB93-87
8		挡圈32	1	普通碳钢	0.03	0.03	GB892-86
7		销3x12	1	普通碳钢	0.00	0	GB119-86
6		螺钉M6x18	1	普通碳钢	0.00	0	GB68-85
5		挡圈35	1	普通碳钢	0.03	0.03	GB891-86
4	XDT0-04	带轮	1	灰铸铁	3.51	3.51	
3		螺钉M8x25	12	普通碳钢	0.02	0.24	GB70-85
2	XDT1-02	主轴	1	材质 <未指定>	4.67	4.67	装配件
1	XDT0-08	底座	1	灰铸铁	12.97	12.97	
序号	代号	名称	数量	材料	单重	总重	备注

标记	处数	分区	更改文件号	签名	年月日	材质 <未指定>			铣刀头
设计			标准化			阶段设计	重量	比例	
制图	关鼎	050627					23.11	1:1	
审核									
工艺			批准			共 1 张	第 1 张		

图 9-68　生成材料明细表

10. 添加技术要求。单击【注解】工具栏中的 **A** 按钮，输入技术要求，结果如图 9-69 所示。

11. 保存文件，完成工程图。

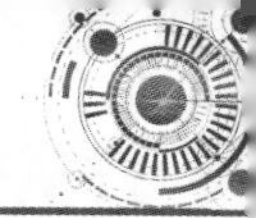

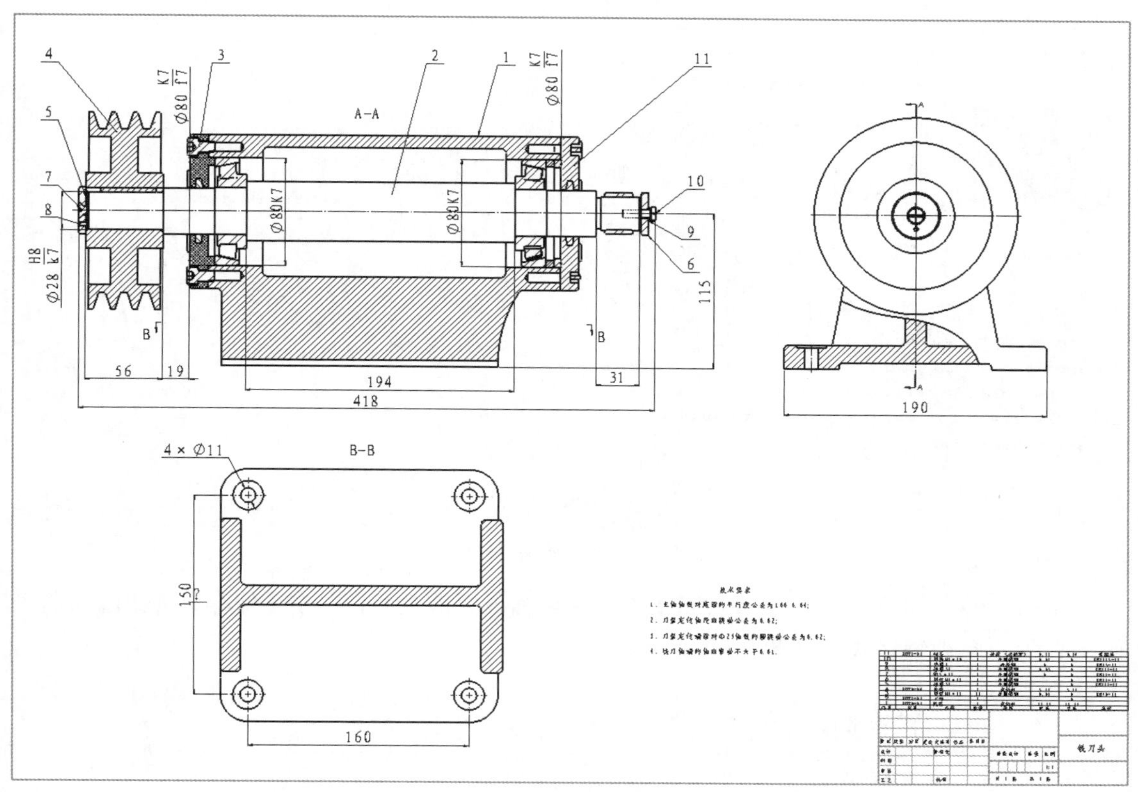

图 9-69　输入技术要求

9.5 生成动画

回到装配图下，单击左下角的 运动算例 1 ，进入动画制作界面，如图 9-70 所示。

图 9-70　动画制作界面

9.5.1　爆炸视图动画

单击动画工具栏中的【动画向导】按钮，打开【选择动画类型】对话框，选择动画类型为【爆炸】，单击 下一页(N) > 按钮，选择时间长度为“10”，如图 9-71 所示。

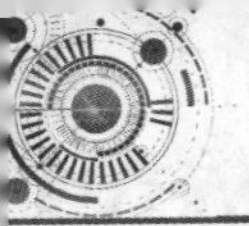

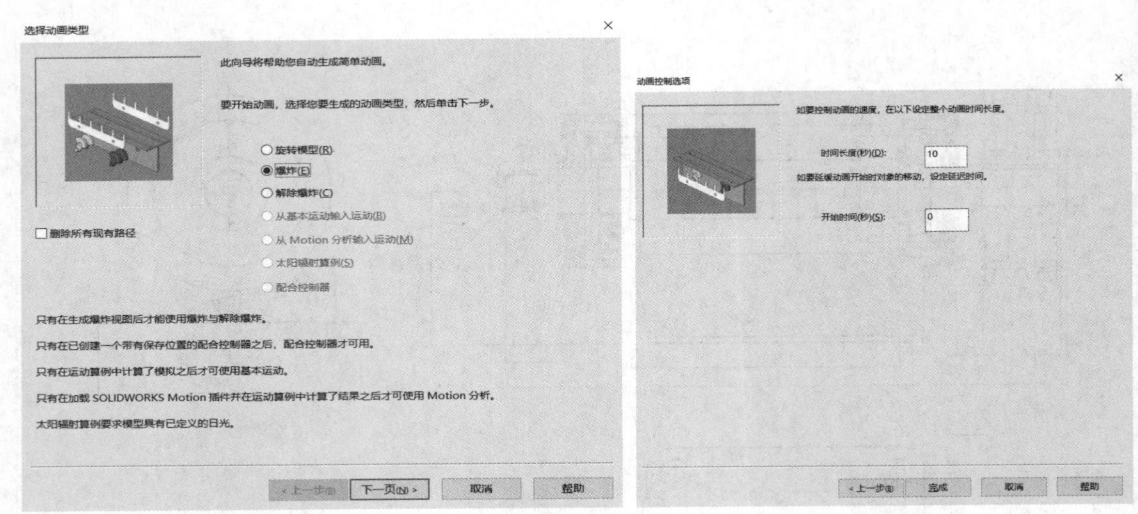

图 9-71 【选择动画类型】对话框

单击 完成 按钮后，单击【播放】按钮▶可播放爆炸动画，单击【保存】按钮可将动画保存为不同视频格式，如图 9-72 所示。

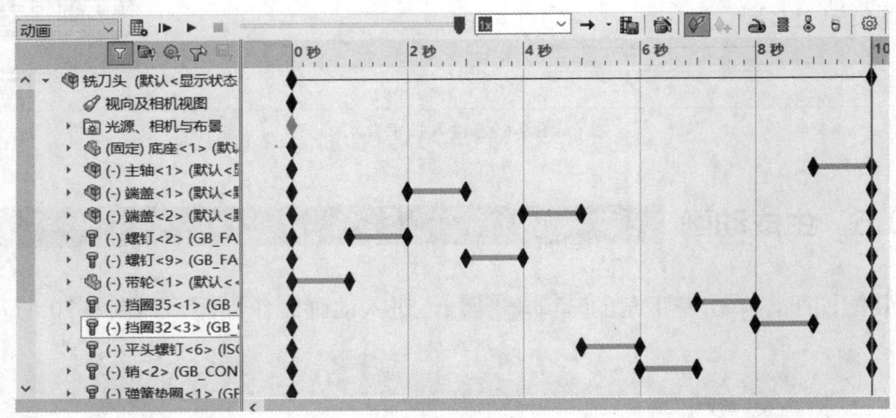

图 9-72 完成动画

要点提示

只有建立爆炸视图之后，才可生成爆炸和爆炸动画。

9.5.2 马达动画

单击【动画】工具栏中的【马达】按钮，打开【马达】属性管理器，在【马达类型】栏下选择【旋转马达】，并选中带轮外侧作为参考旋转方向，设置运动速度为【等速】、转速为“100RPM”，如图 9-73 所示。

完成动画之后，可通过调整动画时间线中的键码◆来调整动画时长，如图 9-74 所示。

单击【播放】按钮▶可播放动画，单击【保存】按钮可将动画保存为不同的视频格式。

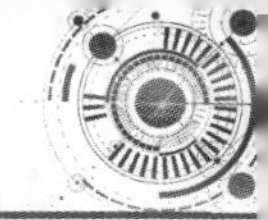

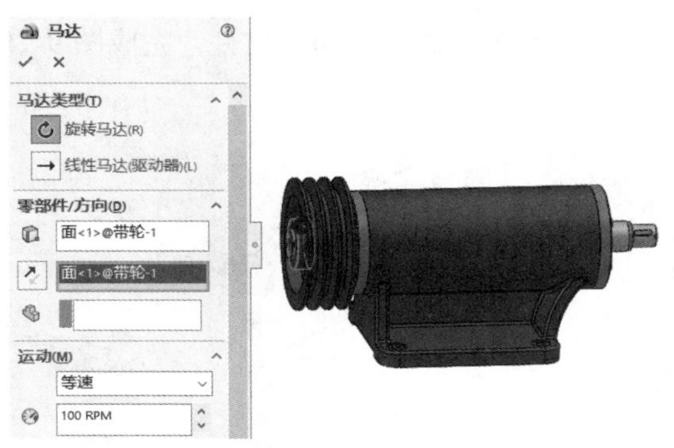

图 9-73 【马达】属性管理器

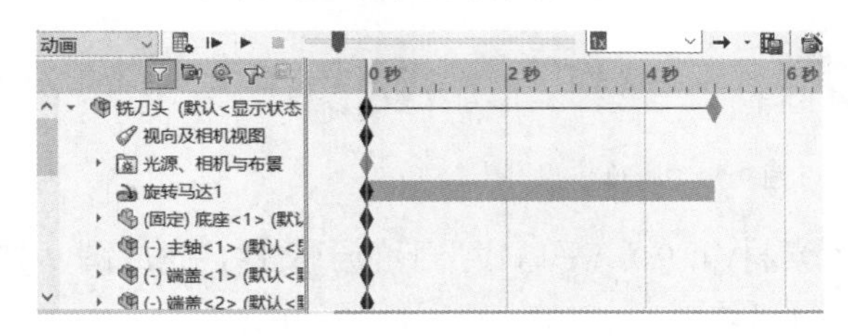

图 9-74 调整动画时长

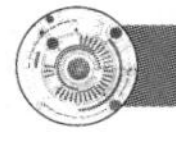

9.6 小结

【本章重点】

1．零件建模。综合使用草绘特征、放置特征等来进行零件建模。

2．自底向上的装配体建模。

3．动画制作。

【本章难点】

工程图的设置与生成。

9.7 习题

1．打开素材文件“素材\第 9 章\叶片泵”下的子文件，完成图 9-75 所示叶片泵的零件建模及装配，并生成工程图和动画。

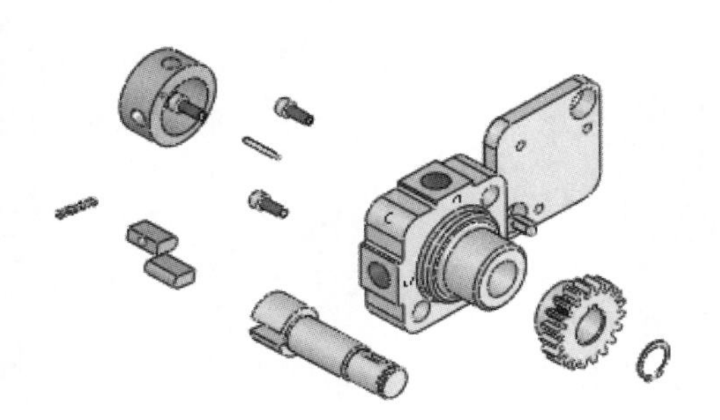

图 9-75 叶片泵

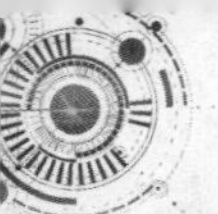

2．打开素材文件“素材\第 9 章\旋阀”下的子文件，完成图 9-76 所示旋阀的零件建模及装配，并生成工程图和动画。

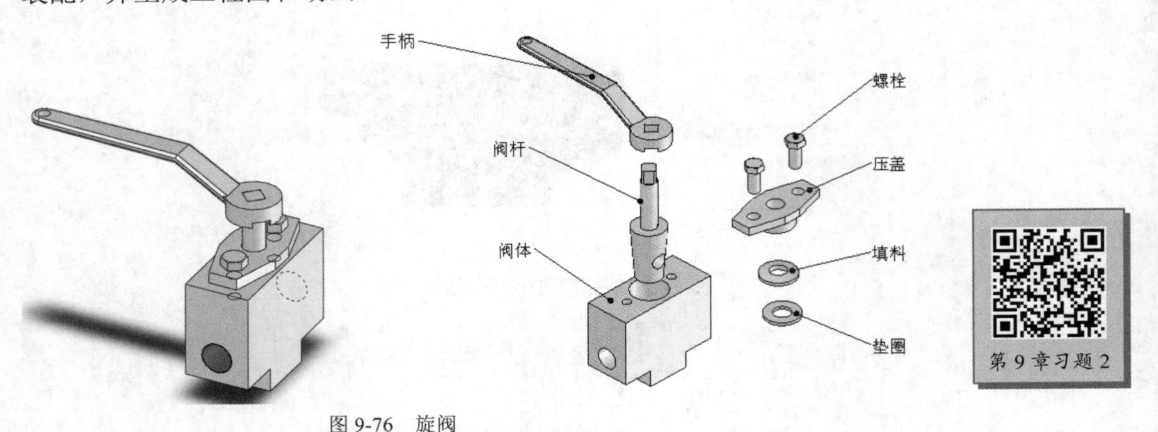

图 9-76　旋阀

3．打开素材文件“素材\第 9 章\平口钳”下的子文件，完成图 9-77 所示平口钳的零件建模及装配，并生成工程图和动画。

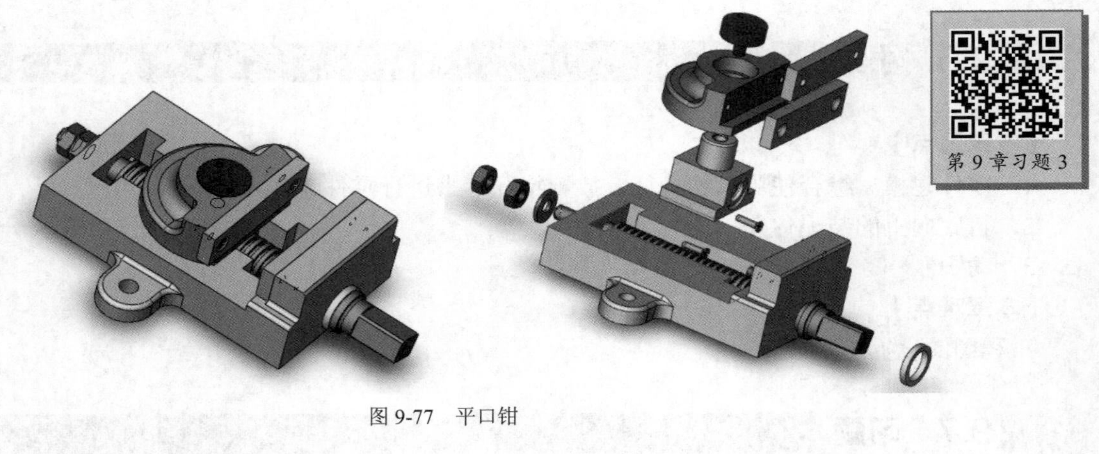

图 9-77　平口钳